U0170288

纳米科学与技术

光子晶体功能材料

葛建平　傅茜茜 等　著

科学出版社

北　京

内 容 简 介

光子晶体功能材料具有独特的光学特性，在众多领域拥有巨大的应用前景。本书围绕光子晶体“材料体系”与“应用探索”两大主题，分别介绍了微流控光子晶体、液态胶体光子晶体、空心微球胶体光子晶体、分子刷光子晶体及磁响应胶体光子晶体的制备原理和独特性能，并探讨了光子晶体材料在绿色印刷、光纤、结构色印染、物理传感器和防伪识别领域的最新应用。

本书不仅可作为高等院校材料、化学、纳米科学等相关专业本科生、研究生的入门教程及相关研究人员的专业参考书，也适合对光子晶体感兴趣的非专业读者阅读。

图书在版编目(CIP)数据

光子晶体功能材料 / 葛建平等著. —北京：科学出版社，2023.9

(纳米科学与技术/白春礼主编)

ISBN 978-7-03-075991-7

Ⅰ. ①光…　Ⅱ. ①葛…　Ⅲ. ①光子晶体-功能材料　Ⅳ. ①O7 ②TB34

中国国家版本馆 CIP 数据核字（2023）第 128584 号

责任编辑：张淑晓　孙　曼 / 责任校对：杜子昂

责任印制：赵　博 / 封面设计：东方人华

科学出版社 出版

北京东黄城根北街 16 号

邮政编码：100717

http://www.sciencep.com

北京中科印刷有限公司印刷

科学出版社发行　各地新华书店经销

*

2023 年 9 月第　一　版　开本：720 × 1000　1/16

2025 年 2 月第二次印刷　印张：18 1/4

字数：345 000

定价：180.00 元

（如有印装质量问题，我社负责调换）

《纳米科学与技术》丛书编委会

本书各章撰写人员名单

第 1 章　光子晶体基本原理

葛力新　信阳师范学院

车治辕、石磊　复旦大学

第 2 章　微流控芯片中的光子晶体

杜湘云、朱亮亮、陈苏　南京工业大学

第 3 章　液态胶体光子晶体

张欣、葛建平　华东师范大学

第 4 章　空心微球胶体光子晶体

钟阔　天主教鲁汶大学（比利时）

宋恺　中国科学院理化技术研究所

第 5 章　分子刷嵌段共聚物自组装光子晶体材料

宋东坡　天津大学

第 6 章　磁响应胶体光子晶体

李超然、何乐　苏州大学

第 7 章　绿色印刷光子晶体

李明珠、邝旻翾、宋延林　中国科学院化学研究所

第 8 章　光子晶体纤维

刘志福　上海应用技术大学

商胜龙、巩鑫波、王宏志　东华大学

第 9 章　光子晶体在纺织印染中的应用

唐炳涛、刘芳芳、孟繁涛　大连理工大学

第 10 章　光子晶体物理传感器

傅茜茜、葛建平　华东师范大学

第 11 章　光子晶体防伪材料

庞飞、孙明珠　中钞油墨有限公司油墨技术研究所

《纳米科学与技术》丛书序

在新兴前沿领域的快速发展过程中，及时整理、归纳、出版前沿科学的系统性专著，一直是发达国家在国家层面上推动科学与技术发展的重要手段，是一个国家保持科学技术的领先权和引领作用的重要策略之一。

科学技术的发展和应用，离不开知识的传播：我们从事科学研究，得到了“数据”（论文），这只是“信息”。将相关的大量信息进行整理、分析，使之形成体系并付诸实践，才变成“知识”。信息和知识如果不能交流，就没有用处，所以需要“传播”（出版），这样才能被更多的人“应用”，被更有效地应用，被更准确地应用，知识才能产生更大的社会效益，国家才能在越来越高的水平上发展。所以，数据→信息→知识→传播→应用→效益→发展，这是科学技术推动社会发展的基本流程。其中，知识的传播，无疑具有桥梁的作用。

整个20世纪，我国在及时地编辑、归纳、出版各个领域的科学技术前沿的系列专著方面，已经大大地落后于科技发达国家，其中的原因有许多，我认为更主要的是缘于科学文化的习惯不同：中国科学家不习惯去花时间整理和梳理自己所从事的研究领域的知识，将其变成具有系统性的知识结构。所以，很多学科领域的第一本原创性“教科书”，大都来自欧美国家。当然，真正优秀的著作不仅需要花费时间和精力，更重要的是要有自己的学术思想以及对这个学科领域充分把握和高度概括的学术能力。

纳米科技已经成为21世纪前沿科学技术的代表领域之一，其对经济和社会发展所产生的潜在影响，已经成为全球关注的焦点。国际纯粹与应用化学联合会（IUPAC）会刊在2006年12月评论：“现在的发达国家如果不发展纳米科技，今后必将沦为第三世界发展中国家。”因此，世界各国，尤其是科技强国，都将发展纳米科技作为国家战略。

兴起于20世纪后期的纳米科技，给我国提供了与科技发达国家同步发展的良好机遇。目前，各国政府都在加大力度出版纳米科技领域的教材、专著以及科普读物。在我国，纳米科技领域尚没有一套能够系统、科学地展现纳米科学技术各个方面前沿进展的系统性专著。因此，国家纳米科学中心与科学出版社共同发起并组织出版《纳米科学与技术》，力求体现本领域出版读物的科学性、准确性和系统性，全面科学地阐述纳米科学技术前沿、基础和应用。本套丛书的出版以高质量、科学性、准确性、系统性、实用性为目标，将涵盖纳米科学技术的所有领域，全面介绍国内外纳米科学技术发展的前沿知识；并长期组织专家撰写、编辑出版下去，为我国纳米科技各个相关基础学科和技术领域的科技工作者和研究生、本科生等，提供一套重要的参考资料。

这是我们努力实践“科学发展观”思想的一次创新，也是一件利国利民、对国家科学技术发展具有重要意义的大事。感谢科学出版社给我们提供的这个平台，这不仅有助于我国在科研一线工作的高水平科学家逐渐增强归纳、整理和传播知识的主动性（这也是科学研究回馈和服务社会的重要内涵之一），而且有助于培养我国各个领域的人士对前沿科学技术发展的敏感性和兴趣爱好，从而为提高全民科学素养作出贡献。

我谨代表《纳米科学与技术》编委会，感谢为此付出辛勤劳动的作者、编委会委员和出版社的同仁们。

同时希望您，尊贵的读者，如获此书，开卷有益！

白春礼

中国科学院院长

国家纳米科技指导协调委员会首席科学家

2011 年 3 月于北京

前　言

光子晶体是由不同介电常数的物质在空间中交替形成的周期性结构。基于光子晶体的光学功能材料，凭借其绚丽可调、环保耐久的结构色特征和独特的光学特性，在可视化传感器、反射型户外显示、结构色涂层与印染、防伪鉴定、绿色印刷、光催化增强、光伏电池等众多领域引起人们的浓厚兴趣与广泛关注。相关研究不仅推动物理、化学、材料等科学技术领域的发展，同时也有望带来切实的社会经济价值，造福人类的物质生活。

随着光子晶体材料的深入发展，越来越多的青年科研人员积极投身于该项研究领域。然而，光子晶体材料学是一门跨越物理光学、胶体化学、高分子化学、材料科学与工程等多学科的前沿交叉科学，这使得许多对此饱含兴趣的年轻人难以初窥门径，迷失于不同知识体系的瀚海中。目前，国内外的学术专著大多聚焦于光纤通信等光子晶体的传统应用，很少涉及上述最新应用领域，相关中文专著更是匮乏。鉴于此，笔者希望撰写一本关于光子晶体新材料的中文专著，为国内相关研究生和研究人员提供一本入门教程和专业参考书，以促进学科的发展。

本书融合了国内高校、科研院所众多科研团队的长期研究积累成果，围绕光子晶体“材料体系”与“应用探索”两大主题，详细介绍了光子晶体功能材料的基本原理和最新研究成果。在材料体系方面，本书先后介绍了微流控光子晶体、液态胶体光子晶体、空心微球胶体光子晶体、分子刷光子晶体及磁响应胶体光子晶体的制备原理和独特性能。在应用研究方面，本书分别探讨了光子晶体材料在绿色印刷、光纤、结构色印染、物理传感器和防伪识别领域的最新应用。受限于篇幅，本书未能涵盖更多有特色、有潜力的研究成果，希望能抛砖引玉，促成更多精彩著作的产生。

除笔者之外，复旦大学石磊教授，信阳师范学院葛力新教授，南京工业大学陈苏教授，中国科学院理化技术研究所宋恺研究员，比利时天主教鲁汶大学钟阔博士，天津大学宋东坡教授，苏州大学何乐教授，中国科学院化学研究所李明珠研究员和宋延林研究员，东华大学王宏志教授，上海应用技术大学刘志福教授，大连理工大学唐炳涛教授，中钞油墨有限公司油墨技术研究所庞飞博士和孙明珠博士作为章节作者参与了本书的撰写工作，在此向他们表示衷心感谢！本书在成稿过程中得到科学出版社张淑晓博士、孙曼编辑的热情帮助；课题组研究生张欣、何玉莹及张宇琦博士，广东工业大学杨东朋教授参与了书稿的校对，在此也表示衷心感谢！

由于作者水平有限，本书难免有疏漏和不当之处，敬请广大读者批评指正。

葛建平　傅茜茜

2023 年 6 月于华东师范大学

目　录

第 1 章　光子晶体基本原理

1.1　光子晶体概述

光子晶体是一门新兴的交叉学科，涉及物理、化学、生物、纳米技术等诸多领域。光子晶体的历史可追溯到 20 世纪 80 年代末，1987 年美国贝尔实验室的 Yablonovitch 针对抑制发光物质自发辐射的问题，提出了光子晶体的概念[1]。同年，美国普林斯顿大学的 John 在研究光子局域时也提出了该概念[2]。早期研究认为，光子晶体是由不同介电常数的材料在空间交替形成周期性结构的人工材料。随着这一学科的发展，光子晶体的概念已发展到准晶光子晶体和非晶光子晶体的研究范围[3, 4]。光子晶体理论的建立很大程度上受到固体物理的影响。基于波传播性质上的共性，可从固体晶体的基本理论出发认识光子晶体。

1.1.1　光子晶体与固体晶体的对比

在固体物理中，晶体是由基本单元如原子、离子、分子或原子团等有规则地在空间呈周期性重复排列形成的物体[5, 6]。固体物理的一个核心是研究电子在晶体中的传播规律。随着物理学的进步，这些规律已上升到量子力学中“物质波”的层次。在量子力学中，电子已不再是一个简单的颗粒，而是在空间有一定分布的物质波，具有波的特性。电子的波函数满足薛定谔方程，即式（1-1）：

$$-\frac{\hbar^2}{2m}\nabla^2\varphi(\boldsymbol{r})+U(\boldsymbol{r})\varphi(\boldsymbol{r})=E\varphi(\boldsymbol{r}) \tag{1-1}$$

其中，$\hbar$ 是约化普朗克常量；m 是电子静止质量；E 是电子能量；$U(\boldsymbol{r})$ 是电子的势能；$\varphi(\boldsymbol{r})$ 为电子波函数，波函数模的平方代表电子在空间 $\boldsymbol{r}$ 位置出现的概率。从以上方程可知，电子波函数和势能 $U(\boldsymbol{r})$ 有强烈的依赖关系。真空环境下势能 $U(\boldsymbol{r})$ 为 0，电子波函数的解是平面波，例如，电子双缝干涉实验中存在干涉现象正是电子平面波的证明。

在晶体中，原子或者分子为周期性分布，空间势能 $U(\boldsymbol{r})$ 也呈空间周期性分布。相应地，电子的波函数则为布洛赫（Bloch）波。Bloch 波最明显的特性是具有空间周期平移不变性，这正与周期性的势能相对应。电子 Bloch 波受周期势能（布拉格散射）的调制作用可形成能带，能带与能带之间则可能存在能量带隙。能量带隙范围内的电子被禁止传递，这为控制电子在晶体中的传输提供了一种非常重要的手段。

电子的能量带隙启发了人们去思考其他类型的波是否也具备带隙的可能。基于波传播的共性，任何类型的波，小到电子的物质波、光子的电磁波，大到宏观的声波、水波、机械弹性波等，在受到周期性势场的调制时，都应有类似于晶体中的能量带隙。光子（电磁波）类比于电子（物质波），周期性的介电常数类比于周期性的势能。当电磁波在光子晶体中传播时，受到周期性介电材料的调制存在光子带隙。光子带隙的性质和电子的能量带隙类似，人们可对电磁波的传播行为进行控制。此外，光子晶体的研究也可应用固体晶体的很多概念[6]，如倒格子、布里渊区、色散关系等。

1.1.2 光子晶体的分类

按照空间周期性的不同，光子晶体可分为一维、二维和三维光子晶体[7]，如图 1-1 所示。一维光子晶体只在一个方向具有周期性特征，一个典型的例子是法布里-皮罗多层薄膜结构。二维光子晶体在两个方向上有周期性排列结构，第三个方向具有连续平移不变性。三维光子晶体在空间三个维度都有周期性，可全方向控制电磁波。三维光子晶体有多种排列方式，如常见的柴堆结构、金刚石结构等。以上标准分类方式中，光子晶体被认为拓展填充在整个空间。然而，在实际情况下光子晶体在某个维度上的厚度是有限的，因此有光子晶体平板、光子晶体微纳米链条等。

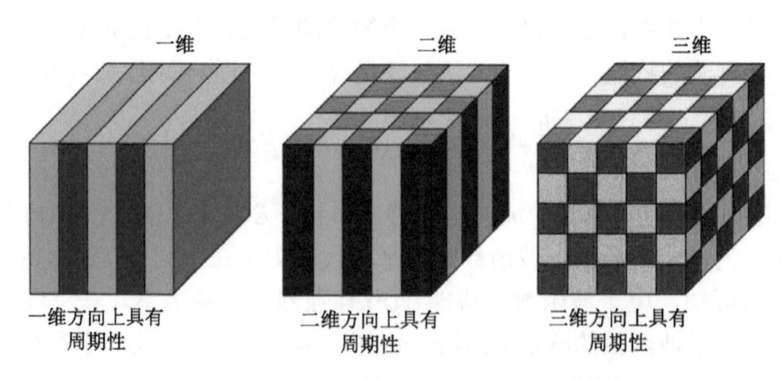

图 1-1　一维、二维和三维光子晶体示意图[7]

此外，按照长程有序的程度，光子晶体又可分为周期性光子晶体、准晶光子晶体和非晶光子晶体。其中，准晶光子晶体可形成准晶的能带，在微纳光子学中也有较高的研究价值。

1.1.3　光子晶体的主要特征

光子晶体主要有三大特征：光子带隙、光子局域和奇异色散。

（1）光子晶体的主要特征为光子带隙，即频率落在带隙中的电磁波被禁止在光子晶体中传播，光子带隙也被称为光子禁带。光子带隙的性质与光子晶体的周期尺寸、几何结构、介电常数比以及填充率等因素有关。光子带隙可分为全带隙和不完全带隙。全带隙指的是全方位光子带隙，即落在全带隙频率范围内的光波，其任意偏振方向和任意传播方向的形式都被禁止在光子晶体中传播。为了实现全带隙，空间三个方向都需要有周期性调控。严格定义上说，除了三维光子晶体具有全带隙外，一维、二维光子晶体没有全带隙（在无周期性调制的方向无法形成带隙）。对应地，电磁波只在光子晶体的某些特定方向、某个偏振下存在的带隙，被称为不完全带隙。

需要指出是，当我们限制维度讨论带隙时，会有不同结论。对于二维光子晶体，在只考虑具有周期性调制的两个维度的情况下，即电磁波的波矢量（$\boldsymbol{k}$）落在周期性调制的二维平面，我们又可以说二维光子晶体具有全带隙。光子带隙频率范围内的光子态密度为零，如图 1-2 所示。当自发辐射的频率落在光子禁带中时，自发辐射会被抑制。

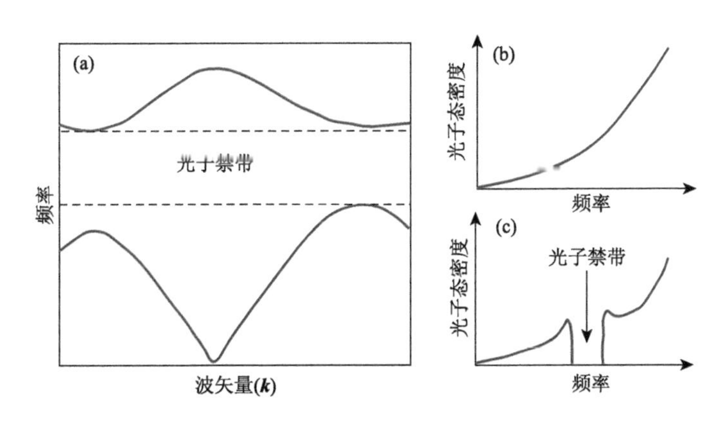

图 1-2　能带与光子态密度

（a）光子晶体能带与光子禁带示意图；自由空间（b）与光子晶体（c）的光子态密度

（2）光子晶体的另一个显著特征是光子局域。在完整无缺陷的无限大光子晶体中，不存在光的衰减模式。与半导体相似，如果能合理地引入一些点缺陷或者线缺陷，光子晶体原本的周期和对称结构被破坏，光子禁带中将会出现一些缺陷态。缺陷态具有很高的态密度，并且可将电磁波局限在缺陷的位置及其周围，形成光共振腔或者波导模式。光子晶体光纤就是一个典型的光子局域现象的产物。

光子晶体的光子局域特性还可以增强自发辐射，提高光跃迁的效率。此外，在某些介电材料组成的无序晶格中，光子晶体可呈现很强的 Anderson 局域。

（3）光子晶体的奇异色散也是一个非常重要的特征。该特征主要针对光子晶体带隙之外的模式。色散（也称为光子能带）是指电磁波波矢量（$\boldsymbol{k}$）和角频率的依赖关系。色散关系是研究电磁波的传播、干涉、衍射等现象时的一种重要手段。电磁波在均匀介质中的色散关系相对简单，主要取决于材料的折射率。而在周期性调制作用下，电磁波在光子晶体中具有非常丰富的色散，如强烈的空间色散和频率色散、平坦色散、负相速度等。基于这些奇特色散，光子晶体可突破传统材料的局限，实现新型的光学操控，如负折射、超棱镜、自准直、慢光等。

1.1.4　自然界中的光子晶体

光子晶体结构广泛存在于自然界中[8-10]，如图 1-3 所示。研究发现，自然界的结构色现象就是来源于天然的光子晶体。由于周期性的调制，光子晶体微纳结构对光的干涉、衍射及散射等，可引起特殊的颜色形成。例如，一些有蓝色艳丽翅膀的蝴蝶，其色彩的形成机理来源于蝴蝶翅膀上“类圣诞树”的微纳结构。孔雀羽毛的颜色来源于周期性二维孔状微纳结构，该结构形成的颜色会随不同观察角度而发生变化，这也和光子晶体的不完全带隙密切相关。此外，盛产于澳大利亚的一种蛋白石，其色彩斑斓的颜色来源于周期性二氧化硅纳米球。光子晶体结构色具有高亮度、高色彩饱和度、不褪色和环境友好等优异特性，在未来工业染色领域具有广阔的应用前景。

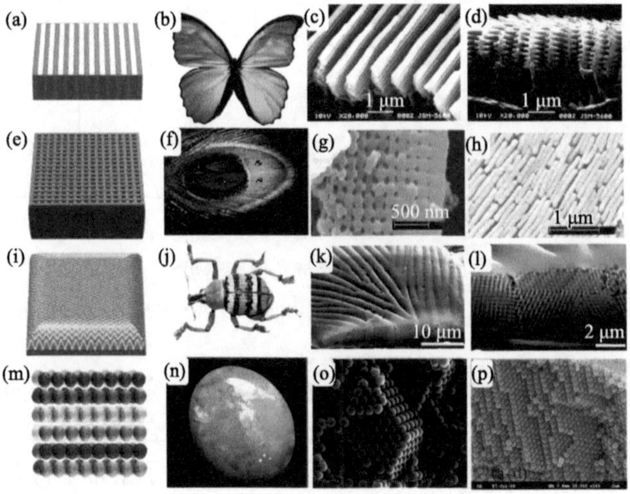

图 1-3　蓝色蝴蝶［(a)～(d)］、孔雀羽毛［(e)～(h)］、蜣螂［(i)～(l)］、天然蛋白石［(m)～(p)］中的光子晶体结构[8]

1.2　光子晶体的基本理论

光子晶体研究中一大任务是理论计算光子晶体的能带结构和能量带隙。为实现这个计算任务，我们需要了解倒空间和第一布里渊区的概念，以及周期性电磁波的波动方程。

1.2.1　倒空间与第一布里渊区

倒空间和实空间是认识光子晶体的两种不同角度。光子晶体的能带结构指的是能量（或频率）与倒空间特殊 k 点的函数关系，而不是实空间位置的函数。值得一提的是，倒空间和实空间互为傅里叶变换关系，例如，周期性实空间的衍射斑点对应于倒空间的格点。在定义倒空间之前，我们需要获得实空间光子晶体的基本信息。

在实空间中，光子晶体可通过基元、格点、原胞等固体物理的概念描述[5, 6]。基元是构成光子晶体的基本单元，格点是基元在晶格中选定的位置（如重心）代表。格点和它们之间的间距所形成的空间点阵称为晶格，而晶格的最小周期单位为原胞。整个光子晶体可看作是一个原胞沿着三个方向重复排列而构成。

光子晶体最基本的特征是具有空间周期平移不变性。在光子晶体的晶格中，存在 $\boldsymbol{a}_1$、$\boldsymbol{a}_2$、$\boldsymbol{a}_3$ 矢量代表的空间 3 个方向上的最小平移距离，称为格子的基矢（basis vector）。光子晶体中的任意格点坐标是这些基矢的整数倍，且格点按照基矢进行的平移操作具有不变性。为研究方便，人们通常引入一组与基矢正交的矢量，即倒格子矢量（简称倒格矢），用 $\boldsymbol{b}_1$、$\boldsymbol{b}_2$、$\boldsymbol{b}_3$ 表示，且基矢与倒格矢的关系可用式（1-2）描述：

$$\boldsymbol{a}_i \cdot \boldsymbol{b}_j = 2\pi\delta_{ij} \tag{1-2}$$

其中，δ_{ij} 是克罗内克 δ（Kronecker delta）函数，倒格矢可由式（1-3）表示：

$$\boldsymbol{b}_1 = 2\pi\frac{\boldsymbol{a}_2 \times \boldsymbol{a}_3}{\boldsymbol{a}_1 \cdot (\boldsymbol{a}_2 \times \boldsymbol{a}_3)},\quad \boldsymbol{b}_2 = 2\pi\frac{\boldsymbol{a}_3 \times \boldsymbol{a}_1}{\boldsymbol{a}_2 \cdot (\boldsymbol{a}_3 \times \boldsymbol{a}_1)},\quad \boldsymbol{b}_3 = 2\pi\frac{\boldsymbol{a}_1 \times \boldsymbol{a}_2}{\boldsymbol{a}_3 \cdot (\boldsymbol{a}_1 \times \boldsymbol{a}_2)} \tag{1-3}$$

由倒格子构成的空间被称为倒空间，该空间存在的倒格矢可由式（1-4）表示：

$$\boldsymbol{G}_n = l_1\boldsymbol{b}_1 + l_2\boldsymbol{b}_2 + l_3\boldsymbol{b}_3 \quad (l_1, l_2, l_3\text{是任意整数}) \tag{1-4}$$

以上实空间的基矢和倒空间的倒格矢指三维空间的情况，故有三个分量。对于一维光子晶体、二维光子晶体来说，基矢和倒格矢的分量分别只有一个、两个就足够描述整个体系的晶格。定义倒格矢在固体物理和光子晶体中均有重要的意义。例如，当电磁波由均匀介质入射到光子晶体表面，或者电磁波在光子晶体中传播时，电磁波会受到周期性结构的散射。该散射会给原先的电磁波提供额外的动量，基于光子晶体周期平移不变性，该额外的动量对应于倒格矢的大小。

在定义倒空间后，我们需要定义布里渊区[5, 6]。布里渊区是倒空间中以原点为中心的部分区域。在倒格矢中以某个格点为坐标原点，并作所有倒格矢的垂直平分面（二维情况为垂直平分线），倒空间被这些平分面离散分割为不同区域，其中最靠近原点的平面所围成的区域被称为第一布里渊区。

在特殊对称情况下（如旋转和镜面对称），第一布里渊区可以进一步简化到不可约布里渊区。定量计算光子晶体能带结构和能量带隙的过程中，不需要计算所有的 k。根据对称性，只需知道不可约布里渊区的能带结构，即本征频率随 k 沿着对称点的变化，可得到能带与带隙的主要关键信息。

1.2.2　光子晶体第一布里渊区的几个例子

一维光子晶体的晶格点阵如图 1-4 所示。以某一个晶格的坐标为原点，实空间下的基矢为 $a\hat{\boldsymbol{x}}$，倒空间的倒格矢为$(2\pi/a)\hat{\boldsymbol{x}}$。通过分割操作可知，一维光子晶体的第一布里渊区的取值范围为$[-\pi/a，\pi/a]$，而不可约布里渊区则为$[0，\pi/a]$。在一维光子晶体的能带图中，取的正是该第一布里渊区的 ω-$\boldsymbol{k}$ 函数关系。

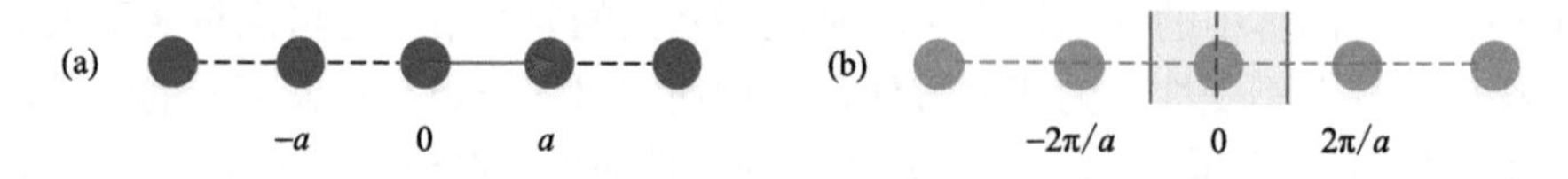

图 1-4　一维光子晶体晶格

（a）实空间晶格；（b）倒空间晶格，灰色区域为第一布里渊区

与二维固体晶体类似，二维光子晶体存在 5 种不同的基矢类型，如长方晶系、正方晶系、三角晶系等。图 1-5 展示了二维正方格子空间点阵示意图。假定光子晶体的介质柱子沿着 z 方向无限伸展，两个基矢 $\boldsymbol{a}_1$、$\boldsymbol{a}_2$ 分别沿着 x 轴和 y 轴，且 $|\boldsymbol{a}_1|=|\boldsymbol{a}_2|=a$。相应地，倒空间中的格矢也为正方格子，且基矢为：$\boldsymbol{b}_1=(2\pi/a)\hat{\boldsymbol{x}}$，$\boldsymbol{b}_2=(2\pi/a)\hat{\boldsymbol{y}}$。从图中可见，光子晶体的第一布里渊区为正方形，而不可约布里渊区则是一个三角形，其中三个对称点 Γ、X 和 M 代表三角形的三个顶点，分别对应着 $\boldsymbol{k}=0$、$\boldsymbol{k}=(\pi/a)\hat{\boldsymbol{x}}$ 和 $\boldsymbol{k}=(\pi/a)\hat{\boldsymbol{x}}+(\pi/a)\hat{\boldsymbol{y}}$。在光子晶体能带中，主要关注的正是波矢量沿特殊方向 ΓX、XM 的色散关系。

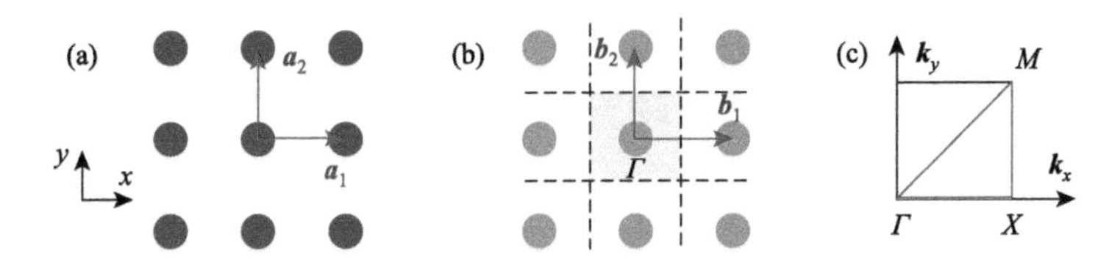

图 1-5　正方格子二维光子晶体与布里渊区

（a）实空间晶格；（b）倒空间晶格；（c）不可约布里渊区

三角晶系的二维光子晶体如图 1-6 所示，灰色区域为光子晶体的第一布里渊区，是一个六边形的面，而不可约布里渊区为直角三角形（一个锐角为 30°）。

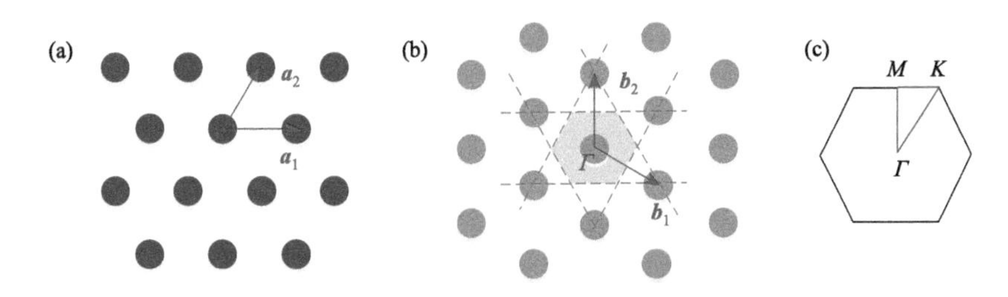

图 1-6　三角晶系二维光子晶体

（a）实空间晶格；（b）倒空间晶格；（c）不可约布里渊区及特殊对称点

三维光子晶体理论上的基矢类型有 14 种之多，常见的有面心立方（face-centered cubic，fcc）、金刚石立方（diamond cubic）等晶体结构。图 1-7 为三维面心立方结构的示意图。fcc 是典型的金属晶体结构，每个顶点有一个原子，而每个面心也有一个原子。fcc 的倒空间格矢为中心立方结构，而第一布里渊区为多面体结构。

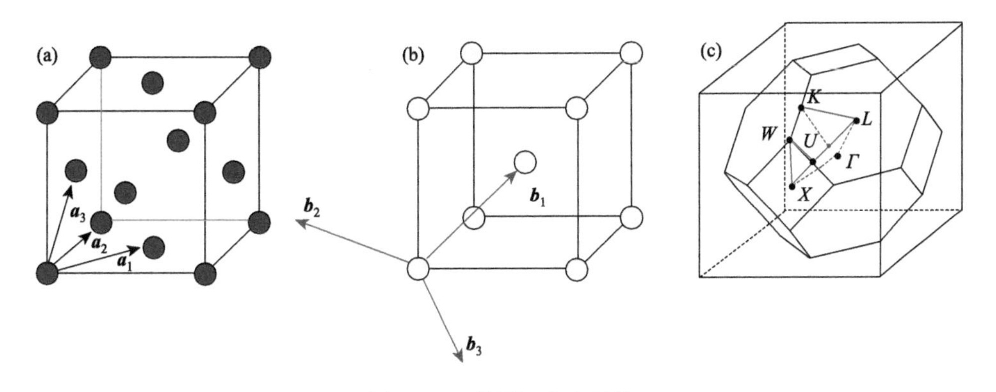

图 1-7　三维面心立方结构

（a）实空间晶格；（b）倒空间晶格；（c）第一布里渊区

1.2.3 周期结构下的电磁波波动方程

光是一种电磁波，由振荡且互相垂直的电场与磁场在空间中以波的形式传递的一种能量。我们生活的世界充满了不同类型的电磁波，按照频率从低到高排列有无线电波（如电台信号频段）、微波（手机、微波炉工作频段）、太赫兹波、红外线、可见光、紫外光和X射线等。无论哪种类型的电磁波，其物理规律均可由麦克斯韦方程组即式（1-5）描述：

$$\begin{aligned} \nabla\cdot\boldsymbol{D}&=\rho \\ \nabla\cdot\boldsymbol{B}&=0 \\ \nabla\times\boldsymbol{E}&=-\frac{\partial\boldsymbol{B}}{\partial t} \\ \nabla\times\boldsymbol{H}&=\frac{\partial\boldsymbol{D}}{\partial t}+j \end{aligned} \tag{1-5}$$

其中，ρ 是自由电荷密度；j 是自由电流密度；$\boldsymbol{E}$ 和 $\boldsymbol{D}$ 分别是电场强度和电位移矢量，$\boldsymbol{B}$ 和 $\boldsymbol{H}$ 分别是磁感应强度和磁场强度，且具有关系：

$$\begin{aligned} \boldsymbol{D}&=\varepsilon_0\boldsymbol{E}+\boldsymbol{P} \\ \boldsymbol{B}&=\mu_0(\boldsymbol{H}+\boldsymbol{M}) \end{aligned} \tag{1-6}$$

其中，ε_0、μ_0 分别是真空中的介电常数和磁导率；$\boldsymbol{P}$ 是电场下物质的极化强度（电极化）；$\boldsymbol{M}$ 是磁场中物质的磁极化率。在线性光的范围下 $\boldsymbol{P}$、$\boldsymbol{M}$ 分别与 $\boldsymbol{E}$、$\boldsymbol{H}$ 呈线性正比关系，简化后有本构关系，即式（1-7）：

$$\begin{aligned} \boldsymbol{D}&=\varepsilon_0\varepsilon\boldsymbol{E} \\ \boldsymbol{B}&=\mu_0\mu\boldsymbol{H} \end{aligned} \tag{1-7}$$

其中，ε 和 μ 分别为相对介电常数和相对磁导率（无量纲）。可见光波段绝大多数材料没有磁响应，下文中我们只考虑非磁性材料（$\mu=1$）的体系，且自由电荷密度和自由电流密度均为零。经过简单推导麦克斯韦方程组，可得到电磁波的波动方程。电磁波波动方程可分为电场的和磁场的波动方程，且两者的形式非常相似。磁场的波动方程为

$$\nabla\times\frac{1}{\varepsilon(\boldsymbol{r})}\nabla\times\boldsymbol{H}=\left(\frac{\omega}{c}\right)^2\boldsymbol{H} \tag{1-8}$$

其中，$\varepsilon(\boldsymbol{r})$ 是材料的介电常数；ω 和 $c=1/\sqrt{\varepsilon_0\mu_0}$ 分别是电磁波的角频率和真空光速。式（1-8）是一个典型的偏微分方程，其中本质值为 ω^2/c^2，本质矢量为 $\boldsymbol{H}$，本质算符 $\nabla\times\frac{1}{\varepsilon(\boldsymbol{r})}\nabla\times$ 类似于薛定谔方程中的哈密顿算符。

均匀介质中的介电常数$\varepsilon(\boldsymbol{r})$是不随空间变化的物理量。平面波是均匀介质材料中一类典型的电磁波形式。此时，式(1-8)中磁场的标量方程解为$H(r)=H_0\mathrm{e}^{\mathrm{i}k\cdot r}$，其中，$H_0$是磁场的振幅，波矢大小$k=\sqrt{\varepsilon}\omega/c$，$c$为真空中的光速。

在光子晶体中，介电常数在空间呈现周期性的交替，如式（1-9）表示：

$$\varepsilon(\boldsymbol{r})=\varepsilon(\boldsymbol{r}+\boldsymbol{R}) \tag{1-9}$$

其中，$\boldsymbol{R}$是晶格平移向量，与晶格长度有关：

$$\boldsymbol{R}=l_1\boldsymbol{a}_1+l_2\boldsymbol{a}_2+l_3\boldsymbol{a}_3 \tag{1-10}$$

其中，l_i（$i=1,2,3$）$=0,\pm1,\pm2,\pm3,\cdots$为整数。由于周期性调制，平面波已不再是光子晶体中电磁波的形式。由于介电常数在空间平移$\boldsymbol{R}$后不变，电磁波的解在平移$\boldsymbol{R}$后也应具有相同的形式。因此，光子晶体中的电磁波满足 Floquet-Bloch 定理，对应的电磁波磁场形式为

$$H(\boldsymbol{r})=H_{n,k}(\boldsymbol{r})\mathrm{e}^{\mathrm{i}qr} \tag{1-11}$$

其中，q是 Bloch 波矢量的值，$n=1,2,3,\cdots$对应于第n条光子能带，Bloch 波的振幅满足：

$$H_{n,k}(\boldsymbol{r})=H_{n,k}(\boldsymbol{r}+\boldsymbol{R}) \tag{1-12}$$

Bloch 波的形式为一个平面波和一个周期函数的乘积。将式（1-11）和式（1-12）代入式（1-8）后求解方程，可得到光子晶体的能带图。由于式（1-8）一般没有解析形式，常用的数值计算方法包括平面波展开法[11, 12]、传输矩阵法[13, 14]、有限差分时域法[15]。现在的商业软件如 COMSOL Multiphysics、FDTD Solutions 等都可以快速准确计算光子晶体的能带结构。

1.3　光子晶体的能带图

1.3.1　一维光子晶体

一维光子晶体只在一个方向具有周期性特征，典型例子是一种多层薄膜周期结构。这种多层结构也被称为布拉格反射镜，可实现一定频率范围内对光的近乎全反射。布拉格反射镜包含了两种光学材料组成的多层结构，介电常数分别为ε_1和ε_2。电磁波入射有两种模式：第一种模式为 TE 波（也称为s波），电场平行于y轴；另一种模式为 TM 波（也称为p波），磁场平行于y轴。这里，我们假定入射波矢量与法线在x-z面。在垂直入射情况下，TE 模式与 TM 模式的能带没有区别。两种模式在斜入射下的反射系数、透射系数不同，需要区别对待。电磁波的反射系数和透射系数可通过传输矩阵方法求解[16]：

$$r = M_{21} / M_{11}, \; t = 1 / M_{11} \tag{1-13}$$

其中，r 是反射系数；t 是透射系数；M_{11} 和 M_{21} 是传输矩阵 $\boldsymbol{M}$ 的矩阵元。这里 $\boldsymbol{M}$ 是一个 2×2 的矩阵，可由式（1-14）表示：

$$\boldsymbol{M} = D_{0\to1}P(d_1)D_{1\to2}P(d_2)\cdots P(d_{n-1,n})D_{n\to n+1} \tag{1-14}$$

其中，$D_{j\to j+1}$ 表示电磁波从第 j 层到第 $j+1$ 层薄膜的相位变化，而 $P(d_j)$ 表示电磁波在第 j 层传输时的相位变化，由式（1-15）表示：

$$P(d_j) = \begin{bmatrix} \mathrm{e}^{-\mathrm{i}k_{j,z}d_j} & 0 \\ 0 & \mathrm{e}^{\mathrm{i}k_{j,z}d_j} \end{bmatrix} \tag{1-15}$$

其中，$k_{j,z} = \sqrt{k_j^2 - k_\parallel^2}$，$k_j = \sqrt{\varepsilon_j}k_0$，$k_\parallel$ 是波矢量的平行分量，ε_j 是第 j 层的介电常数；d_j 是第 j 层的厚度。$D_{j\to j+1}$ 表达式为

$$D_{j\to j+1} = \frac{1}{2}\begin{bmatrix} 1+\eta_m & 1-\eta_m \\ 1-\eta_m & 1+\eta_m \end{bmatrix} \tag{1-16}$$

其中，$\eta_m(m = s, p)$ 是一个与极化方向有关的量，对于 p 极化：$\eta_p = \dfrac{\varepsilon_j k_{j+1,z}}{\varepsilon_{j+1}k_{j,z}}$，对于 s 极化：$\eta_s = \dfrac{k_{j+1,z}}{k_{j,z}}$。对于两种材料（用 1、2 标识）周期性交替的一维光子晶体，基于 $\boldsymbol{M}$ 矩阵得到的能带解析形式为[16]

$$\cos(qd) = \cos(k_{1z}d_1)\cos(k_{2z}d_2) - \frac{1}{2}\left(\eta_m + \eta_m^{-1}\right)\sin(k_{1z}d_1)\sin(k_{2z}d_2) \tag{1-17}$$

其中，q 是 Bloch 波矢量的值；k_{1z} 和 k_{2z} 分别是电磁波在材料 1 和材料 2 中波矢量的垂直分量；d_1 和 d_2 分别是一个周期内材料 1 和材料 2 的厚度，$d = d_1 + d_2$，为周期长度。

二氧化硅/硅薄膜周期性交替构成的一维光子晶体如图 1-8（a）所示。假定二氧化硅与硅的折射率不随频率变化（波长＞500 nm 的情况下有效），分别为 $n_1 = 1.4$，$n_2 = 3.6$。二氧化硅层与硅层的厚度 $d_1 = d_2 = 80$ nm。基于式（1-17）得到的光子晶体能带如图 1-8（b）所示，纵轴表示能量，横轴为 Bloch 波矢量。计算发现，在特定能量范围内存在光子带隙（阴影区域）。光子带隙在 1.16～1.85 eV 之间，对应的波长范围为 670～1070 nm。

光子晶体对带隙范围的电磁波具有 100%的反射率。但当周期有限时，能否实现同样高的反射率呢？图 1-8（c）展示了不同周期下电磁波的反射率。当周期数为 5 时，光子带隙区域内的反射率已非常接近 100%。周期数越多，光子带隙内的电磁波反射率也就越高。

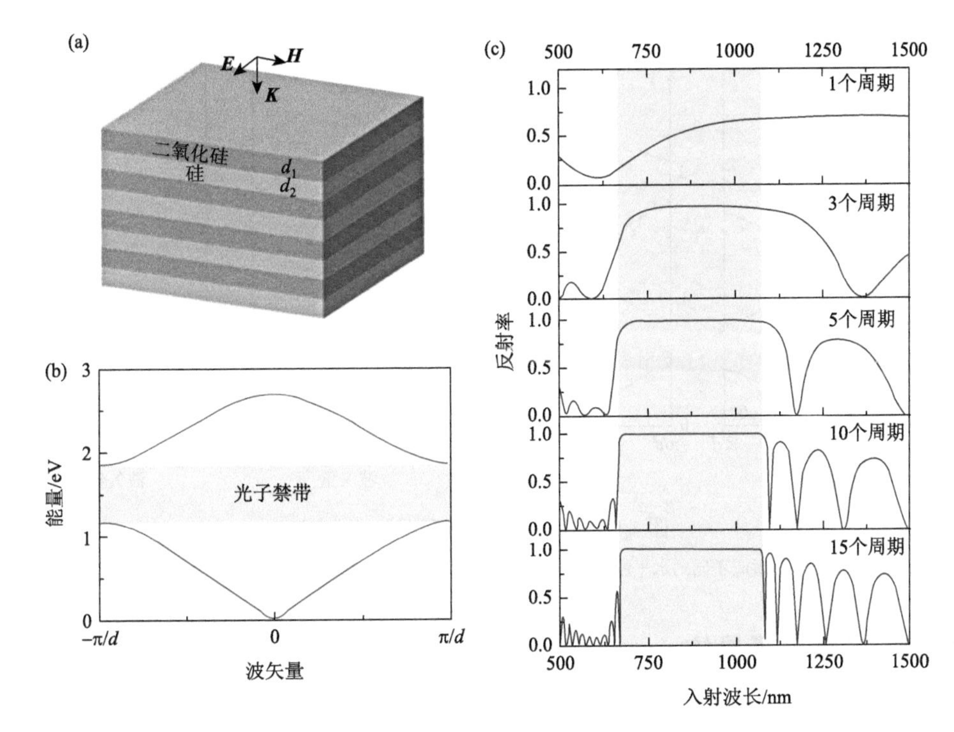

图 1-8　由二氧化硅/硅薄膜交替构成的一维光子晶体

（a）结构示意图；（b）能带图；（c）有限周期下电磁波的反射率

光子晶体能带理论为设计布拉格反射镜提供了一种全新的视角。由于没有全带隙，通常的观点认为一维光子晶体不可能实现全方向的反射镜。然而，1998 年美国麻省理工学院的 Fink 等研究发现，即使没有全带隙，一维介质光子晶体同样可以实现全方向反射镜[17]。

光子晶体全方向反射镜和传统的金属反射镜相比具有诸多优点。在微波波段，金属（如金、银、铜）平面几乎 100%反射电磁波且吸收很少（约 0.01%），是很好的全方向反射镜。但在可见光和红外波段，金属平面会产生 10%～20%的电磁波吸收，因而限制了金属在该频段的应用。基于低损耗介质材料，光子晶体全方向反射镜的吸收可以明显低于金属平面。此外，金属平板材料的可重构性很差，对特定波段的全方向反射难以调控。基于材料的折射率、周期长度和结构占空比，光子带隙的位置和宽度可人为控制，进而对光子晶体全方向反射镜的特性进行调控。

图 1-9 展示了二氧化硅/硅一维光子晶体在不同偏振、不同入射角下的能带图。其中的角度 θ 由关系式 $\sin\theta = k_{\parallel} / k_0$ 确定。真空中任意角度和偏振入射的电磁波均无法耦合到该光子晶体中，因而可实现电磁波 100%反射。

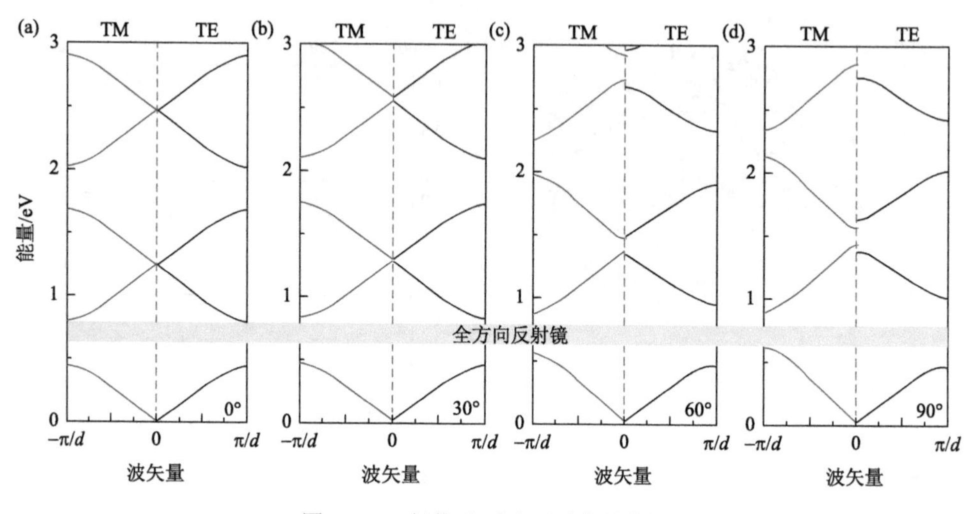

图 1-9　二氧化硅/硅光子晶体能带图

（a）～（d）分别对应不同的水平波矢量，原胞中二氧化硅与硅的厚度分别为 $d_1 = 360$ nm，$d_2 = 140$ nm

1.3.2　二维光子晶体

二维光子晶体在两个维度上有周期性排列结构。根据电磁场偏振的不同，二维光子晶体的能带可分为横向电场模式（TE 模式）和横向磁场模式（TM 模式）。TE 模式的电场平行于周期性结构平面且没有垂直分量。同样，TM 模式的磁场平行于周期性结构平面且没有垂直分量。下面举两个例子。

1. 四方晶格

四方晶格二维光子晶体的能带图如图 1-10 所示，周期大小为 a。无论是均匀介质还是光子晶体，不可约布里渊区均为等腰直角三角形。横轴方向，能带从 Γ 到 X 点表示 Bloch 波矢量从 0 到 k_x 分量的布里渊区边缘 π/a 逐渐增大的过程。纵轴从 X 到 M 点代表 Bloch 波矢量中 k_y 分量从 0 到 π/a 逐渐增大的过程（分量 $k_x = \pi/a$ 保持不变）。而 M 到 Γ 则表示 Bloch 波矢量沿着 45°角逐渐减小并回归到原点的过程。

均匀材料中 TE 和 TM 模式的能带相互重叠且不存在带隙，这个结论与预期相符。相比于均匀介质，光子晶体的能带表现出了非常丰富的特性，且 TE 和 TM 模式的能带表现差异很大，如图 1-10（b）所示。TM 模式出现了明显的光子带隙，而 TE 模式则没有。需要指出的是，纵轴为无量纲的约化频率 $\omega a/2\pi c = a/\lambda$。当只改变周期长度而保持材料的其他参数不变时，相应的能带结构乘上一个标度因子（长度变化的倍数），则能带结构的形状保持不变，该特性被称为光子晶体的标度不变性。

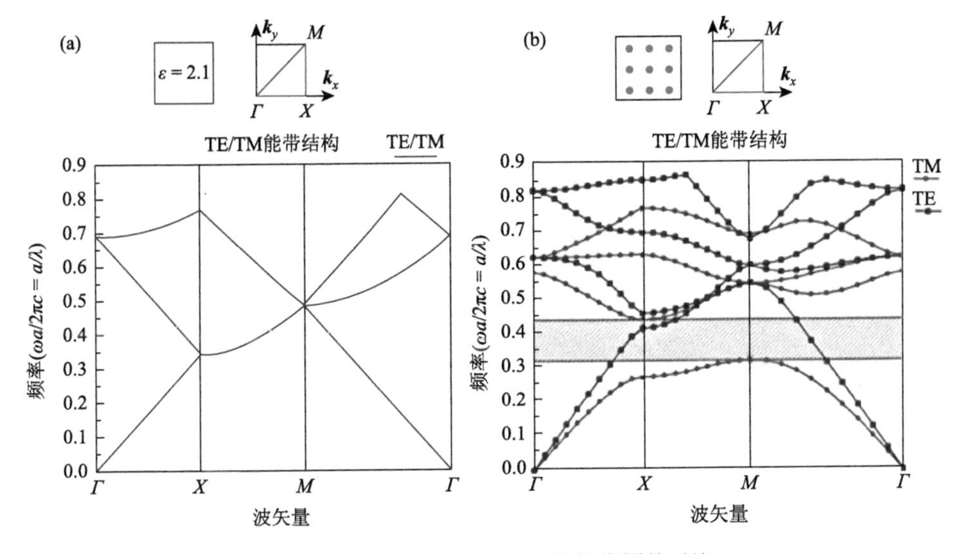

图 1-10　均匀介质与光子晶体能带图的对比

（a）均匀介质能带图；（b）四方晶格光子晶体能带图，介质柱子（$\varepsilon = 9$）周期性排列在空气背景中，半径 $r = 0.2a$，其中，a 为晶格周期长度

光子晶体禁带的大小除了和偏振有关外，还与光子晶体的几何结构和介电常数的配比相关。通常，两种组成物体的介电常数之比越大，就越有可能出现光子禁带。此外，晶体的几何构型（圆柱体、多边形）也会影响光子晶体的能带结构。

那么，光子晶体中光子能带及光子带隙的产生的物理原理是什么呢？由于周期性结构对电磁波的布拉格散射，原本在均匀介质中的线性色散关系会发生能带结构的折叠[7]。通常，布拉格散射引起的能带折叠以及在特殊对称点的耦合分裂是光子晶体带隙形成的主要原因。对于 TE 和 TM 模式，电磁波的边界条件连续性不一样[7]，故两种模式的电磁散射强弱不同。又因上下不同能带之间在特殊对称点的耦合与散射强度密切相关，它们的能带出现明显的差异。

另外，光子晶体结构单元的光学长度（光学长度定义为结构实际长度乘以折射率）与其相关的电磁波波长相近。在讨论光子晶体对电磁波的传播影响时，不能简单地应用有效介质理论，必须考虑光子晶体单元结构的 Mie 共振效应[18]。正是 Mie 共振和布拉格散射的共同作用导致了光子晶体的能带结构和光子带隙的产生。

2. 三角晶格

三角晶格的两种典型体系如图 1-11 所示。对于空气背景下周期性介质柱子的光子晶体，TM 模式具有非常强的光子带隙，TE 模式则没有。相反，对于介质背景下周期性空气柱子的光子晶体，TE 模式具有非常强的光子带隙。这些不同模式的差异性可以根据前面介绍的布拉格散射得到解释。

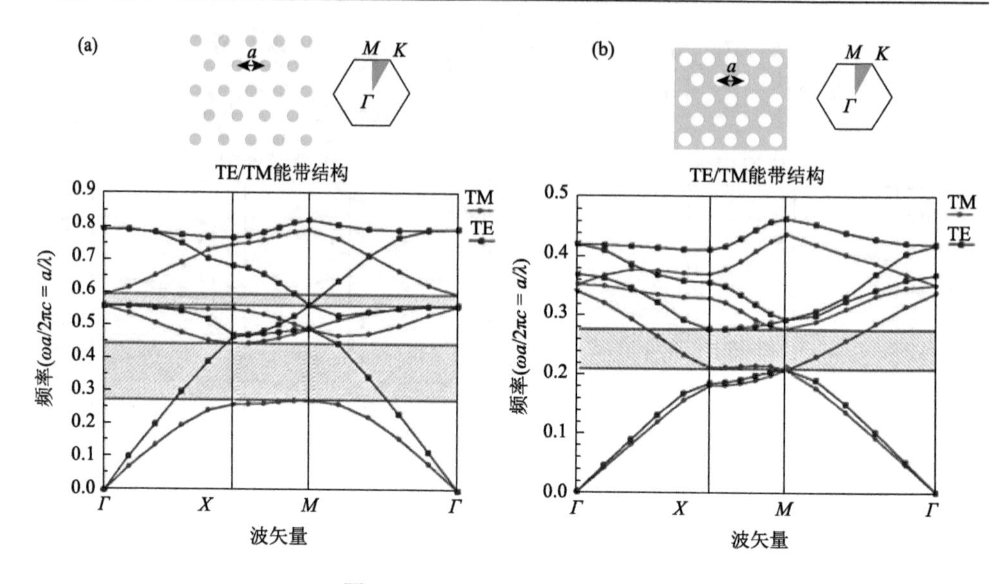

图 1-11　三角晶格二维光子晶体

（a）周期电介质圆柱的能带图，背景为空气，圆柱 $\varepsilon = 12$，半径 $r = 0.2a$；（b）周期性孔洞圆柱能带图，背景为介质，$\varepsilon = 12$，柱子半径 $r = 0.3a$

1.3.3　三维光子晶体

三维光子晶体的几何结构更为复杂，且制备技术远落后于低维光子晶体。三维光子晶体一个特殊之处是理论上可实现全带隙。一般说来，具备以下条件的三维光子晶体更容易产生全带隙：①第一布里渊区接近各向同性（球形）；②光子晶体的不同构成材料的折射率对比度达到一定的高度；③具有局域 Mie 共振。经过多年研究发现，普通的三维光子晶体并没有全带隙，只有特殊结构的光子晶体才具有全带隙，列举如下。

1. 金刚石结构

1990 年，Ho 等发现金刚石结构的光子晶体具有全带隙[12]，能带如图 1-12 所示。金刚石结构是一种重要的基本晶体结构，它是由两个面心立方点阵沿立方晶胞的体对角线偏移 1/4 单位嵌套而成的晶体结构。金刚石排列结构的特点是每个晶格有 4 个最近邻，且正好在一个正四面体的顶点。金刚石结构光子晶体的第一布里渊区是周期性结构中最接近球形的，非常有利于全带隙的形成。此外，研究发现金刚石光子晶体材料的折射率对比度越大，全带隙也越大。目前，实验中可通过微纳米硅小球堆积形成金刚石结构的光子晶体，且发现存在全带隙的现象[19]。

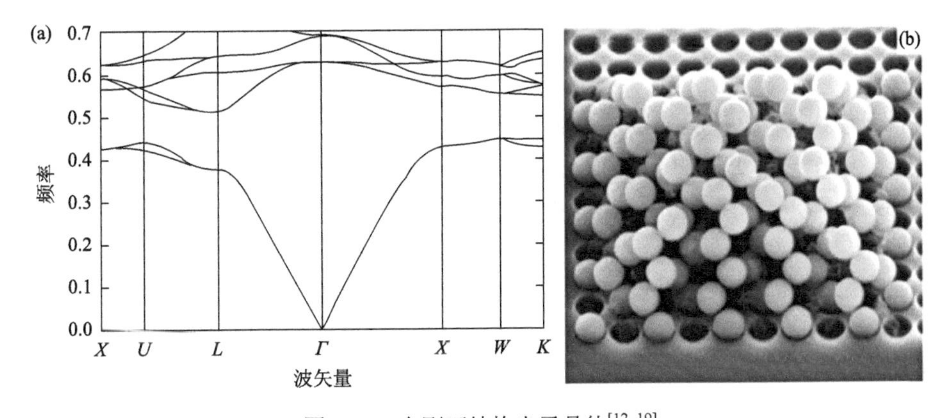

图 1-12　金刚石结构光子晶体[12, 19]

（a）能带图；（b）硅小球堆积形成的金刚石结构

2. 反蛋白石结构

反蛋白石（inverse opal）结构由普林斯顿大学 John 提出，它也是一大类可实现完全光子带隙的结构。此类光子晶体的全带隙出现在高阶能带，如图 1-13 所示。反蛋白石结构通常以 SiO_2、PS、聚甲基丙烯酸甲酯（PMMA）等材料为模板，在其空隙中填充高折射率的材料。待材料在空隙间矿化后，通过煅烧、化学腐蚀、溶剂溶解等方法除去初始的 SiO_2 或聚合物模板，形成具有规则排列的球形的空气孔。2000 年，Blanco 等制备了以硅为材料的反蛋白石结构，在通信波段 1.5 μm 附近具有很明显的全带隙[20]。

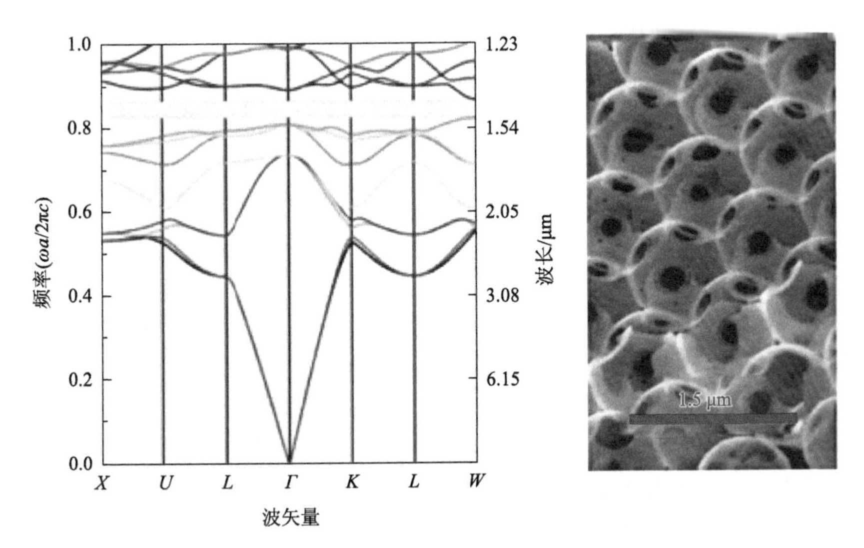

图 1-13　反蛋白石结构能带结构以及实验样品图[20]

3. 木堆结构

木堆结构是由一层一层的一维光栅堆砌而成，且相邻的光栅相互交叉呈 90°。木堆结构是一种变相的金刚石结构，也满足第一布里渊区接近球形的条件。如图 1-14 所示，人们发现木堆结构的三维光子晶体也可以支持全带隙[21]。木堆结构可借助半导体刻蚀技术分层叠加实现，但刻蚀方法和制备工艺相对复杂。随着技术的进步，人们利用激光直写技术获得了聚合物材料体系 60 μm×60 μm 的高质量木堆结构[22]。

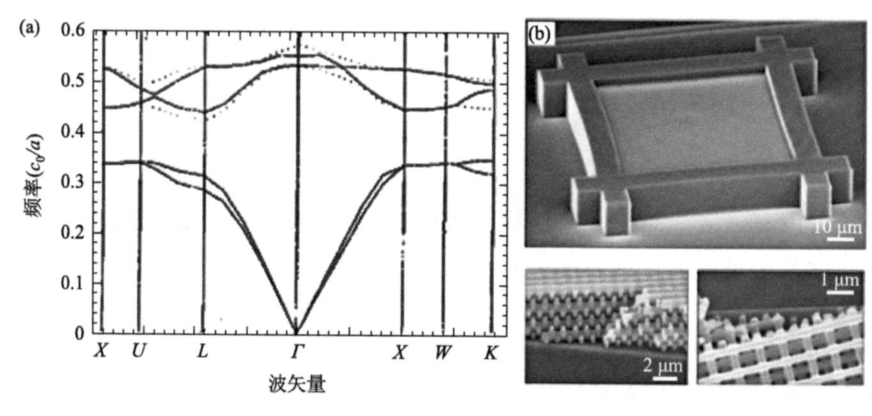

图 1-14　木堆结构三维光子晶体[21, 22]

（a）能带图；（b）实验样品扫描电镜照片

1.4　光子带隙中的缺陷态

光子晶体的一个重要特征是光子局域。当光子晶体的周期性被打破，则光子带隙内可形成频率极窄的缺陷态。光子晶体的缺陷态在调控电磁波的行为中有诸多应用，如光的波导、光的谐振器等。根据维度的不同，缺陷态可分为点缺陷、线缺陷、面缺陷。

（1）点缺陷。在多层结构的一维光子晶体中，若某一层的折射率改变并打破了空间周期平移不变性，则该层可视为垂直平面方向的点缺陷。在二维光子晶体中，有多种引入点缺陷的方式，如将某个单元的介质材料移走，或者改变某个单元的折射率、几何形状等。如图 1-15（a）所示，点缺陷可形成高品质的谐振腔，处在点缺陷中的电磁波被光子晶体反射墙包裹，从而局域电磁波。

（2）线缺陷。当光子晶体中某一行或列的晶格单元发生变化，如单元移走、折射率改变或单元几何结构改变等，都可形成线缺陷。如图 1-15（b）所示，光子晶体的线缺陷可将禁带中的特定电磁波局域在线缺陷中，形成光的波导。光子晶体的波导可以突破传统波导的某些局限，例如，传统波导在直线传输时可以高效率地传播光子，但在大角度转弯时全反射条件被破坏，传输效率大大降低。经过特殊的设计（在转弯处减少电磁波的背向散射），光子晶体光波导在大角度情况下也可以保持很高的传输效率[23, 24]。研究发现，线缺陷即使在 90°转弯时，也可不发生泄漏，理论上导光效率接近 100%。

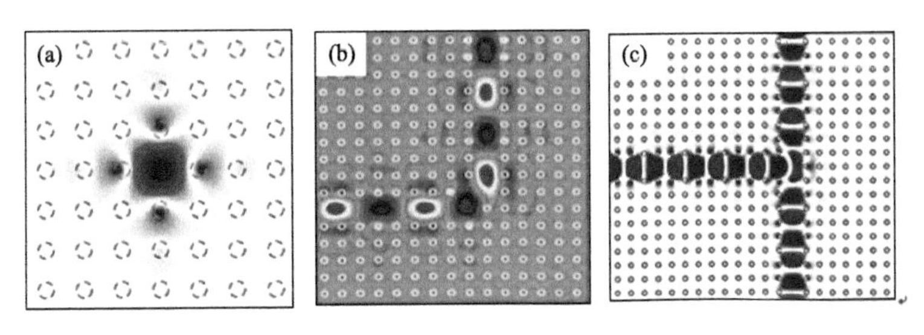

图 1-15　二维光子晶体缺陷态与应用[23, 24]

（a）点缺陷下的电磁波局域；（b）线缺陷在转弯波导中的应用；（c）线缺陷在光分路中的应用

（3）面缺陷。面缺陷是出现在平面维度的缺陷。例如，三维光子晶体的晶格单元在一个平面上出现了某种不连续，打破了空间周期平移不变性，对应的缺陷就是一种面缺陷[25]。由于面缺陷的存在，电磁波可以在缺陷中形成表面波。电磁波被局域在整个平面，在大面积导波、传感、非线性、激光等领域具有潜在应用。

1.5　平板光子晶体

1.5.1　平板光子晶体能带图

平板光子晶体是一种有限厚度的光子晶体，可分为一维平板光子晶体与二维平板光子晶体。一维平板光子晶体只在一个方向具有周期性，又称为亚波长光栅或亚波长平板光栅。二维平板光子晶体[26]则是有限厚度的二维光子晶体（图 1-16）。相比于三维光子晶体，二维平板光子晶体的制备相对简单，在实验研究中较为常见。基于平面内的光子禁带以及垂直方向的全反射，二维平板光子晶体可以实现对光的三维控制。

在讨论平板光子晶体能带时，光锥（light cone），即色散关系$(\omega/c)^2 = k_0^2 = k_x^2 + k_y^2$，是一个非常重要的分界。平板光子晶体的模式与光锥分界密切相关，存在辐射模式、导波模式，以及缺陷模式。

1. 辐射模式

光子晶体面内的 Bloch 波矢量是一个守恒量，当 Bloch 波矢量小于光锥的波矢量（k_0）时，电磁波可以辐射泄漏到空气中，被称为辐射模式［图 1-16（c）、（d）阴影区域］。从物理学角度来说，辐射模式是垂直方向平移不变性被破坏的结果。然而，在某些特定情形下，辐射模式的电磁波也可局域在平板光子晶体附近，如后面将讨论的连续谱中的束缚态。

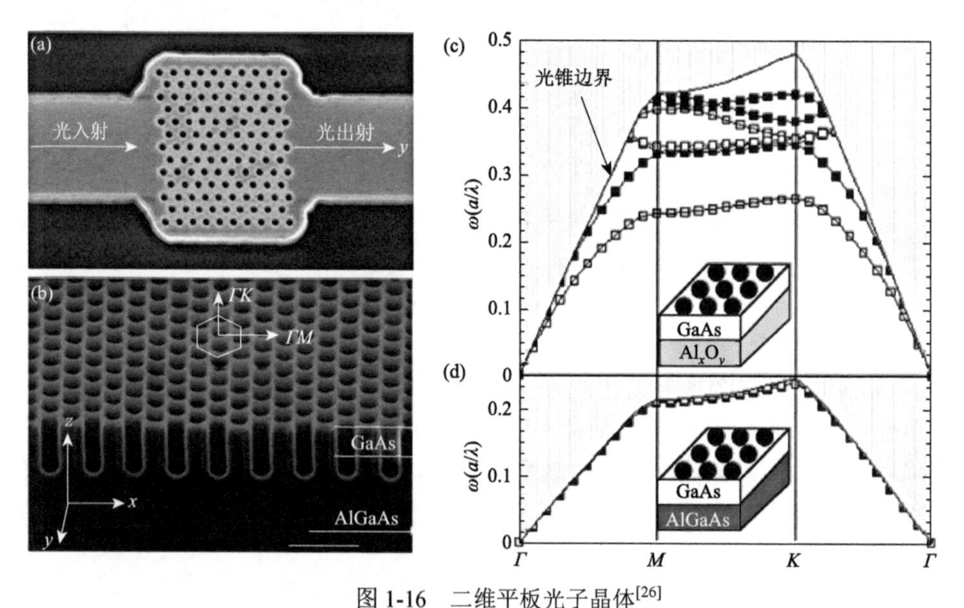

图 1-16　二维平板光子晶体[26]

（a）、（b）实验样品的 SEM 照片；（c）、（d）能带图，分别对应基底折射率为 1.5 与 2.9，阴影区域为光锥之上的辐射模式，空心数据点对应 TE 模式，实心数据点对应 TM 模式

2. 导波模式

当 Bloch 波矢量大于光锥波矢量时，由于水平方向的波矢量无法匹配，电磁波无法辐射到空气中，称为导波模式。导波模式来源于高折射率介质的内全反射，另外也受到水平周期性的调制。导波模式处在光线之下，在垂直平面方向快速衰减。

通常，导波模式存在类 TE 和类 TM 这两个独立的模式。与二维光子晶体类似，平板光子晶体也存在光子带隙[27]。决定平板光子晶体是否存在光子带隙的因素较多，其中平板光子晶体的高度是一个重要的参数。一般来说，理想高度是局域模式的半波长。因此，它的高度不能太低（模式局域性不足），也不能太高（高阶模式会填充到带隙中）。此外，平板光子晶体不同材料的折射率对比度、不同基底等都可以影响光子带隙[26]。

3. 缺陷模式

相应地，二维平板光子晶体也存在线缺陷和点缺陷。线缺陷通过上下全反射和周期性调制可局域和控制电磁波。然而，点缺陷无法利用全反射这一条件，原则上不能很好地束缚电磁波。点缺陷辐射模式可分解为各类多极矩（如电偶极矩、电四极矩等），而电偶极矩与真空耦合辐射的能量最强。为了实现高 Q 因子（局域和束缚电磁波的参数）的点缺陷模式，关键就是要抑制缺陷模式向自由空间中的辐射。日本京都大学的 Noda 课题组研究发现，若对点缺陷附近的微纳结构进行微调，降低电偶极子辐射至近乎为零，则二维平板光子晶体点缺陷 Q 因子可提高到百万量级[28]。

1.5.2　平板光子晶体的束缚态

连续谱中的束缚态（bound state in the continuum，BIC）是由 Neumann 和 Wigner 于 1929 年提出的一个概念。在电子体系中，他们构想出某种特殊的三维势场，并发现连续谱中存在一些无法与自由空间扩展态相互耦合的束缚态，即 BIC。除了电子体系外，人们发现电磁波、声波、水波等体系中也存在 BIC 的现象[29]。

2013 年，美国麻省理工学院的 Soljačić 课题组首次在平板光子晶体中观测到了电磁波的 BIC 现象[30]。如图 1-17（a）所示，在高对称性 Γ 点（0°）和某一斜入射角下存在 Q 因子趋于无穷大的 BIC 模式。2014 年，该课题组发现平板光子晶体的 BIC 与动量空间偏振场密切相关。在动量空间中，BIC 具有拓扑特性且对应着偏振涡旋的中心[31]。2018 年，复旦大学的 Zhang 等基于动量空间光谱成像技术实现了对 BIC 和偏振涡旋的直接观测[32]。如图 1-17（b）所示，实验观测能带上的消失点表明该处模式无法被入射光激发，也不能耦合到自由空间。从偏振依赖的消光谱提取到的偏振场也证实了 BIC 与偏振涡旋的存在。

平板光子晶体中 BIC 机理有多种对应的物理图像。Zhen 等认为 BIC 是光子偏振在动量空间缠绕的涡旋，即携带整数拓扑荷的拓扑缺陷[31]。平板光子晶体能带上每个辐射态远场的偏振矢量在 x-y 面内的投影矢量 $\boldsymbol{c}_{k_{\|}} = c_x\hat{\boldsymbol{x}} + c_y\hat{\boldsymbol{y}}$ 可定义为动量空间的偏振场。如图 1-18（a）所示，偏振涡旋的拓扑荷由 $c_x = 0$ 与 $c_y = 0$ 的偏振矢量的交点，以及周围 c_x、c_y 的正负来确定。动量空间中具有一定涡旋构型的偏振场中心对应于 BIC。

另一种 BIC 的物理图像来源于多极子辐射[33, 34]。通过对 BIC 模式的近场极化电流的多极子分解，BIC 可以解释为动量球上单胞辐射奇点与辐射通道的重合，且每个辐射奇点的庞加莱指数等价于偏振涡旋的拓扑荷。如图 1-18（b）所示的四

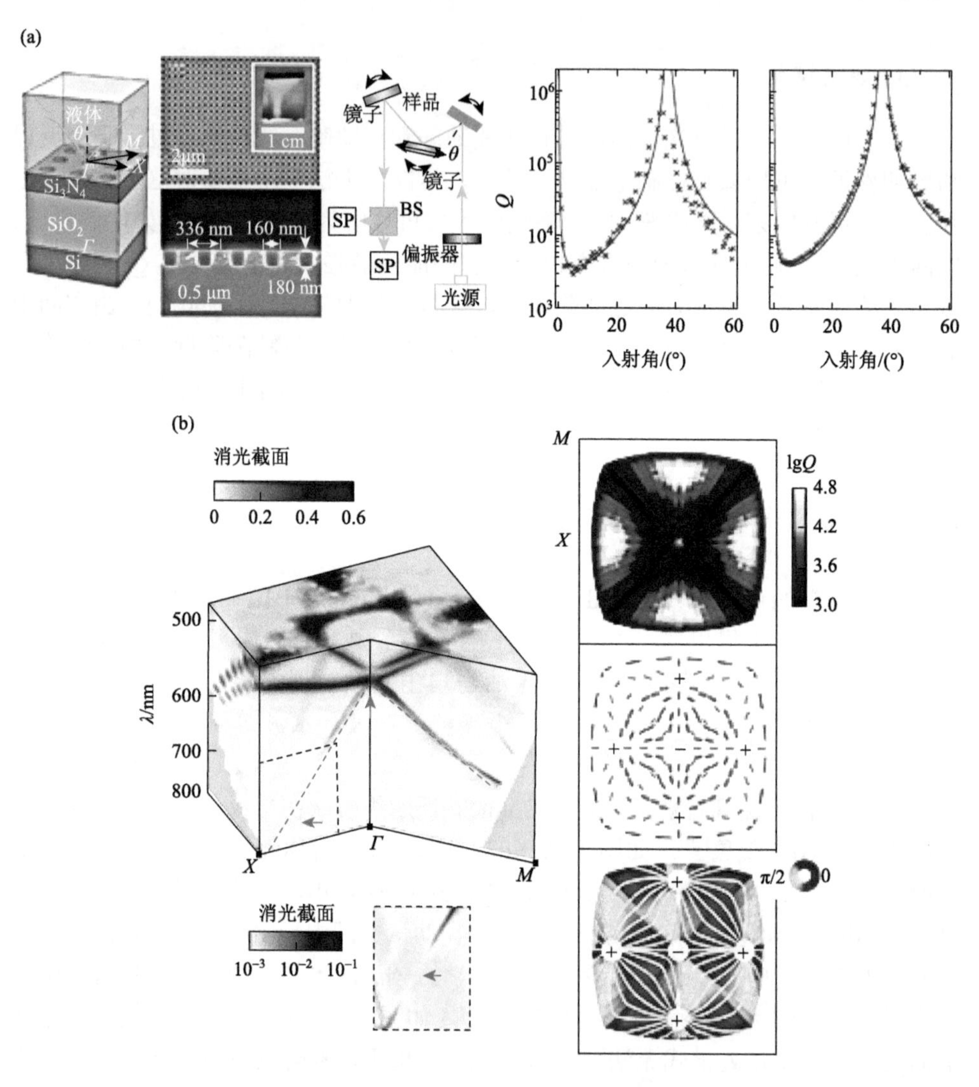

图 1-17　平板光子晶体的 BIC 现象[30, 32]

（a）BIC 实验装置与 Q 因子的测量（BS. 光束分离器；SP. 光谱仪）；（b）BIC 与偏振涡旋的实验观测，从消光谱可提取出 Q 因子和偏振场

方晶格平板光子晶体结构，在 Γ 点的类 TE 模式 BIC（A 点），近场电流的多极子成分是沿着竖直方向的磁偶极子 $\boldsymbol{M}_{10}$。辐射奇点沿着竖直方向，且相应的庞加莱指数为+1，与偏振涡旋的拓扑荷一致。类 TM 模式 BIC（B 点），近场电流的多极子成分是 $\boldsymbol{M}_{22}$，同样具有沿竖直方向的辐射奇点，相应的庞加莱指数为−1，与偏振涡旋的拓扑荷一致。对于非 Γ 点 BIC（C 点），近场电流的多极子成分相对复杂，但沿着辐射通道仍然存在由多极子叠加的辐射奇点。

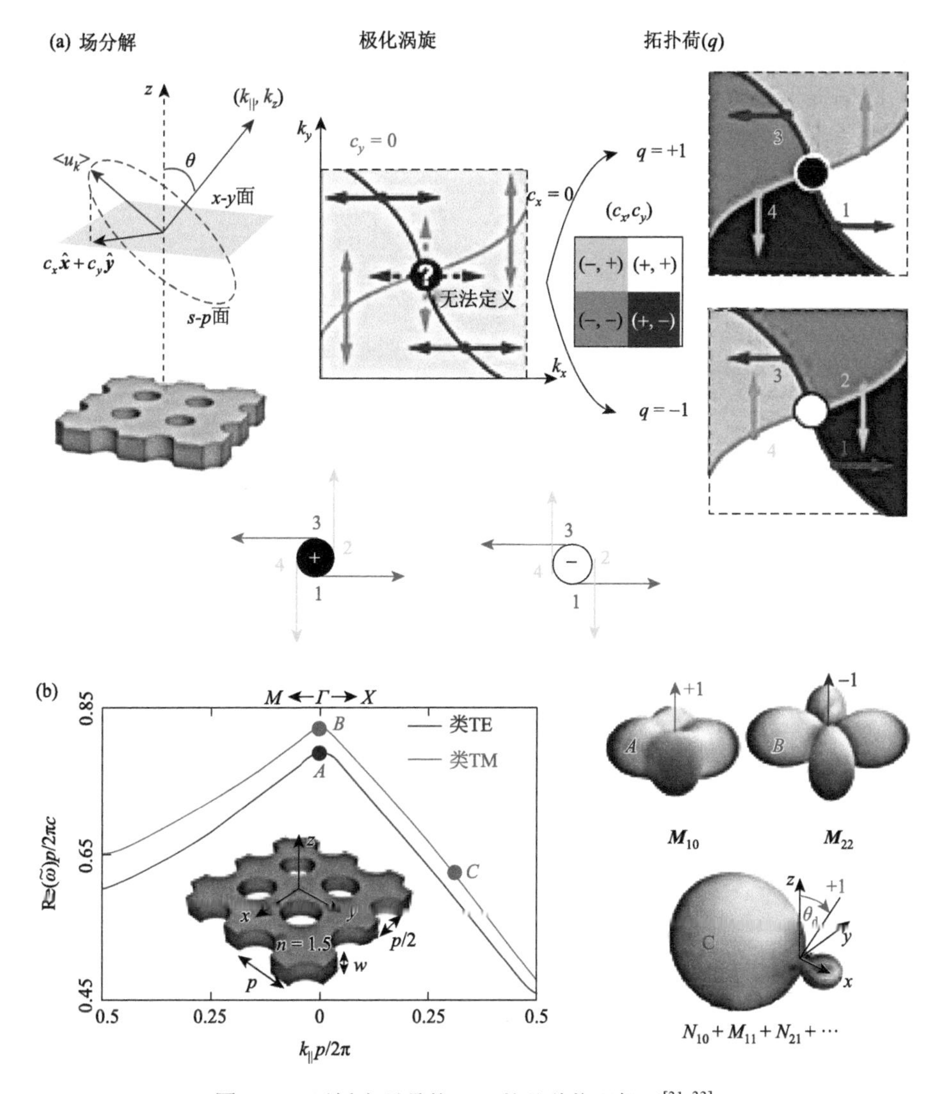

图 1-18　平板光子晶体 BIC 的几种物理机理[31, 33]

(a) 基于拓扑荷的 BIC 图像；(b) 基于多极子辐射奇点与庞加莱指数的 BIC 图像

利用光子晶体周期性结构的对称性破缺可实现对偏振涡旋的任意操控，进而丰富动量空间的偏振场形式。2019 年，Liu 等发现当光子晶体面内空间反演对称性被破坏时，受对称性保护的 BIC 也被破坏，对应的偏振涡旋得以调控[35]。BIC 点即偏振涡旋奇点，对应于所有斯托克斯参数等于 0 的偏振态，为线偏振奇点和圆偏振奇点相撞在一起的结果。若加以扰动，偏振涡旋奇点自然会分离为线偏振和圆偏振。因此，面内空间反演对称性的破缺会使得 Γ 点的 BIC 转为辐射态，并使整个偏振场的椭圆偏振度提升，出现圆偏振的 Bloch 态。有趣的是，圆偏振的

Bloch 态和前述的偏振涡旋奇点相似，周围的偏振态的主轴同样具有涡旋的形状，因而圆偏振也具有偏振拓扑荷，一般为半整数。另外，圆偏振拓扑荷遵循守恒定律，且体系的互易性并未破缺。因此，在 Γ 点的整数偏振涡旋奇点将会分裂为拓扑荷相反、旋性也相反的两组圆偏振。

1.5.3　金属平板光子晶体

金属（如金、银、铝）平板光子晶体或金属-介质平板光子晶体也受到人们的普遍关注。金属平板光子晶体[36]典型的例子如图 1-19 所示，主要有：①周期性孔洞金属平板；②周期性金属微纳米颗粒阵列；③覆盖有周期性介质材料的金属薄膜；④表面覆盖着介质微纳颗粒的金属薄膜。

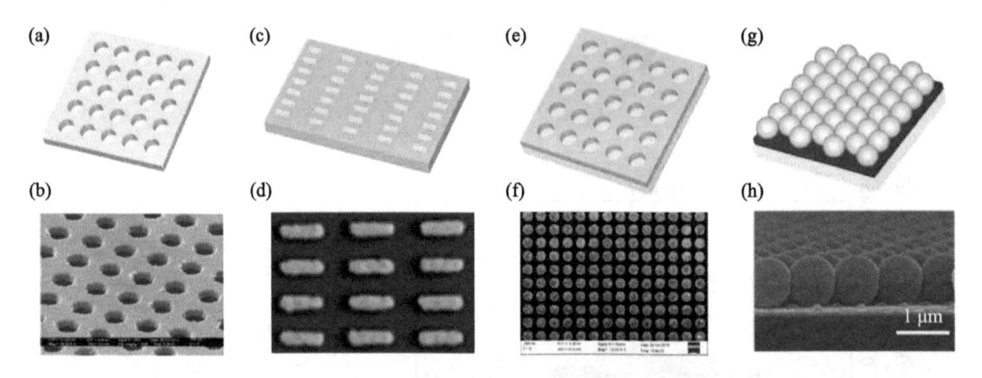

图 1-19　金属平板光子晶体的模型与 SEM 照片[36]

（a）、（b）周期性孔洞的金属薄膜；（c）、（d）周期性金属纳米颗粒；（e）、（f）金属表面覆盖介质孔洞光子晶体；（g）、（h）金属表面覆盖自组装介质小球光子晶体

金属平板光子晶体中引入了金属材料，与全介质光子晶体有很大的差别。金属在红外、太赫兹、微波波段可近似为完美电导体。在可见光波段，金属是一种半透明的物质。金属的特殊性质是它可以支持表面等离激元极化（surface plasmon polaritons，SPPs）。表面等离激元是金属和介质界面之间一种自由电子集体振荡的表面波。SPPs 沿着界面传播，其色散关系由式（1-18）表示：

$$k_{\mathrm{SPPs}}=\frac{\omega}{c}\sqrt{\frac{\varepsilon_{\mathrm{m}}\varepsilon_{\mathrm{d}}}{\varepsilon_{\mathrm{m}}+\varepsilon_{\mathrm{d}}}} \tag{1-18}$$

其中，ε_{m} 和 ε_{d} 分别是金属和介质的介电常数，金属介电常数可由 Drude 模型，即式（1-19）描述：

$$\varepsilon(\omega)=1-\frac{\omega_{\mathrm{p}}^{2}}{\omega(\omega+\mathrm{i}\gamma)} \tag{1-19}$$

其中，ω_p 是金属等离子共振频率；γ 是电子散射率。很显然，当 $\varepsilon_m = -\varepsilon_d$ 时表面波的波矢量 k_{SPPs} 为极大值。因此，相同频率下 SPPs 的波长比真空中的光波长更短。SPPs 为实现更高光学分辨率的光电器件提供了可能性[37]。

金属平板光子晶体中可激发 SPPs，外加周期性结构的调控，因此金属平板光子晶体具有丰富的能带结构和带隙现象。此外，相比于全介质光子晶体，金属平板光子晶体有强局域、亚波长和高场强等特殊的光学性质。此外，对于金属微纳米结构（如纳米小球、纳米棒），特定频率下具有局域表面等离激元共振（localized surface plasmon resonance，LSPR）。LSPR 的共振频率与背景介电常数及微结构的几何大小、形状等因素有关。亚波长金属颗粒发生局域表面等离激元共振时，金属表面的局域电磁场的强度也被极大地提高。这些优异特性有利于金属平板光子晶体在多个领域的应用，如传感、非线性、催化等。

1.6　光子晶体的光控制

光子晶体对光子带隙频率之外的电磁波也表现出奇特的色散特性，因而可实现丰富的光控制，如超棱镜、负折射率、慢光等。为理解这些光操控的原理，我们需要从光子晶体的等频图开始。

1.6.1　等频图

等频图是一种相同频率下波矢量的坐标关系图，例如，在某一频率下，波矢量以（k_x, k_y）形式的所有点连接起来即是等频图。等频图为描述电磁波的反射、透射行为提供了方便。通过等频图可确定电磁波的相速度和群速度的大小与方向。根据定义，相速度的方向是从原点指向等频图中的对应点的方向。而群速度的方向（能量传输的方向）垂直于等频线，且指向频率增大的方向。下面举例说明。

对于各向同性的均匀材料，假定其中一个分量的波矢量（z 方向）为零，则色散关系为 $k_x^2 + k_y^2 = k^2(\omega) = n^2\omega^2 / c^2$，其中，$n$ 为材料的折射率。均匀材料的色散关系为一个光锥，如图 1-20（a）所示。等频图通过切割圆锥（取某一个频率）获得，表现为一个圆形。同一种材料，频率越大则圆形的半径也就越大。相同频率下，折射率大的材料半径也越大。

光子晶体等频图与能带密切相关。光子晶体的色散关系即光子能带 $\omega = \omega(k_x, k_y)$，如图 1-20（b）所示。光子晶体能带图中沿某一频率的切面即该频率的等频图。光子晶体的等频图在接近光子禁带时通常具有很强的各向异性。

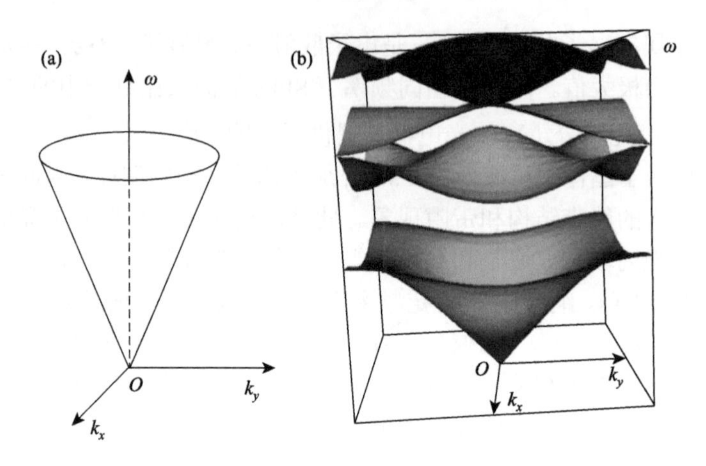

图 1-20　三维色散关系图

（a）均匀介质；（b）二维光子晶体

1.6.2　根据等频图判断反射、折射现象

电磁波从均匀介质 1 入射到均匀介质 2 的界面处，如图 1-21（a）所示。平行界面的波矢量满足动量守恒 $k_{1\parallel}=k_{2\parallel}$，即 $k_1\sin\theta_1=k_2\sin\theta_2$。电磁波相速度和群速度方向相同，均为波矢量 $\boldsymbol{k}$ 的方向。由于两种均匀材料的折射率不同，等频图的半径大小也不同。利用折射、反射过程中平行于界面方向动量守恒（$k_\parallel$ 守恒）的条件，可判读出折射和反射方向。波矢量 $\boldsymbol{k}_2$ 方向，即折射方向，可以被确定。同理，也可在等频图上判读反射方向。

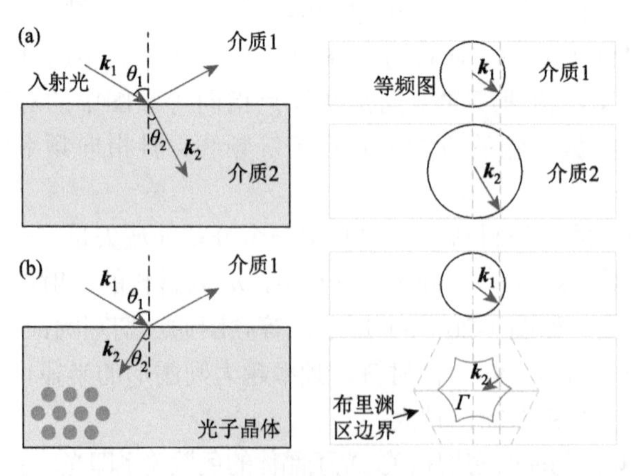

图 1-21　电磁波在界面处的反射、折射与等频图

（a）均匀介质；（b）光子晶体

电磁波从均匀介质（如空气）入射到光子晶体界面的反射、折射也可利用等频图判断。光子晶体中的群速度和相速度的方向，除了相同或相反外，一般情况下还有一个夹角。空气的等频图为一个圆形，而在带隙附近的光子晶体等频图是一种类多边形，如图 1-21（b）所示。光子晶体的群速度方向可指向圆外（如第一能带），也可指向圆心（如第二能带）。利用水平方向波矢量守恒以及能量传递方向一致性可判断出光子晶体界面处的反射、折射。研究发现，光从均匀介质（或光子晶体）入射到光子晶体界面可实现超棱镜[38]、自准直[39]和负折射[40]等新颖的光学现象。

1.6.3　超棱镜

早在 17 世纪，牛顿就利用三棱镜完成了有名的“光的色散”实验。到了现代社会，棱镜广泛应用于各类光学仪器中。常见的棱镜是一种透明材料（如玻璃、水晶等）多面体。棱镜存在的一个问题是对波长非常相近的光很难分开。研究发现，光子晶体制成的棱镜对波长相近电磁波的分开能力比普通棱镜高 100～1000 倍，而体积却仅仅是普通棱镜的百分之一。如图 1-22 所示，波长为 1 μm 和 0.99 μm 的两束光，常规棱镜几乎不能将它们分开。经过特定的设计，光子晶体超棱镜[38]可以将它们分开到 50°。

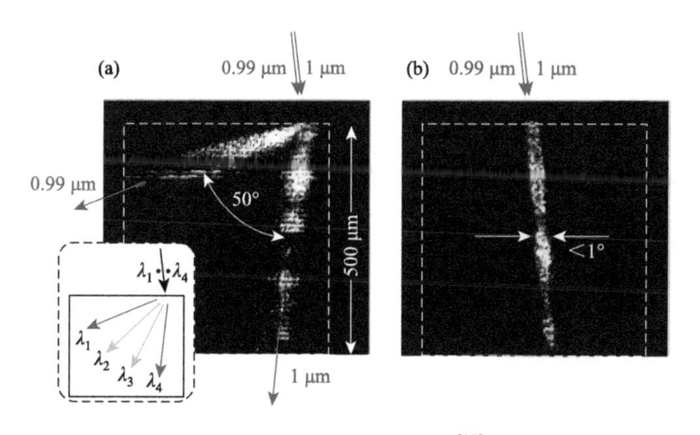

图 1-22　棱镜色散实验[38]

（a）光子晶体超棱镜；（b）普通棱镜

1.6.4　光子晶体与零折射率

零折射率材料（zero-refractive-index materials）指的是介电常数 ε 和磁导率 μ 都是零的一种特殊超材料。零折射率材料中电磁波的相位不会随着距离变化而发生改变，可实现对电磁波的新型操控，在微纳天线、光波导、电磁隐身、非线性光学等诸多领域具有应用前景。自然界中没有天然的零折射率材料，只能通过微结构人工合成。最早的零折射率材料是基于金属共振微结构设计的[41]。然而，金属共振微结构在近红外和可见光波段吸收损耗较大，不是一种好的选择。2011 年，香港科技大学的 Chan 课题组发现，通过调控二维光子晶体中介质柱子的介电常数和几何参数，可在 Γ 点形成类狄拉克能带结构。该奇特的类狄拉克能带结构来源于电单极和电偶极模式的偶然简并，对应有效的介电常数 ε 和磁导率 μ 为零，进而构建零折射率材料[42]。基于全介质材料的光子晶体，理论上可在多频段（包括近红外波段和可见光波段）设计低损耗的零折射率材料。

1.6.5　光子晶体与涡旋光束

涡旋光束是一种具有螺旋相位分布的特殊光束，携带有光的轨道角动量。为产生涡旋光束，需要对其相位进行调控，如利用超表面。研究发现，利用光子晶体中 BIC 的偏振涡旋特性，可实现等价于超表面涡旋相位的新型调制[43]。实空间和动量空间具有共轭关系，而 BIC 周围的偏振涡旋呈现出近线偏振的性质。当 BIC 附近频率的圆偏振光入射时，圆偏振光与 Bloch 态共振，导致交叉极化，会出现相反旋性的圆偏振光。如图 1-23 所示，交叉极化过程对应于从庞加莱球的一个极点（入射光的圆偏振态）经过赤道的某一点（某一线偏振态）到另一极点的半圆弧轨迹。经过赤道上不同的点会形成不同的轨迹，且两条轨迹之间形成的立体角即会引入几何相位。

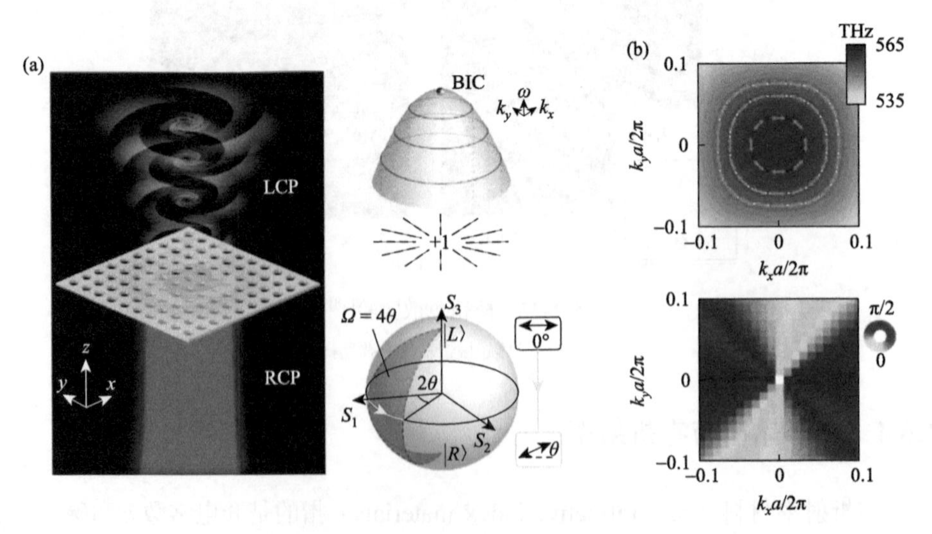

图 1-23　平板光子晶体的 BIC 与涡旋光束的产生[43]

（a）原理示意图（LCP. 左旋圆偏振；RCP. 右旋圆偏振）；（b）BIC 附近的偏振涡旋，具有+1 拓扑荷

平板光子晶体 BIC 的拓扑荷与涡旋光束的轨道角动量有对应关系。若绕 BIC 附近的等频图一圈，其上的偏振态的方向角会变化 $2q\pi$，在庞加莱球上就会遍历赤道 $2q$ 圈，经过共振形成交叉极化的光则累积 $4q\pi$ 的几何相位。当一束该频率的圆偏振高斯光束垂直入射到光子晶体薄膜，由于模式的交叉极化，出射光束将获得涡旋状的相位分布，也就形成了具有轨道角动量 $l = 2q$ 的涡旋光束。基于 BIC 偏振涡旋的涡旋光束产生机制有很多优势，如无须光学对准、抗衍射性优异和易于加工等特点。

一般而言，光子晶体中一条能带上可能不止一个 BIC。如图 1-24（a）所示，在高对称性点和高对称性线上存在多个 BIC 点。由于 BIC 的偏振涡旋受对称性保护，具有整数拓扑荷。2019 年，Jin 等通过几何结构参数的调控，发现拓扑荷在动量空间可连续移动，并最终在布里渊区中心汇聚为一点[44]。如图 1-24（b）所示，汇聚前与汇聚后的 BIC 的品质因子发生了很大的改变，品质因子对波矢 k 的渐近关系从平方率跃变为六次方率，局域能量的逃逸大幅度减弱。由于在垂直方向的散射被大幅削减，平板光子晶体 BIC 在光的三维操控及新型光电器件中具有很大的应用潜力。

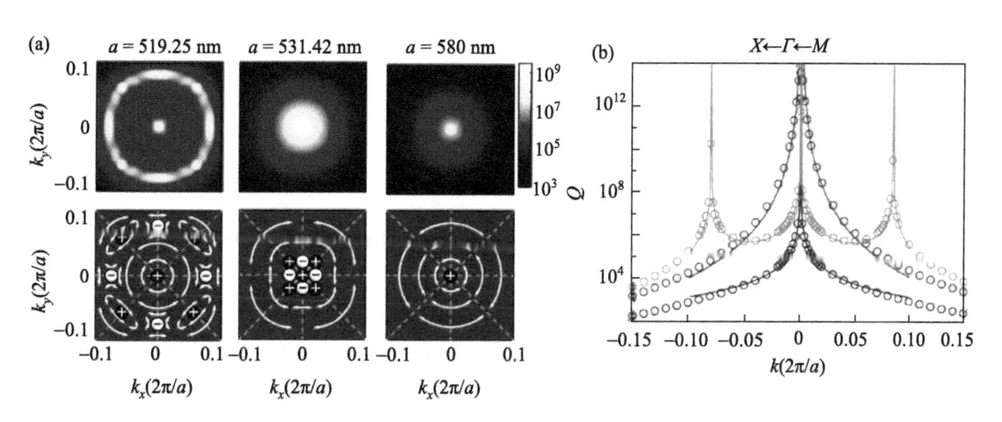

图 1-24　平板光子晶体的 BIC 调制[44]

（a）动量空间下拓扑荷随周期大小的演化；（b）拓扑荷孤立与汇聚情况下 BIC 的 Q 因子，灰色、红色、蓝色曲线分别对应周期（a）519.25 nm、531.42 nm 和 580 nm

参考文献

[1] Yablonovitch E. Inhibited spontaneous emission in solid-state physics and electronics. Phys Rev Lett，1987，58：2059.

[2] John S. Strong localization of photons in certain disordered dielectric superlattices. Phys Rev Lett，1987，58：2486.

[3] Vardeny S，Nahata A，Agrawal A. Optics of photonic quasicrystals. Nat Photonics，2013，7：177.

[4] Che Z，Zhang Y，Liu W，et al. Polarization singularities of photonic quasicrystals in momentum space. Phys Rev Lett，2021，127：043901.

[5] 黄昆，韩汝琦. 固体物理学. 北京：高等教育出版社，2005.
[6] 陈长乐. 固体物理学. 北京：科学出版社，2007.
[7] Joannopoulos J，Johnson S，Winn J，et al. Photonic Crystals：Molding the Flow of Light. Princeton：Princeton University Press. 2011.
[8] Inan H，Poyraz M，Inci F，et al. Photonic crystals：Emerging biosensors and their promise for point-of-care applications. Chem Soc Rev，2017，46：366.
[9] 殷海玮. 结构色成色机理与制备方法研究. 上海：复旦大学，2008.
[10] Zi J，Yu X，Li Y，et al. Coloration strategies in peacock feathers. Proc Natl Acad Sci USA，2003，100：12576.
[11] Leung K，Liu Y. Full vector wave calculation of photonic band structures in face-centered-cubic dielectric media. Phys Rev Lett，1990，65：2646.
[12] Ho K，Chan C，Soukoulis C. Existence of a photonic gap in periodic dielectric structures. Phys Rev Lett，1990，65：3152.
[13] Li Z，Lin L. Photonic band structures solved by a plane-wave-based transfer-matrix method. Phys Rev E，2003，67：046607.
[14] Lin L，Li Z，Ho K. Lattice symmetry applied in transfer-matrix methods for photonic crystals. J Appl Phys，2003，94：811.
[15] Taflove A，Hagness S，Piket-May M. Computational electromagnetics：The finite-difference time-domain method// Chen W. The Electrical Engineering Handbook. Amsterdam：Elsevier Inc，2005：629-670.
[16] Zhan T，Shi X，Dai Y，et al. Transfer matrix method for optics in graphene layers. J Phys Condes Matter，2013，25：215301.
[17] Fink Y，Winn J，Fan S，et al. A dielectric omnidirectional reflector. Science，1998，282：1679.
[18] Vandenbem C，Vigneron J. Mie resonances of dielectric spheres in face-centered cubic photonic crystals. J Opt Soc Am A，2005，22：1042.
[19] García-Santamaría F，Miyazaki H，Urquía A，et al. Nanorobotic manipulation of microspheres for on-chip diamond architectures. Adv Mater，2002，14：1144.
[20] Blanco A，Chomski E，Grabtchak S，et al. Large-scale synthesis of a silicon photonic crystal with a complete three-dimensional bandgap near 1.5 micrometres. Nature，2000，405：437.
[21] Ho K，Chan C，Soukoulis C，et al. Photonic band gaps in three dimensions：New layer-by-layer periodic structures. Solid State Commun，1994，89：413.
[22] Deubel M，Freymann G，Wegener M，et al. Direct laser writing of three-dimensional photonic-crystal templates for telecommunications. Nat Mater，2004，3：444.
[23] Mekis A，Chen J，Kurland I，et al. High transmission through sharp bends in photonic crystal waveguides. Phys Rev Lett，1996，77：3787.
[24] Fan S，Johnson S，Joannopoulos J，et al. Waveguide branches in photonic crystals. J Opt Soc Am B，2001，18：162.
[25] Ishizaki K，Noda S. Manipulation of photons at the surface of three-dimensional photonic crystals. Nature，2009，460：367.
[26] Chow E，Lin S，Johnson S，et al. Three-dimensional control of light in a two-dimensional photonic crystal slab. Nature，2000，407：983.
[27] Johnson S，Fan S，Villeneuve P，et al. Guided modes in photonic crystal slabs. Phys Rev B，1999，60：5751.
[28] Noda S，Fujita M，Asano T. Spontaneous-emission control by photonic crystals and nanocavities. Nat Photonics，2007，1：449.

[29] Hsu C，Zhen B，Stone A，et al. Bound states in the continuum. Nat Rev Mater，2016，1：16048.

[30] Hsu C，Zhen B，Lee J，et al. Observation of trapped light within the radiation continuum. Nature，2013，499：188.

[31] Zhen B，Hsu C，Lu L，et al. Topological nature of optical bound states in the continuum. Phys Rev Lett，2014，113：257401.

[32] Zhang Y，Chen A，Liu W，et al. Observation of polarization vortices in momentum space. Phys Rev Lett，2018，120：186103.

[33] Chen W，Chen Y，Liu W. Singularities and poincare indices of electromagnetic multipoles. Phys Rev Lett，2019，122：153907.

[34] Sadrieva Z，Frizyuk K，Petrov M，et al. Multipolar origin of bound states in the continuum. Phys Rev B，2019，100：115303.

[35] Liu W，Wang B，Zhang Y，et al. Circularly polarized states spawning from bound states in the continuum. Phys Rev Lett，2019，123：116104.

[36] 刘亮，韩德专，石磊. 等离激元能带结构与应用. 物理学报，2020，69：157301.

[37] Maier S. Plasmonics：Fundamentals and Applications. New York：Springer Science & Business Media，2007.

[38] Kosaka H，Kawashima T，Tomita A，et al. Superprism phenomena in photonic crystals. Phys Rev B，1998，58：10096.

[39] Yu X，Fan S. Bends and splitters for self-collimated beams in photonic crystals. Appl Phys Lett，2003，83：3251.

[40] Berrier A，Mulot M，Swillo M，et al. Negative refraction at infrared wavelengths in a two-dimensional photonic crystal. Phys Rev Lett，2004，93：073902.

[41] Liu R，Cheng Q，Hand T，et al. Experimental demonstration of electromagnetic tunneling through an epsilon-near-zero metamaterial at microwave frequencies. Phys Rev Lett，2008，100：023903.

[42] Huang X，Lai Y，Hang Z，et al. Dirac cones induced by accidental degeneracy in photonic crystals and zero-refractive-index materials. Nat Mater，2011，10：582.

[43] Wang B，Liu W，Zhao M，et al. Generating optical vortex beams by momentum-space polarization vortices centred at bound states in the continuum. Nat Photonics，2020，14：623

[44] Jin J，Yin X，Ni L，et al. Topologically enabled ultrahigh-Q guided resonances robust to out-of-plane scattering. Nature，2019，574：501.

第 2 章　微流控芯片中的光子晶体

2.1　引　　言

微流体是指在微米尺度空间内流动的流体。流体在微尺度环境下具有独特的性质，如雷诺数非常低、大多数都处于层流状态等，借助这些性质，可以实现一系列常规方法难以完成的操作。微流控技术是指采用直径为几十到几百微米的微通道操纵微流体的科学和技术，是一门涉及化学、流体力学、光学、生物学等学科的新兴技术。微流控技术可以有效调控流体的物理性质和化学性质，在时间和空间尺度上调控粒子自组装，因此在过去二十年中得到了快速发展。在微流控技术中，边界效应使得不同相之间传热传质效率增加，并且低雷诺数有助于精确控制流体的流动。由于其扩散距离短、比表面积大、热容量小、层流流场等特点，传热传质效率大大提高，在很大程度上避免了常规尺度下反应物混合不均匀及局部过热等问题，在各领域具有巨大的应用潜力。通常，液滴微流控技术是指在微通道内，利用流体剪切力和表面张力间的相互作用，将连续流体分散成离散的微液滴的技术。与连续流体相比，基于液滴的反应具有更高的传热传质效率，减少了原料的消耗和环境污染，在生物检测和筛选、微型反应器、微纳米颗粒制备等领域具有广阔的前景。

采用微流控技术可以快速将单分散的胶体纳米颗粒组装成规整有序的微球，为实现胶体光子晶体微球的制备提供了一个理想的平台。通过外场作用力的可控调节和定向诱导精准设计能够控制材料的形状、尺寸、结构及性能，实现在多尺度上对结构单元进行组装和构筑，具有操作简单、节能省时、过程可控及传质传热高效等优势，有望实现功能化光子晶体微球的规模化生产，具有非常重要的研究和应用价值。本章主要研究了基于微流控技术实现有序光子晶体微结构材料设计与调控，介绍了功能化光子晶体微球在光学传感、编码、显示等光电领域的应用。

2.2　微流控技术

微流控系统将传统操作单元集中在小小的微芯片内，由微通道形成网络，构成可控的微流控系统[1]。微流控系统研究经过了几十年的发展，微流控技术的应用已涉及化学、生物学和医学等领域[2]。

流体在微通道中的行为与宏观尺度通道中的行为不同，由于微通道的宽度一般在微米级别，流体黏性力对流体的流动状态具有很大影响[3]。一般情况下，微流控芯片中研究较多的是连续流体系，微通道内黏性力远远大于惯性力，流体在通道内多为层流。互不相溶的液体在微通道中流动，流动状态的差异导致在界面处存在张力和剪切力[4]，其中一相会被另一相（连续相）剪切形成非连续相，也就是液滴微流控[5]。

2.2.1　胶体光子晶体与液滴微流控芯片

胶体光子晶体是胶体颗粒自组装形成的周期性排列结构，布拉格散射现象的存在，使胶体光子晶体能够显示出结构色。液滴微流控技术为胶体颗粒的自组装提供了帮助，因此本章中我们将介绍液滴微流控技术制备光子晶体。

液滴微流控芯片是采用微流控技术制备光子晶体的主要平台，胶体乳液在外力的推动下进入微流控芯片，在微通道内流动，通过来自另一相剪切力的作用，在微通道内形成连续均一的微液滴，胶体粒子被约束在液滴内部，最后进入收集器，在外力作用下，液滴内的胶体粒子自组装形成光子晶体。接下来，主要介绍液滴微流控芯片的设计，包括芯片的制备材料与微通道的设计。

2.2.2　构筑液滴微流控芯片的材料

微流控材料的选择对于微流控芯片的制备至关重要。材料本身的性质如刚性、耐热性等对于微通道的设计具有非常大的影响，因此微流控芯片的材料选择对于微流控芯片的制备具有非常大的意义。利用微流控芯片制备光子晶体时，芯片材料的选择一般遵循以下原则：芯片材料应有稳定的化学性质，不与工作介质发生反应；芯片材料应该有良好的物理性能、绝缘性和散热性[6-9]。目前微流控芯片制备材料主要分为无机材料、聚合物材料以及其他材料，这些材料分别具有令人感兴趣的性能，并具有很大的技术潜力来封装和控制各种活性材料的释放。相对应的每种芯片都有其优点和缺点，适合于不同的情况。

1. 无机材料

在早期研究中，研究者受集成电路的启发，多用硅片等作为微流控芯片的基片。硅材料具有良好的化学惰性与稳定性，可通过光刻工艺进行批量生产。但是硅材料的缺点也很明显，硅材料属于易碎材料，生产成本较大、透光性差、电绝缘性差，表面化学行为复杂，更加难以利用化学方法对材料表面进行修饰[10]。

研究者多采用石英玻璃材料来代替硅材料。石英玻璃材料具有很好的透光性能与电绝缘性，通过化学方法可以对其表面进行改性，通过刻蚀技术可在材料表面形成微通道。但是石英玻璃材料也有自己的不足，由于材料本身的性质，目前刻蚀工艺成本较高，而且不足以得到深宽比大的微通道。

2. 聚合物材料

鉴于上述硅材料、石英玻璃等无机材料的成本高，聚合物材料逐渐应用到微流控芯片材料中。聚合物材料制备工艺成熟，拥有成本低、适合大量生产的特点。通常，应用于微流控芯片中的聚合物材料可分为刚性聚合物材料与弹性聚合物材料[11]。

聚甲基丙烯酸甲酯［poly(methylmethacrylate)，PMMA］是常见的刚性聚合物材料，由于具有优异的机械性，特别适用于微流控芯片。此外，聚二甲基硅氧烷（polydimethylsiloxane，PDMS）同样广泛运用于制备微流控芯片。PDMS 微流控芯片具有以下优点：①能可逆和重复变形；②能透过紫外和可见光；③耐用、无毒[12-14]。

3. 其他材料

毛细管钢针及纸质芯片等其他材料的发展可进一步提升微流控芯片的性能。例如，研究人员采用毛细管钢针替代传统毛细管来简化微流控芯片的制备工艺。使用毛细管钢针制作微流控芯片与使用毛细管制备的微流控芯片类似，区别在于直接使用价廉易得的毛细管钢针作为内相出口，可以省略毛细管拉制制作针头的过程，大大简化了芯片制备工艺。Chen 课题组[15, 16]在这方面进行了大量的研究，图 2-1（a）中采用两相微流控技术[15]构筑了具有均一荧光特性的光子晶体微球，图 2-1（b）则采用聚焦通道的三相液滴微流控技术[16]构筑了形貌可控的胶体光子晶体微球。

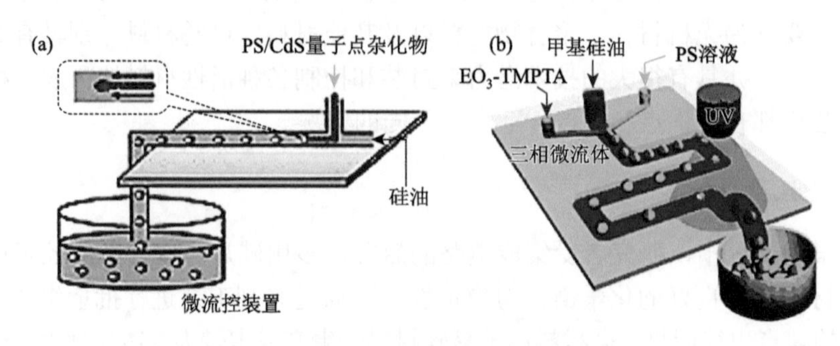

图 2-1　光子晶体微球构筑技术[15, 16]

（a）两相微流控技术；（b）三相液滴微流控技术。EO_3-TMPTA：磁性 α-Fe_3O_4 纳米颗粒掺杂的聚合物单体三羟甲基丙烷乙氧基化物三丙烯酸酯；PS：聚苯乙烯

纸质芯片材料是近几年发展起来的微流控材料，纸基微流控芯片是以纸为基底通过一定的加工技术在纸上加工出特定的微通道和相关的分析器件。相比硅材料、石英玻璃材料以及一些聚合物材料，纸质芯片材料具有特殊的功能。首先，利用纸做的微流控芯片具有很好的便携性，方便使用，这是硅材料、玻璃材料以及一些聚合物材料难以做到的。其次，纸质芯片材料还具有其他许多优点，包括成本低、可折叠、利用自身的毛细作用、无须外部驱动泵等。在纸质芯片上完成胶体自组装形成的光子晶体材料一般适用于检测等应用。当然纸质芯片也有许多不足之处，例如，利用纸质芯片做检测时，当被检测物质浓度较低时，纸质芯片往往无法实现高灵敏度检测。

2.2.3 液滴微流控芯片的制备

液滴微流控芯片是实现微流控的平台，液滴微流控芯片的设计一般包括微通道的设计、流体驱动方式的选择等。通道是流体流动的场所，设计液滴微流控芯片通道是首要任务。目前制备微流控芯片通道一般采用以下两种方法：一是可以选择毛细管作为微流控芯片的通道；二是选择合适的基底，在基底上利用刻蚀手段形成通道。针对不同的流体，通常需要对微通道进行改性，防止流体在管道内发生堵塞。此外，外围设备一般由蠕动泵、微量注射泵、控温、紫外光固化等设备，以及紫外-可见光谱仪、荧光光谱仪等检测部件组成。设计并制作合适的微流控芯片用于精确而有效地控制液滴的产生，对于微流控系统中的微结构材料合成来说是至关重要的。

一般情况下，微流控芯片的制备与选择的材料密切相关，下面分别讨论玻璃材料、聚合物材料液滴微流控芯片的制备。

1. 玻璃材料液滴微流控芯片的制备

采用玻璃材料的液滴微流控芯片可以分为两类：一类是用玻璃毛细管作为微通道负载在玻璃基底上，另一类是直接利用玻璃材料作为基底，利用刻蚀工艺对其表面进行刻蚀形成微通道。

利用玻璃毛细管制备液滴是目前常采用的手段，为了产生液滴一般采用套管方式，将管径小的毛细管套在管径大的毛细管中，两管中的流体互不相溶，流动方向一致，由于流体的流速不同，两相流体之间存在剪切力作用，其中一相会被另一相剪切形成微液滴。美国哈佛大学 Weitz 课题组[17-19]使用圆柱形和方形玻璃毛细管在载玻片上进行组装，产生双重乳液液滴。如图 2-2 所示，将圆柱形玻璃毛细管嵌在方形玻璃管内，圆柱形毛细管的外径和方管的内径相匹配，以确保同轴几何形状。内侧流体被泵送通过锥形圆柱形毛细管，并且中间流体被泵送通过外部同轴区域，其在锥形圆柱形毛细管的出口处形成共轴流。外侧流体从相反方向泵送通过外部同轴区域，随后所有流体都被迫通过由左侧内管形成的出口孔，在剪切力的作用下形成微液滴。

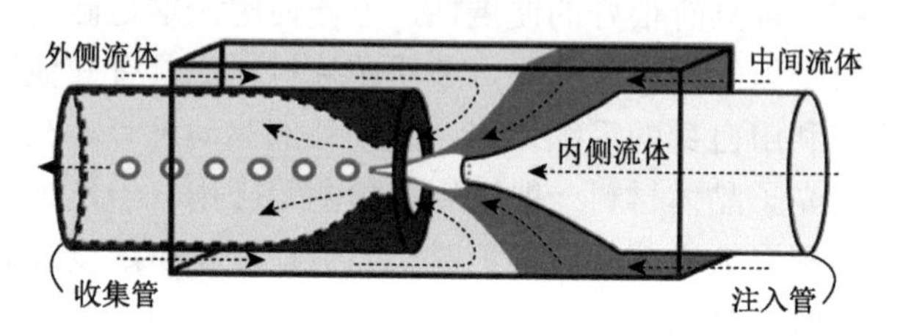

图 2-2　用于同轴射流产生双重乳液液滴的微毛细管几何构造[19]

下面介绍用湿法刻蚀制备玻璃材质微流控芯片[20, 21]，具体步骤如图 2-3 所示。

（1）处理玻璃基底。先将玻璃裁剪成所需要的芯片的规格，接着在溶剂中超声处理，最后将其放入 95℃烘箱中干燥脱水处理备用。

（2）制备芯片的保护层。选择金属金作保护层，但必须先在金与玻璃之间蒸镀一层金属铬作为它们的隔层，保护非通道部分的玻璃基底不被腐蚀。

（3）对玻璃基底进行表面图案化。

（4）显影。需要配制一定浓度的显影液，显影时间一般在 15 s 左右，显影后必须立即用去离子水冲洗残余的显影液。

（5）对裸露出的金层、铬层进行图案化。需要先配制一定浓度的去金腐蚀液和去铬腐蚀液进行腐蚀，值得注意的是，对金层用腐蚀液腐蚀之后，需要用去离子水清洗，再进行铬层处理。

（6）后期处理。主要工作是处理玻璃基底上的光刻胶和保护层，以及玻璃基底和玻璃盖片的键合工作[22]。

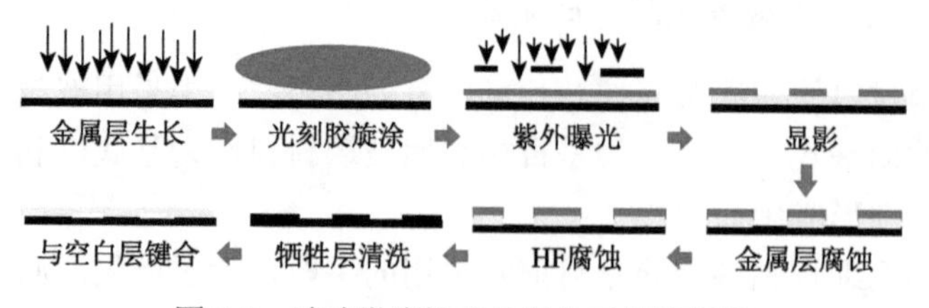

图 2-3　玻璃微流控芯片制作工艺流程图

2. 聚合物材料液滴微流控芯片的制备

刚性聚合物材料和弹性聚合物材料具有明显的区别，前者机械加工性较强，而后者较弱。因此刚性聚合物材料一般采用雕刻的方法在其表面形成微通道，而后者一般采用软光刻的方法形成微通道。

刚性聚合物材料典型代表是聚甲基丙烯酸甲酯（PMMA），通过热压、激光钻孔、注射成型和机械微磨等方法可以在 PMMA 中制造微通道。其中，机械微磨是一种快速、低成本的微细加工技术，可用于生产通道尺寸低至 50 μm 的通道。尽管优于其他微制造技术，但通过机械微磨获得的表面粗糙度通常较差（几百纳米），并且与光学等级（小于 15 nm）相差很远。为了改善机械微磨 PMMA 通道的表面质量，已经开发了许多后处理方法，包括热循环、用不同材料涂覆和暴露于溶剂蒸气。例如，溶剂蒸气处理不仅可用于降低 PMMA 通道的表面粗糙度，还可用于不可逆地结合微流控芯片。

弹性聚合物材料常用的是聚二甲基硅氧烷（PDMS），采用该材料的芯片通常通过软光刻来制造[12]。具体步骤如下：①准备一个具有计算机辅助设计（computer aided design，CAD）生成图案的透明掩模；②使用光刻胶，如 SU-8，通过光刻来转印图案，并以此用作模具（母版）；③将 PDMS 预聚物浇铸在模具上并很快热固化以获得微图案化通道；④将基片与盖片以一定方式封接[23]。该芯片制备过程简单，原料价廉易得，且条件温和，不使用和产生有害物质。

2.3　微流控液滴

2.3.1　微尺寸多相流液滴动力学基本原理

1. 无量纲参数

微尺度多相流动中，流体的行为取决于四种力：惯性应力、黏性应力、重力（对于没有其他外力场的情况）和毛细管力。在特征长度为 L 的微流体通道中，流体的体积流速为 u_{s}，密度为 ρ_{s}，动态剪切黏度为 η_{s}，其惯性应力 f_{i}、黏性应力 f_{v}、重力 f_{g}、毛细管力 f_{γ} 可分别用式（2-1）、式（2-2）、式（2-3）、式（2-4）表示。

$$f_{\mathrm{i}} \sim \rho_{\mathrm{s}} u_{\mathrm{s}}^{2} \tag{2-1}$$

$$f_{\mathrm{v}} \sim \eta_{\mathrm{s}} u_{\mathrm{s}} / L \tag{2-2}$$

$$f_{\mathrm{g}} \sim \rho_{\mathrm{s}} g L \tag{2-3}$$

$$f_{\gamma} \sim \gamma / L \tag{2-4}$$

它们对流体的影响可以用无量纲参数雷诺数 Re 表示[24-27]。雷诺数表示惯性应力与黏性应力的比值，因此可通过式（2-5）与式（2-6）进行计算。在微流体流动中，Re 通常在 10^{-6}～10 之间。因此，黏性应力占主导，产生层流。

$$Re = f_{\mathrm{i}} / f_{\mathrm{v}} \tag{2-5}$$

$$Re_{\mathrm{s}} = \frac{\rho_{\mathrm{s}} u_{\mathrm{s}} L}{\eta_{\mathrm{s}}} \tag{2-6}$$

液滴产生过程通常分三个步骤：首先，分散相和连续相流体在交界处相遇形成不混溶界面；随后，界面变得不稳定，开始变形；最后，不稳定的界面自发破裂成离散的液滴。在这个过程中，表面张力起关键作用。因此，我们着重研究以下三个无量纲数，它们代表了表面张力与其他三种力的关系。其中，最常用的是毛细管数 Ca，它是黏性应力与毛细管力 f_v / f_γ 之比，可用式（2-7）进行计算：

$$Ca_s = \frac{\eta_s u_s}{\gamma} \tag{2-7}$$

由上述公式可知，惯性应力 f_i 不直接依赖于器件的长度尺寸 L。然而，装置长度 L 的收缩将增加黏性应力 f_v 和毛细管力 f_γ，并通过减小 f_g 来减弱重力效应。因此，如果 L 足够小，则黏性应力和毛细管力将占据主导地位。因此，在微流控生成液滴过程中，Ca 是最常用的无量纲数，通常在 10^{-3}～10 之间。

第二个无量纲数为韦伯数（Weber number，We），用惯性应力和毛细管力之比，即式（2-8）和式（2-9）表示。对于大多数微流体，$We<1$。虽然大多数微流体的流体惯性可忽略不计，但对于高流速下形成喷射流和非线性气泡时，或在液滴和气泡夹断附近，流体惯性是很重要的。

$$We = f_i / f_\gamma \tag{2-8}$$

$$We_s = \frac{\rho_s u_s^2 L}{\gamma} \tag{2-9}$$

第三个无量纲数为邦德数（Bond number，Bo），为重力与毛细管力的比值，可用式（2-10）与式（2-11）进行计算。其中，$\Delta\rho$ 为分散相和连续相的密度差。在液-液两相微流体中，$\Delta\rho$ 和 L 通常较小，因此，在微流控产生液滴过程中，$Bo \ll 1$。

$$Bo = f_g / f_\gamma \tag{2-10}$$

$$Bo = \frac{\Delta\rho g L^2}{\gamma} \tag{2-11}$$

另外两个无量纲的数值也与流体的行为相关，分别为分散相与连续相流体的黏度比 λ 和流速比 φ，它们可通过式（2-12）与式（2-13）定义：

$$\lambda = \eta_d / \eta_c \tag{2-12}$$

$$\varphi = Q_d / Q_c \tag{2-13}$$

2. 界面张力

界面张力 σ 是指不相溶的两相间的张力，通常是由于液体交界面处分子引力不均衡而产生的沿着界面的力。液体的界面张力可使液滴表面面积趋于最小化，减小表面能量。当界面张力不平衡时，可以引发 Marangoni 对流，即流体从低界面张力处到高界面张力处的流动。

界面的曲率会导致内外产生压力突变，即拉普拉斯压力（Laplace pressure），可用式（2-14）进行描述。其中，σ 表示界面张力系数，R_1 和 R_2 表示液滴界面不同位置处的曲率半径。界面张力对液滴内外流场的流动演变过程起重要作用。

$$\Delta P = \sigma(1/R_1 + 1/R_2) \tag{2-14}$$

通常在微流体中加入表面活性剂可以降低界面张力，使液滴更加稳定，防止液滴融合。流体流动和分子扩散等因素会对表面活性剂浓度的空间分布造成影响，从而导致界面张力的空间变化，进而反过来影响界面流动。表面活性剂使液滴处于亚稳定状态，其中有两个作用机制：一是表面活性剂分子之间会产生空间排斥作用，使相互靠近的界面趋于稳定；二是连续相在排出过程中会导致界面活性物质向外流动，使表面活性剂浓度分布发生变化，改变了界面各处的界面张力，引起 Marangoni 应力，产生沿着界面向液膜中心的 Marangoni 效应，阻碍了连续相的排出，延长了排液时间，使得微液滴更加稳定[26, 27]。

2.3.2　微液滴发生装置

微流控通道的几何形状会对液滴的产生造成影响。如图 2-4 所示，常用的装置结构包括交叉流动（cross-flowing）结构、共流（co-flowing）聚焦结构、流动聚焦（flow focusing）结构。此外，还有单重乳液结构、复合乳液结构和台阶式结构，这里主要介绍前三种。

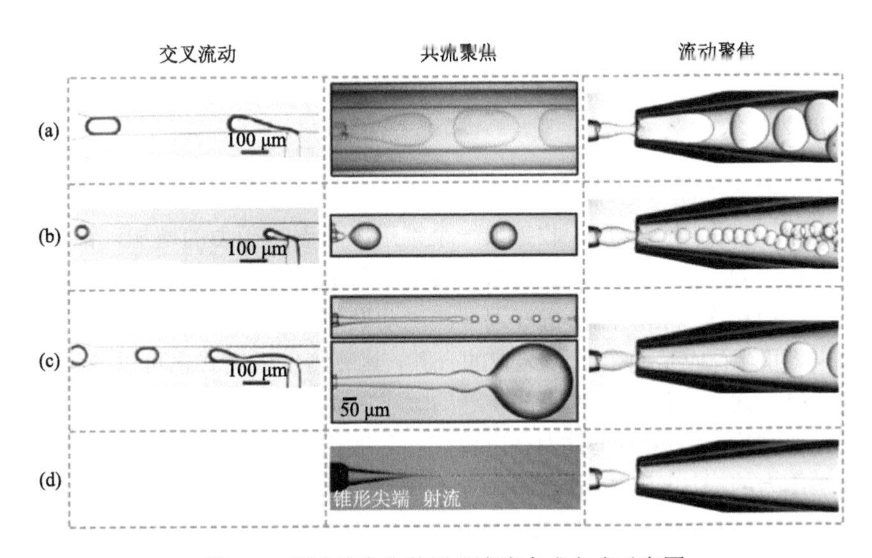

图 2-4　微液滴发生装置及液滴生成方式示意图

（a）挤压；（b）滴落；（c）喷射；（d）尖端流方式结合不同结构微流体装置产生微液滴

1. 交叉流动

在交叉流动中，分散相和连续相以一定角度相交，最常见的是分散相和连续相管道垂直相交，即 T 型结构。随着流体连续流动，分散相的尖端逐渐进入主管道，从而部分地阻断了连续相，建立了剪切梯度，在剪切力的作用下，分散相最终破裂形成液滴。液滴的大小主要取决于剪切力[27, 28]。

Baroud 等[26]根据内外相流速比以及通道几何尺寸的比值 x 不同，将液滴的生成模式分为三种：①挤压模式。$x=1$ 且 Ca 值低的状态下，分散相的尖端进入连续相中，阻碍了连续相，导致液滴上游压力增加，挤压了界面的颈部，直到破裂产生液滴。②滴落模式。当 $x \leqslant 1$ 且 Ca 值足够高时，黏性剪切力占据主导，在分散相堵塞通道之前，液滴破裂。③喷射模式，当 Ca 值进一步增加时，通道下游的液滴在分解之前形成射流。

2. 共流聚焦

共流聚焦通过使用一组同轴微通道来实现。分散相进入内部通道，连续相以相同方向流入外部同心通道，分散相因此被同轴注入连续相中。这里存在两种模式：①滴落模式。当连续相速率较高时，黏性剪切力占主导地位。液柱前端在靠近毛细管口处收缩，被连续相剪切，液柱被夹断形成液滴。②喷射模式。当分散相流速较高时，惯性应力占主导地位。连续相在毛细管口下游形成液柱，液滴在液柱前端形成。在滴落模式下，液滴的直径随连续相流速的增加而减小。当液滴的直径约等于毛细管内径时，则转变为喷射模式[27]。

3. 流动聚焦

两种不混溶的流体通过流体动力学聚焦，分散相在狭缝几何结构的协调制约下和连续相压力作用下变形，收缩成一个锥形，随着挤压力的增加，锥形的尖端“失稳”，破碎为液滴。流动聚焦可以生成较 T 型通道更小的液滴，液滴大小可通过调节分散相和连续相的流量进行调节。流动聚焦式液滴生成装置是由 T 型装置衍生而来，可以看成是两个 T 型装置的合并，其液滴生成模式也可以分为挤压式、滴流式和射流式。液滴生成过程与狭缝的大小密切相关。在 Ca 值低的状态下，狭缝的几何结构占主导，此时为挤压模式。分散相被挤压通过狭缝，然后由于流体动力学压力的增加而被挤成液滴。Ca 值增加，由挤压模式转变为滴落模式，液滴直径小于狭缝直径。Ca 值继续增加，则转变为喷射状态，其中分散相进一步延伸并且液滴在狭缝出口处以比滴落状态更大的尺寸破裂[27, 28]。

2.3.3 液滴生成方式

目前，微流控体系的液滴生成方法有主动式和被动式两种。主动式主要依靠电场、磁场等外场驱动力；被动式则是利用了微通道几何结构的限制。相比主动式，被动式液滴生成技术受外界影响小，制备的液滴单分散性好且大小均一，空间分布均匀。

1. *被动方式*

被动方式可以通过注射泵提供恒定流率，或采用压力调节器和基于重力的压力单元（无须其他能量输入，即可提供稳定的压力）来控制微流控两相的流动[25]。在液滴形成过程中，从注射泵或压力控制器引入的能量部分转化为界面能，促使液-液界面不稳定，从而使液滴从分散相脱落。被动方式主要包括五种基于剪切力的液滴生成方式：挤压、滴落、喷射、尖端流和尖端多次断裂。其中，前三种在交叉流动、共流聚焦和流动聚焦中都可以发生，后两种在交叉流动中还未被报道。

1）挤压方式

主要发生在低毛细管数处，如 T 型通道，此时，通道壁的限制占主导。在这种情况下，分散相尖端部分的生长阻碍了交界区域流动相的流动。随着流体界面和通道壁之间的间隙减小，在液滴和流动相中形成压力梯度。一旦压力梯度大到可以克服液滴内部的压力，则界面被挤压变形并破裂形成液滴。产生的液滴被通道壁限制，形成塞形而不是球形。由于受到通道几何形状的限制，挤压也常被称为“几何控制”模式。

挤压模式产生的液滴尺寸由塞形的长度 L_p 与连续相通道宽度 w_c 之比来定义。为了初步确定无量纲长度 L_p / w_c，在 T 型通道中，液滴产生的过程通常分为两个阶段[28-31]：首先，分散相尖端逐渐长大并阻塞交界区域，其长度估计为 L_1，用式（2-15）表示。随着液滴上游通道的压力增大，液滴颈部变窄，颈部收缩率与连续流体速度 u_c 成比例，u_c 可用式（2-16）进行计算，其中，h 是通道高度。

$$L_1 = \varepsilon w_c \tag{2-15}$$

$$u_c = Q_c / h w_c \tag{2-16}$$

然后，由于分散相的膨胀，液滴以速率 u_d 伸长，其伸长速率用式（2-17）表示，其中 w_d 是分散的通道宽度。因此，第二阶段引起的长度伸长量 L_2 可用式（2-18）进行计算，其中 d 是初始颈部直径。

$$u_d = Q_d / h w_d \tag{2-17}$$

$$L_2 = u_d (d / u_c) = d w_c Q_d / w_d Q_c = d \varphi w_c / w_d \tag{2-18}$$

最后，液滴长度 L_p 为第一阶段与第二阶段伸长量之和，可由式（2-19）计算。因此，L_p / w_c 可用式（2-20）近似表示，其中，ε 和 δ 是阶数为 1 的拟合参数，δ 为初始颈部直径 d 与分散的通道宽度 w_d 的比值［式（2-21）］。式（2-20）表明，在挤压模式下，液滴长度由设备几何形状和流速比决定，与流体的物理性质无关。

$$L_p = L_1 + L_2 = \varepsilon w_c + d\varphi w_c / w_d \tag{2-19}$$

$$L_p / w_c = \varepsilon + \delta\varphi \tag{2-20}$$

$$\delta = d / w_d \tag{2-21}$$

2）滴落方式

随着毛细管数 Ca 增加，液滴生成从挤压模式变为滴落模式，其中黏性应力超过界面张力，占据主导。由于大的黏性剪切力，分散相液体在生长的液滴阻塞微通道之前破裂，使得液滴保持球形，其尺寸小于通道尺寸。给定一个恒定的黏性应力，可以产生高度单分散的液滴。

在挤压模式和滴落模式之间会出现过渡状态，其中出现的液滴在其形成期间部分和暂时地阻塞连续相流体。由于部分阻塞，液滴破裂的动力学由黏性剪切力和挤压力共同支配。

3）喷射方式

通过增加连续流体流量 Q_c 或分散流体流量 Q_d，可以发生从滴落模式到喷射模式的转变，其中液体射流从分散相通道喷射出，由于 Rayleigh-Plateau 不稳定性，最终喷射流的末端破裂产生液滴[32]。由于受到毛细管扰动的影响，与挤压模式和滴落模式相比，喷射模式可以生成更多的多分散液滴。对于共流聚焦，喷射模式发生在连续相流体的黏性应力和分散相流体的惯性应力总和能克服界面张力时，总结为 $Ca_c + We_d \geqslant O(1)$。根据这种力平衡的说法，共流聚焦中的喷射可以分为两组：$Ca_c \leqslant O(1)$ 时产生的变窄射流，以及由 $We_d \geqslant O(1)$ 产生的加宽射流。在喷射范围变窄的情况下，黏滞阻力超过毛细管力，占据主导，因此喷射流在较小的直径下向下游延伸。然而，加宽射流是相反的，其中分散流体速度 u_d 大于连续流体速度 u_c。因此，由于界面处的速度差引起的黏性剪切，喷射流在向下游移动时减速，这使得喷射流变宽[33]。

4）尖端流方式

当受到拉伸或剪切时，分散相会被拉伸变形，产生稳定的圆锥形的尖端，尖端破裂产生液滴。这种液滴生成模式可以容易地产生微米级甚至亚微米级的液滴。这种模式有两种不同的机制：表面活性剂介导和无表面活性剂介导。

产生尖端流的四个条件：①装置的几何构造。尖端流需要局部流体在界面处发生汇聚，这在共流聚焦和流动聚焦中可以实现，但在交叉流动中很难实现。② $Re_c \ll 1$，保证连续相和液滴界面之间不存在流动分离。③$Ca_c > Ca_{cri}$（Ca_{cri} 是一个统一的临界常数），连续相黏性应力必须克服毛细管力，才能将分散相拉伸成圆锥形状。④ $Re_{\mathrm{d}} \ll 1$[33, 34]。此外，尖端可以发生多次断裂，周期性、间歇性地产生尺寸不均匀的液滴。

2. 主动方式

主动法包括电驱动法、磁驱动法和机械力驱动法等。电驱动法是通过对流体施加电压，导致界面不稳定，破裂形成液滴，主要有介电电泳法和电湿润法两种方法。介电电泳是将非均一电场作用于液体，使液体发生电迁移，表面张力促使其生成液滴。电湿润法是通过电场改变固体和液体间的接触角，产生局部压力差，使液体发生不对称变形从而生成液滴。磁驱动法是通过磁场对铁磁流体进行操控，铁磁流体是指磁性粒子分散在水中或油中形成的悬浊液。机械力驱动法通常是利用液压或气动元件施加外力，或者采用声波使液滴产生机械振动。

2.3.4　液滴的操纵

1. 裂分

液滴裂分意味着将一个液滴分成更小的液滴，也可分为主动法和被动法。主动分裂方法包括使用气动泵驱动、超高压电场驱动等。被动法是对通道的几何结构进行设计，制备出多种尺寸的液滴，提高液滴的生成效率[28]。其中最直接的方法是构造一个带有 Y 型接头或障碍物的分叉通道，流过交界处或障碍物的液滴会分解成较小的子液滴并进入子通道。子液滴的体积与子通道的流体动力学阻力呈负相关。Scheiff 等[35]利用一根毛细管在 T 型通道下游形成支通道，使液滴在支通道处发生分裂。Abate 和 Weitz[36]使用 Y 型通道对液滴进行分割，将大液滴经过多级树形通道分裂，达到了期望的大小，提高了微通道装置的产出率。

2. 融合

当需要两个液滴内的物质进行反应时，就需要将液滴融合。液滴融合也有两种方法：主动法和被动法。主动法就是施加外部作用力，如电场。在电场存在的条件下，液滴表面的极化电荷不断积累，使液滴变形，从而使液滴融合。此外，液滴的融合还受电极和流体的物理特性以及流体力学特性影响。

被动法则是通过调节装置的几何结构来实现，这个过程不需要施加外场作用力。通过调节装置的几何结构从而调节液滴的流速，使两个液滴逐渐接近，将两个液滴融合在一起。表面活性剂会对液滴的融合造成影响，在无表面活性剂或表面活性剂的效果较差的情况下，被动液滴融合才可能发生。此外，还可以通过调节液滴的特性，如黏度和表面张力，来实现液滴被动融合[37]。

3. 混合

在连续微流控芯片中，*Re* 值较低，流体为层流状态，混合以分子扩散为主，速度较慢。直通道中流体的流速分布类似抛物线，中心线流速最高，壁面流速为零。这种层流状态，使液滴形成两半相对独立的区域，在各自区域的内部，液体可以发生对流混合，但两半之间的液滴还是要依靠扩散混合。这种情况下，可以通过设计更加复杂的通道，如弯曲的 S 型通道，促进液滴的混合。这种通道可以形成非对称的回流结构，一方面增加了液滴混合的时间；另一方面，液滴可以在通道内部进行循环回流或对流混合，增强了液滴的混合程度。

4. 分选

液滴的分选就是将液滴输送和分配到下游的不同通道，以便进一步研究。分选也分为主动法和被动法。主动法，如电泳法[38]，在通道下游连接一个分支长度不同的 Y 型通道，不施加电场时，由于短的一端流体阻力较小，液滴倾向于流向短的一端；施加电场后，在介电电泳力的作用下，液滴被拉到长的一端。此外，磁场和声波也可以用来分选液滴。被动法则是通过通道的几何构型和液滴特性之间的相互作用，使液滴沿着特定的路线传输。其中一个典型的例子就是利用流体特性和液滴大小的耦合效应。Huh 等[39]利用沉降作用实现微液滴的分选，使小的微液滴从上侧通道流过，而大的微液滴流入下侧通道。

5. 捕获

有时为了跟踪液滴或芯片内部的反应，需要将液滴固定在一个位置，这同样可以通过主动法和被动法来实现。主动法，可以在主通道旁边设计一个微孔，在微孔附近施加电极，液滴经过微孔时会在电场作用下发生极化，在介电电泳力的作用下被捕获到微孔中[40]。被动法主要是利用几何阵列。Huebner 等[41]设计了具有几何阵列的单层结构 PDMS 器件。液滴尺寸设定在捕集器入口和出口的尺寸之间，捕集器有一个较窄的出口通道，捕获的液滴堵塞了出口并阻止了液体流动，防止另一个液滴进入捕集器。捕获的液滴可以根据需要驻留在捕集器中一段时间，也可以通过连续相流体的逆流释放。

2.4　基于微流体的光子晶体微球

在过去二十年中，对新的光子晶体材料和其相关新现象的探索引起了人们越来越多的关注。制备光子晶体的现有技术大致可以分为自上而下和自下而上两种方法。自上而下的方法涉及使用宏观工具，首先将计算机生成的图案转移到更大的块状材料上，然后通过物理去除材料来雕刻纳米结构，或者使用宏观工具直接在基板上写入材料。采用这些方法，可制备具有各种复杂性的高质量光子纳米结构。然而，高成本、低时间效率和一些技术限制等缺陷，阻碍了使用这些方法来大规模生产光子晶体材料。相反，利用物理化学相互作用以自下而上的方法自组装有序纳米结构，具有成本低、效率高且不受纳米尺度的限制的优点。

在不同类型的自下而上方法中，将单分散胶体纳米颗粒组装或结晶成有序的阵列，即所谓的胶体晶体，是制备光子晶体材料最有前景的技术[42-46]。在自然界中拥有胶体光子晶体结构的蛋白石材料，是在多年的硅质沉积和压力与重力作用下球形二氧化硅纳米颗粒有序沉积形成的，通常具有不规则的宏观外形。与天然蛋白石不同，大多数人造胶体光子晶体通常被制成薄膜或块状材料以满足不同应用需求。在这些材料中，纳米颗粒主要形成了具有最小自由能的热力学稳定的面心立方（fcc）结构。其中胶体光子晶体的光子带隙可以用 Bragg-Snell 方程式（2-22）进行估算，其中，λ 是反射光的波长，n_{eff} 是胶体晶体结构的平均折射率，D 是衍射平面间距，θ 是光照射在光子晶体纳米结构上的布拉格入射角度，m 为衍射级数。

$$m\lambda = 2D\left(n_{\mathrm{eff}}^2 - \cos^2\theta\right)^{\frac{1}{2}} \tag{2-22}$$

从 Bragg-Snell 方程可以发现，当从不同角度观察时，胶体光子晶体膜会显示出不同的反射波长和结构色。这种特征使光子晶体材料具有鲜艳的颜色，能够用于多种场合[46]。然而，这种角度依赖性对于需要宽视角的光学材料和传感器装置的构筑是不利的。

最近，研究人员研制了一系列具有球形宏观外形的新型胶体光子晶体材料[46, 47]。由于球形具有对称性，光子晶体微球的光子带隙和反射波长与入射光角度无关，使其结构色具有非角度依赖性（即从任何角度都能观察到相同的结构色），拓宽了光子晶体的应用范围。对于含有胶体纳米颗粒的液滴模板，这些球形胶体光子晶体可以通过简单的方法生成，如蒸发诱导纳米颗粒结晶或有序纳米颗粒结晶阵列的聚合。近年来，由于微流体已经被广泛应用于产生液滴模板，所以球形胶体光子晶体的发展取得了显著进步。这些新方法不仅可以确保尺寸形貌的单分散性，还可以增强光子晶体微球（photonic crystal bead，PCB）结构和功能的多样性，为开发先进的光电器件铺平了道路。

2.4.1　球形光子晶体微球

根据球形胶体光子晶体的拓扑结构，光子晶体微球可分为三类：具有均匀结构的光子晶体微球，具有 Janus 或多组分结构的光子晶体微球，以及具有核壳结构的光子晶体微球。这些光子晶体微球的纳米结构包括密堆积的胶体晶体阵列（colloidal crystalline array，CCA）、非密堆积的胶体晶体阵列和反蛋白石结构。

1. 密堆积结构

紧密堆积的胶体光子晶体微球基本上是球形胶体晶体簇。如图 2-5 所示，利用蒸发诱导胶体纳米颗粒结晶是液滴模板形成光子晶体微球最普遍的方法[48, 49]。从本质上来讲，蒸发诱导的胶体组装可以被认为是一个浓缩过程，在这个过程中，其结构单元的体积分数逐渐增加到最大值（74%）。同时由毛细管力提供球形对称的压缩力使胶体纳米颗粒进行排列。因此，毛细管力使得纳米颗粒密堆积成球形结构，随后纳米颗粒通过范德瓦耳斯力黏合在一起。例如，利用螺旋手性相互作用可开发一种新颖的自下而上的光子晶体组装策略，即相同数量但是手性相反的螺旋体在二维受限的条件下进行的自组装[50]。类似于平面中的胶体晶体，光子晶体微球的表面也会形成面心立方对称性的(111)平面。由于表面曲率的存在，光子晶体微球具有本征缺陷和颗粒边界的特点。但是，当微球的直径大于胶体尺寸数百倍时，曲率对结晶的影响可以忽略不计。

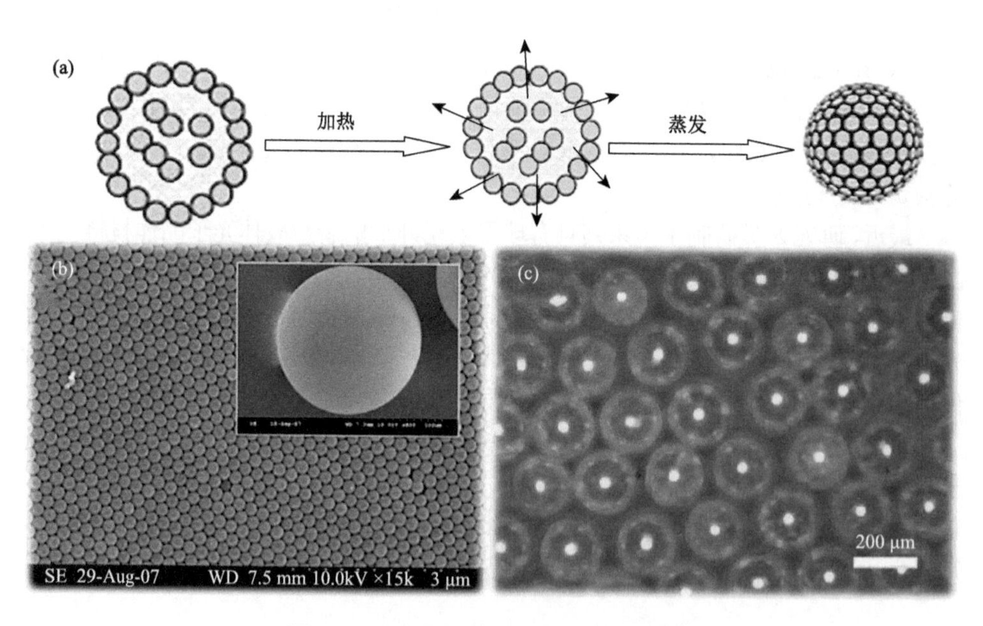

图 2-5　紧密堆积的胶体光子晶体微球[7]

（a）紧密堆积胶体光子晶体微球生成的示意图；（b）微球表面 SEM 照片，插图为完整微球 SEM 照片；（c）光子晶体微球的光学显微镜照片

光子晶体微球的尺寸由初始液滴模板尺寸和初始液滴中的纳米颗粒体积分数确定。为了制造均匀的微球，通常需要使用微流体装置制备单分散液滴。对于微流体液滴来说，通过缓慢蒸发液滴中的溶剂，可采用不同的有机和无机纳米颗粒作为其基本结构单元来制造均匀的光子晶体微球[51, 52]。为了使各向异性粒子有序组装，需要通过调控基材的浸润性，以此来实现分子堆积的形式从非单晶到单晶的过渡。例如，将卟啉分子分散液滴涂在基底材料上，随着溶剂的挥发实现液滴凝结以及功能分子在表面的聚集，从而可以得到一系列具有各向异性的粒子[53, 54]。为了减少蒸发时间，可以采用微波辐射进行加热，该方法能够选择性地使极性分子过热并在很短的时间内固化光子晶体微球[55]。此外，通过使用溶剂萃取方法也可以实现光子晶体微球的快速固化[56]。

值得注意的是，尽管经过了固化，但若组装的纳米颗粒仅仅是通过范德瓦耳斯力附着，光子晶体微球仍是脆弱的，因为范德瓦耳斯力太弱而不能在混合或振动的情况下将纳米颗粒保持在一起。为了解决这个问题，研究人员通过热烧结处理光子晶体微球来增强其机械强度。在略高于玻璃化转变温度的温度条件下，聚合物或二氧化硅胶体变得黏弹并与相邻的纳米颗粒轻微地熔合形成颈部结构。通过这种处理，光子晶体微球的机械强度显著增加，所得珠粒在摇动、混合甚至超声时也能保持稳定[57]。

2. 非密堆积结构

具有非密堆积胶体晶体纳米结构的光子晶体微球可以通过含有胶体纳米颗粒的水滴或油滴模板制成[58-61]。当一些带电的胶体纳米颗粒以相对高的浓度包封在纯水滴中时，在粒子平均间距处会发生显著的粒子间排斥，最小能量构型使得胶体纳米颗粒自组装成非密堆积的面心立方或液滴模板中的体心立方胶体晶体阵列结构。由于纳米颗粒的周期性排列，液滴模板具有光子带隙特性。虽然胶体晶体阵列可以长时间稳定，但它会在振动或引入离子杂质时瞬间变得无序，这限制了胶体晶体液滴的应用。经过不懈的努力，科研人员发现，可以将高度纯化的非离子型可聚合的单体，如聚乙二醇二丙烯酸酯［poly(ethyleneglycol)diacrylate，PEGDA］和*N*-异丙基丙烯酰胺（*N*-isopropylacrylamide，NIPAm）——它们可以在胶体晶体阵列纳米颗粒周围形成水凝胶网络，用于液滴模板[60]。如图 2-6 所示，采用这种方法，胶体晶体被永久地排列在水凝胶基质中。因为胶体晶体阵列不再依赖于纳米颗粒之间的静电相互作用，所以得到的非密堆积胶体光子晶体微球在受到不同干扰的环境中仍能保持稳定。

非密堆积的胶体晶体阵列也可以在非极性油相中形成。通过蒸发挥发性溶剂，纳米颗粒可以容易地分散在具有高沸点的特定油相中。由于相邻带电纳米颗粒的远程吸引和静电排斥之间的平衡，油相中的高浓度纳米颗粒自组装成胶体晶体阵

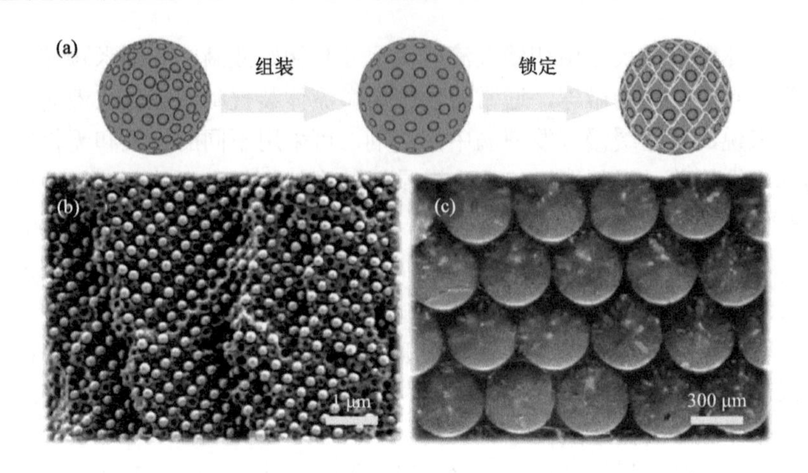

图 2-6　非密堆积胶体光子晶体微球[7]

（a）非密堆积胶体光子晶体微球生成示意图；（b）、（c）相应的 SEM 照片和光学显微镜照片

列结构。当制备光子晶体微球时，可以采用一种光固化树脂乙氧基化三羟甲基丙烷三丙烯酸酯（ethoxylated trimethylolpropane triacrylate，ETPTA），用于二氧化硅纳米颗粒的分散和自组装。此外，该树脂溶液可以乳化并能够在配备有紫外曝光设备的液滴微流体装置中固化。固化的 SiO_2-ETPTA 光子晶体微球含有与乳液模板相同的有序非密堆积胶体晶体结构，因此显示出明亮的结构色[61]。

3. 反蛋白石结构

与反蛋白石薄膜类似，反蛋白石微球可以通过模板复制或组装来制造。在复制过程中，通常要将反蛋白石结构的目标材料填充到模板的间隙中。这些用于反蛋白石结构制造的填充材料，其尺寸通常比通道的空隙小得多，包括超细纳米颗粒、金属氧化物的前驱体、水凝胶的预聚物溶液等[62-65]。然而，在使用刚性材料制造反蛋白石微球的过程中，胶体晶微球模板通常要求完全嵌入刚性材料中，以实现完全填充。这会使得胶体晶微球无法从刚性材料中释放分离得到混合的或反蛋白石结构的微球[62]。相反，当使用水凝胶材料填充时，则可以在不破坏胶体晶微球模板的情况下除去多余的软水凝胶材料，因此即使它们完全嵌入也可以将杂化微球与水凝胶分离。在刻蚀纳米颗粒之后，便可以实现具有完美球形结构的反蛋白石水凝胶珠粒。

制造球形反蛋白石的另一种方法是共组装法。如图 2-7 所示，该方法使得胶体晶微球的组装与框架材料的填充能够在同一过程中实现[66-69]。例如，将包含聚苯乙烯（PS）纳米颗粒与超细二氧化硅（SiO_2）纳米颗粒基质的混合液滴挥发可实现上述过程。理论上，以面心立方结构密堆积的 PS 纳米颗粒间隙被超细

SiO_2纳米颗粒完全填充时，PS和SiO_2纳米颗粒的体积比约为3.85。然而，在蒸发过程中，PS纳米颗粒比来自液滴模板的SiO_2纳米颗粒更容易逃逸，并且在固化后，SiO_2纳米颗粒不能完全渗透到PS纳米颗粒之间的所有间隙中，因此实现理想组装的实际体积比约为9。此后通过除去PS模板，可以产生球形SiO_2反蛋白石[68, 69]。

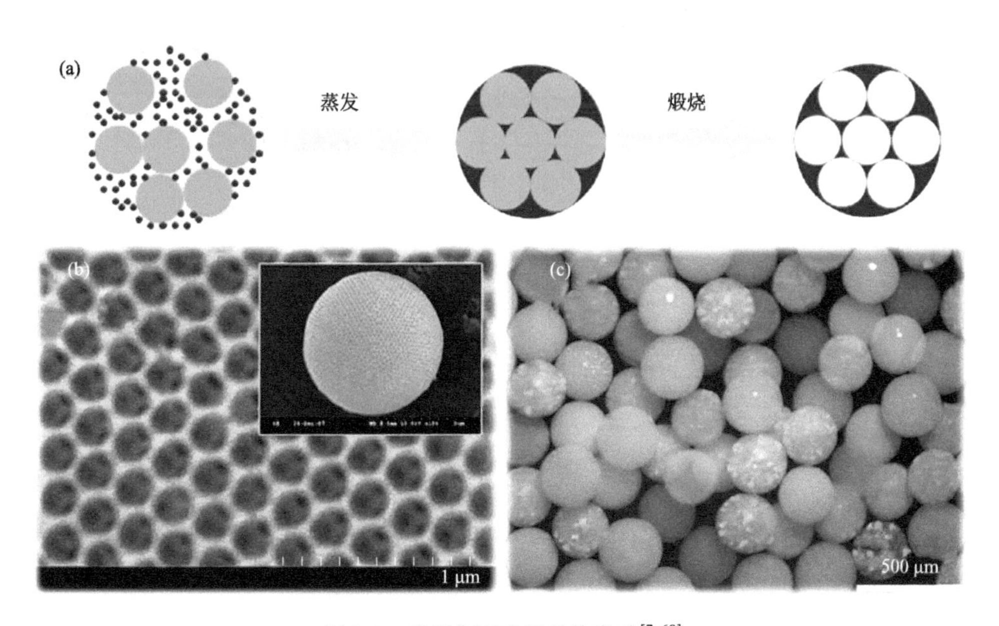

图2-7 反蛋白石光子晶体微球[7, 68]

（a）反蛋白石光子晶体微球生成示意图；（b）微球表面SEM照片，插图为完整微球SEM照片；（c）7种反蛋白石微球混合物的光学显微镜照片

2.4.2 Janus和多组分结构光子晶体微球

人们通常把同时具有不同组成和性质的双相几何结构的微粒称为Janus珠粒。具有这些结构的光子晶体微球由于其各向异性而拥有不同的功能。Janus光子晶体微球可以通过液滴模板内的胶体纳米颗粒的相分离来制备[70-72]。例如，含有单分散二氧化硅纳米颗粒和超细磁性纳米颗粒的水性液滴会在磁场中进行相分离。如图2-8（a）所示，当这些液滴在烘箱中干燥时，模板中的二氧化硅纳米颗粒自组装成密堆积的球形胶体晶体阵列结构，以达到最低能量状态，而超细磁性纳米颗粒渗透到底部半球的二氧化硅纳米颗粒之间的间隙中。通过上述过程可实现具有各向异性光子带隙结构和磁性的Janus光子晶体微球的制备[72]。

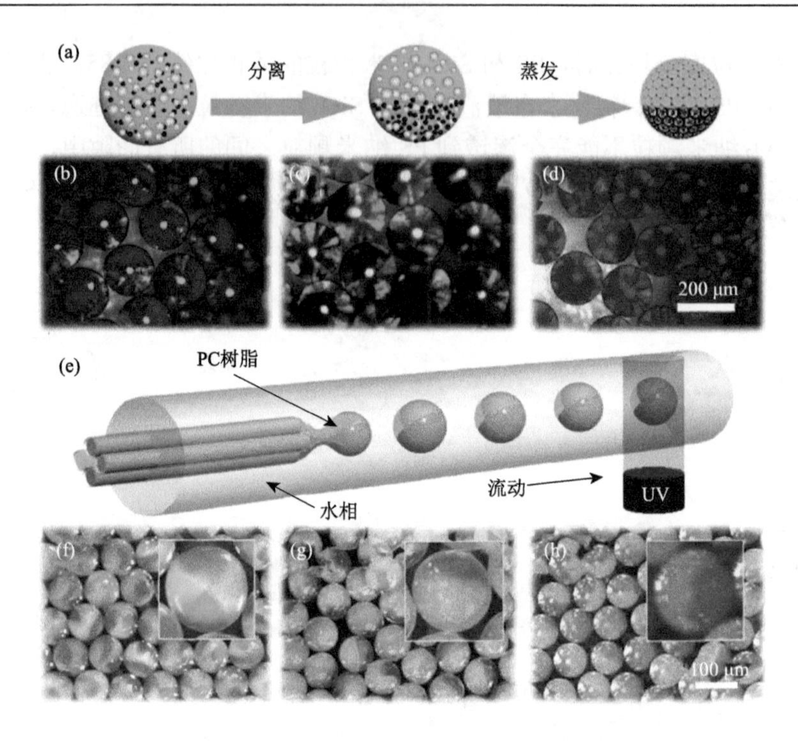

图 2-8　液滴微流体制备 Janus 光子晶体微球[73]

（a）纳米颗粒在液滴中相分离形成 Janus 光子晶体微球的制备示意图，（b）～（d）相应微球的光学显微镜照片；（e）多相单液滴模板聚合形成 Janus 光子晶体微球的制备示意图，（f）～（h）相应微球的光学显微镜照片

Janus 光子晶体微球也可以通过两个或更多个独立域组成的双相或多相单液滴模板来实现[16, 61]。如图 2-8（e）所示，通过使用毛细管微流体装置可制备这些乳液模板。首先将具有不同结构色的 SiO_2-ETPTA 溶液作为流体装载在不同的平行的毛细管中并分别注射，这些可混溶的流体会在微流体通道中形成几个平行流，并在连接处乳化成多相液滴模板，这是因为在连接处连续相在平行流上施加了阻力。生成的液滴模板在通过对称通道时保持一定距离。最后通过紫外聚合便可产生具有多相几何结构的固态光子晶体微球[73]。为了使 Janus 光子晶体微球具有更多功能，可在多相乳液液滴的其中一相中分散磁性或炭黑纳米颗粒来产生可以由外部场控制的微球。此外，还可以使用以三相微流体为导向的自组装技术，通过两相不混溶的流体，获得形状可调的胶体光子晶体颗粒。通过调节微流体中各相的界面张力，其微液滴模板中产生的单分散微球通过自组装的手段，可获得月牙形、半月形、椭圆形、球形的光子晶体颗粒[16]。

Janus 光子晶体微球还可以由超疏水和亲水表面组成。首先，在两个同轴毛细管组成的玻璃毛细管装置中，使用 ETPTA 悬浮液和表面活性剂水溶液的共流动流体通过滴加的方法获得高度单分散的乳液液滴。然后，将天然具有疏

水性能的纳米 SiO_2 颗粒迁移至液滴内。接着，通过湿法刻蚀的方法去除纳米 SiO_2 颗粒得到具有复杂结构的表面。最后，向微球中加入疏水部分以实现超疏水的功能。

2.4.3　核壳结构光子晶体微球

除了单乳液液滴外，双乳液液滴（分散的液滴内部含有较小的液滴）也可用作生成光子晶体微球的模板[74-77]。基于这些模板，可以实现核壳结构光子晶体微球的制备。如图 2-9（a）所示，使用逐步乳化液滴微流体装置，含有非密堆积结构胶体晶体阵列的水溶液可以采用 ETPTA 树脂进行封装[74]。在这种情况下，ETPTA 形成刚性的壳以保留壳内的液滴。因此，即使没有通过水凝胶基质固定其中的胶体晶体，光子晶体微球的核心也可以呈现明亮的结构色。基于相同的方法，在壳层中具有非密堆积胶体晶体阵列的光子晶体微球也可以通过使用纳米颗粒分散溶液作为中间封装相来生成[77]。在这种情况下，胶体晶体应该被很好地锁定以提高上述非密堆积胶体光子晶体微球的光子晶体结构稳定性。

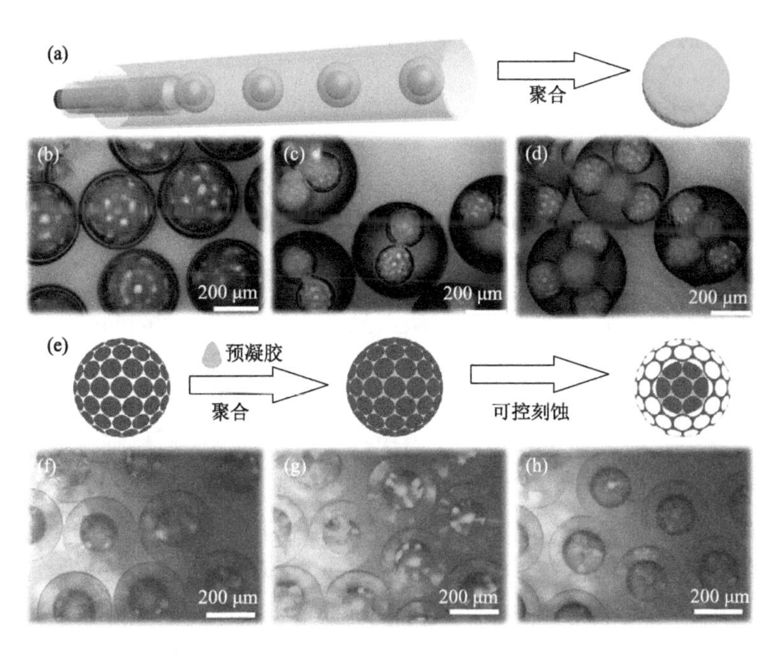

图 2-9　液滴微流体制备核壳结构光子晶体微球[78]

（a）具有非密堆积光子晶体核和 ETPTA 壳的双乳液模板化光子晶体微球的制备示意图；（b）～（d）光子晶体微球的光学显微镜照片；（e）通过水凝胶填充和控制刻蚀制备核壳结构光子晶体微球的过程示意图；（f）～（h）三色微球的光学显微镜照片

核壳结构的光子晶体微球也可以通过控制刻蚀二氧化硅胶体晶珠模板来生成，如图 2-9（e）所示。由于二氧化硅纳米颗粒模板的刻蚀过程是逐步地从球体的外侧到内侧，当微球的刻蚀时间得到很好的控制时，能实现核壳结构的光子晶体微球[78]。获得的光子晶体微球是由密堆积的蛋白石光子晶体核和反蛋白石光子晶体水凝胶壳组成的。壳和核因不同的折射率而在这些核壳结构的光子晶体微球中产生两种不同的光子带隙。

2.5 光子晶体微球的应用

进入 21 世纪以来，研究和制备多种物理化学性质相互影响和协同作用的新型功能化材料是化学和材料科学领域的主要发展趋势之一，也是极具挑战性的研究领域。有序微结构材料由于其在微电子技术、信息处理和存储、传感材料、光子材料、生物检测技术以及其他高新技术领域的用途越来越突出，已经逐渐地成为现代科技众多领域的重要基础材料。而光子晶体作为有序微结构材料中的代表，其独有的光子带隙特征使其在很多领域都具有很大的应用优势。利用微流控液滴组装成的功能化光子晶体微球在显示、传感器、微反应器以及生物分析等领域都有潜在的应用前景，它将在我们的未来生活中做出越来越突出的贡献[79-81]。

2.5.1 显示领域

光子晶体材料内部构筑单元有序排列形成周期性结构，就可以与特定波长的光子发生布拉格衍射作用，从而产生了亮丽的色彩，即光子晶体结构色。只要这种有序周期性结构不被破坏，其颜色便会永远保持下去，不存在光漂白、光氧化等问题。这种材料不需要改变自身物质，只需通过控制不同的晶格间距就可以获得不同的结构色。球形的光子晶体微球不存在传统光子晶体膜角度依赖的特点，即光子晶体微球从任何角度观察都是同一种颜色。这些优异的特征都使得光子晶体在光学显示方面有着得天独厚的应用优势。由光子晶体材料制备的显示器属于反射型显示器，可以克服传统发射型显示器在阳光下色彩可见度变差的缺陷。

Gu 课题组以光子晶体微球为模板制备出新型的光子晶体纸[82]。制备过程如下：将玻璃基底上的 SiO_2 光子晶体膜浸入聚乙二醇［poly(ethylene glycol)，PEG］前驱体溶液中，在毛细管力的作用下溶液填充光子晶体膜的空隙。紫外光固化以后，用氢氟酸刻蚀掉 SiO_2，制成具有结构色的光子晶体反蛋白石结构水凝胶材料。该光子晶体纸颜色鲜亮且无角度依赖性，在接触无色盐溶液后可以迅速溶胀，使得衍射面之间的距离增大，纸的结构色发生红移。因此，可以将无色盐溶液用作墨水在纸上书写，实现可自由书写的图案化。将书写过的光子晶体纸浸入纯水中时，墨水中的盐被稀释到水中，纸便可恢复成初始状态，实现重复使用。该光子晶体纸的书写-擦除过程稳定，可以重复上百次。

Chen 课题组利用三相液滴微流控技术成功合成了磁性诱导控制的 Janus 微球[16]。其中，连续相是甲基硅油，非连续相分为两相，一相是磁性 α-Fe_3O_4 纳米颗粒掺杂的聚合物单体三羟甲基丙烷乙氧基化物三丙烯酸酯（trimethylolpropane ethoxylate triacrylate，EO_3-TMPTA），另一相是单分散聚苯乙烯（polystyrene，PS）乳液。如图 2-10 所示，通过调节非连续相的界面张力，可以在两相界面形成 Janus 微球。光固化以后，磁性 α-Fe_3O_4 纳米颗粒就被包覆在 EO_3-TMPTA 半球内，形成具有磁性的 Janus 微球。通过施加磁场来控制 Janus 微球的旋转和移动，就可以让光子晶体按照我们想要绘制的图案排布。将这些磁性 Janus 光子晶体微球排列成高度有序的孔洞阵列，每一个磁性粒子都可以在磁场变化下发生旋转，切换“彩色”和“黑色”两种状态，实现可重复书写的光子图案，而且这种图案的亮度很高，磁响应速度很快。此外，将磁性粒子替换成电响应纳米颗粒，就可以实现电场响应的可重复光子晶体图案显示。

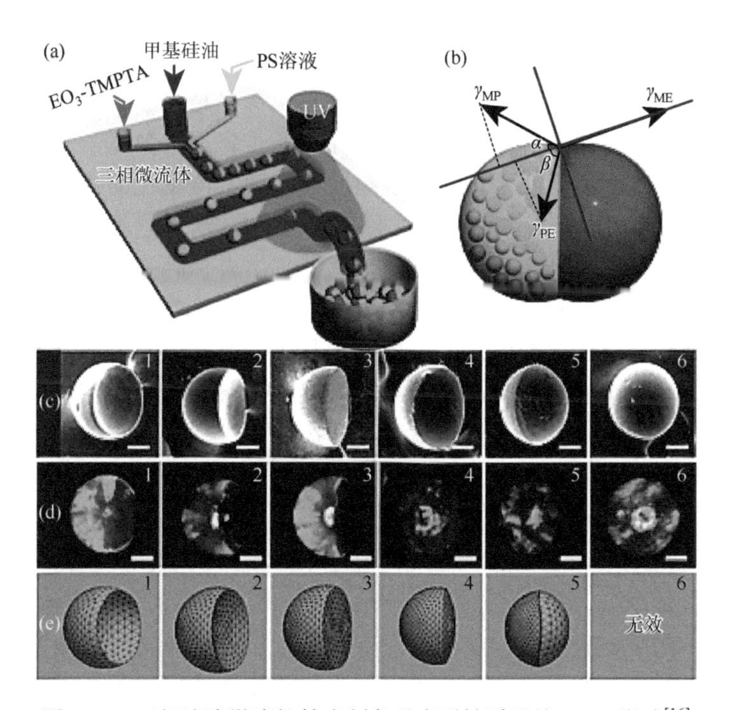

图 2-10　三相液滴微流控技术制备具有磁性诱导的 Janus 微球[16]

（a）三相微流体装置的示意图；（b）三种表面张力平衡与 Janus 微球的形成；（c）不同表面张力下形成的光子晶体微球的 SEM 照片，图中比例尺为 50 μm；（d）光学显微镜照片，图中比例尺为 50 μm；（e）基于三种界面能计算结果，对微球表面的结构模拟

2.5.2 传感领域

人类从自然界获取信息必须依靠五官去感知，而在探索自然规律和生产活动中，人类越来越发现，光靠五官感知是远远不够的，所以就有了传感器的出现，它能代替人类的感觉器官去发现和探索人类自身无法识别的但对探寻自然奥秘非常重要的规律。传感器作为一种检测器件，它的工作原理就是捕捉被测量的信息，并将捕捉到的信息按特定规律转化成为电信号或其他形式的信息进行输出，从而达到信息的传输、处理、存储、显示、记录和控制等要求。传感器的发展越来越面向微型化、数字化、智能化、系统化、网络化、廉价化方向，它是实现智能检测和控制的首要环节。光子晶体传感器的基本工作原理是，当外部条件如温度、压力、载荷等发生变化时，光子晶体结构中晶格参数或晶形会发生变化，进而导致光子禁带发生偏移。通过研究，找出外部环境变化与光子禁带变化之间存在的稳定规律，从而检测外界环境的变化[83, 84]。

1. 温度传感器

温度的变化使得光子晶体内部晶格参数发生变化是光子晶体作为温度传感器的研究基础。温度敏感型胶体光子晶体微球主要是将单分散光子晶体粒子均匀分散在温度响应的水凝胶基质中，利用水凝胶体积随温度变化的特点，改变光子晶体粒子间距，从而实现光子晶体微球颜色的变化。Weitz 课题组将聚异丙基丙烯酰胺作为基底，制备出了结构有序的温度敏感型胶体光子晶体微球[77]。聚异丙基丙烯酰胺是常用的温度敏感型高分子，它的最低临界溶解温度为 32℃。当外部施加的温度低于其最低临界溶解温度时，聚异丙基丙烯酰胺就会表现为亲水性，此时聚异丙基丙烯酰胺会吸水而体积膨胀；当温度高于最低临界溶解温度时，由于分子间氢键受到破坏，聚异丙基丙烯酰胺转变成疏水性质，水分流失体积缩小。如图 2-11 所示，Weitz 课题组利用微流控液滴技术将分散有单分散胶体粒子的异丙基丙烯酰胺溶液制得液滴，紫外光照射引发聚合后即可得到聚异丙基丙烯酰胺固定的胶体光子晶体微球[60]。这种在不同温度下呈现不同颜色的胶体光子晶体微球可以用作温度传感器，其原理是温度改变会使得聚异丙基丙烯酰胺体积发生变化，被固定在其中的胶体粒子之间的间隙发生改变，结构色就会发生改变。另外，改变微流控液滴的流动相还可以制备核壳结构的温度敏感型胶体光子晶体微球。

2. 湿度传感器

湿度传感器一种特殊类型的传感器，因其在生活及工业生产中的重要性，也是光子晶体传感器研究的热点。如图 2-12 所示，Chen 课题组以单分散的聚苯乙烯

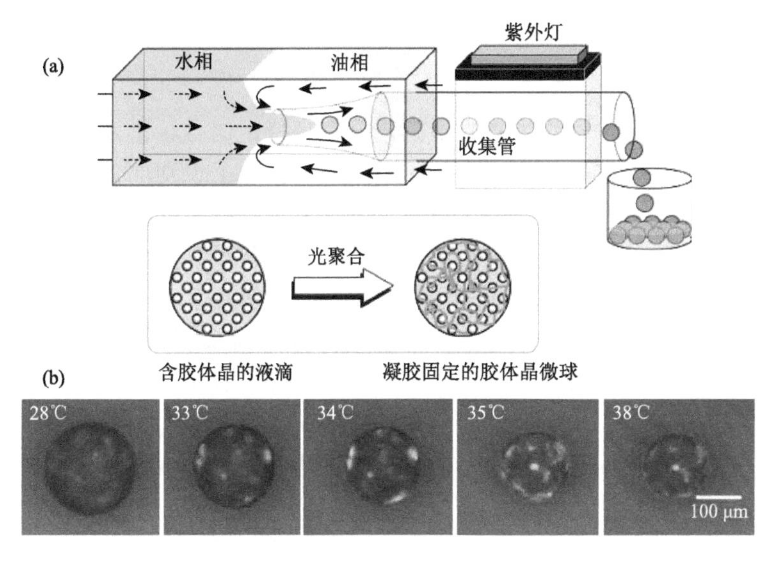

图 2-11　液滴微流控技术制备温度敏感型胶体光子晶体微球[60]

（a）毛细管微流技术结合光聚合固化过程，制备胶体光子晶体微球的示意图；（b）胶体光子晶体微球在不同温度下的光学显微镜照片

（PS）为基本构筑单元，将对湿度敏感的聚丙烯酰胺（polyacrylamide，PAM）填充到光子晶体周期性结构缝隙中，再通过微流控技术制备出对湿度具有高度响应的光子晶体微球传感器[85]。这种光子晶体传感器可以通过肉眼观察传感器颜色的变化来判断湿度的大致范围，可以观察到 25%～100%范围内湿度变化，响应时间仅需 30 s。该湿度传感器的原理是随着湿度的增加，水凝胶基质会发生溶胀，基质内填充的 PS 粒子间的间距变大，光子晶体微球的结构色会发生红移。该光子晶体传感器的响应过程可逆，颜色变化覆盖整个可见光谱范围。

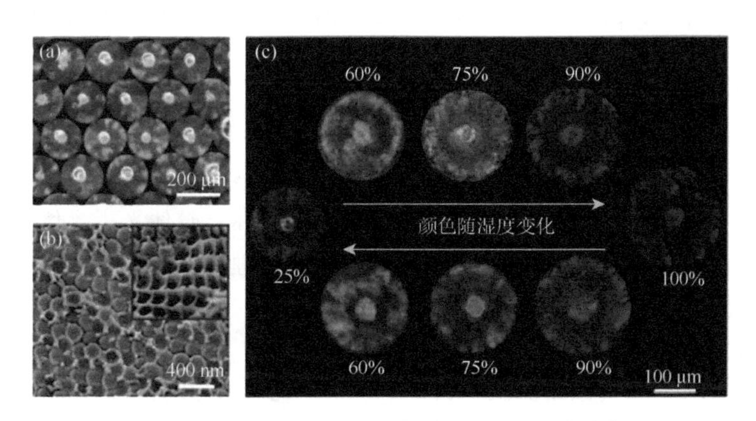

图 2-12　湿度响应的 PS-PAM 光子晶体微球[85]

（a）PS-PAM 光子晶体微球的光学显微镜照片；（b）SEM 照片；（c）微球在不同湿度下的颜色变化

3. 生物质传感器

生物质传感器是一种对生物质敏感，能够将特定信号转化为可以识别和处理的电信号进行检测的传感仪器。它的主要组成包括分子识别部分和转换部分。根据生物质传感器中分子识别元件可以将其分为五类：酶传感器、微生物传感器、细胞传感器、组织传感器和免疫传感器。随着生命科学和高新电子技术的发展，生物质传感器在分子生物学、光电子学及生物医学等许多方面都有广泛的应用前景[86, 87]。Zhao 等开发出了一种新型的水凝胶悬浮阵列，悬浮阵列的微载体是量子点标记的 DNA 响应性水凝胶光子微球[62]。该微球兼具量子点编码技术、生物响应水凝胶和光子晶体传感器的优势，可用于多重无标记 DNA 检测。在无标记 DNA 检测的情况下，目标 DNA 和交联单链 DNA 在水凝胶格栅中的特异性杂交导致水凝胶收缩，就可以检测出微球的布拉格衍射峰位置上的相应蓝移，从而定量分析出目标 DNA 的量。

4. 其他传感器

在油传感检测系统中，光子晶体也可发挥其巨大的作用。油传感器的应用难题在于其相当低的折射率，这导致波长位置变化极小，因此用肉眼观察颜色变化将是困难的。由于传统的油泄漏常发生在潮湿环境或水中，为防止水对油检测信号的干扰，所制备的材料必须是超疏水、超亲油的。另一个需要考虑的重要因素是可逆性。

Li 等制备了一种碳反蛋白石结构光子晶体用于油检测，实现了基于光学信号或结构色变化检测油品种类[88]。在吸油之前，具有三种不同孔径的碳反蛋白石光子晶体分别显示出紫色、蓝色和绿色的结构色。当碳反蛋白石吸附油时，由于样品的有效折射率增加，可以观察到阻带的红移，且其光学信号红移的位置会随油的折射率的不同而变化。因而可以通过光学信号来判断吸附的油品的种类。

2.5.3 编码

胶体光子晶体颗粒具有独特的光子带隙，从而被广泛应用于生物分子编码载体的研究中。相较于传统的量子点、染料等编码载体，胶体光子晶体的光学带隙信号具有稳定性好、生物毒性小、可适用于苛刻物理化学环境等优点。此外，胶体光子晶体的编码信号可以根据晶格常数进行调节，以满足多元分析应用，大大节省了分析时间和分析成本。

Gu 课题组[89]利用微流控技术制备出了新型光谱条形码颗粒，该条形码颗粒以多个球形光子晶体或磁性标记的乙氧基化三羟甲基丙烷三丙烯酸酯（ETPTA）为核，以聚乙二醇（PEG）水凝胶为壳。它具有明显且极其稳定的反射峰，并且不会引起有争议的荧光信号，同时围绕条形码的PEG水凝胶壳能够产生固定生物分子的功能性聚丙烯三维支架。该新型编码元件具有与光子晶体珠相同的高精度优势，且它们的实际编码能力呈指数级。此外，光子晶体条形码中磁性元素的存在赋予其在旋转磁场下的旋转和静止磁场下的聚集的极好控制，这可用于显著提高基于粒子的测定灵敏度并简化其处理。通过改变光子晶体的光子带隙对微球编码，可以进行表面生物分析、生物测定和细胞培养研究。

2.5.4 细胞载体

生物材料一直是近年来新型材料研究的一个重点，而生物材料研究的重点是探索和评估细胞与材料之间的相互作用。固定在细胞表面的细胞培养基上的生物材料，只需要根据表面的细胞形态和数量来评价生物材料的生物相容性，这种方法虽然简单便捷，但是平面静态的生物材料结构并不能模拟生物体内的真实环境。微载体作为生物材料支撑基质也可作为细胞培养的重要载体，微载体生物材料结合了贴壁培养和悬浮培养的许多优点，另外，微载体具有较高的比表面积，可以大规模地培养多种细胞。根据这些优点，许多生物材料都被制备成了微载体。Gu课题组制备出了一种新型的尺寸可控且生物相容性优异的二氧化硅杂化光子晶体微球[90]。如图2-13所示，微球的形状尺寸可以根据微流控技术进行控制，并且可选择合适的尺寸进行细胞培养。微球的编码主要源自光子晶体的光子禁带和特征反射峰，光子晶体稳定的周期性结构为编码的稳定提供了保障，因此微载体在HepG2细胞表面的黏附和细胞培养过程中都保持恒定。此外，他们把不同种类生物材料引入光子晶体微球中作为多重编码微载体进行生物体内的多重评估，对探索和评估细胞与材料之间的相互作用起到重要的引导作用。

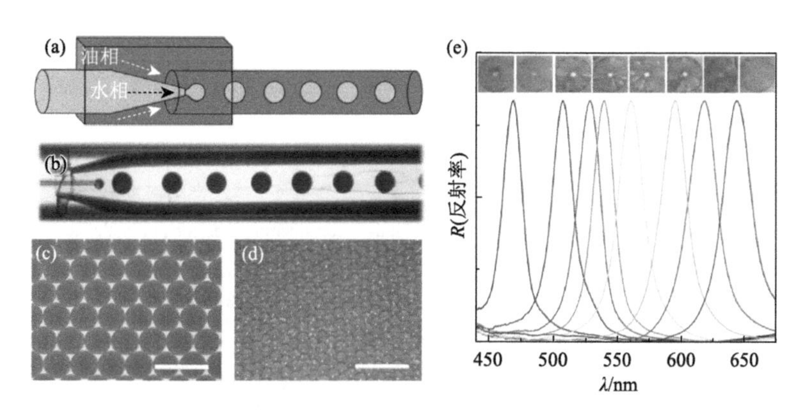

图2-13 微流控技术制备用于生物体内多重编码的二氧化硅杂化光子晶体微球[90]

(a)、(b) 微流体装置的示意图和光学照片；(c)、(d) 所产生微液滴及光子晶体微球的光学显微镜照片，比例尺为1 mm；(e) 不同光禁带光子晶体微球的光学显微镜照片及对应的反射光谱图

参 考 文 献

[1] 杨晓红. 化学发光纸基微流控初步研究. 西安：陕西师范大学，2011.
[2] Clausell-Tormos J，Lieber D，Baret J，et al. Droplet-based microfluidic platforms for the encapsulation and screening of mammalian cells and multicellular organisms. Chem Biol，2008，15：427.
[3] 付敏. 高效发光 $CuInS_2$ 和 $CuInS_2$/ZnS 量子点的绿色合成及工艺连续化研究. 上海：华东理工大学，2016.
[4] 陈成. 微流控技术冷冻人微量精子的初步研究. 合肥：安徽医科大学，2017.
[5] Giordano N，Cheng J. Microfluid mechanics：Progress and opportunities. J Phys Condens Matter，2001，13：R271.
[6] 刘程程. 基于微流控芯片免疫传感器的研究. 上海：复旦大学，2011.
[7] Zhao Y，Shang L，Cheng Y，et al. Spherical colloidal photonic crystals. Acc Chem Res，2014，47：3632.
[8] Zhang Y，Wang J，Huang Y，et al. Fabrication of functional colloidal photonic crystals based on well-designed latex particles. J Mater Chem，2011，21：14113.
[9] Velev O D，Lenhoff A M，Kaler E W. A class of microstructured particles through colloidal crystallization. Science，2000，287：2240.
[10] Pemg B，Wu C，Shen Y，et al. Microfluidic chip fabrication using hot embossing and thermal bonding of COP. Polym Adv Technol，2010，21：457.
[11] Zhang W，Lin S，Wang C，et al. PMMA/PDMS valves and pumps for disposable microfluidics. Lab Chip，2009，9：3088.
[12] Chan H，Chen Y，Shu Y，et al. Direct，one-step molding of 3D-printed structures for convenient fabrication of truly 3D PDMS microfluidic chips. Microfluid Nanofluid，2015，19：9.
[13] 徐春秀. 微流控芯片动态胞吞和高通量单细胞分析的研究. 杭州：浙江大学，2011.
[14] 王秋平. 基于微流控技术的感染性病原体基因诊断研究. 广州：广州医学院，2011.
[15] Zhang J，Tian Y，Ling L，et al. Versatile hydrogel-based nanocrystal microreactors towards uniform fluorescent photonic crystal supraballs. J Nanopart Res，2014，16：2769.
[16] Yu Z，Wang C，Ling L，et al. Triphase microfluidic-directed self-assembly：Anisotropic colloidal photonic crystal supraparticles and multicolor patterns made easy. Angew Chem Int Ed，2012，51：2375.
[17] Weeks E，Crocker J，Levitt A，et al. Three-dimensional direct imaging of structural relaxation near the colloidal glass transition. Science，2000，287：627.
[18] Dinsmore A，Hsu M，Nikolaides M，et al. Colloidosomes：Selectively permeable capsules composed of colloidal particles. Science，2002，298：1006.
[19] Utada A，Lorenceau E，Link D，et al. Monodisperse double emulsions generated from a microcapillary device. Science，2005，308：537.
[20] Paik S，Byun A，Lim J，et al. In-plane single-crystal-silicon microneedles for minimally invasive microfluid systems. Sens Actuator A Phys，2004，114：276.
[21] Fukuoka D，Utsumi Y. Fabrication of the cyclical fluid channel using the surface acoustic wave actuator and continuous fluid pumping in the cyclical fluid channel. Microsyst Technol，2008，14：1395.
[22] 孙亚威. 基于微流控芯片制备环境响应型光子晶体球的研究. 上海：东华大学，2016.
[23] 张铭. 微流控芯片多种流体微混合的研究. 长春：长春工业大学，2013.
[24] Zhu P，Wang L. Passive and active droplet generation with microfluidics：A review. Lab Chip，2017，17：34.
[25] Shang L，Cheng Y，Zhao Y. Emerging droplet microfluidics. Chem Soc Rev，2017，117：7964.

[26] Baroud C，Gallaire F，Dangla R. Dynamics of microfluidic droplets. Lab Chip，2010，10：2032.
[27] 陈九生，蒋稼欢. 微流控液滴技术：微液滴生成与操控. 分析化学，2012，40：1293.
[28] 陈晓东，胡国庆. 微流控器件中的多相流动. 力学学报，2015，45：55.
[29] van der Graaf S，Nisisako T，Schroen C，et al. Lattice Boltzmann simulations of droplet formation in a T-shaped microchannel. Langmuir，2006，22：4144.
[30] Garstecki P，Fuerstman M，Stone H，et al. Formation of droplets and bubbles in a microfluidic T-junction-scaling and mechanism of break-up. Lab Chip，2006，6：437.
[31] Xu J，Li S，Tan J，et al. Correlations of droplet formation in T-junction microfluidic devices：From squeezing to dripping. Microfluid Nanofluidics，2008，5：711.
[32] Utada A，Fernandez-Nieves A，Stone H，et al. Dripping to jetting transitions in coflowing liquid streams. Phys Rev Lett，2007，99：094502.
[33] Marin A，Campo-Cortes F，Gordillo J. Generation of micron-sized drops and bubbles through viscous coflows. Colloids Surf，2009，344：2.
[34] Tseng Y，Prosperetti A. Local interfacial stability near a zero vorticity point. J Fluid Mech，2015，776：5.
[35] Scheiff F，Mendorf M，Agar D，et al. The separation of immiscible liquid slugs within plastic microchannels using a metallic hydrophilic sidestream. Lab Chip，2011，11：1022.
[36] Abate A，Weitz D. Faster multiple emulsification with drop splitting. Lab Chip，2011，11：1911.
[37] Seemann R，Brinkmann M，Pfohl T，et al. Droplet based microfluidics. Rep Prog Phys，2012，75：016601.
[38] Ahn K，Kerbage C，Hunt T，et al. Dielectrophoretic manipulation of drops for high-speed microfluidic sorting devices. Appl Phys Lett，2006，88：024104.
[39] Huh D，Bahng J，Ling Y，et al. Gravity-driven microfluidic particle sorting device with hydrodynamic separation amplification. Anal Chem，2007，79：1369.
[40] Wang W，Yang C，Cui X，et al. Droplet microfluidic preparation of au nanoparticles-coated chitosan microbeads for flow-through surface-enhanced Raman scattering detection. Microfluid Nanofluidics，2010，9：1175.
[41] Huebner A，Bratton D，Whyte G，et al. Static microdroplet arrays：A microfluidic device for droplet trapping，incubation and release for enzymatic and cell-based assays. Lab Chip，2009，9：692.
[42] Wang J，Zhang Y，Wang S，et al. Bioinspired colloidal photonic crystals with controllable wettability. Acc Chem Res，2011，44：405.
[43] He L，Wang M，Ge J，et al. Magnetic assembly route to colloidal responsive photonic nanostructures. Acc Chem Res，2012，45：1431.
[44] Sato O，Kubo S，Gu Z. Structural color films with lotus effects，superhydrophilicity，and tunable stop-bands. Acc Chem Res，2009，42：1.
[45] Zhao Y，Xie Z，Gu H，et al. Bio-inspired variable structural color materials. Chem Soc Rev，2012，41：3297.
[46] Chae S，Kang E，Khademhosseini A，et al. Micro/nanometer-scale fiber with highly ordered structures by mimicking the spinning process of silkworm. Adv Mater，2013，25：3071.
[47] Velev O，Gupta S. Materials fabricated by micro-and nanoparticle assembly-the challenging path from science to engineering. Adv Mater，2009，21：1897.
[48] Zhao X，Cao Y，Ito F，et al. Colloidal crystal beads as supports for biomolecular screening. Angew Chem Int Ed，2006，45：6835.
[49] Rastogi V，Melle S，Calderon O，et al. Synthesis of light-diffracting assemblies from microspheres and nanoparticles in droplets on a superhydrophobic surface. Adv Mater，2008，20：4263.

[50] Lei Q，Ni R，Ma Y. Self-assembled chiral photonic crystals from a colloidal helix racemate. ACS Nano，2018，12：6860.

[51] Sun C，Zhao X，Zhao Y，et al. Fabrication of colloidal crystal beads by a drop-breaking technique and their application as bioassays. Small，2008，4：592.

[52] Gu H，Rong F，Tang B，et al. Photonic crystal beads from gravity-driven microfluidics. Langmuir，2013，29：7576.

[53] Cai J，Wang T，Wang J，et al. Temperature-controlled morphology evolution of porphyrin nanostructures at an oil-aqueous interface. J Mater Chem C，2015，3：2445.

[54] Cai J，Chen S，Cui L，et al. Tailored porphyrin assembly at the oil-aqueous interface based on the receding of three-phase contact line of droplet template. Adv Mater Interfaces，2015，2：1400365.

[55] Kim S，Lee S，Yi G，et al. Microwave-assisted self-organization of colloidal particles in confining aqueous droplets. J Am Chem Soc，2006，128：10897.

[56] Xu K，Xu J，Lu Y，et al. Extraction-derived self-organization of colloidal photonic crystal particles within confining aqueous droplets. Cryst Growth Des，2013，13：926.

[57] Zhao Y，Zhao X，Sun C，et al. Encoded silica colloidal crystal beads as supports for potential multiplex immunoassay. Anal Chem，2008，80：1598.

[58] Hu J，Zhao X，Zhao Y，et al. Photonic crystal hydrogel beads used for multiplex biomolecular detection. J Mater Chem，2009，19：5730.

[59] Ge J，Lee H，He L，et al. Magnetochromatic microspheres：Rotating photonic crystals. J Am Chem Soc，2009，131：15687.

[60] Kanai T，Lee D，Shum H，et al. Fabrication of tunable spherical colloidal crystals immobilized in soft hydrogels. Small，2010，6：807.

[61] Kim S，Jeon S，Yi G，et al. Optofluidic assembly of colloidal photonic crystals with controlled sizes，shapes，and structures. Adv Mater，2008，20：1649.

[62] Zhao Y，Zhao X，Tang B，et al. Quantum-dot-tagged bioresponsive hydrogel suspension array for multiplex label-free DNA detection. Adv Funct Mater，2010，20：976.

[63] Kim Y，Cho C，Kang J，et al. Synthesis of porous carbon balls from spherical colloidal crystal templates. Langmuir，2012，28：10543.

[64] Wang J，Hu Y，Deng R，et al. Multiresponsive hydrogel photonic crystal microparticles with inverse-opal structure. Langmuir，2013，29：8825.

[65] Cui J，Zhu W，Gao N，et al. Inverse opal spheres based on polyionic liquids as functional microspheres with tunable optical properties and molecular recognition capabilities. Angew Chem Int Ed，2014，53：3844.

[66] Yi G，Moon J，Yang S. Ordered macroporous particles by colloidal templating. Chem Mater，2001，13：2613.

[67] Brown T，Dalton P，Hutmacher D. Direct writing by way of melt electrospinning. Adv Mater，2011，23：5651.

[68] Zhao Y，Zhao X，Hu J，et al. Encoded porous beads for label-free multiplex detection of tumor markers. Adv Mater，2009，21：569.

[69] Yang Q，Li M，Liu J，et al. Hierarchical TiO_2 photonic crystal spheres prepared by spray drying for highly efficient photocatalysis. J Mater Chem A，2013，1：541.

[70] Millman J，Bhatt K，Prevo B，et al. Anisotropic particle synthesis in dielectrophoretically controlled microdroplet reactors. Nat Mater，2005，4：98.

[71] Rastogi V，Garcia A，Marquez M，et al. Anisotropic particle synthesis inside droplet templates on superhydrophobic surfaces. Macromol Rapid Commun，2010，31：190.

[72] Shang L，Shangguan F，Cheng Y，et al. Microfluidic generation of magnetoresponsive Janus photonic crystal particles. Nanoscale，2013，5：9553.

[73] Zhao Y，Gu H，Xie Z，et al. Bioinspired multifunctional janus particles for droplet manipulation. J Am Chem Soc，2013，135：54.

[74] Kim S，Jeon S，Yang S. Optofluidic encapsulation of crystalline colloidal arrays into spherical membrane. J Am Chem Soc，2008，30：6040.

[75] Kim S，Park J，Choi T，et al. Osmotic-pressure-controlled concentration of colloidal particles in thin-shelled capsules. Nat Commun，2014，5：3068.

[76] Hu Y，Wang J，Wang H，et al. Microfluidic fabrication and thermoreversible response of core/shell photonic crystalline microspheres based on deformable nanogels. Langmuir，2012，28：17186.

[77] Kanai T，Lee D，Shum H，et al. Gel-immobilized colloidal crystal shell with enhanced thermal sensitivity at photonic wavelengths. Adv Mater，2010，22：4998.

[78] Ye B，Ding H，Cheng Y，et al. Photonic crystal microcapsules for label-free multiplex detection. Adv Mater，2014，26：3270.

[79] Ozin G，Yang S. The race for the photonic chip：Colloidal crystal assembly in silicon wafers. Adv Funct Mater，2001，11：95.

[80] Hoi S，Chen X，Kumar V，et al. A microfluidic chip with integrated colloidal crystal for online optical analysis. Adv Funct Mater，2011，21：2847.

[81] Dou Y，Wang B，Jin M，et al. A review on self-assembly in microfluidic devices. J Micromech Microeng，2017，27：113002.

[82] Gu H，Zhao Y，Cheng Y，et al. Tailoring colloidal photonic crystals with wide viewing angles. Small，2013，9：2266.

[83] 格洛特，周启祥，米尔卡里米，等. 光子晶体传感器：CN200580001374.4. 2007-01-17.

[84] 傅小勤，郭明，张晓辉. 光子晶体传感器的研究进展. 材料导报，2011，(3)：57.

[85] Yin S，Wang C，Liu S，et al. Facile fabrication of tunable colloidal photonic crystal hydrogel supraballs toward a colorimetric humidity sensor. J Mater Chem C，2013，1：4685.

[86] Nosrati R，Dehghani S，Karimi B，et al. Siderophore-based biosensors and nanosensors；New approach on the development of diagnostic systems. Biosens Bioelectron，2018，117：1.

[87] Agarwal K，Hwang S，Bartnik A，et al. Small-scale biological and artificial multidimensional sensors for 3D sensing. Small，2018，14：1801145.

[88] Li H，Chang L，Wang J，et al. A colorful oil-sensitive carbon inverse opal. J Mater Chem，2008，18：5098.

[89] Zhao Y，Xie Z，Gu H，et al. Multifunctional photonic crystal barcodes from microfluidics. NPG Asia Mater，2012，4：e25.

[90] Liu W，Shang L，Zheng F，et al. Photonic crystal encoded microcarriers for biomaterial evaluation. Small，2014，10：88.

第 3 章　液态胶体光子晶体

3.1 引　　言

光子晶体（photonic crystal）是不同折射率的材料排列而成的周期性结构。类似原子构成的晶格，电磁波在光子晶体中传播时，会受到布拉格散射的作用，形成光子能带结构。能带之间存在带隙，称为光子带隙（photonic band gap，PBG），能量处于带隙之中的光波是无法传播的。当带隙恰好位于可见光波长范围，可见光在光子晶体结构表面进行相干散射时，会产生肉眼可见的结构色，且颜色与入射角、观察视角等密切相关。例如，像天然蛋白石那样由相同尺寸的胶体颗粒在三维空间排列而成的有序结构称为胶体光子晶体，它是三维光子晶体的一种，也是光子晶体概念被明确定义以来，材料学领域研究最为广泛和深入的一种光子晶体。

近年来，人们在研究胶体组装过程的基础上，发现并提出一种新颖的胶体自组装形式——液态胶体光子晶体（简称液态胶体晶）。相比于常见的固态胶体晶，液态胶体晶具有液体的流动性，同时，它又具有胶体晶的有序排列和明亮的结构色。因此，液态胶体晶可被理解为胶体溶液体系向固态胶体晶转化的中间态。从本质上讲，它是一种由溶剂作为填充介质，具有非接触型密堆积结构的特殊胶体晶，也可认为是一种由溶剂包裹胶粒形成的胶体晶，因此具有低于常规胶体晶的占空比，为 20%～40%。此外，液态胶体晶总是与胶体溶液共同存在，热力学并不利于纯粹液态胶体晶结构的独立存在，它往往是在熵增的驱动下从胶体溶液中自发析出产生。

如图 3-1 所示，液态胶体晶[1]通常具有明亮的结构色，通过调节胶粒大小或胶粒浓度可得到不同颜色的液态胶体晶。由反射光谱可以看出，液态胶体晶具有较高的反射强度和色彩饱和度。相对于固态胶体晶，液态胶体晶还具有组分可设计性强的优势，可根据需要来设计液相组分，得到相应的液态胶体晶。光学显微观察表明，液态胶体晶主要由明亮的晶块部分和透明的胶体溶液部分组成。在扫描电镜照片中，也能观察到相应的胶体有序和无序堆积结构。在外力扰动下，液态胶体晶会迅速转变为胶体溶液形态，而经过一定时间静置之后，它又会重新组装形成液态胶体晶。

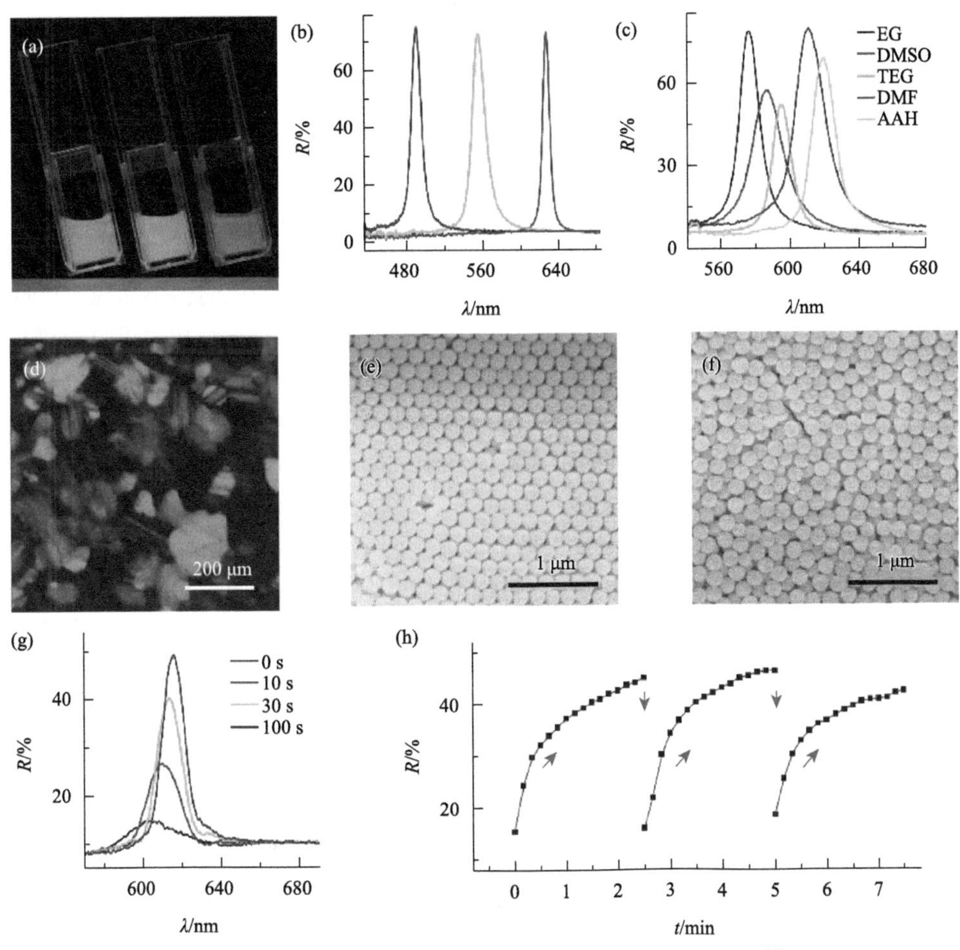

图 3-1　液态胶体晶的光学性质、结构与介稳定特性表征[1]

（a）数码照片；（b）、（c）反射光谱（EG. 乙二醇；DMSO. 二甲亚砜；TEG. 三乙二醇；DMF. *N*, *N*-二甲基甲酰胺；AAH. 茴香醛；*R* 表示反射率）；（d）～（f）光学显微镜及扫描电子显微镜照片；（g）、（h）可逆组装与解组装时的反射光谱信号变化

基于上述实验观察和认知积累，可总结出液态胶体晶的物理特性。①流动性：由于体系中含有高含量的液体组分，极大地降低了胶粒之间相互移动并随溶液体系长程迁移的能垒，使其具有类比溶液的流动性。②光子晶体特性：基于胶体有序排列，液态胶体晶完全具备胶体光子晶体的全部特性，包括光禁带、结构色等。③介稳定特性：从能量角度考虑，液态胶体晶处于胶体溶液和固态胶体晶的中间状态，外部的微小扰动都会使其失去有序结构，转而形成无序的胶体分散体系。④可逆组装与解组装特性：充分静置后，胶体会重新析出形成有序结构。通过干扰和静置，液态胶体晶可以无限次地进行可逆的组装与解组装，这一特点为其应用带来极大的便利。

3.2　液态胶体光子晶体的制备方法

3.2.1　静置析出法

在胶体光子晶体的早期研究过程中，研究人员观察聚苯乙烯（PS）胶粒的水溶液发现，胶体溶液经过长时间放置能够自发析出具有结构色的微小晶粒。Luck等[2]对这些晶粒进行研究，发现结构色是由PS胶粒构成的有序结构对可见光进行布拉格散射产生的。他们认为溶液中的胶粒满足Thomson-Gibbs效应，即胶粒可以自发形成与传统晶体中分子或原子排列类似的有序结构。由此可见，当时人们虽然没有对这一结构提出明确的定义，但观察到的微小晶粒实质上就是本章所讨论的液态胶体晶。如图3-2所示，Ohno等[3]发现，将SiO_2@PMMA胶粒分散在1, 2-二氯乙烷/氯苯/邻二氯苯混合溶剂中形成不同浓度的胶体溶液，经过7天的静置，即使低浓度胶体溶液也能够缓慢析出液态胶体晶。上述两个实验说明，无论极性分散体系还是非极性分散体系，胶粒都会在熵增的驱动下自发析出液态胶体晶，而析出快慢则取决于制备过程中热力学状态的变化。

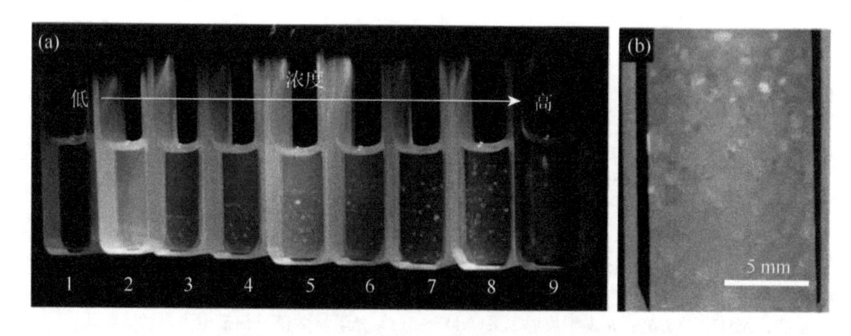

图3-2　静置析出法制备液态胶体晶[3]

（a）不同浓度的SiO_2@PMMA胶粒在1, 2-二氯乙烷/氯苯/邻二氯苯混合溶剂中形成的胶体分散体系静置7天后析出的液态胶体晶；（b）液态胶体晶的晶粒特写

由于长时间静置制备液态胶体晶的效率较低，人们通过改变胶体稀溶液中的离子强度，促进液态胶体晶的形成。Hachisu等[4]通过改变PS胶体溶液中氯化钾的浓度控制溶液的离子强度，进而制备得到不同体积分数的液态胶体晶。他们发现在离子浓度较低时，胶体溶液中析出的晶粒较少，整个体系呈现出胶粒散射造成的乳白色。当在一定范围内提高该胶体溶液的离子强度时，就会析出大量彩虹色的胶体晶微粒，直至充满整个胶体溶液。当摇动透析管之后，晶粒消失，而静置一段时间后，晶粒会重新出现。

此外，人们还发现提高胶体溶液中胶粒的浓度，也能提高液态胶体晶的制备效率。Pusey 和 Megen[5]在制备聚甲基丙烯酸甲酯（PMMA）液态胶体晶的过程中发现，胶粒浓度较低时胶体溶液呈现出流体的状态；随着胶粒浓度的增加，胶体析出形成胶体晶微粒，胶体溶液由单相转变为混相；胶粒浓度继续提高时，胶体溶液转变为高黏度、无法流动的玻璃态，无法形成胶体晶结构。在此基础上，他们利用聚 1, 2-羟基硬脂酸修饰的 PMMA 胶粒，在十氢化萘及二硫化碳的溶剂中制备出液态胶体晶。上述混合溶剂的折射率与胶体颗粒的折射率匹配，因而溶液为无色透明状态，非常便于观察分析液态胶体晶的结构及变化。经过一定时间的静置，该胶体溶液能够形成典型的液态胶体晶。

综上所述，早期的研究工作虽然在各方面做出有益的探索，但采用的制备方法多为静置析出法，该方法存在耗费时间长、效率低、重复性差等缺点，迫切需要开发新的制备方法推进液态胶体晶材料的相关研究和实用化进程。如图 3-3 所示，在下面的论述中，笔者将从驱动胶粒析出的方式入手，介绍几种制备液态胶体晶的新方法。

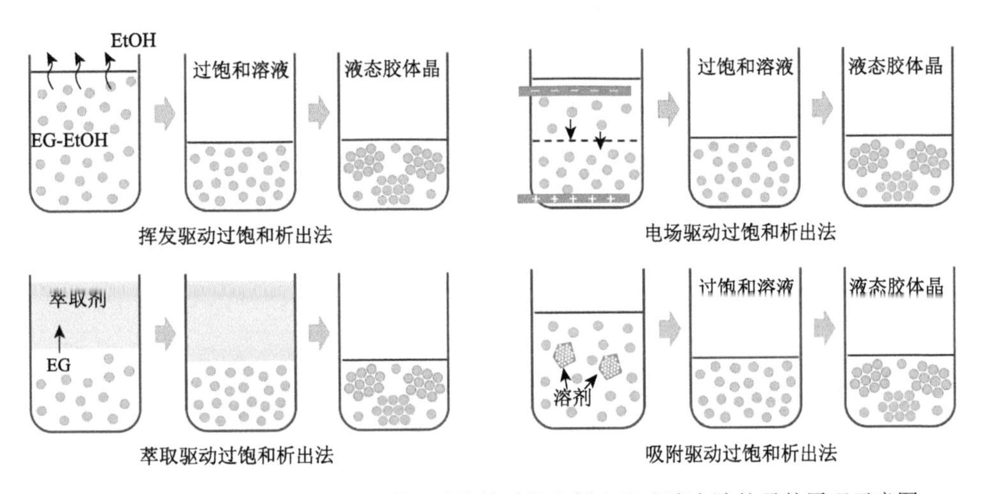

图 3-3　挥发、电场、萃取、吸附驱动胶粒过饱和析出形成液态胶体晶的原理示意图

3.2.2　挥发驱动过饱和析出法

为了提高液态胶体晶的制备效率和结晶度的可控性，Yang 等[6]发展了一种挥发驱动过饱和析出制备液态胶体晶的全新合成方法，并通过后续研究，逐步完善优化了组装过程中的各项合成条件。该合成方法的主要步骤包括，将各种高沸点目标溶剂与二氧化硅（SiO_2）胶粒的乙醇分散液混合之后，通过高温下乙醇的选择性挥发，迫使胶粒在目标溶剂中形成过饱和溶液，并驱动胶粒析出，从而快速

形成高结晶度的液态胶体晶。该方法所需时间短，析出晶体的结晶度高，适用于多种高沸点溶剂。

如图 3-4 所示，考虑到 SiO_2 易分散于极性介质中，上述方法通常适用于制备极性溶剂体系中的液态胶体晶；而对于非极性溶剂体系，如苯甲醚、二氯苯（DCB）、丁酸戊酯等，需要在体系中引入少量的油胺，也可以形成相应的液态胶体晶。在这里，油胺起到了两方面的作用：第一，由于 Si—OH 和—NH_2 之间的相互作用，SiO_2 胶粒表面吸附了油胺分子，阻止了胶粒在非极性溶剂中的团聚，提高了胶粒的分散性和稳定性；第二，在非极性溶剂中加入少量的表面活性剂可产生反相胶束，胶束稳定胶粒表面电离出的 H^+ 并带离胶粒，因而增强了胶粒的表面电荷，促进了胶体颗粒的组装。

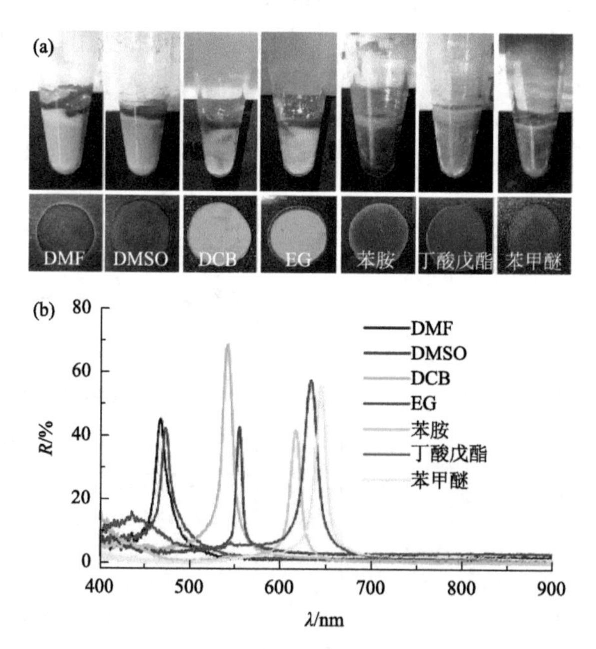

图 3-4　挥发驱动过饱和析出法制备不同溶剂中的液态胶体晶[6]

（a）不同溶剂中液态胶体晶及液膜的数码照片；（b）相应液膜的反射光谱图

显然，胶粒在溶液中的高度分散是形成液态胶体晶的前提，而胶粒的过饱和状态则是析出液态胶体晶的主要驱动力。鉴于两者都与胶粒浓度密切相关，因此在合成中最值得关注的控制条件就是胶粒的体积分数。研究表明，胶粒析出形成胶体晶的最低浓度通常就是胶粒的饱和浓度。不同的胶粒在不同的溶剂中，其饱和浓度各不相同。以 SiO_2 胶粒为例，其在极性溶剂中的最低析出体积分数为 0.18～0.2，而在非极性溶剂中的最低析出体积分数为 0.08～0.12。

另外，胶粒析出形成液态胶体晶的最高体积分数通常为 0.3～0.4。这是因为过高的胶粒浓度会严重阻碍胶粒的热运动，使得胶粒无法在晶格位点附近充分移动，形成有序的胶体晶结构。值得一提的是，在合成中人们可以设计 SiO_2 胶粒和目标溶剂的投量，使液态胶体晶中含有体积分数高于 0.4 的胶粒组分。但实际上，随着 SiO_2 胶粒浓度的增加，会有大量乙醇以溶剂化层的形式保留在胶粒表面，即使在常规沸点下加热也无法去除。因此，考虑到这部分乙醇残留，SiO_2 胶粒的实际体积分数将始终低于 0.4。理论计算也证明了上述实验结果，当胶粒体积分数达到 0.4 时，相邻胶粒表面的间距通常不足 50 nm，此数值恰好约等于两倍溶剂化层的厚度。

3.2.3　萃取驱动过饱和析出法

受到挥发驱动过饱和析出法的启发，研究人员意识到制备液态胶体晶的关键在于发展高效可控的方法制备胶粒高度分散且浓度过饱和的溶液，进而在熵增驱动下自发析出形成高结晶度的液态胶体晶。遵循这一思路，Wang 等[7]发展了萃取驱动过饱和析出制备液态胶体晶的新方法。该方法采用液液萃取的方式将胶体溶液中的部分溶剂萃取至萃取剂中，并从体系中分离，实现胶粒在剩余溶液中的过饱和分散及液态胶体晶的析出。他们采用单组分或双组分萃取剂在室温下实现了胶粒的有效浓缩，同时保留了良好的胶体分散性。萃取后的液体在静置下快速析出结构色晶粒，在外力扰动下又迅速转为无色胶体溶液，且扫描电镜照片也证实晶粒中的胶体呈面心立方紧密堆积结构。该胶体分散体系具有流动性、光子晶体特性、介稳定性和可逆的组装与解组装特性，可判定为典型的液态胶体晶。

相比于挥发法中的挥发温度及胶粒浓度控制，萃取法中萃取剂的选择是成功合成的关键，而萃取剂的极性则是选择萃取剂时要考虑的首要因素。以 SiO_2 胶粒的乙二醇（EG）溶液为例：当萃取剂极性较低时，无法从胶体溶液中萃取出乙二醇；当萃取剂极性较高时，会与整个胶体溶液互溶，同样无法萃取出乙二醇；唯有选用极性适中的特定萃取剂（如乙醚）才能将胶体溶液中的部分溶剂选择性地萃取出来，同时又不会萃取出胶粒，从而形成胶体过饱和溶液。考虑到 SiO_2 胶体与乙二醇相近的极性及相似相溶的原理，可以想到对两者具有差异性溶解的单组分溶剂是相当少的。在众多测试的萃取剂中，仅乙醚和丙酸乙酯能够成功萃取 SiO_2/乙二醇溶液中的乙二醇，制得相应的液态胶体晶。

为了提高萃取效率、降低萃取剂成本并提高操作安全性，研究人员进一步探索了双组分萃取剂的可选组成。实验结果表明，采用常规溶剂构成的双组分萃取剂同样可以实现 SiO_2/EG 液态胶体晶的制备。可用的萃取剂包括环己烷-丙酮、甲苯-丙酮、环己烷-正己醇、甲苯-正己醇、环己烷-乙酸乙酯、甲苯-乙酸乙酯等。如果定义萃取剂中乙二醇与胶体溶液中乙二醇的体积分数之比为萃取效率，1∶21 甲苯-乙酸乙酯的萃取效率（0.277）甚至远高于乙醚或丙酸乙酯单组分萃取剂的效率（0.042、0.054）。可见，只要精准调控萃取剂的极性，就可以实现溶剂的选择性萃取和液态胶体晶的高效制备。

与挥发法相比，萃取法无须热处理，特别适于制备低沸点溶剂中的液态胶体晶，进一步拓宽了液态胶体晶的溶剂选择范围。与此同时，它也是一种快速、便捷、普适的合成方法。如图 3-5 所示，该方法不仅适用于 SiO_2/EG 液态胶体晶的制备，同样也适用于氧化锌（ZnO）、二氧化铈（CeO_2）、聚苯乙烯（PS）等胶粒，在戊二醇（PTD）、碳酸丙烯酯（PC）、*N*, *N*-二甲基甲酰胺（DMF）等溶剂中形成多种液态胶体晶。

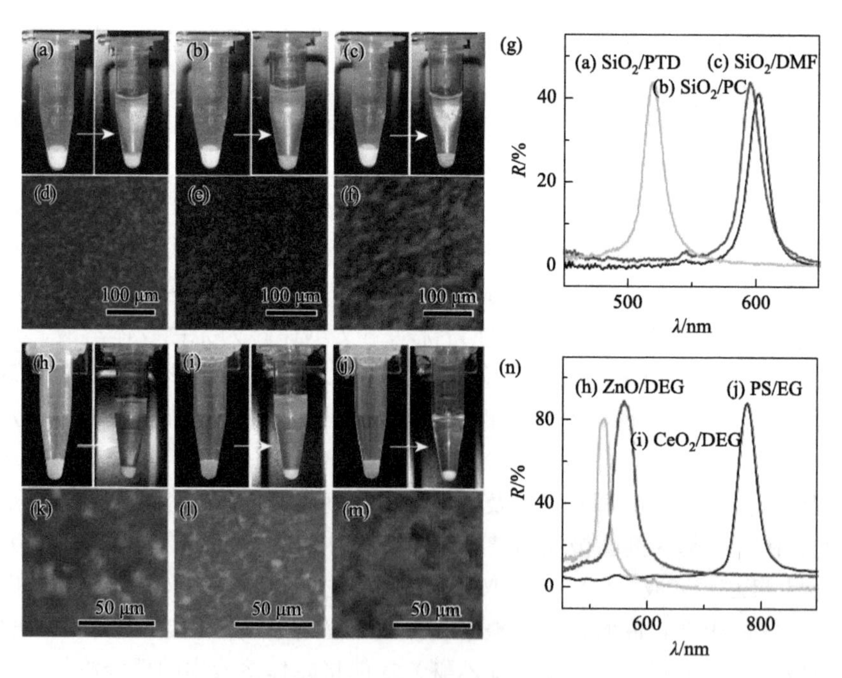

图 3-5 萃取驱动过饱和析出法制备液态胶体晶[7]

采用不同溶剂的 SiO_2 胶体溶液，萃取制备 SiO_2/PTD［(a)、(d)］、SiO_2/PC［(b)、(e)］、SiO_2/DMF［(c)、(f)］液态胶体晶；采用不同化学组成的胶粒溶液，萃取制备 ZnO/DEG［(h)、(k)］、CeO_2/DEG［(i)、(l)］、PS/EG［(j)、(m)］液态胶体晶；(g)、(n) 为上述胶体晶液膜的反射光谱

3.2.4 电场驱动过饱和析出法

为了提高液态胶体晶的制备效率，适应规模化制备的需求，Ge 课题组发展了

电场驱动胶体过饱和析出制备液态胶体晶的新方法。这一方法主要利用胶体颗粒的表面电荷及其在垂直电场作用下的电泳行为，使胶体颗粒在带有相反电荷的电极附近快速富集，从而形成胶体过饱和溶液并析出形成液态胶体晶。具体实验中，他们将正负电极分别置于 SiO_2 胶体稀溶液的底部及上层；当施加 5～10 V 电压时，带负电荷的 SiO_2 胶粒在电场驱动下向正极移动并逐渐富集在电极附近。移除上层稀溶液后，通过振荡混合便可获得浓缩后的胶体过饱和溶液，利用该方法所制备的 SiO_2 微球浓缩液能够在短暂静置后自发析出具有可逆组装特性的液态胶体晶。通过调控电场分离的次数，该方法可灵活控制最终液态胶体晶中的胶粒浓度。与其他方法相比，电场驱动过饱和析出法具有溶液浓度可控、无辅助溶剂消耗、操作简单、耗时短等优势，有望发展成规模化制备液态胶体晶的新工艺。

3.3　外场响应的液态胶体光子晶体

3.3.1　电场响应的液态胶体晶

如引言所述，液态胶体晶是一种具有介稳定特性的柔性光子晶体。这种介稳定特性使其本身成为一种独特的胶体响应体系，具有广阔的应用前景。从原理上讲，任何对胶体溶液物理性质及化学性质的改变，如浓度、离子强度、pH、黏度、极性、电场、磁场等都会引起液态胶体晶光禁带结构的变化，从而衍生出各种胶体响应体系。例如，在前述的液态胶体晶体系中，组成胶体晶的胶粒表面通常具有丰富的电荷，在外电场作用下会发生定向迁移并改变晶体结构，因此这类液态胶体晶通常对外电场有灵敏的响应，在构筑电响应光子晶体及结构色显示器件方面具有与生俱来的优势。

早在 2010 年，韩国科研工作者 Joo 和 Kang 等[8]就已经利用 Fe_3O_4@SiO_2 胶粒在碳酸丙烯酯（PCb）中的液态胶体晶构建电泳型的电响应光子晶体。虽然论文中并未提及液态胶体晶的概念，但文献中的结果及后续研究证实这种胶体溶液正是典型的液态胶体晶。他们的研究显示，胶体浓度升高至 30%左右时，溶液能够表现出明亮的红色，这表明胶粒过饱和后从溶液中析出自发组装成为胶体晶。当外电场逐渐从 1 V 升高至 4 V 时，带电胶粒向具有相反电荷的电极电泳迁移，从而使得胶体晶的晶格收缩、反射蓝移，并呈现出由红色至蓝色的不同结构色。随后，美国科学家 Solomon 等[9]运用共聚焦激光扫描显微镜观察证明了胶粒电泳确实导致了晶格收缩和结构色变化。之后，科研人员又相继研究了基于 TiO_2/EG（胶粒/溶剂）胶体晶[10]、PS/H_2O 胶体晶[11, 12]、ZnS@SiO_2/H_2O 胶体晶[13]、TiO_2@SiO_2/PCb 胶体晶[14]、聚甲基丙烯酸叔丁酯/异构化烷烃胶体晶[15]等一系列电响应液态胶体晶，极大拓宽了该材料体系的选择范围。

近年来，针对电响应液态胶体晶体系的响应性能，研究人员在结构色调变范围、高电压下色彩饱和度、响应可逆性、稳定性、响应速度等方面进行大胆尝试，取得不少研究进展。但在胶体响应规律、构效关系等理论模型上进展有限，导致电响应性能方面仍存在不少亟待解决的难点和问题，限制了材料的应用与发展。

例如，基于 SiO_2 或聚苯乙烯胶粒的液态胶体晶虽然在电场下可以灵敏地变色，但随着电压的升高，结构色会大幅变暗，无法实现实质上的全色彩调控。这是因为外电场电压的增强扰乱了胶体晶的组装，使得溶液中具有有序结构的胶体晶层的厚度（在施加特定电压后）开始小于 SiO_2 胶体晶与入射光的最大相干厚度，反射强度因此随之下降。鉴于外电场对胶体晶组装的干扰是不可避免的，如能采用与入射光最大相干厚度较小的高折射率胶体晶，就能有效削弱电场施加对结构色饱和度的负面影响。遵循这一思路，Fu 等[16]采用 $CeO_2@SiO_2$ 核壳结构胶粒作为组装基元，以 PCb 作为溶剂，通过选择性挥发的方法制备了具有高折射率和电响应特性的液态胶体晶。如图 3-6 所示，液态胶体晶中的 $CeO_2@SiO_2$ 胶粒在电场作用下向具有相反电荷的电极电泳，导致晶格收缩，反射信号蓝移，因此在 0～3.5 V 电压作用下展现出从红色至蓝色的结构色变化。与 SiO_2 胶体晶相比，基于 $CeO_2@SiO_2$ 胶粒的液态胶体晶在电场调控下可同时展现出较宽的色彩调变范围和高压下高饱和结构色显示效果。与此同时，$CeO_2@SiO_2$ 胶粒的高介电系数，也使得相应液态胶体晶对电场的响应速度更快，电响应结构色的重现性更好，长时间作用下的光学信号更稳定。利用 $CeO_2@SiO_2$ 电响应胶体晶，他们构建了一组 3×3 微电场阵列，通过程序化的电场设置，独立控制每个单元结构色的动态显示，为发展反射型节能环保显示屏奠定了基础。

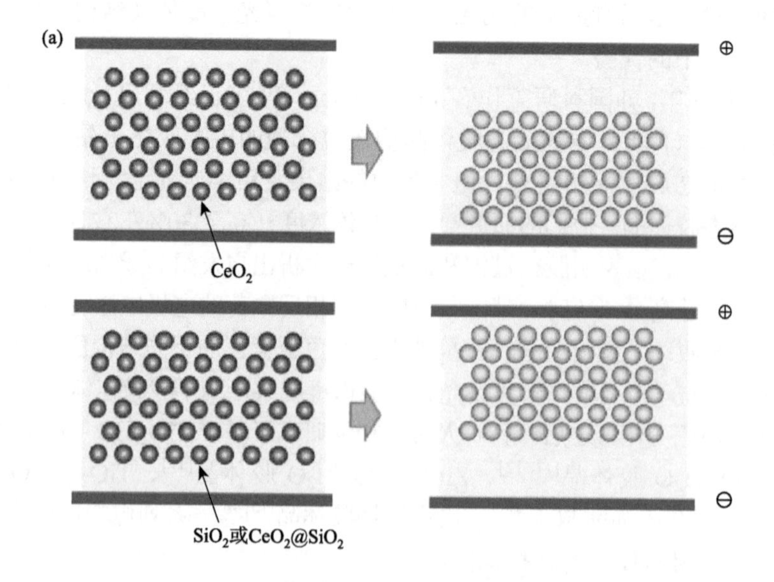

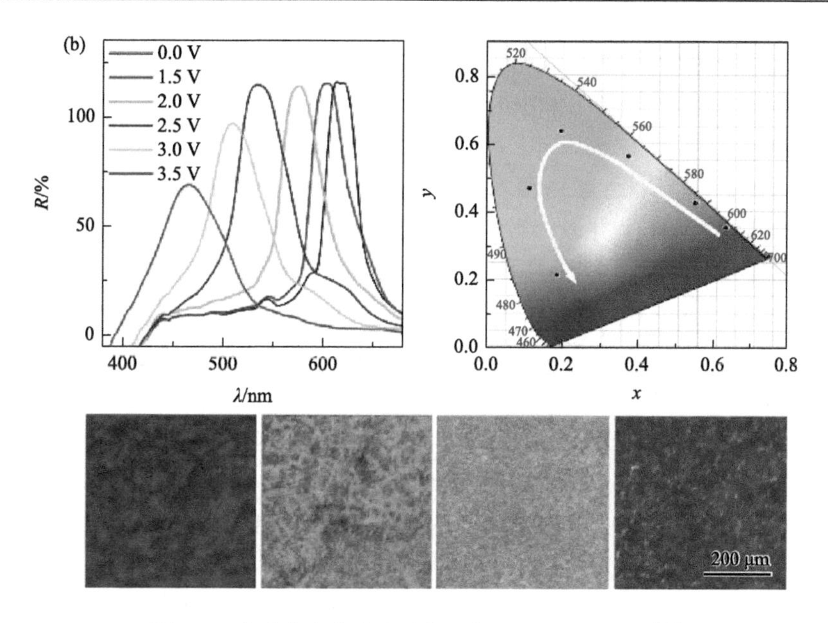

图 3-6　电响应液态胶体晶的工作原理及响应性能[16]

(a) 电响应液态胶体晶的光学响应源于电场作用下胶粒的电泳迁移和胶体晶晶格变化；(b) CeO_2@SiO_2/PCb 液态胶体晶在 0～3.5 V 电压下的结构色变化，从左到右依次对应电压为 3.5 V、2.5 V、2.0 V、0 V

又如，PS/H_2O 液态胶体晶在多次电场调谐之后，由于水的电解释放出 H^+与 OH^-，降低了胶粒之间的电荷排斥作用，破坏胶粒的有序组装，干扰胶体晶晶格的调变，最终导致液态胶体晶的结构色变暗，色彩调变范围也随之变窄。为了改善可逆性问题，Han 等[12]采用离子交换树脂修饰氧化铟锡（ITO）透明电极，实现了多达 800 余次的液态胶体晶“红-绿”变换。其所呈现的可逆性对于 100 nm 左右的反射波长调变而言是难能可贵的。研究表明，全氟磺酸基聚合物（Nafion）离子树脂膜不仅有效抑制了电解产生的离子向溶液的扩散，还在一定程度上防止了 ITO 电极自身还原所导致的导电性能下降，因而极大地提高了液态胶体晶的电响应可逆性。然而必须指出的是，离子树脂膜虽然提高了可逆性，但并未阻止电解反应的发生，不能彻底解决可逆性问题。

3.3.2　磁场响应的液态胶体晶

具有表面电荷的胶粒可以构建电场响应的液态胶体晶，具有磁相互作用的胶粒是否可以构建磁场响应的液态胶体晶呢？答案是肯定的。Asher 和 Yin 等先后报道了基于 Fe_3O_4/PS、Fe_3O_4 及 Fe_3O_4@SiO_2 胶粒的磁响应胶体晶。与先前介绍的三维胶体光子晶体所不同的是，当胶粒浓度较低时，胶粒会在磁场作用下迅速组装形成球链结构的一维胶体光子晶体。该胶体晶同样具有流动性、光子晶体特征、介稳定性和磁场控制下的组装与解组装特性，因此也可以认为是一种特殊的液态胶体晶。

例如，Ge 等[17-19]通过高温多元醇反应合成了粒径分布范围较窄的水溶性Fe_3O_4超顺磁纳米颗粒，并以该颗粒为组装基元，在水溶液中构建了一种具有磁响应特性的液态胶体晶。由于磁颗粒表面电荷丰富，在外磁场作用下，磁颗粒之间产生沿外场方向的磁相互吸引作用，使颗粒相互靠拢形成链状结构；当胶粒靠近到一定距离时，带电胶粒之间的电荷排斥作用又阻止了胶粒的进一步聚集。磁吸引与静电排斥的相互平衡，使磁胶粒快速形成间距相等的一维链状有序结构；它与入射光线产生强烈的布拉格散射，并产生明亮的结构色。当外磁场强度改变时，磁吸引作用会相应改变，这就迫使胶粒之间的间距随之调整，产生新的静电排斥作用来平衡上述磁吸引作用。伴随这一过程，液态胶体晶就展现出对磁场强度的迅速可逆的、覆盖可见光范围的光学响应。随后他们又制备了敏感 Fe_3O_4@SiO_2胶粒，将磁响应液态胶体晶扩展到更多的溶剂体系中，并由此发展了一系列磁组装光子晶体材料[20-22]。

用磁胶粒构建磁响应胶体晶是顺理成章的设计，那么不具备超顺磁特性的常规胶体粒子是否也能构建磁响应液态胶体晶呢？答案是肯定的，不过此时需要引入具有磁响应特性的分散介质——磁流体。磁空穴理论表明，连续磁性介质中的非磁性颗粒具有反向磁偶极矩，相互之间也存在磁相互吸引作用，因此可以采用磁流体和非磁性胶粒构建磁控光子晶体。

基于上述原理，Liu 等[23]将 5%的 Fe_3O_4 纳米晶水溶液与体积分数为 10%～20%的聚苯乙烯胶粒溶液混合，制备出磁场响应的液态胶体晶。该液体在无外磁场时，显示出 Fe_3O_4 本征的黄棕色；施加磁场作用后，聚苯乙烯球组装形成光子晶体，不同粒径聚苯乙烯胶粒形成的液态胶体晶显示出从蓝色到红色的各种颜色；撤去磁场后，光子晶体迅速解组装并恢复到布朗运动状态。如图 3-7 所示，非磁性胶粒的组装过程包括成链、相分离、成束等几个步骤，这些步骤在宏观时间尺度下是同步发生的，整个组装与解组装过程只需几百毫秒即可完成，且完全可逆。上述研究表明，聚苯乙烯/磁流体胶体晶也具备流动性、光子晶体特征、介稳定性和磁场控制下的组装与解组装特性，也是一种液态胶体晶结构。

值得一提的是，上述工作通过增大聚苯乙烯胶粒的尺寸来增加反向磁偶极矩、增强磁相互作用，从而降低组装体系对外磁场强度和磁流体浓度的要求，降低了施加磁场时溶液的黏度，提高了胶粒响应速度，因此在多个方面提升了组装体系的磁控灵敏度，使得该体系基本达到了响应可逆、稳定、快速的严苛要求。将上述液态胶体晶封装在两玻璃片之间，并放置于电磁铁上方，制成简单的显示单元。当电磁铁在方波电流的控制下，产生 3 s 开、3 s 关的周期性磁场时，溶液的颜色会

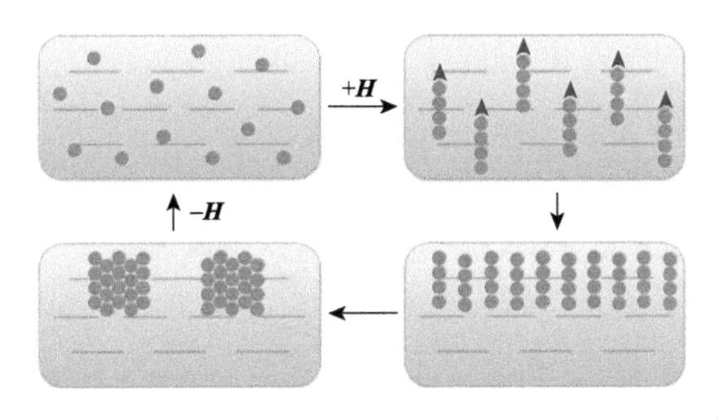

图 3-7　PS 胶粒在 5% Fe_3O_4 磁流体溶液中的磁组装过程[23]

随着磁场变换产生同步变化。即使维持磁场连续作用 1 h，溶液也能够在磁场撤去时立即恢复至黄棕色，证明该组装体系非常稳定，具有良好的可逆性和抗疲劳性。

3.4　面向传感检测的液态胶体光子晶体

3.4.1　基于液态胶体晶的物理传感器

在液态胶体晶的研究过程中，人们发现这种结构可调的液体材料非常适宜构建新型光子晶体传感器，因为过饱和胶体溶液中析出的胶体晶结构及光谱信号会受到胶粒浓度、电磁场、溶液离子强度、胶粒表面电位等各种因素的影响。例如，当胶体过饱和溶液中溶剂量减少时，胶粒浓度会增加，析出胶体晶的晶格会进一步收缩，导致反射光谱的蓝移。因此，当将胶体过饱和溶液与介孔物质和非孔物质分别混合时，会观察到在前者溶液中由于溶剂被多孔吸收导致的光谱蓝移，而在后者溶液中则无明显的光谱变化。

基于介孔材料吸附溶剂与析出液态胶体晶反射蓝移之间的内在联系，Zhu 等[1]发展了基于 SiO_2/EG 液态胶体晶的介孔检测剂。如图 3-8 所示，介孔 SiO_2 的总孔体积与析出胶体晶反射光谱的蓝移量成正比，即单位质量介孔吸附导致的反射蓝移量越大则孔体积越大。另外，介孔 SiO_2 的孔径与平均吸附温度成反比，即在变温吸附实验中由光谱蓝移-温度曲线所确定的平均吸附温度越高则孔径越小。如图 3-9 所示，基于上述关系，研究人员对介孔基准物的实验数据进行拟合建立了孔体积与孔径的工作曲线，并利用它们准确测量了 MCM41 和 SBA15 两种介孔 SiO_2 的孔体积与孔径，测量结果与氮气吸附脱附测量值接近。众所周知，介孔材料是一类在化学化工、医药工程、环境治理、绿色能源等领域具有广泛应用的功能材料。氮气吸附脱附是测量介孔性质的传统方法，然而其存在测量时间长、液氮消耗大等缺点。这种全新的介孔检测方法充分利用了液态胶体晶组成、结构与光学响应之间的密切关系，具有便捷、经济、高效等特点，有望成为氮气吸附脱附方法的有效补充。

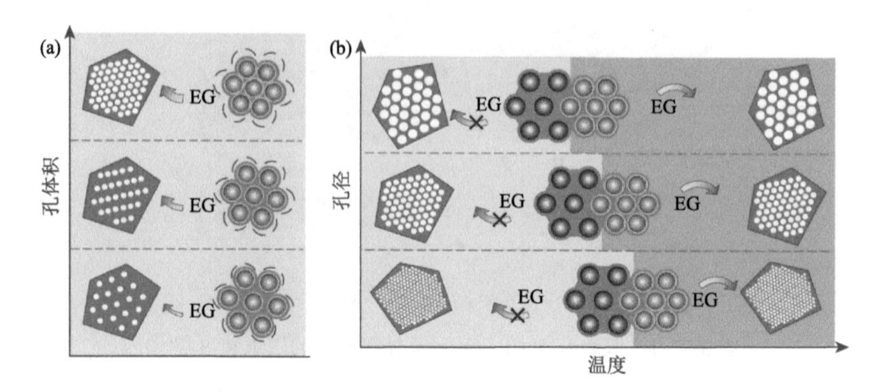

图 3-8　基于 SiO_2/EG 液态胶体晶的介孔检测剂[1]

（a）根据晶格收缩即光谱蓝移程度，测量总孔体积；（b）根据平均吸附温度测量孔径

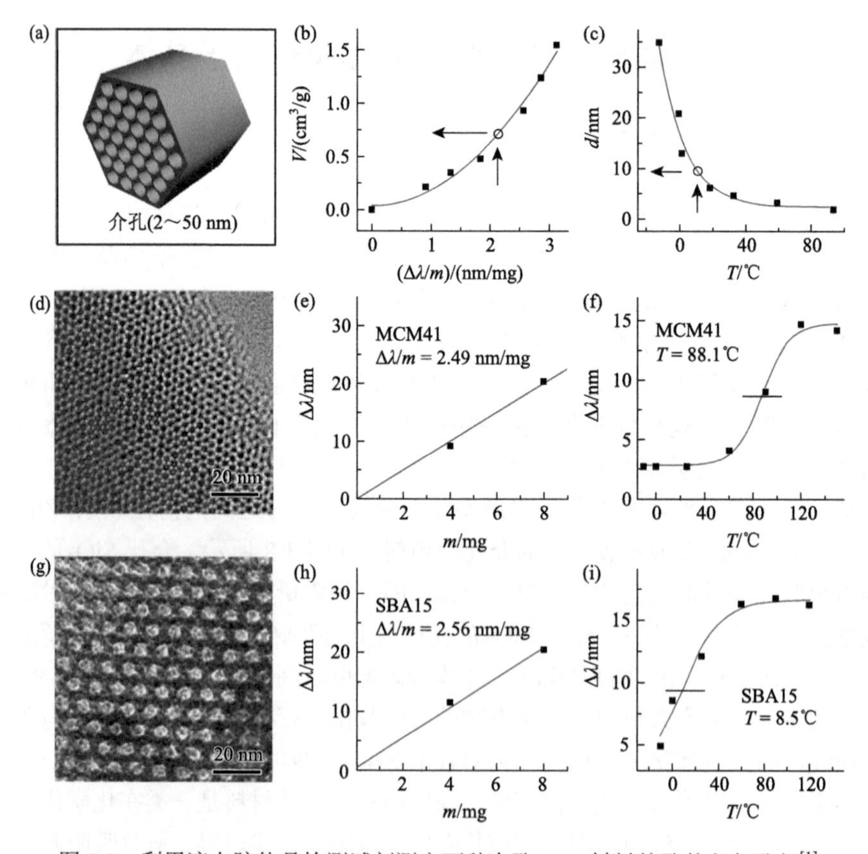

图 3-9　利用液态胶体晶检测试剂测定两种介孔 SiO_2 材料的孔体积与孔径[1]

（a）介孔结构的三维模型；（b）、（c）测定介孔材料孔体积与孔径的标准工作曲线；MCM41（d）和 SBA15（g）介孔 SiO_2 的 TEM 图；未知 MCM41［（e）、（f）］和未知 SBA15［（h）、（i）］介孔 SiO_2 孔体积与孔径的测量

又如，利用液态胶体晶反射信号波动与玻片相对滑移速度之间的关系，Yang 等[6]发展了测量微小位移、摩擦力的光学检测试剂。他们利用光纤光谱实时测量液态胶体晶每一秒的反射信号，进而获得两秒之间的反射率波动值（ΔR），并统计出反射信号波动的分布图。研究结果表明，玻片缓慢的相对滑移导致较小的反射波动和非常窄的 ΔR 分布，因为小幅扰动不会干扰胶体组装。考虑到液态胶体晶的介稳定特性，当玻片的相对滑移较快时，就会严重干扰胶体组装，导致相邻两秒之间的 ΔR 变得更加随机，从而增大了 ΔR 的分布。根据黏度的定义及摩擦力和剪切力之间的平衡，上述微位移与光谱之间的响应关系还可以扩展用于感知施加在玻片上的摩擦力和剪切力的强度，即较窄/宽的 ΔR 分布指向较弱/强的作用力，被测作用力的范围为 $9.67\times10^{-8}\sim3.87\times10^{-6}$ N。

3.4.2　基于液态胶体晶的化学传感器

传统的固态或凝胶态光子晶体传感器一般将识别基团修饰到光子晶体结构上，通过识别基团对被检测物质的特异性识别，引起光子晶体的晶格膨胀或收缩，改变反射光谱信号，从而达到检测的目的。液态胶体晶与之相比，具有流动性强、对外界环境响应快速、可逆组装与解组装等特点。这些特征不仅确保了识别基与被检测物质在溶液状态下实现充分的接触和相互作用，同时也确保了这种相互作用能够经由反射光谱的变化定量地表现出来。

基于这些优点，Zhang 等[24]将水杨酸（Sal）引入到二氧化硅/碳酸丙烯酯（SiO_2/PCb）液态胶体晶中，发展了一种可检测工业废水中 Cu^{2+}浓度的免标记液态胶体晶检测试剂。如图 3-10 所示，传感器的工作原理如下：当含有 Sal 的液态胶体晶与待测水样混合时，Cu^{2+}与 Sal 络合形成 $Cu(Sal)_2$，促进 Sal 电离释放出 H^+，从而抑制胶粒表面硅羟基（Si—OH）的去质子化过程，使得胶粒表面电荷减弱，胶粒之间的静电排斥力减小，最终导致液态胶体晶的晶格收缩，反射信号蓝移；而其他离子与 Sal 在 PCb 中的结合能力低于 Cu^{2+}，故可实现 Cu^{2+}的选择性检测。基于上述关系，就可以获得 Cu^{2+}浓度与反射波长位移（$\Delta\lambda$）之间的工作曲线。

在具体检测过程中，研究人员用含有 Sal 的液态胶体晶与一定量的待测水样及纯水分别混合，静置后再度析出液态胶体晶，分别测量它们的反射信号，并将反射波长的相对变化导入工作曲线中，最终可确定废水中 Cu^{2+}的浓度。值得一提的是，利用 Sal 功能化的液态胶体晶进行检测时，其检测结果不受胶粒尺寸、原料合成批次、环境湿度的影响，具有很好的重现性；并且大大简化了实验步骤，提高了响应灵敏度。

本节的若干实例表明，液态胶体晶相比于传统的固态胶体晶材料而言，在传感领域同样具有广阔的应用前景；针对特定的待测物理/化学量，有时还具有独特

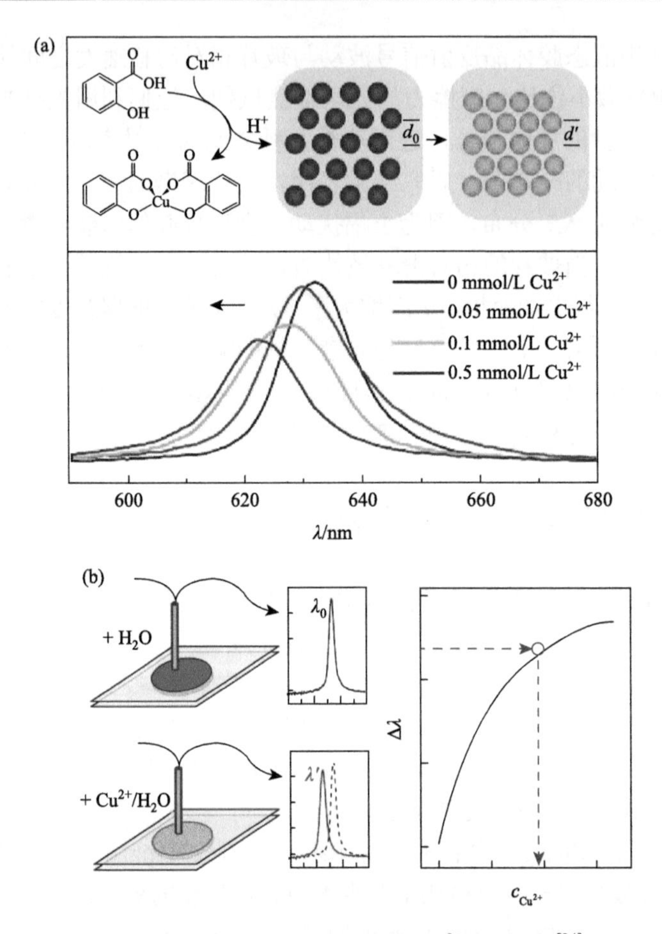

图 3-10　基于 Sal 液态胶体晶的 Cu^{2+}检测试剂[24]

（a）Sal 液态胶体晶 Cu^{2+}检测试剂的工作原理和典型的浓度-光谱响应；（b）Cu^{2+}检测试剂的具体使用步骤

的优势。这种优势首先来源于液态胶体晶的流体形态，对于一些固态材质的性质如多孔性等具有天生的互补性；其次源于液态胶体晶对其液体组成的灵敏度，这就为许多传感器的设计构筑带来很大的想象空间；最后源于液态胶体晶的可逆组装和解组装，确保响应物质与待测物之间的充分作用，提高了测量结果的重现性。

3.5　液态胶体光子晶体的转化与利用

3.5.1　转化为固态光子晶体薄膜

液态胶体晶静置之后会自发析出大量高度结晶的晶粒，且随着溶剂的逐渐挥发，它可以在较短时间内转化为高晶化的固态光子晶体薄膜，因此是规模化组装固态胶体晶的理想前驱体。在实际制备过程中，可以通过挥发、萃取驱动析出等方法先制备液态胶体晶，并以此为前驱体，通过刮涂、旋涂、喷涂等高效制备策略将其转移到玻璃等固态基片上，经过短暂的静置、干燥便可制备得到一系列结构色明亮、颜色分布均匀、厚度适中的高质量固态光子晶体薄膜。

1. 刮涂液态胶体晶

在刮涂制备中，首先将 SiO_2 等胶粒的乙醇溶液与高沸点溶剂进行混合，在高温下使乙醇进行选择性挥发，使得胶体晶在溶剂中过饱和析出，形成具有明亮结构色的液态胶体晶。以其为前驱体，通过刮棒沿单向进行刮涂可将该液态胶体晶均匀涂布在玻璃、聚酯纤维膜等固态基板上，经过快速干燥去除溶剂便可转化为固态光子晶体薄膜。该方法制备时间较短，薄膜厚度可调，适用于包括 SiO_2、介孔 SiO_2、ZnO、CeO_2 等胶粒在内的多种光子晶体薄膜的制备。

研究表明，所制备的固态胶体晶仍然保留了液态胶体晶体系中光子晶体的高度结晶性，因此该固态薄膜同样具有高饱和的结构色，并且薄膜上不同位点的结构色分布均匀，可用于结构色识别。此外，通过刮涂法制备得到的胶体晶薄膜中具有两种典型的缝隙结构，分别是干燥过程中由于表面张力产生的晶块之间的微米级裂纹和胶粒之间紧密堆积产生的纳米级孔隙。这种多级孔的存在有利于溶剂在其中的扩散。

基于刮涂制备的固态光子晶体薄膜，Fu 等[25]发展了一种基于胶体光子晶体的新型薄层色谱分离技术。如图 3-11 所示，常规的 SiO_2 固态胶体晶虽然具有多级孔隙结构，但仍无法满足流动相在常压下的毛细扩散需求。为了解决流动相扩散问题，他们采用介孔 SiO_2 胶粒为基元，刮涂形成胶体晶薄膜；并通过水蒸气熏蒸处理的方法，在微晶块之间引入大量规则的微米缝隙，创造出与商业硅胶板相近的、含有微米缝隙-颗粒间堆积孔-颗粒内介孔的多级孔结构。由此发展出的光子晶体薄层分离技术，利用待分离物与固定相之间不同强度的吸附脱附作用，可实现物质的有效分离；与此同时，凭借样品残留处折射率和结构色的变化，也能在没有任何染色处理的情况下将样品点直接识别出来。

在刮涂制备 SiO_2 胶体光子晶体基础上，他们还通过层层液相生长法，将胶体晶分别浸润在金属有机框架（MOF）化合物的金属离子前驱体及配体的溶液中，原位反应制备出 ZIF-8、HKUST-1 与 MIL-100 三种 MOF 包覆的固态光子晶体薄膜，实现更好的分离效果[26]。值得一提的是，MOF 层不只是沉积在表层的 SiO_2 颗粒上，而是均匀包覆在每一个 SiO_2 颗粒表面形成一层致密的 MOF 纳米晶包覆层。这种温和的层层生长法可以通过控制浸润次数对 MOF 包覆进行有效的控制。随着浸润生长次数的增加，SiO_2 胶体表面的 MOF 纳米晶粒逐步增大直至完全填满 SiO_2 胶粒的间隙。经过 MOF 沉积后光子晶体的反射峰仍然维持在较高的

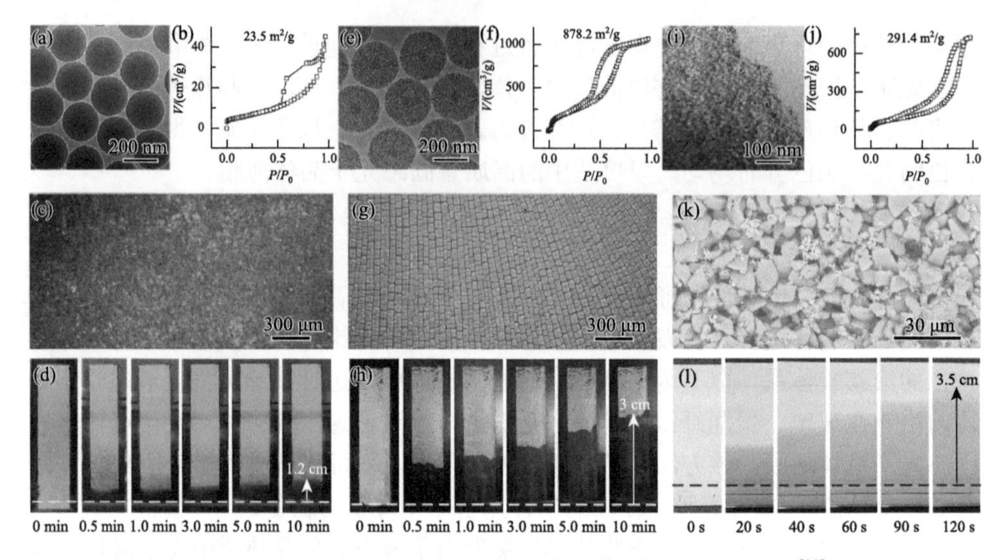

图 3-11　三种 SiO_2 硅胶板的结构表征及流动相展开性能对比[25]

实心 SiO_2 胶粒［(a)、(b)］、介孔 SiO_2 胶粒［(e)、(f)］、商业 SiO_2 硅胶颗粒［(i)、(j)］的 TEM 照片及氮气吸附-脱附等温曲线；两种光子晶体硅胶板［(c)、(g)］与商业硅胶板（k）的光学显微镜照片；(d)、(h)、(l) 三种硅胶板上的流动相展开对比

强度，意味着光子晶体能够保持其有序结构。因此，这种复合光子晶体薄膜一方面具有 MOF 材料的孔结构，另一方面也具备光子晶体的光学性质，是高效薄层色谱分离的理想材料。平行对照实验表明，基于 MOF/PC 的薄层色谱展现出远高于传统硅胶薄层色谱，甚至高于常规气相色谱的分离效果，同时还兼具结构色检出的特征，为化学物质的精准分离检测提供了便捷强大的新方法。

2. 旋涂液态胶体晶

旋涂法是依靠旋转时产生的离心力，将胶体溶液全面流布于基材表面，从而形成胶体晶的一种制备方法。该方法提供了一种实验室规模制备胶体晶的有效途径，将液态胶体晶布胶于基材上，经过旋涂、干燥等操作便可轻松获得几十乃至上百片直径为 6～10 cm 的圆形胶体晶薄膜。

Wu 等[27]通过旋涂由 ZnO 和二乙二醇（DEG）组成的液态胶体晶在塑料基材表面制备得到了蛋白石结构的 ZnO 光子晶体，并将其用于 CO_2 光催化还原反应的研究。与此同时，他们通过旋涂 ZnO 的乙醇溶液，还制备了胶粒无序排列的 ZnO 薄膜，用以对比催化活性。研究表明，当 ZnO 胶体晶的光禁带红边与 ZnO 的电子禁带匹配时，ZnO 胶体晶的光催化活性最高。如图 3-12 所示，在 CO_2 光催化还原反应中，具有蛋白石结构的 ZnO 薄膜光催化剂的活性为无序 ZnO 颗粒膜活性的 2.64 倍。当采用 420 nm 单色光作为辐照光源时，活性增强可达到 3 倍。

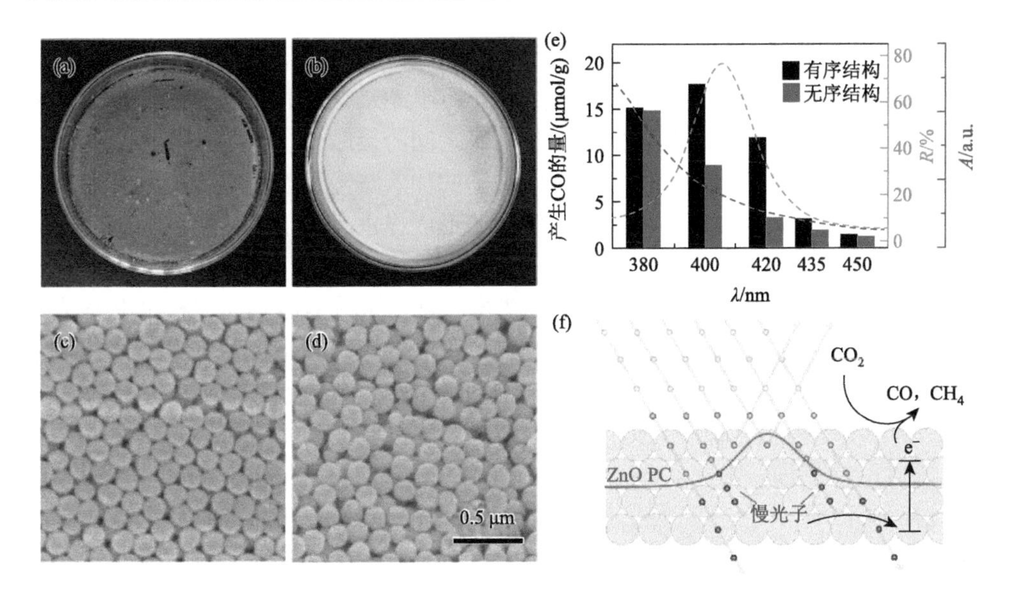

图 3-12　ZnO 胶体晶用于增强 CO_2 光催化还原反应活性[27]

具有有序结构（a）和无序结构（b）的 ZnO 薄膜及相应的 SEM 照片［(c)、(d)］；（e）有序 ZnO 光子晶体薄膜表现出更高的催化活性；（f）ZnO 光子晶体（PC）增强 CO_2 光催化还原反应活性的原理图

3. 喷涂液态胶体晶

喷涂法是通过高压喷枪将低浓度的胶体溶液快速雾化分布在固态基片上，并利用溶剂挥发过程中胶体颗粒自组装形成光子晶体薄膜的一种制备方法。该方法对设备要求低，具有快速、高效、经济兼容的技术优势，易于在基材表面，特别是三维基材表面大规模涂布形成胶体晶薄膜。早期的研究主要集中于非晶化胶体晶的喷涂合成上，其共同特点在于采用挥发性溶剂配制胶体溶液，或是将基材进行预热；进而加快溶剂挥发和胶体组装，导致形成长程无序、短程有序的非晶胶体光子晶体。近期研究则表明，采用较高沸点的非挥发性溶剂可降低溶剂挥发速率从而为胶粒组装提供时间窗口，就可以在基材上获得液态胶体晶中间体，并转化为高度晶化的胶体光子晶体。

例如，Wang 等[28]选用最常见的 SiO_2 胶粒作为结构基元，以碳酸丙烯酯和乙醇为混合溶剂，配制沸点、黏度、表面张力适配的胶体溶液；采用喷涂方式在金属基片上涂布形成液态胶体晶中间体，进而转化为高度晶化的胶体光子晶体。经数分钟干燥后，通过二次喷涂清漆（丙烯酸酯、聚氨酯为主）及热固化，最终形成胶体晶聚合物涂层。反射光谱及扫描电镜证实，胶体排列有序，晶化区域分布密集且体积占比高，使得胶体晶涂层具有很高的结晶度和均匀的结构色。

胶体涂料中低表面张力溶剂（如丙酮、乙醇）与高沸点溶剂（如 *N*, *N*-二甲基甲酰胺、碳酸丙烯酯）的混合使用有利于在喷涂过程中获得兼具均匀连续薄膜分布及高饱和度结构色的光子晶体薄膜。以二氧化硅-碳酸丙烯酯/乙醇胶体涂料为例：一方面，乙醇能够有效降低涂料与基底之间的接触角，保证光子晶体薄膜均匀地涂布在基片上；另一方面，碳酸丙烯酯的加入减慢了溶剂的挥发，使溶剂在几分钟后才能够完全挥发，为液态胶体晶的形成提供了充足的时间，从而最终能够获得高度晶化的固态光子晶体薄膜。

高晶化胶体晶结构赋予涂层优异的光学特性。如图 3-13 所示，相比于非晶化胶体晶，高晶化胶体晶的结构色饱和度高，色彩鲜艳明亮，具备典型的光禁带特性，如高反射、角度变色等；更为重要的是禁带窄、单色性好，确保通过色彩混合来精确调配中间色的可行性，从而获得大量连续渐变的光谱色与非光谱色。在此基础上，他们进一步探索喷涂胶体晶在汽车涂层制造中的应用。研究结果表明，车模表面的涂层颜色，不仅随观察视角变化，还随基材表面曲度而变化，具有独特的视觉效果；耐久性研究也证明涂层具有良好的化学稳定性、耐摩擦性和抗敲击性。

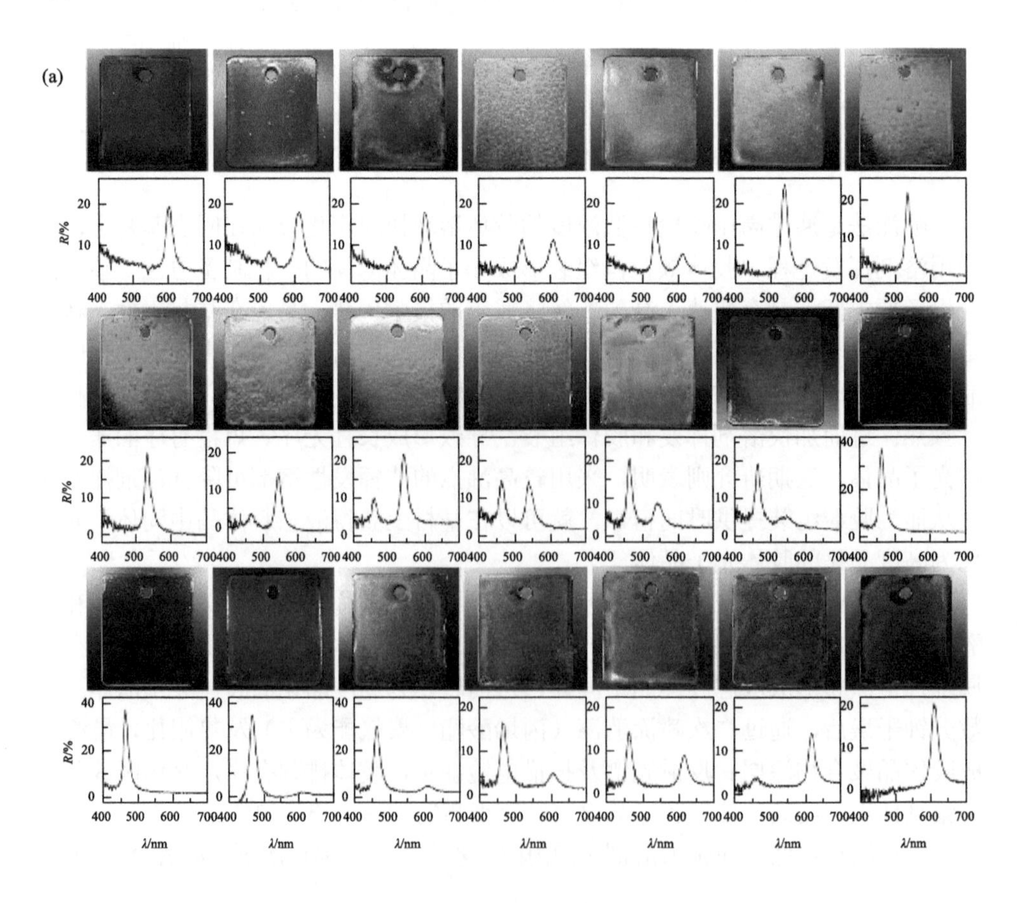

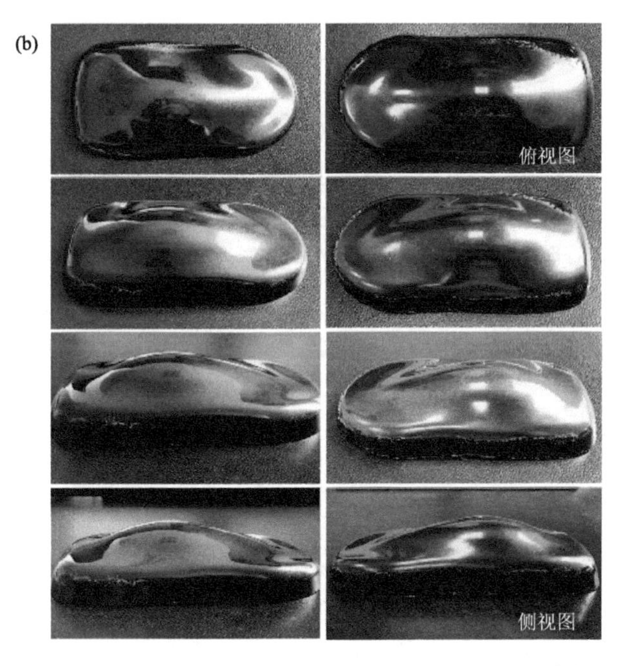

图 3-13　喷涂法制备高度晶化的胶体晶聚合物涂层[28]

（a）喷涂制备的双层结构色涂层，利用三基色涂层的上下堆叠获得连续渐变的各种结构色；（b）塑料车模表面胶体晶涂层的角度变色效果

3.5.2　转化为光子晶体凝胶

在特定高分子单体存在的情况下，液态胶体晶可以很便捷地转化为光子晶体凝胶。例如，二氧化硅/聚乙二醇单丙烯酸酯-乙二醇（SiO_2/PEGMA-EG）液态胶体晶在紫外辐照下就能快速形成含有 SiO_2 胶体晶和 EG 的有机凝胶。高分子单体的选择对上述转化过程的成功与否起到决定性的作用。首先，单体的极性要与胶粒匹配，胶粒能够完美地分散在单体与溶剂形成的混合溶剂中，不发生团聚和析出。其次，单体能够在光、热等条件下快速聚合形成网络结构，并有效包埋胶体晶、保留溶剂组分，形成凝胶复合材料。最后，单体的聚合不能干扰胶体组装，不能破坏液态胶体晶的有序排列。目前看来，能够满足上述严苛要求的单体主要是各种极性的丙烯酸酯类单体。

在液态胶体晶概念尚未提出之时，研究人员就已经采用胶粒的单体溶液涂布形成液膜，并结合光固化过程制备光子晶体薄膜[29-33]。早期报道一致认为聚合过程主要起到固化胶体光子晶体结构的作用，对胶体晶的形成、胶粒的有序排列并无帮助。然而，深入研究表明 SiO_2 胶粒首先在聚合物单体中过饱和析出胶体光子晶体的晶种，而随后的光聚合过程（即液转固过程）会迫使胶粒进一步析出，晶粒不断长大，最终生成胶体光子晶体微晶[34]。与此同时，当聚合进行到一定程度时，光子晶体微晶和无序分散的胶粒也会被交联的聚合物固定，形成晶相与非晶相区域共存的光子晶体凝胶薄膜。由此可见，凝胶化过程对胶体晶的生长有一定的促进作用。

基于上述转化过程，Yang 等[35]发展了一种具有形变变色效应的 SiO_2/PEGMA-EG 光子晶体凝胶薄膜，其主要成分为 SiO_2 胶粒、EG 及 PEGMA 聚合物网络。如图 3-14 所示，当凝胶材料发生推挤、拉伸等形变时，光子晶体的晶格在垂直于形变方向上发生各向异性的膨胀和收缩，最终导致薄膜的结构色产生相应变化。该材料保留了蛋白石结构稳定耐用的特性；同时凝胶中溶剂组分含量高达 46%，赋予凝胶薄膜形变变色、快速可逆、光学信号稳定耐久等一系列优异的特性。以这种光子晶体凝胶膜作为柔性显示屏，可构建基于机械作用的结构色显示单元，通过不同形状触点的挤推操作便可实现三基色显示。

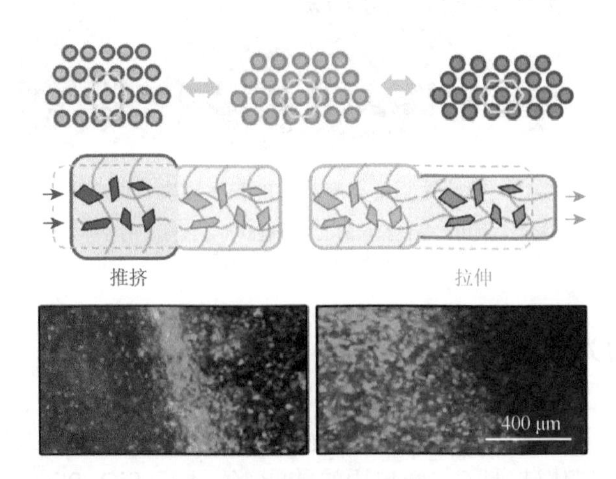

图 3-14 SiO_2/PEGMA-EG 光子晶体凝胶薄膜在推挤、拉伸作用下的晶格与结构色变化[35]

基于 SiO_2/PEGMA-EG 光子晶体凝胶薄膜，Zhang 等[36]开发了一种新颖的高精度光子晶体化学传感器，当它与待测物作用时，通过分析光子晶体随时间变化的动态反射光谱（DRS）图形，可有效地将物理性质或结构非常相近的溶剂分子区分识别。同样基于 SiO_2/PEGMA-EG 光子晶体凝胶薄膜，Yang 等[37]还开发了结合形变变色和光固化的光子晶体高分辨印刷技术，并揭示了材料在指纹识别方面的应用前景。

3.5.3 转化为光子晶体微球

前两个小节中的转化过程多用于制备宏观尺寸的胶体晶材料，如果采用微流或乳液等手段将转化过程局限在微小的环境中，就有可能获得更加微观的光子晶体结构。

根据这一想法，Zhang 等[38]利用乳液体系和刻蚀过程，制备了化学组成为乙氧基化三羟甲基丙烷三丙烯酸酯和 3-(三甲氧基甲硅烷基)-甲基丙烯酸丙酯（ETPTA-TPM）复合的反蛋白石光子晶体空心微球。如图 3-15 所示，在制备过程中，首先制备出 SiO_2 胶体颗粒在 ETPTA 和 TPM 双组分溶剂中的过饱和溶液，并自发析出液态胶体晶。在匀速磁力搅拌下，将少量 SiO_2/ETPTA-TPM 液态胶体晶加入甘油中，逐渐形成尺寸分布较窄的小液滴。由于 TPM 分子一端为易于分散在 ETPTA 中的丙烯酸酯基团，另一端为可分散在甘油中的硅氧基，因此具有类似于表面活性剂的作用。但是 TPM 的稳定效果较弱，所形成的微米级胶束在热力学上并不稳定，胶束外围的甘油很容易进入液滴内部，因而在甘油中形成具有 SiO_2/ETPTA-TPM 壳层及甘油核的双乳液液滴。经过紫外光固化、氢氟酸刻蚀和清洗，最终获得具有反蛋白石聚合物壳-空心核的光子晶体微球。

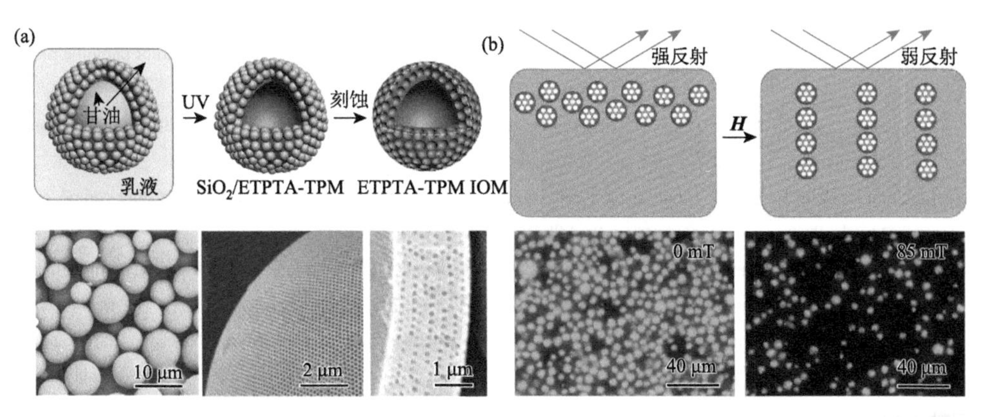

图 3-15　基于反蛋白石结构 ETPTA-TPM 空心微球的光子晶体磁强度传感器[38]

（a）利用乳液分散体系、光聚合及刻蚀反应制备 ETPTA-TPM 反蛋白石光子晶体空心微球；（b）光子晶体磁强度传感器的工作原理及其在有、无磁场作用下的光学显微镜照片

将制备的光子晶体微球分散于磁流体溶液中，可构筑对弱磁场响应灵敏的光子晶体磁强度传感器[38]。如图 3-15 所示，在无外磁场作用下，空心微球由于密度低而浮于溶液表面，显示出明显的结构色；当传感器置于外磁场中，空心微球由于磁空穴之间的磁相互作用而沿外磁场方向排列成一维链状结构，使得传感器显示的结构色明显减弱。外磁场强度越高，传感器表面可见的结构色微球越少，反射光谱强度越低；此外，外磁场强度越高，微球达到平衡排列即达到稳定反射强度的时间越短。依据这两组关系，就能构筑基于反射光谱强度及反射光谱平衡时间的双通道磁场传感器，当传感器暴露于未知磁场时，只需要测量反射光谱的猝灭比例和猝灭时间便可测出相应的磁场强度。

参 考 文 献

[1] Zhu B，Fu Q，Chen K，et al. Liquid photonic crystals for mesopore detection. Angew Chem Int Ed，2018，57：252.

[2] Luck W，Klier M，Wesslau H. Über Bragg-reflexe mit sichtbarem licht an monodispersen kunststofflatices(Ⅰ). Ber Bunsengese Phys Chem，1963，67：75.

[3] Ohno K，Morinaga T，Takeno S，et al. Suspensions of silica particles grafted with concentrated polymer brush：A new family of colloidal crystals. Macromolecules，2006，39：1245.

[4] Hachisu S，Kobayashi Y，Kose A. Phase separation in monodisperse latexes. J Colloid Interf Sci，1973，42：342.

[5] Pusey P，Megen W. Phase behaviour of concentrated suspensions of nearly hard colloidal spheres. Nature，1986，320：340.

[6] Yang D，Ye S，Ge J. Solvent wrapped metastable colloidal crystals：Highly mutable colloidal assemblies sensitive to weak external disturbance. J Am Chem Soc，2013，135：18370.

[7] Wang C，Zhang X，Zhu H，et al. Liquid-liquid extraction：A universal method to synthesize liquid colloidal photonic crystals. J Mater Chem C，2020，8：989.

[8] Lee I，Kim D，Kal J，et al. Quasi-amorphous colloidal structures for electrically tunable full-color photonic pixels with angle-independency. Adv Mater，2010，22：4973.

[9] Shah A，Ganesan M，Jocz J，et al. Direct current electric field assembly of colloidal crystals displaying reversible structural color. ACS Nano，2014，8：8095.

[10] Shim H，Lim J，Shin C，et al. Spectral reflectance switching of colloidal photonic crystal structure composed of positively charged TiO_2 nanoparticles. Appl Phys Lett，2012，100：063113.

[11] Han M，Heo C，Shin C，et al. Electrically tunable photonic crystals from long-range ordered crystalline arrays composed of copolymer colloids. J Mater Chem C，2013，1：5791.

[12] Han M，Heo C，Shim H，et al. Structural color manipulation using tunable photonic crystals with enhanced switching reliability. Adv Opt Mater，2014，2：535.

[13] Han M，Shin C，Jeon S，et al. Full color tunable photonic crystal from crystalline colloidal arrays with an engineered photonic stop-band. Adv Mater，2012，24：6438.

[14] Luo Y，Zhang J，Sun A，et al. Electric field induced structural color changes of SiO_2@TiO_2 core-shell colloidal suspensions. J Mater Chem C，2014，2：1990.

[15] Ko K，Park E，Lee H，et al. Low-power all-organic electrophoretic display using self-assembled charged poly(*t*-butyl methacrylate)microspheres in isoparaffinic fluid. ACS Appl Mater Interfaces，2018，10：11776.

[16] Fu Q，Zhu H，Ge J. Electrically tunable liquid photonic crystals with large dielectric contrast and highly saturated structural colors. Adv Funct Mater，2018，28：1804628.

[17] Ge J，Hu Y，Yin Y. Highly tunable superparamagnetic colloidal photonic crystals. Angew Chem Int Ed，2007，46：7428.

[18] Ge J，Yin Y. Magnetically responsive colloidal photonic crystals. J Mater Chem，2008，18：5041.

[19] Ge J，Hu Y，Zhang T，et al. Self-assembly and field-responsive optical diffractions of superparamagnetic colloids. Langmuir，2008，24：3671.

[20] Ge J，Yin Y. Magnetically tunable colloidal photonic structures in alkanol solutions. Adv Mater，2008，20：3485.

[21] Ge J，He L，Goebl J，et al. Assembly of magnetically tunable photonic crystals in nonpolar solvents. J Am Chem Soc，2009，131：3484.

[22] Ge J，Lee H，He L，et al. Magnetochromatic microspheres：Rotating photonic crystals. J Am Chem Soc，2009，131：15687.

[23] Liu J，Mao Y，Ge J. The magnetic assembly of polymer colloids in a ferrofluid and its display applications. Nanoscale，2012，4：1598.

[24] Zhang Y，Ge J. Liquid photonic crystal detection reagent for reliable sensing of Cu^{2+} in water. RSC Adv，2020，10：10972.

[25] Fu Q，Zhu B，Ge J. Hierarchically structured photonic crystals for integrated chemical separation and colorimetric detection. Nanoscale，2017，9：2457.

[26] Fu Q，Ran Y，Zhang X，et al. Metal-organic framework-coated photonic crystals for high-performance thin-layer chromatography. ACS Appl Mater Interfaces，2020，12：44058.

[27] Wu X，Lan D，Zhang R，et al. Fabrication of opaline ZnO photonic crystal film and its slow-photon effect on photoreduction of carbon dioxide. Langmuir，2019，35：194.

[28] Wang C，Lin X，Schafer C，et al. Spray synthesis of photonic crystal based automotive coatings with bright and angular-dependent structural colors. Adv Funct Mater，2021，31：2008601.

[29] Asher S，Holtz J，Liu L，et al. Self-assembly motif for creating submicron periodic materials：Polymerized crystalline colloidal arrays. J Am Chem Soc，1994，116：4997.

[30] Holtz J，Asher S. Polymerized colloidal crystal hydrogel films as intelligent chemical sensing materials. Nature，1997，389：829.

[31] Iwayama Y，Yamanaka J，Takiguchi Y，et al. Optically tunable gelled photonic crystal covering almost the entire visible light wavelength region. Langmuir，2003，19：977.

[32] Foulger S，Jiang P，Lattam A，et al. Mechanochromic response of poly(ethylene glycol)methacrylate hydrogel encapsulated crystalline colloidal arrays. Langmuir，2001，17：6023.

[33] Jethmalani J，Ford W. Diffraction of visible light by ordered monodisperse silica-poly(methyl acrylate)composite films. Chem Mater，1996，8：2138.

[34] Yang D，Qin Y，Ye S，et al. Polymerization-induced colloidal assembly and photonic crystal multilayer for coding and decoding. Adv Funct Mater，2014，24：817.

[35] Yang D，Ye S，Ge J. From metastable colloidal crystalline arrays to fast responsive mechanochromic photonic gels：An organic gel for deformation-based display panels. Adv Funct Mater，2014，24：3197.

[36] Zhang Y，Fu Q，Ge J. Photonic sensing of organic solvents through geometric study of dynamic reflection spectrum. Nat Commun，2015，6：7510.

[37] Yang D，Ye S，Ge J. Old relief printing applied to the current preparation of multi-color and high resolution colloidal photonic crystal patterns. Chem Commun，2015，51：16972.

[38] Zhang Y，Jiang Y，Wu X，et al. A dual-channel optical magnetometer based on magnetically responsive inverse opal microspheres. J Mater Chem C，2017，5：9288.

第4章　空心微球胶体光子晶体

4.1　引　　言

自从能够操控电子运动行为的电子带隙材料，即半导体材料，被发现后，人类的文明就步入了以电子为载体的信息时代，从真空管到大规模集成电路，对人们的日常生活产生了革命性的影响。随着半导体技术的迅猛发展，半导体器件的性能已基本达到了极限。为了突破其极限，满足更高的信息交换需求，科学家将目光投向了光，希望能用光子来替代电子作为信息的载体。这是因为首先光子在介电材料（dielectric material）中的传播速度远远大于电子在金属中传播的速度；其次，介电材料的能带宽度远远大于金属；再次，光子作为载体每秒可携带的数据量要比电子多；最后，光子之间没有强的相互作用，使光子在传播过程中能量损耗小。为了实现光子通信，整个信号处理过程都要由全光器件来完成，因此，需要制造出类似集成电路的集成光路。类似于集成电路中的半导体材料，集成光路中也需要一种基本材料来控制光子运动，而光子晶体被认为是最合适的材料之一。

光子晶体是由 Yablonovitch[1]和 John[2]在 1987 年分别研究如何抑制自发辐射和光子局域时独立提出的概念。他们所研究的共同点就是光在周期性结构的介电材料中传播的问题。当光波在由不同介电常数（或折射率）的材料构成的周期性结构中传播时，由于布拉格散射的存在，电磁波将会受到这种周期性结构的调制从而形成光子能带结构；光子能带与能带之间有带隙，称为光子带隙（PBG）[3-5]。频率落在光子带隙内的光子不能在光子晶体中传播，因此光子晶体又称为光子带隙或光子禁带材料。光子带隙分为完全光子带隙（complete PBG）和不完全光子带隙（incomplete PBG）。完全光子带隙是指在所有方向上任意偏振模式的光子都不能在其内传播；而不完全光子带隙是指光子只能在某个特定方向上禁止传播。正是由于光子晶体这种独特的对光子运动调制的能力，光子晶体在光纤[6, 7]、光波导[8, 9]、滤波器[10, 11]、传感器[12]、低阈值激光器[13-15]、控制自发辐射[16]及非线性光学[17]等方面都具有广泛的应用。

在自然界中存在着大量的天然光子晶体结构，如澳大利亚的蛋白石[18]、孔雀羽毛[19]、南美大闪蝶的翅膀[20]、变色龙[21]及帽贝的壳[22]等。它们的表面都呈现出明亮且绚丽的色彩，这是因为它们内部或者表面具有某种周期性的微结构。如图 4-1 所示，这些周期性的微结构可以产生光子带隙效应，使它们呈现出不同颜色。因此，这类由微结构产生的颜色称为结构色（structural color）[23]。与传统的化学颜色如色素或染料相比，结构色具有抗紫外线和抗光漂白等优势。生物的结构色是自然选择的结果，这有利于生物不依赖具有生色基团的染料分子也能表达颜色，且能够实现伪装保护色或变色传递信息等功能，变色龙就是一个典型的例子[21]。最近，研究人员发现变色龙皮肤的细胞中含有由嘌呤纳米晶构成的周期性结构，这种周期性结构导致变色龙身体呈现彩虹般的色彩。变色龙通过皮肤的松弛和收紧来调控这些纳米晶的周期性，从而实现其颜色的改变。

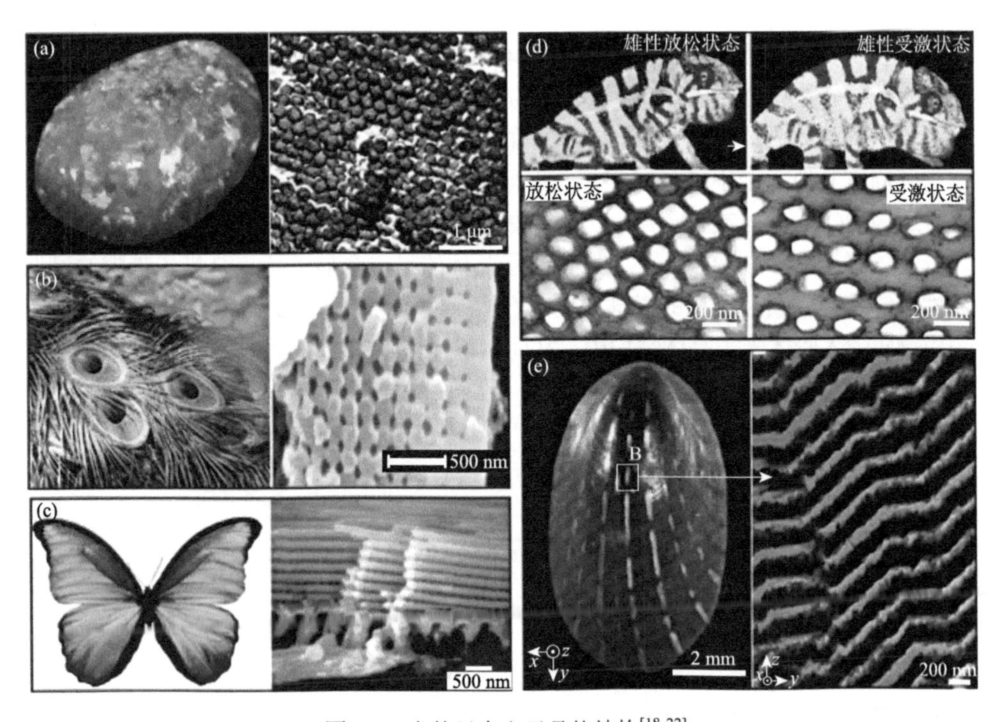

图 4-1　自然界中光子晶体结构[18-22]

（a）澳大利亚的蛋白石；（b）孔雀羽毛；（c）大闪蝶翅膀；（d）变色龙；（e）帽贝

自光子晶体概念提出以来，科学家一直致力于发展构筑光子晶体的方法。目前，构筑光子晶体的方法主要可以分为两种。一种是“自上而下”（top-down）的传统微纳加工技术[24-26]。它是由体相材料（bulk material）出发经过光刻、电子束或反应等离子刻蚀等传统的刻蚀技术构筑光子晶体结构。这类加工方法精度高、产品质量好、内部结构缺陷少，但存在对实验设备要求非常高、工艺复杂、成本高且耗时等缺点。另一种是“自下而上”（bottom-up）的自组装方法[5, 27-29]。例如，在单分散胶体微球的悬浮液中，胶体微球作为构筑单元（building block）自发组装形成有序的结构。因为通过自组装得到的胶粒密排阵列具有类似晶体的周期性结构，因此被称为胶体光子晶体[30]。由于其具有独特带隙可调控性、制备成本低、设备简单，且可以大面积制备等优势，胶体光子晶体早已被广泛地作为材料和结构模型用于研究光子晶体的基本性质，包括抑制（或增强）自发辐射[31-37]、低阈值激光[38-44]、无损光波导[9]及传感器[45-49]等。

传统的胶体光子晶体通常是由实心的胶体微球作为构筑单元，在不同的驱动力作用下，如重力、静电场力、磁力、剪切力、熵或毛细管力等[3, 27, 50]，这些构筑单元形成具有面心立方（face-centered cubic，fcc）或者密排六方（hexagonal close-packed，hcp）的周期性结构。理论计算表明，自组装的胶体微球更容易形成面心立方结构。因为与密排六方结构相比，面心立方结构在热力学上更稳定[51]。图 4-2 展示了典型的通过自组装法制备的胶体光子晶体的扫描电镜照片，可以观察到粒径均一的胶体微球排列成了紧密有序的周期性结构。从俯视图中可以看到一个小球与其周围其他六个小球紧密相邻。根据晶体学结构可知，这样的点阵对应于面心立方结构的(111)晶面或者密排六方结构的(001)面。因此，仅从扫描电镜照片上很难区分具体属于哪种结构。此外，胶体光子晶体的另一个显著特点是光子带隙的可调控性。这是因为紧密堆积的微球之间存在固有的孔隙率，使其允许液体或其他智能响应物质渗入胶体光子晶体结构中，从而实现其带隙的可调控性[46, 48, 52, 53]。

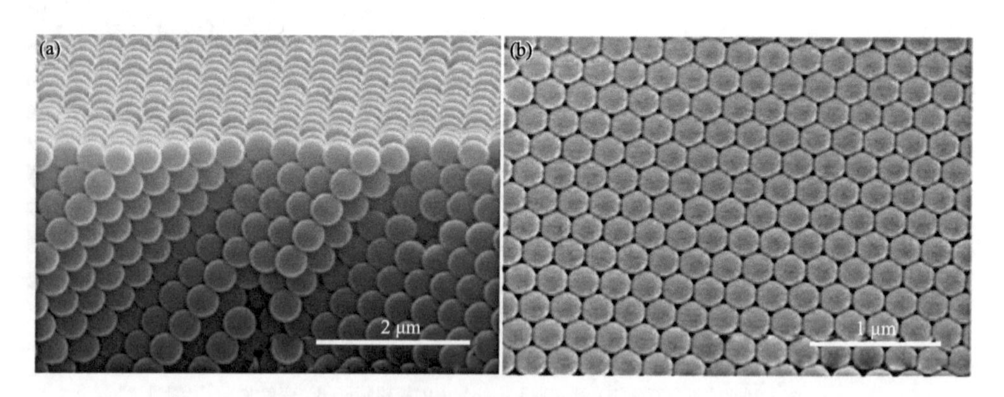

图 4-2　典型胶体光子晶体的扫描电镜照片

（a）截面图；（b）俯视图

与 X 射线在晶体中的衍射过程类似，电磁波在胶体光子晶体中的传播过程也遵循 Bragg 衍射方程，即式（4-1）[4]。其中，D 是胶体微球的直径；ϕ 是入射光与法线之间的夹角；n_i 和 V_i 分别是各组分的折射率和体积分数。对于具有紧密排列的胶体光子晶体结构，微球所占的比例为 0.74，孔隙所占的比例为 0.26。

$$\lambda = \sqrt{\frac{8}{3}} D \left(\sum_i n_i^2 V_i - \sin^2 \phi \right)^{1/2} \tag{4-1}$$

当入射光垂直于入射胶体光子晶体时，其反射峰强度可以用 Fresnel 方程式，即式（4-2）[54, 55]来粗略估算。其中，R 是反射比；n_1 和 n_2 分别是体系组分的折射率。从这个二次方程可知，R 永远是正数，且随着 n_1 和 n_2 差值的增大而增大，即提高体系的折射率对比度（refractive index contrast），其反射比增加。从式（4-1）和式（4-2）可知，胶体光子晶体的光子带隙主要取决于其晶格常数、体系各组分的折射率及入射角度，而其反射强度取决于两种材料的折射率对比度。体系的折射率对比度对光子晶体的光学效应起着至关重要的作用。

$$R=\left(\frac{n_1-n_2}{n_1+n_2}\right)^2 \tag{4-2}$$

传统胶体光子晶体的构筑单元的种类非常有限，通常只有二氧化硅（SiO_2）、聚苯乙烯（PS）或聚甲基丙烯酸甲酯（PMMA）等胶体微球。因为这些材料的胶体微球在合成技术上已经相对成熟，可满足胶粒尺寸高度均一的要求。然而这些常用的胶体微球的折射率都比较低，大都在 1.3～1.6 之间，与常见液体的折射率范围重合。因此，当传统的胶体光子晶体的孔隙充满液体时，原本折射率为 1.0 的空气被折射率更高的液体取代，使得整个体系的折射率对比度反而大大降低，甚至出现折射率匹配（refractive index matching）的现象。这使得胶体光子晶体周期性折射率结构特征减弱甚至完全消失，进而导致光子带隙的削弱和丧失。这一缺点限制了传统胶体光子晶体在某些领域（如液相体系或封装体系）中的应用。为了解决这一问题，Zhong 等提出了用空心胶体微球替代传统的实心微球构筑胶体光子晶体的新思路。

空心球形纳米材料是一种形貌特殊的功能材料，其典型特征是内部中空，具有完整的壳体且形貌均一。由于这类材料内部存在中空结构，其相比于相同材料和尺寸的实心球，具有更大比表面积、密度低等特点。这使得空心微球在催化、成像造影剂、药物输送载体、电极材料、纳米反应器、压力传感器、水处理、化学传感器及储能中有广泛的应用[56]。由于其特殊的形貌，利用空心胶体微球构筑胶体光子晶体，会为进一步改善胶体光子晶体的性能和增加其功能化提供了新的途径。

最早的基于空心微球的胶体光子晶体是由 Asher[57]和 Xia[58]的课题组分别报道的。他们分别采用了空心聚合物微球和空心二氧化硅微球作为结构单元。遗憾的是，在他们的报道中并没有进一步研究由这种特殊的空心形貌而引起的胶体光子晶体的独特光学性质。与空心聚合物微球相比，无机空心二氧化硅微球是最常用的结构单元，因为它们具有耐有机溶剂、热稳定性高和易于表面官能化等诸多优势。受到空心微球的致密球壳和中空内核的特殊结构启发，笔者在研究利用不同有机溶剂调控空心二氧化硅胶体光子晶体的光学性质时发现，这种空心微球系统可以有效地克服在液相环境中传统的实心微球结构光子晶体中的折射率匹配问题[59]。这是因为空心微球致密的球壳可以阻挡溶剂的渗透，使内核始终保持是空气，从而在保持体系高折射率对比度同时实现光学结构从蛋白石向反蛋白石的转换，最终导致光子晶体的光子带隙增强。在本章中，笔者将着重介绍以空心微球作为构筑单元的新型胶体光子晶体。首先，简要介绍单分散空心微球的合成策略和常用自组装技术；其次，介绍空心微球胶体光子晶体的特殊性质及应用；再次，介绍空心微球在其他光学领域的应用；最后，讨论空心微球胶体光子晶体的挑战和前景。

4.2　空心微球的合成及组装

4.2.1　空心微球的合成方法

在其独特性质的驱动下，许多研究人员致力于设计、合成满足不同应用需求的空心微球。到目前为止，常用的空心微球合成策略主要有三种，即硬模板法[60]、软模板法[61]和自模板法[62]。

图 4-3 展示了硬模板法合成空心微球的主要步骤。首先，准备包覆所需的胶粒模板，通常使用单分散刚性的胶体微球，如聚合物、二氧化硅、碳、陶瓷或金属材料等。然后，将所需的球壳材料包覆在模板的外表面上。最后，选择性除去模板后获得空心微球。硬模板法合成空心微球的中空内核尺寸由模板的尺寸决定，而球壳厚度主要由包覆工艺决定。常见的硬模板包括聚苯乙烯、聚甲基丙烯酸甲酯、二氧化硅等胶体微球，因为这些胶粒的尺寸均匀性高，合成方法相对简单[56]。常见的包覆材料是二氧化硅，因为它具有多种优异的理化性质[27]。一方面，二氧化硅是亲水的，且带负电荷，从而可以防止胶体微球的聚集；另一方面，二氧化硅具有光学透明、生物相容性好、机械性能稳定等优势。

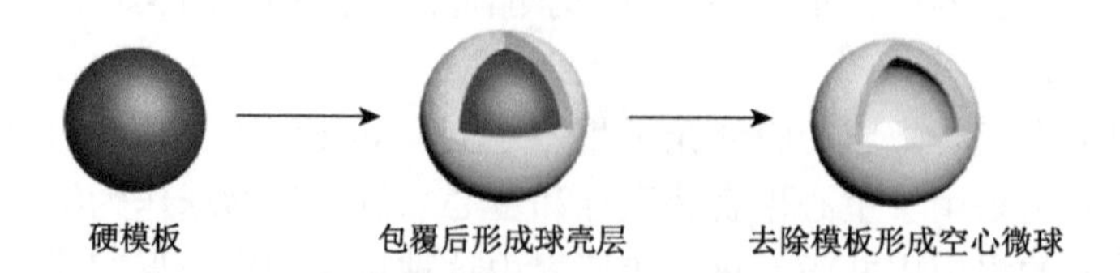

图 4-3　硬模板法合成空心微球的流程图[59]

例如，Xia 等[58]采用 Stöber 法[63]制备了二氧化硅包覆聚苯乙烯（$PS@SiO_2$）的核壳结构微球。在其研究中指出，当使用表面带有正电荷的 PS 微球作为模板时，可以得到形貌均一且表面光滑的 SiO_2 球壳。反之，当直接使用带负电荷的 PS 球体作为模板，在其表面不做任何改性的情况下，则得到的 SiO_2 球壳表面粗糙且形貌不均匀。Deng 和 Marlow[64]报道了一种改进的方法，当用乙烯基三甲氧基硅烷代替原硅酸四乙酯（tetraethyl orthosilicate，TEOS）时，可以直接使用带负电荷的 PS 球体作为硬模板，得到单分散性高且表面光滑的空心 SiO_2 微球。表 4-1 中列举了几种常见的硬模板法制备单分散空心微球的合成参数。

表 4-1　几种典型的空心微球合成方法及相关参数[57, 58, 64-71]

模板胶粒	表面修饰	包覆层原料	包覆层材质	球壳厚度/nm	粒径/nm	参考文献
负电荷 SiO_2	MPS 修饰	苯乙烯	PS	25～100	150～700	[57]
负电荷 SiO_2	HDA 修饰	TIP	TiO_2	8～54	270～475	[65]
正电荷 PS	无须	TEOS	SiO_2	14～90	200～950	[58]、[66]、[67]
负电荷 PS	CTAB 修饰	TEOS	SiO_2	12～51	100～1500	[68]、[69]
负电荷 PS	氨基修饰	TMOS	SiO_2	6.2～17.4	95～430	[70]
负电荷 PS	无须	VTMS	SiO_2	33～151	284～920	[64]
负电荷 PS	无须	葡萄糖	C	15～674	279～1500	[71]

注：MPS. 3-甲基丙烯酰氧丙基三甲基硅烷；HDA. 十六胺；TIP. 钛酸四异丙酯；CTAB. 十六烷基三甲基溴化铵；TEOS. 正硅酸乙酯；TMOS. 正硅酸甲酯；VTMS. 乙烯基三甲氧基硅烷。

软模板法通常使用乳液液滴、气泡或囊泡等非固态物质作为模板制备空心微球。尽管软模板法不涉及去除模板过程，但与硬模板法相比，它缺乏对产品的形态和单分散性的精准控制。自模板法是合成空心微球最直接的方式，无须额外的模板。其优点在于显著降低生产成本，简化了合成程序，并且易于批量生产。然而，只有少数材料适用于自模板法制备空心微球，这极大地限制其应用的范围。从上述空心微球合成策略对比来看，目前只有硬模板法可满足胶体光子晶体对微球形貌、尺寸和单分散性的要求。因此，本章对软模板法和自模板法不做过多的表述，更多关于空心微球合成的最新技术及细节可以在综述文章中详查[56, 72, 73]。

4.2.2　胶体光子晶体自组装方法

规则有序的胶体光子晶体因其特殊的光学衍射性质，常用于光子晶体的基本性质研究。它也能作为粒子模型，研究基本的物理、化学现象，如结晶、溶解及相变等过程的机理[74-76]。此外，胶体光子晶体还可作为模板或掩模板为构筑其他二维、三维有序微纳结构提供便利[77, 78]。由于胶体光子晶体的广泛应用，关于其制备方法的研究一直备受关注。实际上，胶体光子晶体的应用强烈地依赖于胶体微球堆积排列的有序性。人们致力于自组装胶体微球的研究已经超过了三十年，其中包括对各种自组装过程中驱动力及相互作用的研究，以期获得高质量的胶体光子晶体。理论和实践证明，分散在不同溶剂中的胶体颗粒之间存在不同的相互作用力，如范德瓦耳斯力（van der Waals force）、空间位阻排斥（steric repulsion）、胶体间的库仑斥力（coulombic repulsion）等[5]。这些相互作用决定了胶体颗粒在悬浮液中的稳定性和组装行为。因为球形胶体颗粒具有高度的各向同性的特点，所以更容易组装得到高质量的胶体光子晶体。目前，科研人员已经发展了多种自组装技术[5, 27, 28, 50]，包括沉降（sedimentation）、浸涂（dip-coating）、旋涂（spin-coating）、剪切力驱动（shear-force driven）和对流垂直沉积（convective vertical deposition）等方法。在本小节笔者仅介绍对流自组装方法，因为这是迄今最为广泛使用的且可大规模、低成本、高质量地制备三维胶体光子晶体的方法。关于其他自组装方法的更多细节可以在综述文章中详查[3, 5, 27, 30]。这里需要指出的是，空心微球仅是一种具有特殊内部结构的胶体微球，因此所有适用于构筑传统胶体光子晶体的方式也都适用于空心微球。

对流自组装方法是依靠基底与溶液弯月面处的溶剂挥发，以及胶粒之间的毛细管力，促使胶体微球自组装形成晶态结构的一种合成方法。通常，由该方法制备的胶体光子晶体的(111)晶面与基底平行，很容易获得几十微米甚至更大的晶域。微球堆积的层数可通过调节微球的浓度及溶剂的蒸发速率来控制。理论上，微球堆积的层数可以由式（4-3）估算[79]，其中，κ 是微球堆积层数；L 是弯月面的高度；β 是胶体悬浮液中微球速度与液体流动速度的比值；d 是微球的直径；φ 是微球在溶液中的体积分数。

$$\kappa = \frac{\beta L \varphi}{0.605 d (1-\varphi)} \tag{4-3}$$

具体组装过程如图 4-4 所示。随着溶剂（通常是水或乙醇）的挥发，胶体悬浮液和空气之间形成的弯月面下降驱使微球沉积到基底上。随后，沉积在基底上的微球之间形成的液桥产生的毛细管力使小球排列规整形成有序的结构。但是，该方法受限于所用胶体球的尺寸。对于通常使用的二氧化硅微球，其直径须小于 500 nm。直到最近，才有研究工作扩展了对流自组装的应用范围，成功将直径大于 1 μm 胶体微球组装成胶体光子晶体[80]。需要强调的是，自组装胶体光子晶体的质量主要取决于所用微球的单分散性。

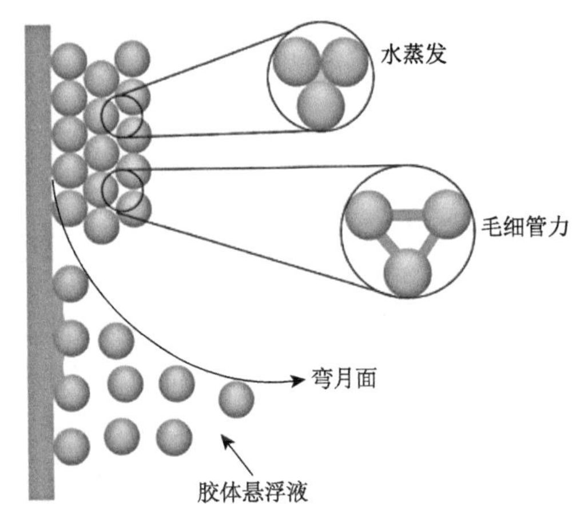

图 4-4　对流自组装形成胶体光子晶体的原理示意图

4.3　空心微球胶体光子晶体的应用

光子晶体的特性之一就是其产生的光子带隙可以影响光子态密度（density of optical states）分布。这种特殊的光学效应称为慢光子效应（slow-photon effect）[81]，可以放大光和物质之间的相互作用[30, 82]。虽然已有研究工作报道了胶体光子晶体在抑制或增强自发发射[31, 32, 83]、低阈值激光[38, 41, 84]、无损波导、传感[46-48, 53]等方面的应用，然而人们探索和开发胶体光子晶体新功能的旅程是无止境的。将空心球胶体微球作为构筑单元为进一步提高胶体光子晶体的性能和增加其功能多样性提供了崭新的舞台。在本节中，笔者将介绍空心微球胶体光子晶体一些新颖的应用，例如，基于空心微球胶体光子晶体实现缺陷态模式调控与缺陷态模式激光；利用亲疏水图案化空心微球胶体光子晶体进行实时荧光检测、光微流控实验和加密防伪；利用介孔球壳构筑选择性气体传感器；以及利用空心微球构筑超稳定的光子晶体等。

4.3.1　缺陷态模式的胶体光子晶体及缺陷态模式激光

类似于半导体中的掺杂，将缺陷态模式引入光子晶体结构中，可使其周期性变化的介电常数受到局域性的破坏，导致在光子禁带中产生允许光子通过的通带[14, 85, 86]。这是由引入缺陷态后光子态密度重新分布而导致的结果。在光子晶体中引入可调控的缺陷态是实现其功能多样性的基础。例如，在光子晶体中引入点缺陷后，可以用作光子晶体激光微腔；引入线缺陷则可以用于光波导的构筑；引入面缺陷可以用于高效滤波片等[14, 87, 88]。目前在基于微纳加工手段制备的光子晶体中可以精确地引入缺陷态[89]，如包括多种缺陷模式的二维平板光子晶体波分复用器（wavelength division multiplexer）等，但这需要借助于昂贵的精密仪器，如电子束刻蚀技术、双光子聚合等。

自组装的胶体可以非常容易地实现可见光区光子带隙，且加工成本低、工艺流程简单。为了充分利用上述优势，人们在自组装胶体光子晶体中引入可控缺陷方面做了很多努力。其中研究最多的是在胶体光子晶体中引入二维面缺陷。这是因为相对于其他类型的缺陷态，引入二维面缺陷最容易实现，且不需要复杂昂贵的半导体加工设备辅助。当在胶体光子晶体引入面缺陷时，晶体的平移对称将被打破[90]，会在光子带隙内产生一个通带（pass band），即在其反射光谱的峰值处出现一个凹陷。到目前为止人们开发了不同的技术用于在胶体光子晶体中引入二维面缺陷，包括 Langmuir-Blodgett 拉膜[90]、化学气相沉积[91, 92]、旋转涂膜[93]、转移压印[94, 95]及溅射[96]等。然而，在大多数相关报道中，不能在其测量的反射峰中看到明显的凹陷[90, 92]。这意味着引入的缺陷态的质量不高，导致在其禁带中不能产生高质量的通带，因此难以进一步用于构筑功能化器件。

最近，比利时天主教鲁汶大学的 Zhong 和中国科学院理化技术研究所 Song 等[97]合作开发了一种简便的缺陷合成方法。他们采用空气/水界面自组装的方法将面缺陷引入胶体光子晶体中，该方法可以显著地提高引入缺陷态模式通带的质量。在自组装过程中使用表面活性剂作为“软滑障”（soft barriers），压缩漂浮在水面上的二氧化硅微球，促使其结晶形成紧密排列的二维阵列。图 4-5（a）所展示的就是已经排列规整的微球阵列漂浮在水面上呈现出的彩虹色。这种鲜艳的结构色表明由该方法制备的二维微球阵列具有非常高的质量。然后，将组装好的单层微球阵列从水面上转移到二氧化硅包覆聚苯乙烯（$PS@SiO_2$）微球构筑的胶体光子晶体上。最后，在引入的缺陷层表面上再长第二层核壳结构的胶体光子晶体，从而形成类似三明治的夹心结构。与之前所报道的引入面缺陷的方法相比，由该方法引入面缺陷的质量有明显的提高。如图 4-5（b）所示，测得的反射峰（蓝线）出现了更明显、更窄的通带，其半峰全宽（full width at half maximum，FWHM）仅为 16 nm。此外，他们通过改变缺陷层微球的直径或通过煅烧将结构基元转换为空心 SiO_2 微球来设计缺陷模式，进一步研究缺陷态对这种三明治结构光子晶体的光学性质的影响。光谱中所测得的缺陷态模式与模拟结果非常吻合。

正如前文所述，以受控的方式将缺陷态模式引入到光子晶体中，可以提供更多机会实现其应用多样化，特别是在光子晶体激光器方面的应用。目前，基于光子晶体谐振腔（缺陷态模式）的低阈值激光器几乎完全依赖于自上而下的微纳加工技术实现，而鲜有文献报道在自组装胶体光子晶体中实现缺陷态模式激光。这是因为采用自下而上自组装方法引入的缺陷态，其产生的缺陷态模式很难形成高质量的光学谐振腔，不足以达到产生激光的要求。所以，常见的胶体光子晶体的激光器大多数都是基于其光子带隙带边效应（photonic band gap edge effect）制备的[40, 42, 84, 98]。

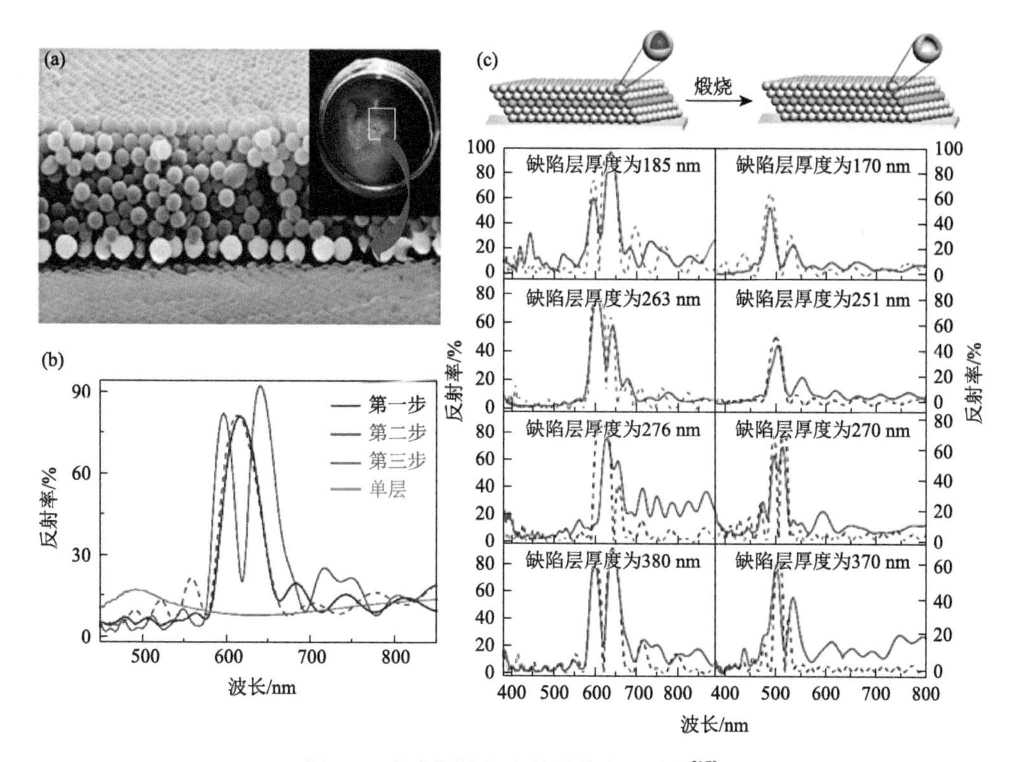

图 4-5　具有面缺陷态的胶体光子晶体[97]

（a）具有面缺陷结构的三明治胶体光子晶体的扫描电镜照片，绿色高亮区域是缺陷层；（b）制备过程中不同步骤所对应的反射光谱；（c）具有不同缺陷层参数（厚度或折光率）的三明治结构胶体光子晶体的实验反射光谱和理论反射光谱

最近，Zhong 等[44]在已掌握的高质量面缺陷制备技术的基础上，首次通过实验在自组装胶体光子晶体中实现了缺陷态模式激光。如图 4-6（a）所示，他们首先利用空气/水界面自组装的方法，将激光染料（罗丹明 B）染色的二氧化硅微球阵列插入胶体光子晶体中，使之形成三明治夹心结构的胶体光子晶体。该插入层形成谐振腔，同时起到缺陷层和增益介质的作用。如图 4-6（b）所示，测量的反射光谱中可以明显地观察到，在波长约为 591 nm 处有非常窄线宽（约 11.7 nm）的通带存在，这表明该结构中已引入了高质量的缺陷层。如图 4-6（c）所示，当使用低能量激发样品时，在 572 nm 波长附近可以观察到一个比较宽的罗丹明 B 染料的发射谱。当增加泵浦能量到 14.3 μJ/pulse 时，在宽荧光光谱的长波长肩部突然出现一个窄的尖峰。进一步增加泵浦能量时，发射光谱的线宽显著变窄，同时振幅增强，其最窄线宽为 0.77 nm。模拟仿真进一步揭示了基于这种三明治结构的胶体光子晶体所产生的相对低阈值的激光是归因于染料的自发发射与掺杂晶体的缺陷态模式的有效耦合。

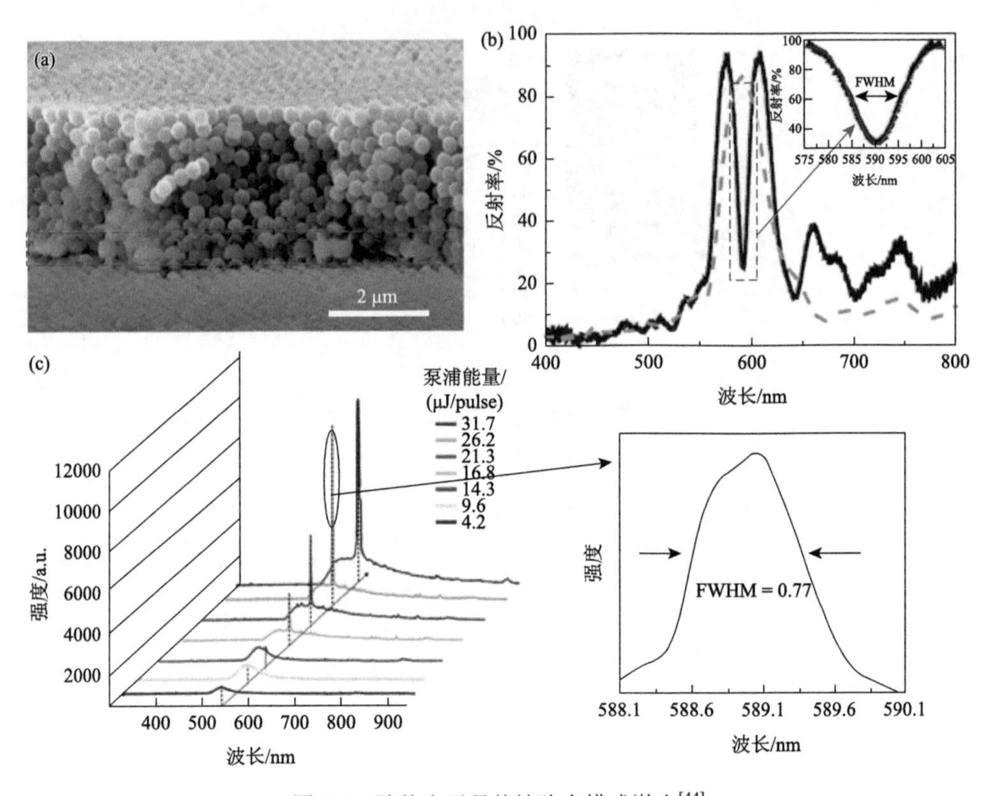

图 4-6　胶体光子晶体缺陷态模式激光[44]

(a) 具有面缺陷的三明治结构胶体光子晶体的微结构，绿色方框区域为缺陷层；(b) 具有缺陷的（黑线）和不具有缺陷态的（灰线）胶体光子晶体的反射光谱；(c) 在不同泵浦能量下的缺陷态胶体光子晶体的发光性质

4.3.2　亲疏水图案化空心微球胶体光子晶体

浸润性是固体材料的重要表面性质之一，它描述的是固体材料的表面结构、化学性质与液体相互作用微观特性的宏观表现。早在 1805 年 Young 就用接触角定义了浸润现象[99]，在化学性质均一且光滑的理想的表面上，固液界面的接触角与表面张力可以用式（4-4）来描述。其中，θ_Y 是液体的固有接触角（intrinsic contact angle）；γ 是表面张力，下标 s、l 和 g 分别表示固相、液相及气相。这就是著名的杨氏方程，它是研究浸润现象的基础。

$$\cos\theta_Y = \frac{\gamma_{sg} - \gamma_{sl}}{\gamma_{lg}} \tag{4-4}$$

然而，在实际应用中很难找到绝对光滑和化学性质均一的理想固体表面，任何材料表面通常都存在纳米、甚至微米级的坑洼。为了更准确描述固体表面的浸润性，1936 年 Wenzel 提出了一种理论模型，进一步引入表面粗糙度与接触角的关系。式（4-5）中，θ^* 是粗糙表面上的表观接触角（apparent contact angle）；r 是固体表面的粗糙因子（roughness factor），它是粗糙表面的实际面积与其投影面积的比，故总有 $r \gg 1$。由式（4-5）可以推出，当材料表面粗糙度增加时，原本亲水的表面会更亲水，而原本疏水的表面则会更疏水。

$$\cos\theta^* = r\cos\theta_{\mathrm{Y}} \tag{4-5}$$

1944 年，Cassie 和 Baxter 将 Wenzel 模型进行了进一步的优化，使其延伸到能捕获固体和液体之间空气的多孔表面和粗糙表面。相应接触角之间的关系可由式（4-6）描述，其中，f_i 是复合表面各组分面积占总面积的比例；$\theta_{\mathrm{Y}i}$ 是对应组分的本征接触角。对于具有粗糙度的固体表面，可以将其看成由固体与气体组成的复合表面。因此接触角之间的关系可进一步由式（4-7）描述，其中，r_f 是被浸润部分的粗糙因子（浸润部分的实际面积与投影面积的比值）；f 是固-液接触面积所占的百分比。当 $f=1$ 时，即粗糙表面被完全浸润，Cassie-Baxter 模型被还原为 Wenzel 模型。目前，研究人员对浸润性已经展开了深入而广泛的研究，应用于各种领域，如防雾[100]、自清洁[101]、传感器[102]、油水分离[103]、胶体光子晶体[104, 105]等。

$$\cos\theta^* = \sum_{i=1}^{n} f_i \cos\theta_{\mathrm{Y}i} \tag{4-6}$$

$$\cos\theta^* = r_f f \cos\theta_{\mathrm{Y}} + f - 1 \tag{4-7}$$

自组装胶体光子晶体表面具有的微纳结构产生的粗糙度可以提升其浸润性，令其表面更疏水或更亲水[106, 107]。将光学特性与表面润湿性相结合，不仅拓宽了胶体光子晶体的应用领域，而且还提高了它们的性能，为胶体光子晶体的科学研究注入了新的活力。例如，Song 等[83]受甲壳虫背部具有收集雾滴能力的启发，通过喷墨印刷技术在疏水基底上制造亲水性胶体光子晶体图案，形成亲-疏水图案化。利用其表面浸润性差的特性可以将水滴中的待测物富集，并与光子晶体增强荧光特性相结合，实现荧光痕量检测。此外，疏水基底上的亲水胶体光子晶体也被用于构筑微流体系统[108]，因为流动相（水）仅能浸润亲水的胶体光子晶体区域且在其内移动。然而，这些图案化的胶体光子晶体都是利用传统的实心微球作为构筑单元，当水渗入实心微球胶体光子晶体时，会产生折射率匹配问题，导致它们的光子带隙特性显著减弱，因此传统的实心微球胶体光子晶体一般不适用于实时检测。如何提高胶体光子晶体器件的实时检测性能仍然是一个挑战。为了解决这个问题，Zhong 等[59]提出了利用空心微球代替实心胶体微球作为构筑单元，由于空心微球致密的球壳和空心的内核，它可以有效地克服折射率匹配的问题。下面将重点介绍空心微球胶体光子晶体与表面浸润性相结合所带来的新应用，尤其是在实时增强检测及加密防伪等领域中的优势。

基于空心微球结构基元，Zhong 等[109]开发了一种新型胶体光子晶体传感器，可以在有水存在的环境中实现高灵敏荧光实时检测。如图 4-7（a）和（b）所示，他们首先通过化学修饰，制备出具有超疏水性质的空心微球胶体光子晶体，然后利用氧等离子刻蚀向其中引入超亲水表面，最终形成圆形的亲-疏水图案。图 4-7（c）显示了水渗入后超亲水区域的空心微球胶体光子晶体的反射光谱，可以看到反射峰发生了红移且幅度增强。这是因为空心微球的致密球壳可以阻止液体向其空腔内渗透，液体只能填充微球之间的孔隙但不能渗入微球内部。因此，空心微球胶体光子晶体在水渗透后具有增加折射率对比度的能力，导致光子带隙效应增强，进而放大荧光信号。另外，这种亲-疏水图案化的结构特性具有对分析物浓缩富集的作用，使其荧光信号进一步增强。综上所述，将亲-疏水图案引入空心微球胶体光子晶体体系中，不仅可以更有效地结合光子带隙效应和富集效应使荧光增强效果倍增，同时还可以实现实时荧光检测。

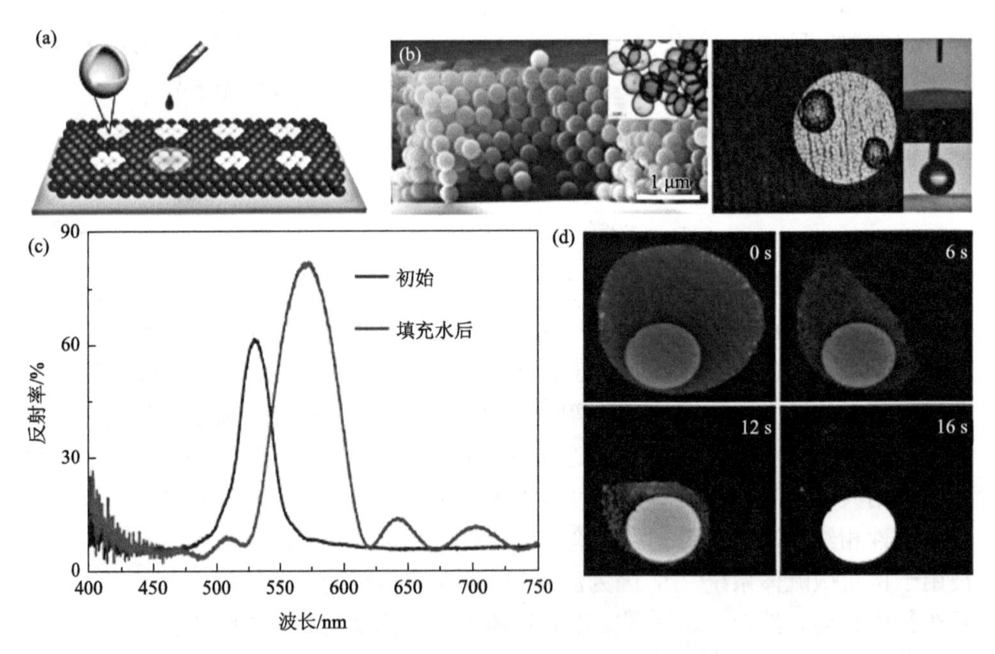

图 4-7　超亲-疏水图案化空心微球胶体光子晶体[109]

（a）在空心微球胶体光子晶体表面制备超疏水/超亲水图案的示意图；（b）制备样品的扫描电镜和光学显微镜照片，插图是空心微球的透射电镜照片及样品表面亲疏水区域的接触角；（c）亲水区域渗水前后的反射光谱；（d）荧光染料在亲-疏水图案化的空心微球胶体光子晶体上富集过程的荧光显微镜照片

微流控是指在微观尺度通道内实现对微量液体（10^{-18}～10^{-9} L）进行系统操控的技术[110, 111]。受益于微量分析技术及微纳制造工艺的进步，微流控得到了迅速的发展，已被广泛用于生化分析、即时诊断、环境检测及化学合成等多个领域[112, 113]。近年来，将高性能光学器件整合到微流控系统中构筑光微流控器件，可以结合光

学传感与微流体的特性，实现快速原位检测，因而引起人们极大的关注。胶体光子晶体因其独特的光子带隙效应，已被用于构筑光微流控器件[108, 114, 115]。然而，传统的胶体光子晶体是由实心球体组成，当微球之间的孔隙充满水时，会因折射率匹配问题而导致光子带隙效应被显著地削弱或甚至完全消失。

Zhong 等[116]提出以空心微球胶体光子晶体为光学平台构筑光微流控系统则可有效解决折射率匹配问题。他们在超疏水的空心微球胶体光子晶体中引入了一条超亲水通道，从而形成光微流控装置。归功于空心微球的结构特性，这种光微流控体系不仅可以消除折射率匹配问题，还会放大其光子带隙效应。图 4-8（a）展示了该光微流控的制备流程，通过结合简单的表面改性和选择性氧等离子体刻蚀就可以实现光学系统与微流控的集成。图 4-8（b）展示了典型的空心微球胶体光子晶体的多层结构特征。如图 4-8（c）所示，由于超疏水的限域作用，水仅能浸入超亲水通道（亮绿色部分）。双光子荧光显微成像技术进一步证明，经过氧等离子体刻蚀后，作为微流体通道的三维亲水区域，其厚度与横截面电子显微镜照片结果一致，说明刻蚀的过程中氧等离子体可以到达样品底部。这种光微流控体系可以用于实时高灵敏特异生物检测，且在测量过程中不需要额外的后处理过程。

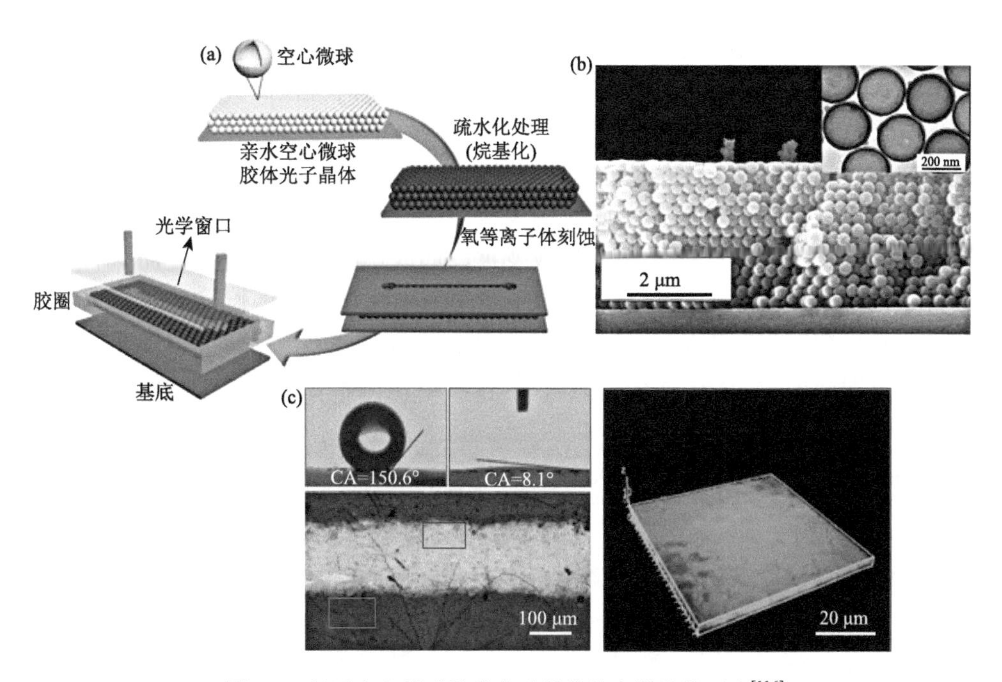

图 4-8　基于空心微球胶体光子晶体的光微流控平台[116]

（a）基于图案化的空心微球胶体光子晶体的光微流控制备流程图；（b）空心微球胶体光子晶体扫描电镜照片和空心微球的透射电镜照片；（c）亲/疏水区域的接触角（CA），亮绿色超亲水通道的光学显微镜照片，以及亲水区域的双光子荧光显微镜照片

胶体光子晶体独特的结构色可调控性使它在传感、检测及信息显示领域有着重要的应用。而这种绚丽的色彩通常取决于其晶格常数和有效折射率等结构参数。通过合理材料设计和外界刺激（如温度、溶剂、湿度、pH、电场及磁场等）来改变这些参量中的任意一个，可实现胶体光子晶体的结构色的调控[45, 46, 48, 49, 53]。与传统的染料或色素相比，光子晶体的结构色具有抗光漂白和对外界刺激响应等优势。例如，将胶体光子晶体的响应性与图案化相结合可以显著提升其功能性[117]，特别是在胶体光子晶体中引入隐形图案[118-121]，已经引起了人们的广泛关注，因为其在信息加密防伪等领域有着重要的应用。隐形图案在正常环境下肉眼不可见，即图案区域与背景区域零对比度；当有外界刺激的情况下，图案区域与背景区域产生尽可能大的对比度，使图像显示出来。理想的隐形图案要求加工简单且无毒、解密方法简便且快速、可逆性好、稳定性好和耐用性高，以及足够的抗环境干扰能力。

面向防伪应用，Zhong 等[122]通过对空心微球胶体光子晶体不同区域的浸润性进行设计，将肉眼不可见的图案引入光子晶体中，对其呼气就可以瞬间实现隐藏图案到可见图案的转化。如图 4-9 所示，他们首先对空心微球胶体光子晶体进行疏水化处理，随后用氧等离子体对其进行选择性刻蚀，从而引入亲水性的图案。由于该图案是靠浸润性差异而形成的，图案与其周围背景区域的折射率没有差异，因此在正常环境下该图案是肉眼不可见的。在研究过程中，他们发现一个奇特的现象，这种基于亲疏水差异而形成的隐藏图案对静态的环境湿度没有响应，即使相对湿度达到 100%也不会显现图案。隐藏图案仅对动态的水蒸气流有响应，因此对其呼气后隐藏图案就可以瞬间显示出来。这是因为水蒸气只能浸润亲水的图案区域，填充后改变被浸润区域的有效折射率，而疏水的周围背景则不能被浸润，从而形成较大的折射率对比度，导致隐藏信息被揭示出来。随着凝结的水蒸发后，图案又恢复为不可见模式。该项研究采用的合成方法为开发面向加密防伪、识别检测和蒸气传感等领域的胶体光子晶体材料提供了一种新的思路。

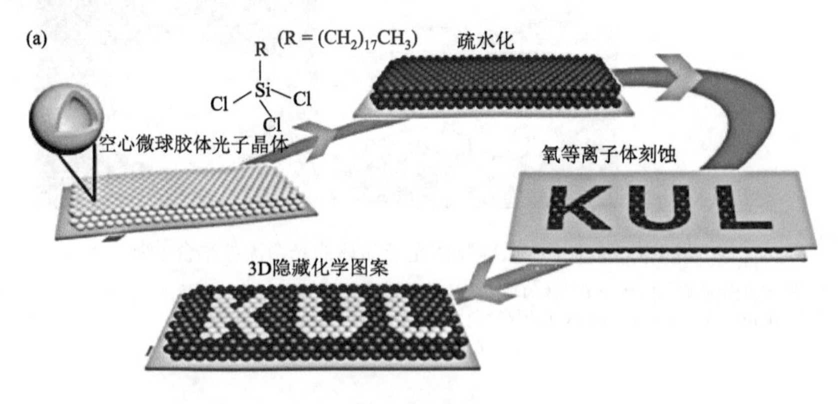

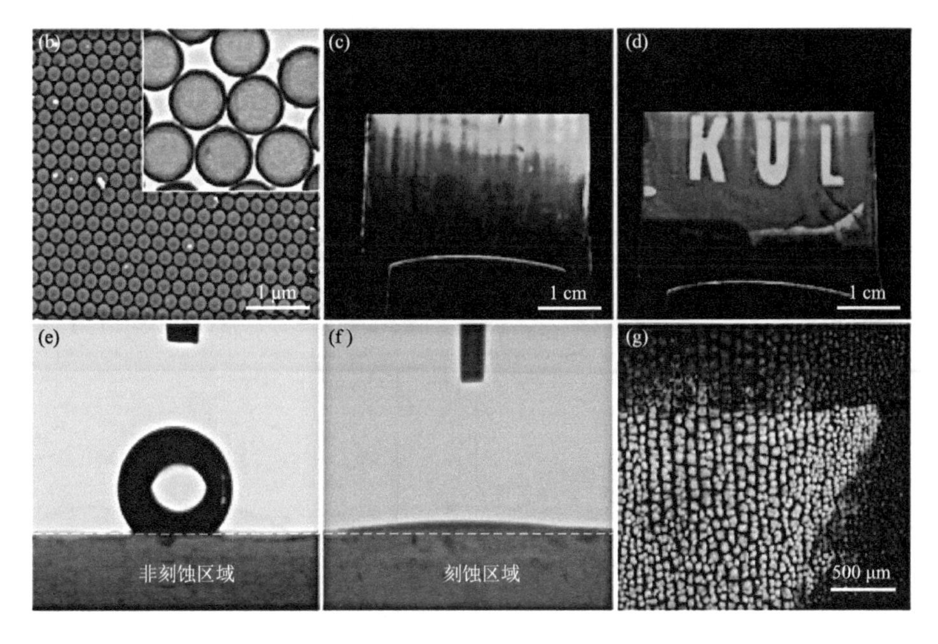

图 4-9　具有隐形图案的空心微球胶体光子晶体[122]

（a）在空心微球胶体光子晶体中制备隐形图案的流程图；（b）胶体光子晶体的扫描电镜照片和空心微球的透射电镜照片；（c）、（d）干燥环境和水蒸气流条件下隐形图案的照片；（e）、（f）疏水背景区域与亲水图案区域的接触角；（g）亲疏水区域边界的光学显微镜照片

4.3.3　基于空心微球胶体光子晶体的选择性蒸气传感器

胶体光子晶体及衍生物因其带隙可调控性早已被广泛地用于传感器中。例如，当溶剂渗入到胶体光子晶体的孔隙时，其光谱会发生位移，颜色也产生相应变化；这是因为溶剂替代了微球孔隙之间的空气，使整个胶体光子晶体的有效折射率增加[52]。然而，传统光学传感器通常仅是对折射率变化敏感，不具备对分析物的选择性响应，因此无法清楚地区分具有相似折射率的化学物质[123]。最近，Xiong 等[69]报道了一种新颖的策略来克服胶体光子晶体传感器的低选择性问题。如图 4-10 所示，他们合成了具有介孔的单分散胶体空心微球，并将其组装成胶体光子晶体结构。与传统的胶体光子晶体相比，这种新颖的介孔空心微球胶体光子晶体展现出了特殊的光学特性，在其光谱中具有两个反射峰。有趣的是，当有液体渗入时，即使是折射率相差很小的同系物或异构体，其在长波长处的反射峰有着明显的位移，而短波长处出现的反射峰几乎保持不变，从而准确识别待测物。这种高灵敏性和选择性归因于空心球壳的介孔结构，它增加了空心微球的比表面积并提高了其对分析物的吸附能力。

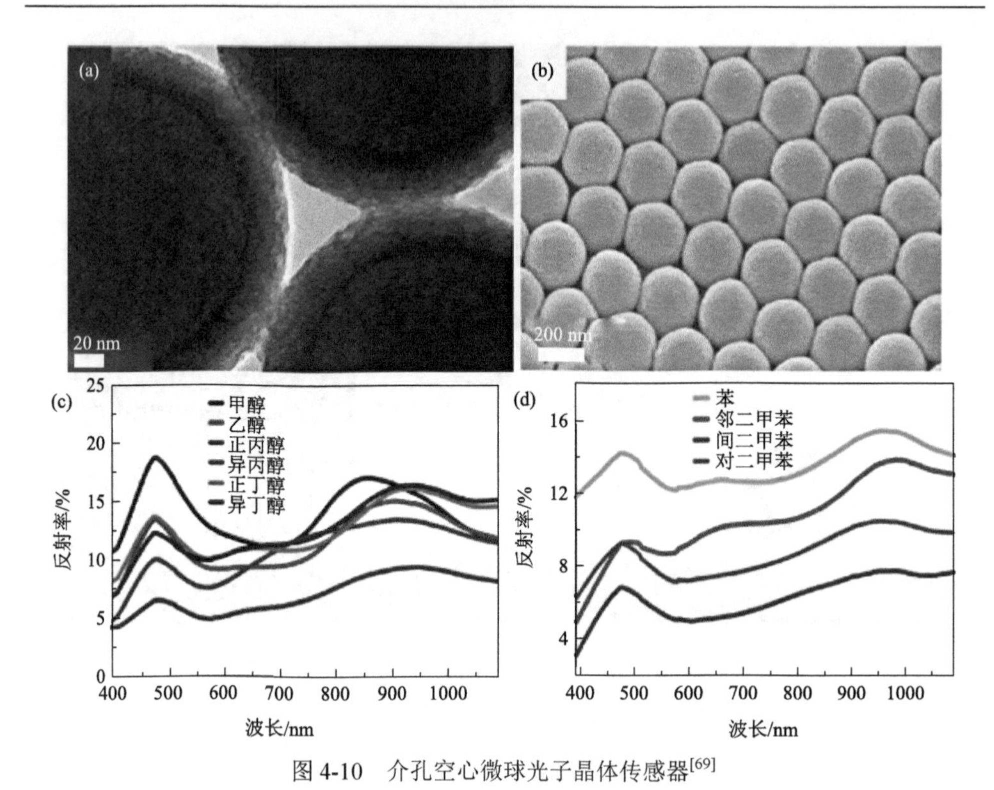

图 4-10 介孔空心微球光子晶体传感器[69]

（a）介孔空心微球的透射电镜照片；（b）介孔空心微球光子晶体的扫描电镜照片；介孔空心微球光子晶体对乙醇同系物（c）和苯同系物（d）的光学响应

4.3.4 基于空心微球的高机械强度、超稳定带隙光子晶体

虽然光子带隙可调控的胶体光子晶体一直都是光子晶体领域的一个研究热点，但许多基于光子带隙效应的应用都需要超稳定的光学特性，特别是在户外工作的光子晶体器件，如高效太阳能电池、有机发光二极管、低阈值激光等，要求无论外部条件怎么变化，带隙都应保持不变，从而维持光子带隙的增益效果。然而，这对于传统的胶体光子晶体和其衍生的反蛋白结构是一个挑战，因为它们的固有孔隙率使其对环境特别敏感，容易让液体侵入，改变体系有效折射率，导致带隙位置发生变化，从而失去带隙效应，严重影响器件的效率。此外，孔隙率也降低了胶体光子晶体的机械强度。为了解决这个问题，人们通常对胶体光子晶体进行表面化学修饰，从而赋予它们表面疏水的性质，阻止水分的渗透。然而这种策略也不能抵抗低表面张力的液体渗入；同时也不适用于在深水下工作，因为液体产生的高压会克服表面张力的束缚使液体渗入胶体光子晶体孔隙中，导致带隙位移。再者，仅通过表面修饰也不能克服胶体光子晶体机械性能差的弱点。因此，想构建具有超稳定带隙及高机械强度的胶体光子晶体材料仍面临巨大的挑战。

大自然中其实存在超稳定的光子带隙结构。例如，生活在海洋中的蓝光帽贝（blue-rayed limpet），它的贝壳可以一直呈现鲜艳的蓝色[22]。研究表明，这种蓝色是一种结构色，源于其贝壳中的周期性微结构。进一步研究发现其微结构上还有一层致密且透明的保护层。正是由于该覆盖层的存在，它可以阻止液体渗入其微结构中，从而使其在水下依然可以保持鲜艳明亮的结构色，用于抵抗天敌或吸引猎物。此外，该覆盖层还增强了其壳的机械强度。

Zhong 等[124]受此启发，提出了一种新的构筑思路，以空心微球为构筑单元制备封装的胶体光子晶体。如图 4-11 所示，首先将 TEOS 前驱体通过旋涂渗入预先制备好的 PS@SiO_2 核壳微球构成的胶体光子晶体的孔隙中。待 TEOS 水解固化后充满整个 PS@SiO_2 胶体光子晶体的孔隙，并在晶体上表面形成一层 SiO_2 覆盖层，且其厚度可以通过旋涂转速来控制。最后，通过煅烧除去 PS 内核后就可以得到 SiO_2 密封的空心 SiO_2 微球胶体光子晶体。

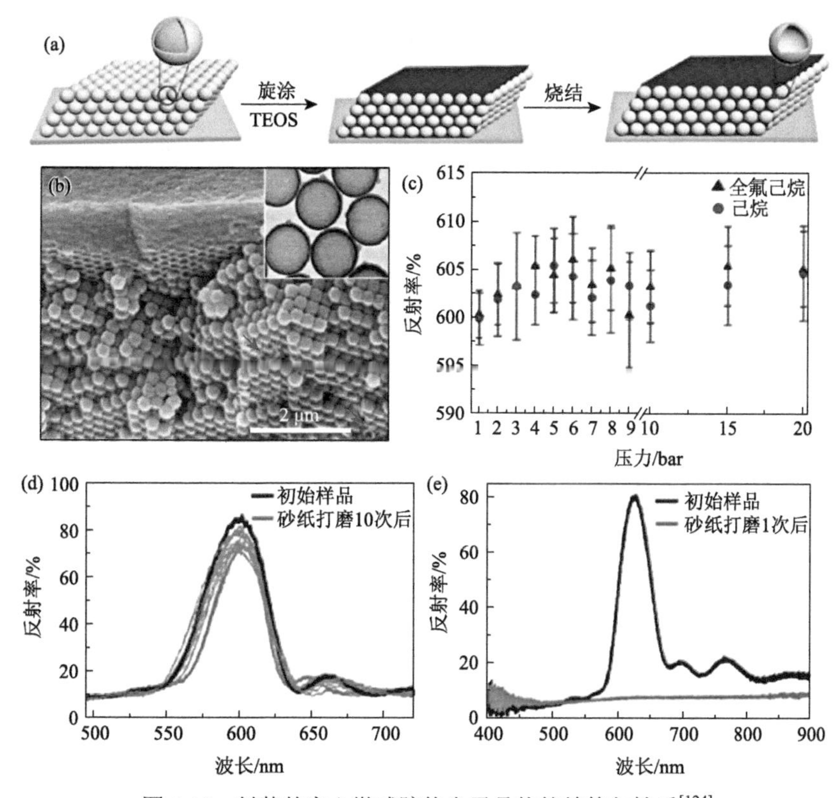

图 4-11 封装的空心微球胶体光子晶体的结构与性质[124]

（a）封装的空心微球胶体光子晶体的制备流程图；（b）典型样品的扫描电镜照片；（c）不同压力下封装的空心微球胶体光子晶体的带隙变化，1 bar = 10^5 Pa；砂纸打磨后，封装样品（d）与传统胶体光子晶体（e）的反射光谱变化

该方法制备的封装的胶体光子晶体不仅显示出高压下具有超稳定光子带隙的

特性，而且一系列实验也证实了其机械强度显著提高。科研人员对其进行了极端条件下测试，结果表明，与传统胶体光子晶体相比，无论是在干燥的空气中还是浸入水中，在这种封装的空心微球胶体光子晶体中都能观察到稳定的荧光信号放大现象。Wang 等[125]也报道过类似的结构，他们采用聚二甲基硅氧烷材料对空心微球胶体光子晶体进行封装，结果也增强了光子带隙的稳定性和机械强度。

4.4 空心微球在光学中的其他应用

虽然本章的重点是介绍空心微球在胶体光子晶体中的应用，但是由于其独特的形貌，空心微球除了作为光子带隙材料外，也被广泛用于其他微纳光学领域。因此，在本小节中，将简要地概述空心微球的其他应用，例如，在其球壳中可以产生回音壁振荡模式，可用于提高光吸收效率、Mie 散射及抗反射等。

4.4.1 基于空心微球中的回音壁振荡模式增强光吸收效率

当可见光波长与空心微球的尺寸相匹配时，光就可以被限域在球壳内，而不是直接穿过球壳，从而在球壳壁传播，导致形成闭合光路并在某些频率下产生共振。这种现象通常被描述为回音壁模式（whispering gallery mode）[126, 127]，其特性是可以将入射光耦合到特定共振模式，从而增强光捕获能力，提高光吸收效率。如图 4-12 所示，Yao 等[126]证明了由于回音壁共振模式的存在，空心球壳纳米结构材料可以显著地在较宽光谱范围内增强光的吸收效率。为了更深入地理解光吸收增强机理，他们通过理论计算研究了单个微球不同谐振模式下的电场分布。这些

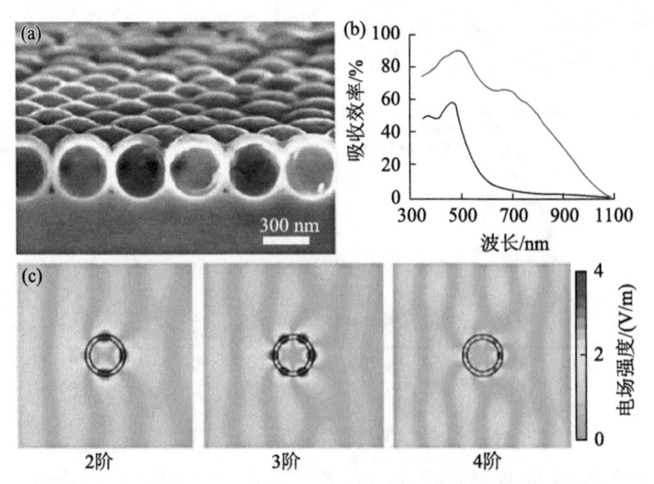

图 4-12　基于空心微球中回音壁模式的光吸收增强[126]

（a）单层中空球形微结构的扫描电镜照片；（b）空心微球涂层与对照样品的吸收光谱对比；（c）不同谐振模型下的电场分布

谐振模式有助于增强光的吸收效率。此外，理论计算还表明，通过优化中空微球的结构参数，如尺寸、壳厚度和层数等，可以进一步拓宽光谱吸收范围。Yin 等[128]也报道了类似的效果，他们将自组装空心氧化锌微球阵列中产生的回音壁振荡模式用于改善硅薄膜太阳能电池的转化效率。理论上，通过优化空心微球阵列的参数可以增加短路电流密度达 9.3%。

4.4.2　基于空心微球的 Mie 散射效应

米氏散射（Mie scattering）通常是指当粒子大小与入射光波长接近或大于入射光波长时发生的散射现象，最早由德国物理学家 Gustav Mie 提出。特别是在胶粒具有中空纳米结构时，可增加入射光传输的平均自由程并抑制多重散射，从而发生显著的米氏共振效应。与前文所述的具有周期性结构的空心微球胶体光子晶体相比较，无定形（或无序）空心微球的聚集体也会对光子的传播产生显著的影响，例如，可以用于构筑角度无关（angle-independent）的结构色和调控表面反射率。通过控制空心微球的大小和形貌、球壳厚度和空心内核的比例等参数可以调控它的光学效应。例如，Armes 等[129]发现当将空心微球粉末置于深色的背景中，它们会呈现出蓝色。他们推测这种意料之外的颜色归因于单个空心微球粒子的光学效应，而不是来源于它们有序紧密堆积的结构。随后，Restch 等[67]系统地研究了相同球壳厚度，但直径在 333～642 nm 之间的无定形的空心微球聚集体的光学特性。如图 4-13 所示，可以在很大范围内调整颜色。通过研究，他们证明这种颜色并非来源于长程有序的胶体光子晶体产生的相干散射，而是来自单个空心微球的共振 Mie 散射而引起的光学效应。具有合适球壳厚度的空心二氧化硅球可以显著地延长光传输平均自由程，从而大大减少了背景散射。同样，表面粗糙的空心微球也具有可见光 Mie 散射效应[130]。此外，Xu 等[131]在二氧化钛空心微球体系中也观察到了类似的效应。

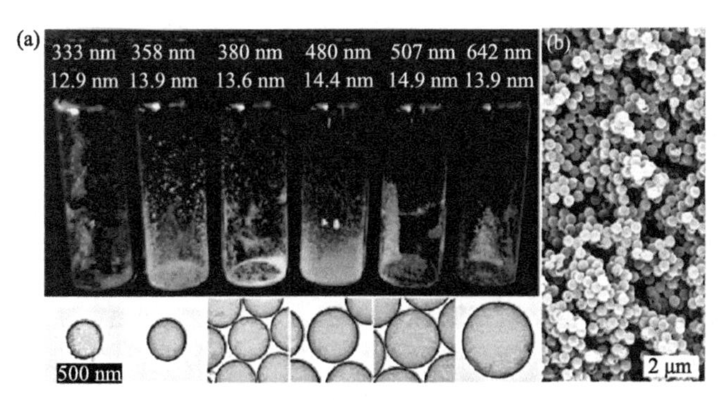

图 4-13　（a）不同直径和壳厚度的空心二氧化硅球粉末的数码照片和透射电镜照片[67]；（b）380 nm 无定形空心微球聚集体的扫描电镜照片

4.4.3 基于空心微球的抗反射涂层

反射是当光通过具有不同折射率的两种介质之间的界面时发生的光学现象。对于某些特定应用场景，人们希望材料表面的反射率很低，例如，减少或防止热辐射的抗反射涂层可以显著改善太阳能光电器件的效率。Hong 等[132]研究了空心二氧化硅微球作为涂层对材料表面太阳光反射率的影响。结果表明，空心微球的内核尺寸对近红外光的反射率有很大影响，而球壳本身则影响对紫外-蓝光的反射率。另外，由于空心微球具有低折射率的本质特征，利用空心微球作为涂层也已经实现了材料表面的减反射。Cohen 等[133]报道了将空心二氧化硅微球沉积在聚甲基丙烯酸和玻璃基底上，均起到了很好的抗反射效果。该抗反射涂层将聚甲基丙烯酸基板的反射率从原来的 7%降低到了 0.5%，同时在紫外-可见光范围内将其透射率从 92%增加至 98%。Song 等[134]报道了基于空心二氧化硅微球和二氧化硅复合多功能抗反射涂层，该涂层不仅减少了反射，而且赋予基材高透光率、超疏水及高硬度的性能。

4.5 总结与展望

在过去 20 年中，由于空心微球的独特性质，其在纳米反应器、光子学、药物装载和释放、储能、水处理等方面有着广泛的应用。本章侧重概述了空心微球作为结构单元在胶体光子晶体及其他微纳光学领域的最新发展状况，如缺陷态模式的胶体光子晶体及缺陷态模式激光、亲疏水图案化胶体光子晶体、具有选择性的蒸气传感器、具有超稳定光子带隙及高机械强度的封装胶体光子晶体。这些应用的成功都归功于空心微球中空内核和致密外壳的独特形貌特征，导致液体或填充物不能渗入空心微球的内部，令其始终保持较高的折射率对比度，从而增强了光学效应。此外，空心微球的球壳内可以产生回音壁振荡模式，通过调节其中空内核与球壳厚度比例可以有效地调控折射率，因此可用于增强光吸收、Mie 散射和抗反射涂层等领域。

虽然人们在合成具有单分散性的空心微球方面已经做了很多努力，但是仍然需要开发满足实际应用需要的大规模、低成本、一锅合成路线。此外，纳米微球及其合成原料对人类和环境的毒性也是必须考虑的一个问题。为了应对这些挑战，有必要寻求新的绿色低成本的合成材料，并深入地揭示合成机理。

自组装空心微球为实现材料功能的新颖性和多样性提供了一种思路。胶体微球是广泛使用的自组装材料，可以用于构筑各种纳米结构。因为这些组装后的结构往往会产生在单个微球中所不具有的新奇的性质及功能，使得这种自组装胶体微球阵列更具有吸引力。尽管过去20年来在胶体微球的自组装方面取得了很大进展，但是目前制备大面积、高度有序、无缺陷的胶体微球阵列仍是一个巨大挑战。因此，迫切需要开发一种能够消除组装过程中产生的裂缝、空位、位错和晶界等自发缺陷的新方法。此外，通过传统的自组装方法获得的胶体光子晶体的晶格类型只局限于面心立方结构，想要获得任意类型的晶格，如三斜晶格、简单立方体和体心立方晶格仍然存在挑战。这些晶格对于改善胶体光子晶体的光学性质（如获得完整的光子带隙）和产生新的纳米结构有着非常重要的意义。

未来的研究将聚焦于深刻理解空心微球的合成和自组装方法，这不仅可以促进空心微球的生产，还有助于将空心微球结合到新型功能材料和装置的设计与制造中。笔者期待在不久的将来能够出现基于空心微球的广泛应用。

参考文献

[1] Yablonovitch E. Inhibited spontaneous emission in solid-state physics and electronics. Phys Rev Lett，1987，58：2059.

[2] John S. Strong localization of photons in certain disordered dielectric superlattices. Phys Rev Lett，1987，58：2486.

[3] Lopez C. Materials aspects of photonic crystals. Adv Mater，2003，15：1679.

[4] Gonzalez-Urbina L，Baert K，Kolaric B，et al. Linear and nonlinear optical properties of colloidal photonic crystals. Chem Rev，2012，112：2268.

[5] Xia Y，Gates B，Yin Y，et al. Monodispersed colloidal spheres：Old materials with new applications. Adv Mater，2000，12：693.

[6] Birks T，Knight J，Russell P. Endlessly single-mode photonic crystal fiber. Opt Lett，1997，22：961.

[7] Knight J，Birks T，Russell P，et al. All-silica single-mode optical fiber with photonic crystal cladding. Opt Lett，1996，21：1547.

[8] Vlasov Y，O'Boyle M，Hamann H，et al. Active control of slow light on a chip with photonic crystal waveguides. Nature，2005，438：65.

[9] Rinne S，Garcia-Santamaria F，Braun P. Embedded cavities and waveguides in three-dimensional silicon photonic crystals. Nat Photonics，2008，2：52.

[10] Robinson S，Nakkeeran R. Investigation on two dimensional photonic crystal resonant cavity based bandpass filter. Optik，2012，123：451.

[11] Qiang Z，Zhou W，Soref R. Optical add-drop filters based on photonic crystal ring resonators. Opt Express，2007，15：1823.

[12] Hunt H，Armani A. Label-free biological and chemical sensors. Nanoscale，2010，2：1544.

[13] Park H，Kim S，Kwon S，et al. Electrically driven single-cell photonic crystal laser. Science，2004，305：1444.

[14] Painter O，Lee R，Scherer A，et al. Two-dimensional photonic band-gap defect mode laser. Science，1999，284：1819.

[15] Noda S，Yokoyama M，Imada M，et al. Polarization mode control of two-dimensional photonic crystal laser by unit cell structure design. Science，2001，293：1123.

[16] Noda S，Fujita M，Asano T. Spontaneous-emission control by photonic crystals and nanocavities. Nat Photonics，2007，1：449.

[17] Hu X，Jiang P，Ding C，et al. Picosecond and low-power all-optical switching based on an organic photonic-bandgap microcavity. Nat Photonics，2008，2：185.

[18] Sanders J. Colour of precious opal. Nature，1964，204：1151.

[19] Zi J，Yu X，Li Y，et al. Coloration strategies in peacock feathers. Proc Natl Acad Sci USA，2003，100：12576.

[20] Vukusic P，Sambles J，Lawrence C. Structural colour-colour mixing in wing scales of a butterfly. Nature，2000，404：457.

[21] Teyssier J，Saenko S，van der Marel D，et al. Photonic crystals cause active colour change in chameleons. Nat Commun，2015，6：6368.

[22] Li L，Kolle S，Weaver J，et al. A highly conspicuous mineralized composite photonic architecture in the translucent shell of the blue-rayed limpet. Nat Commun，2015，6：6322.

[23] Zhao Y，Xie Z，Gu H，et al. Bio-inspired variable structural color materials. Chem Soc Rev，2012，41：3297.

[24] Farsari M，Chichkov B. Two-photon fabrication. Nat Photonics，2009，3：450.

[25] Campbell M，Sharp D，Harrison M，et al. Fabrication of photonic crystals for the visible spectrum by holographic lithography. Nature，2000，404：53.

[26] Lin S，Fleming J，Hetherington L，et al. A three-dimensional photonic crystal operating at infrared wavelengths. Nature，1998，394：251.

[27] Galisteo-Lopez J，Ibisate M，Sapienza R，et al. Self-assembled photonic structures. Adv Mater，2011，23：30.

[28] von Freymann G，Kitaev V，Lotsch B，et al. Bottom-up assembly of photonic crystals. Chem Soc Rev，2013，42：2528.

[29] Bardosova M，Pemble M，Povey I，et al. The langmuir-blodgett approach to making colloidal photonic crystals from silica spheres. Adv Mater，2010，22：3104.

[30] Marlow F，Muldarisnur，Sharifi P，et al. Opals：Status and prospects. Angew Chem Int Ed，2009，48：6212.

[31] Lodahl P，van Driel A，Nikolaev I，et al. Controlling the dynamics of spontaneous emission from quantum dots by photonic crystals. Nature，2004，430：654.

[32] Li H，Wang J，Lin H，et al. Amplification of fluorescent contrast by photonic crystals in optical storage. Adv Mater，2010，22：1237.

[33] Wu S，Xia H，Xu J，et al. Manipulating luminescence of light emitters by photonic crystals. Adv Mater，2018，30：1803362.

[34] Eftekhari E，Li X，Kim T，et al. Anomalous fluorescence enhancement from double heterostructure 3D colloidal photonic crystals—A multifunctional fluorescence-based sensor platform. Sci Rep，2015，5：14439.

[35] Zhang L，Wang J，Tao S，et al. Universal fluorescence enhancement substrate based on multiple heterostructure photonic crystal with super-wide stopband and highly sensitive Cr(Ⅵ)detecting performance. Adv Opt Mater，2018，6：1701344.

[36] Kolaric B，Baert K，van der Auweraer M，et al. Controlling the fluorescence resonant energy transfer by photonic crystal band gap engineering. Chem Mater，2007，19：5547.

[37] Nelson E，Dias N，Bassett K，et al. Epitaxial growth of three-dimensionally architectured optoelectronic devices. Nat Mater，2011，10：676.

[38] Furumi S，Fudouzi H，Miyazaki H，et al. Flexible polymer colloidal-crystal lasers with a light-emitting planar defect. Adv Mater，2007，19：2067.

[39] Furumi S，Kanai T，Sawada T. Widely tunable lasing in a colloidal crystal gel film permanently stabilized by an ionic liquid. Adv Mater，2011，23：3815.

[40] Kim S，Kim S，Jeong W，et al. Low-threshold lasing in 3D dye-doped photonic crystals derived from colloidal self-assemblies. Chem Mater，2009，21：4993.

[41] Furumi S. Active lasing from organic colloidal photonic crystals. J Mater Chem C，2013，1：6003.

[42] Jin F，Shi L，Zheng M，et al. Lasing and amplified spontaneous emission in a polymeric inverse opal photonic crystal resonating cavity. J Phys Chem C，2013，117：9463.

[43] Furumi S. Recent advances in polymer colloidal crystal lasers. Nanoscale，2012，4：5564.

[44] Zhong K，Liu L，Xu X，et al. Defect mode passband lasing in self-assembled photonic crystal. ACS Photonics，2016，3：2330.

[45] Li Z，Yin Y. Stimuli-responsive optical nanomaterials. Adv Mater，2019，31：1807061.

[46] Ge J，Yin Y. Responsive photonic crystals. Angew Chem Int Ed，2011，50：1492.

[47] Takeoka Y. Stimuli-responsive opals：Colloidal crystals and colloidal amorphous arrays for use in functional structurally colored materials. J Mater Chem C，2013，1：6059.

[48] Fenzl C，Hirsch T，Wolfbeis O. Photonic crystals for chemical sensing and biosensing. Angew Chem Int Ed，2014，53：3318.

[49] Burgess I，Loncar M，Aizenberg J. Structural colour in colourimetric sensors and indicators. J Mater Chem C，2013，1：6075.

[50] Moon J，Yang S. Chemical aspects of three-dimensional photonic crystals. Chem Rev，2010，110：547.

[51] Woodcock L. Entropy difference between the face-centred cubic and hexagonal close-packed crystal structures. Nature，1997，385：141.

[52] Aguirre C，Reguera E，Stein A. Tunable colors in opals and inverse opal photonic crystals. Adv Funct Mater，2010，20：2565.

[53] Xu H，Wu P，Zhu C，et al. Photonic crystal for gas sensing. J Mater Chem C，2013，1：6087.

[54] Baumberg J，Pursiainen O，Spahn P. Resonant optical scattering in nanoparticle-doped polymer photonic crystals. Phys Rev B，2009，80：201103.

[55] Finlayson C，Haines A，Snoswell D，et al. Interplay of index contrast with periodicity in polymer photonic crystals. Appl Phys Lett，2011，99：261913.

[56] Wang X，Feng J，Bai Y，et al. Synthesis，properties，and applications of hollow micro-/nanostructures. Chem Rev，2016，116：10983.

[57] Xu X，Asher S. Synthesis and utilization of monodisperse hollow polymeric particles in photonic crystals. J Am Chem Soc，2004，126：7940.

[58] Lu Y，McLellan J，Xia Y. Synthesis and crystallization of hybrid spherical colloids composed of polystyrene cores and silica shells. Langmuir，2004，20：3464.

[59] Zhong K，Song K，Clays K. Hollow spheres：Crucial building blocks for novel nanostructures and nanophotonics. Nanophotonics，2018，7：693.

[60] Lou X，Archer L，Yang Z. Hollow micro-/nanostructures：Synthesis and applications. Adv Mater，2008，20：3987.

[61] Mason T，Wilking J，Meleson K，et al. Nanoemulsions：Formation，structure，and physical properties. J Phys-Condens Mat，2006，18：R635.

[62] Zhang Q，Wang W，Goebl J，et al. Self-templated synthesis of hollow nanostructures. Nano Today，2009，4：494.

[63] Stöber W，Fink A，Bohn E. Controlled growth of monodisperse silica spheres in the micron size range. J Colloid Interface Sci，1968，26：62.

[64] Deng T，Marlow F. Synthesis of monodisperse polystyrene@vinyl-SiO_2 core-shell particles and hollow SiO_2 spheres. Chem Mater，2012，24：536.

[65] Guan B，Yu L，Li J，et al. A universal cooperative assembly-directed method for coating of mesoporous TiO_2 nanoshells with enhanced lithium storage properties. Sci Adv，2016，2：e1501554.

[66] Ruckdeschel P，Dulle M，Honold T，et al. Monodisperse hollow silica spheres：An in-depth scattering analysis. Nano Res，2016，9：1366.

[67] Retsch M，Schmelzeisen M，Butt H，et al. Visible Mie scattering in nonabsorbing hollow sphere powders. Nano Lett，2011，11：1389.

[68] Qi G，Wang Y，Estevez L，et al. Facile and scalable synthesis of monodispersed spherical capsules with a mesoporous shell. Chem Mater，2010，22：2693.

[69] Xiong C，Zhao J，Wang L，et al. Trace detection of homologues and isomers based on hollow mesoporous silica sphere photonic crystals. Mater Horizons，2017，4：862.

[70] Yang J，Lind J，Trogler W. Synthesis of hollow silica and titania nanospheres. Chem Mater，2008，20：2875.

[71] Gil-Herrera L，Blanco A，Juarez B，et al. Seeded synthesis of monodisperse core-shell and hollow carbon spheres. Small，2016，12：4357.

[72] Si Y，Chen M，Wu L. Syntheses and biomedical applications of hollow micro-/nano-spheres with large-through-holes. Chem Soc Rev，2016，45：690.

[73] Lai X，Halpert J，Wang D. Recent advances in micro-/nano-structured hollow spheres for energy applications：From simple to complex systems. Energy Environ Sci，2012，5：5604.

[74] Manoharan V. Colloidal matter：Packing，geometry，and entropy. Science，2015，349：1253751.

[75] Leunissen M，Christova C，Hynninen A，et al. Ionic colloidal crystals of oppositely charged particles. Nature，2005，437：235.

[76] Larsen A，Grier D. Like-charge attractions in metastable colloidal crystallites. Nature，1997，385：230.

[77] Zhang J，Li Y，Zhang X，et al. Colloidal self-assembly meets nanofabrication：From two-dimensional colloidal crystals to nanostructure arrays. Adv Mater，2010，22：4249.

[78] Zhang J，Yang B. Patterning colloidal crystals and nanostructure arrays by soft lithography. Adv Funct Mater，2010，20：3411.

[79] Jiang P，Bertone J，Hwang K，et al. Single-crystal colloidal multilayers of controlled thickness. Chem Mater，1999，11：2132.

[80] Wong S，Kitaev V，Ozin G. Colloidal crystal films：Advances in universality and perfection. J Am Chem Soc，2003，125：15589.

[81] Baba T. Slow light in photonic crystals. Nat Photonics，2008，2：465.

[82] Chen J，von Freymann G，Choi S，et al. Amplified photochemistry with slow photons. Adv Mater，2006，18：1915.

[83] Hou J，Zhang H，Yang Q，et al. Bio-inspired photonic-crystal microchip for fluorescent ultratrace detection. Angew Chem Int Ed，2014，53：5791.

[84] Yamada H，Nakamura T，Yamada Y，et al. Colloidal-crystal laser using monodispersed mesoporous silica spheres. Adv Mater，2009，21：4134.

[85] Pradhan R，Tarhan İ，Watson G. Impurity modes in the optical stop bands of doped colloidal crystals. Phys Rev B，

1996，54：13721.
[86] Tandaechanurat A，Ishida S，Guimard D，et al. Lasing oscillation in a three-dimensional photonic crystal nanocavity with a complete bandgap. Nat Photonics，2011，5：91.
[87] Ishizaki K，Koumura M，Suzuki K，et al. Realization of three-dimensional guiding of photons in photonic crystals. Nat Photonics，2013，7：133.
[88] Joannopoulos J，Villeneuve P，Fan S. Photonic crystals：Putting a new twist on light. Nature，1997，386：143.
[89] Braun P，Rinne S，Garcia-Santamaria F. Introducing defects in 3D photonic crystals：State of the art. Adv Mater，2006，18：2665.
[90] Wostyn K，Zhao Y，de Schaetzen G，et al. Insertion of a two-dimensional cavity into a self-assembled colloidal crystal. Langmuir，2003，19：4465.
[91] Tetreault N，Mihi A，Miguez H，et al. Dielectric planar defects in colloidal photonic crystal films. Adv Mater，2004，16：346.
[92] Palacios-Lidon E，Galisteo-Lopez J，Juarez B，et al. Engineered planar defects embedded in opals. Adv Mater，2004，16：341.
[93] Pozas R，Mihi A，Ocana M，et al. Building nanocrystalline planar defects within self-assembled photonic crystals by spin-coating. Adv Mater，2006，18：1183.
[94] Fleischhaker F，Arsenault A，Peiris F，et al. DNA designer defects in photonic crystals：Optically monitored biochemistry. Adv Mater，2006，18：2387.
[95] Tetreault N，Arsenault A，Mihi A，et al. Building tunable planar defects into photonic crystals using polyelectrolyte multilayers. Adv Mater，2005，17：1912.
[96] Hong P，Benalloul P，Coolen L，et al. A sputtered-silica defect layer between two artificial silica opals：An efficient way to engineer well-ordered sandwich structures. J Mater Chem C，2013，1：5381.
[97] Zhong K，Demeyer P，Zhou X，et al. A facile way to introduce planar defects into colloidal photonic crystals for pronounced passbands. J Mater Chem C，2014，2：8829.
[98] Feng J，Bian G，Long Y，et al. Low threshold photonic crystal lasing from a dye with high emission quantum yield and weak self-quenching. J Mater Chem C，2013，1：6157.
[99] Tuteja A，Choi W，Ma M，et al. Designing superoleophobic surfaces. Science，2007，318：1618.
[100] Gao X，Yan X，Yao X，et al. The dry-style antifogging properties of mosquito compound eyes and artificial analogues prepared by soft lithography. Adv Mater，2007，19：2213.
[101] Deng X，Mammen L，Zhao Y，et al. Transparent，thermally stable and mechanically robust superhydrophobic surfaces made from porous silica capsules. Adv Mater，2011，23：2962.
[102] Xu T，Xu L，Zhang X，et al. Bioinspired superwettable micropatterns for biosensing. Chem Soc Rev，2019，48：3153.
[103] Kesong L，Ye T，Lei J. Bio-inspired superoleophobic and smart materials：Design，fabrication，and application. Prog Mater Sci，2013，58：503.
[104] Phillips K，England G，Sunny S，et al. A colloidoscope of colloid-based porous materials and their uses. Chem Soc Rev，2016，45：281.
[105] Huang Y，Zhou J，Su B，et al. Colloidal photonic crystals with narrow stopbands assembled from low-adhesive superhydrophobic substrates. J Am Chem Soc，2012，134：17053.
[106] Wang J，Zhang Y，Wang S，et al. Bioinspired colloidal photonic crystals with controllable wettability. Acc Chem Res，2011，44：405.

[107] Sato O，Kubo S，Gu Z. Structural color films with lotus effects，superhydrophilicity，and tunable stop-bands. Acc Chem Res，2009，42：1.

[108] Shen W，Li M，Ye C，et al. Direct-writing colloidal photonic crystal microfluidic chips by inkjet printing for label-free protein detection. Lab Chip，2012，12：3089.

[109] Zhong K，Wang L，Li J，et al. Real-time fluorescence detection in aqueous systems by combined and enhanced photonic and surface effects in patterned hollow sphere colloidal photonic crystals. Langmuir，2017，33：4840.

[110] Darhuber A，Troian S. Principles of microfluidic actuation by modulation of surface stresses. Annu Rev Fluid Mech，2005，37：425.

[111] Beebe D，Moore J，Yu Q，et al. Microfluidic tectonics：A comprehensive construction platform for microfluidic systems. Proc Natl Acad Sci USA，2000，97：13488.

[112] Atencia J，Beebe D. Controlled microfluidic interfaces. Nature，2005，437：648.

[113] Burns M，Johnson B，Brahmasandra S，et al. An integrated nanoliter DNA analysis device. Science，1998，282：484.

[114] Hoi S，Chen X，Kumar V，et al. A microfluidic chip with integrated colloidal crystal for online optical analysis. Adv Funct Mater，2011，21：2847.

[115] Lee S，Yi G，Yang S. High-speed fabrication of patterned colloidal photonic structures in centrifugal microfluidic chips. Lab Chip，2006，6：1171.

[116] Zhong K，Khorshid M，Li J，et al. Fabrication of optomicrofluidics for real-time bioassays based on hollow sphere colloidal photonic crystals with wettability patterns. J Mater Chem C，2016，4：7853.

[117] Hou J，Li M，Song Y. Patterned colloidal photonic crystals. Angew Chem Int Ed，2018，57：2544.

[118] Ding T，Cao G，Schaefer C，et al. Revealing invisible photonic inscriptions：Images from strain. ACS Appl Mater Interfaces，2015，7：13497.

[119] Qi Y，Niu W，Zhang S，et al. Encoding and decoding of invisible complex information in a dual-response bilayer photonic crystal with tunable wettability. Adv Funct Mater，2019，29：1906799.

[120] Ye S，Fu Q，Ge J. Invisible photonic prints shown by deformation. Adv Funct Mater，2014，24：6430.

[121] Xuan R，Ge J. Invisible photonic prints shown by water. J Mater Chem，2012，22：367.

[122] Zhong K，Li J，Liu L，et al. Instantaneous，simple，and reversible revealing of invisible patterns encrypted in robust hollow sphere colloidal photonic crystals. Adv Mater，2018，30：1707246.

[123] Potyrailo R，Ghiradella H，Vertiatchikh A，et al. Morpho butterfly wing scales demonstrate highly selective vapour response. Nat Photonics，2007，1：123.

[124] Zhong K，Liu L，Lin J，et al. Bioinspired robust sealed colloidal photonic crystals of hollow microspheres for excellent repellency against liquid infiltration and ultrastable photonic band gap. Adv Mater Interfaces，2016，3：1600579.

[125] Zhang X，Wang F，Wang L，et al. Brilliant structurally colored films with invariable stop-band and enhanced mechanical robustness inspired by the cobbled road. ACS Appl Mater Interfaces，2016，8：22585.

[126] Yao Y，Yao J，Narasimhan V，et al. Broadband light management using low-*Q* whispering gallery modes in spherical nanoshells. Nat Commun，2012，3：664.

[127] Vahala K. Optical microcavities. Nature，2003，424：839.

[128] Yin J，Zang Y，Yue C，et al. Self-assembled hollow nanosphere arrays used as low *Q* whispering gallery mode resonators on thin film solar cells for light trapping. Phys Chem Chem Phys，2013，15：16874.

[129] Schmid A，Fujii S，Armes S，et al. Polystyrene-silica colloidal nanocomposite particles prepared by alcoholic

dispersion polymerization. Chem Mater，2007，19：2435.

[130] Fielding L，Mykhaylyk O，Schmid A，et al. Visible Mie scattering from hollow silica particles with particulate shells. Chem Mater，2014，26：1270.

[131] Xu H，Chen X，Ouyang S，et al. Size-dependent Mie's scattering effect on TiO_2 spheres for the superior photoactivity of H_2 evolution. J Phys Chem C，2012，116：3833.

[132] Xing Z，Tay S，Ng Y，et al. Porous SiO_2 hollow spheres as a solar reflective pigment for coatings. ACS Appl Mater Interfaces，2017，9：15103.

[133] Du Y，Luna L，Tan W，et al. Hollow silica nanoparticles in UV-visible antireflection coatings for poly(methyl methacrylate)substrates. ACS Nano，2010，4：4308.

[134] Zhang X，Lan P，Lu Y，et al. Multifunctional antireflection coatings based on novel hollow silica-silica nanocomposites. ACS Appl Mater Interfaces，2014，6：1415.

第5章　分子刷嵌段共聚物自组装光子晶体材料

5.1　分子刷嵌段共聚物简介

本章侧重介绍通过嵌段共聚物自组装来制备光子晶体材料。在此之前，先来了解一下嵌段共聚物的基本特征：其分子链是由至少两种化学成分不同的聚合物链通过共价键顺序相连构成，此类材料通过微观相分离可形成不同形貌和尺寸的纳米结构，为构筑微结构材料提供了有力工具。以 AB 型嵌段共聚物为例介绍一下该类聚合物自组装的基本情况[1-3]。AB 型嵌段共聚物的相行为主要取决于 A 段和 B 段的体积分数（f）、总聚合度（N）及 Flory-Huggins 参数（χ）。总积分数与总聚合度可分别用式（5-1）与式（5-2）描述，其中，f_A、f_B 分别是 A 段和 B 段各自的体积分数；N_A、N_B 分别是 A 段和 B 段的聚合度。参数 χ 描述了 A 和 B 两种聚合物在混合时彼此不相容的程度，通常 χ 值越高，不相容程度越大。只有当 χN 达到较高水平时，自组装才能发生。微观形貌则取决于分子对称性，A 段与 B 段体积分数相近的共聚物倾向于形成一维层状结构，而体积非对称的则形成球状、柱状或双连通结构等。

$$f = f_A + f_B \tag{5-1}$$

$$N = N_A + N_B \tag{5-2}$$

在过去二十年间，科学家们通过嵌段共聚物成功组装制备了不同类型的光子晶体，然而随着研究的深入，传统线型嵌段共聚物逐渐遇到了发展的瓶颈问题[4]：①制备光学材料需要使用高分子量的聚合物，由于体系中存在大量的分子链缠结，自组装过程缓慢，通常需要几小时到几天的时间才能形成较好的微结构，阻碍了材料的快速和宏量制备；②传统嵌段共聚物形成的结构尺寸一般在 5～50 nm 的范围内，远小于可见光波长，因此无法实现在光学材料方面的应用；③在无外力诱导的情况下，自组装微结构的有序性一般只局限于亚微米的范围内，无法实际应用于宏观器件的制备。因此，通过优化聚合物链段结构来解决上述问题，成为推动嵌段共聚物实际应用的主要科学研究方向。

近年来，高分子化学得到快速发展。得益于可控聚合方法的不断改进，化学家们不仅能很好地调控聚合物分子量，而且能控制分子链的拓扑结构。拓扑型高分子是近年来的研究热点，其中基于分子刷嵌段共聚物的材料发展迅速，成为构筑有序结构新材料特别是光学材料的重要部分。2009 年，美国纽约州立大学布法罗分校Rzayev课题组和加州理工学院的Grubbs课题组分别利用可控自由基聚合和活性开环易位聚合反应首次成功制备了分子刷嵌段共聚物[5, 6]。如图5-1所示，一个两嵌段的分子刷由一条高分子主链和无数条紧密排列的高分子侧链组成，由于侧链间较大的空间排斥效应，主链在很大程度上呈现极度舒展的形态。不同于线型聚合物，这种高分子构象特殊，分子间链缠结大幅减少，自组装速率显著加快[7-12]。分子量高达百万的样品仍能在几分钟内自组装形成较好的微结构，且结构尺寸从几十纳米扩展到几百纳米，因而可以实现与可见光的相互作用。正如Grubbs和Rzayev教授所说：分子刷的出现为新型高分子功能结构材料的制备创造了巨大的机遇，特别是在柔性光学材料领域，如光子晶体、超材料等[13, 14]。高分子材料质轻且成本低，易于产业化加工制备，具有刺激响应的特性，能够满足智能光学材料的诸多要求，有望实现其在光子晶体显示、光学传感器、防伪标识、光子芯片的设计制备等多个领域的应用[15-17]。

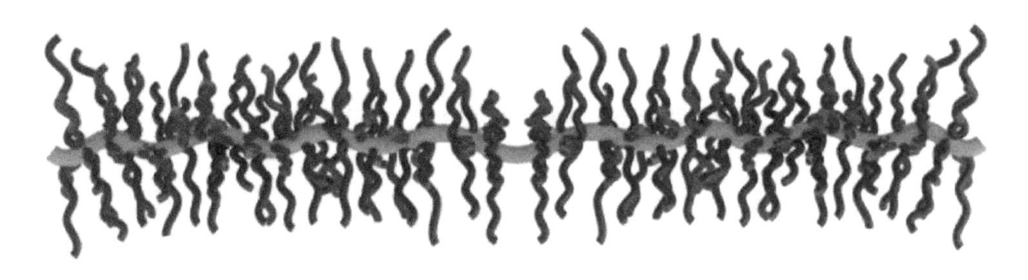

图5-1　一个两嵌段分子刷共聚物的分子形态示意图

如图5-2所示，分子刷嵌段共聚物的合成策略可分为“grafting-to”、“grafting-from”和“grafting-through”三种。“grafting-to”策略是先合成单链端功能化的聚合物侧链，再通过共价键连接到聚合物主链上，该方法对主链和侧链分散度有良好的控制，但接枝密度通常较低（＜60%），未得到广泛使用。“grafting-from”策略指的是从聚合物主链上的活性位点引发单体聚合，生长出聚合物侧链。该方法可以很好地控制主链的分散性，但只能适度控制接枝密度和侧链分散性，且聚合需要多个保护/脱保护步骤，合成过程比较烦琐。“grafting-through”策略先合成链端悬挂可聚合基团的大分子单体，然后引发大分子单体的聚合反应。虽然大分子单体空间位阻在某种程度上会阻碍聚合反应的发生，但通过选择适当的大分子单体和催化剂可以克服这一难题。其优势在于能较好控制聚合物侧链分子量和分布，且接枝密度能高达100%，是制备分子刷嵌段共聚物的最有效的方法。2009年加州理工学院的Grubbs课题组[5]通过大分子单体开环易位聚合（ring opening metathesis polymerization，ROMP）首次成功合成了高分子量、窄分散的分子刷嵌段共聚物，该方法使用第三代Grubbs催化剂实现了高活性的聚合大分子单体，优化条件下的单体转化率接近 100%，刷状聚合物的数均分子量 M_n 高达 200 000～2 600 000，同时分子量分布很窄（1.01～1.07）。

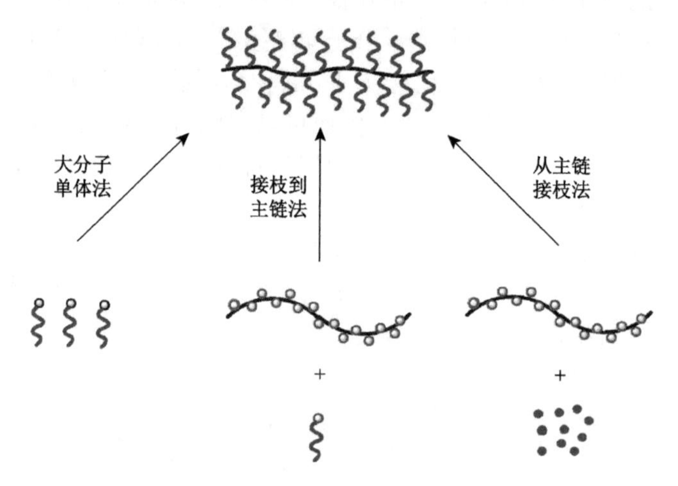

图 5-2　分子刷嵌段共聚物合成策略示意图

5.2　光子晶体构筑

5.2.1　分子刷本体组装光子晶体

第一例分子刷嵌段共聚物聚苯乙烯-*b*-聚乳酸［poly(styrene)-*b*-poly(lactide)，PS-*b*-PLA］是 Rzayev 课题组[6]通过“grafting-from”方法成功合成的。这些分子刷嵌段共聚物表现出双玻璃化转变温度，可通过热压的方式发生自组装形成 PS 和 PLA 周期性排列的层状结构，即一维光子晶体，高分子量的样品周期尺寸可达 163 nm。如图 5-3（a）所示，样品反射蓝色。随后 Xia 等[18]报道了合成瓶刷状嵌段共聚物的新方法，即先合成末端带有降冰片烯的大分子单体，包括聚苯乙烯（PS）、聚乳酸（polylactide，PLA）、聚丙烯酸正丁酯［poly(*n*-butyl acrylate)，P*n*BA］和聚丙烯酸叔丁酯［poly(*t*-butyl acrylate)，P*t*BA］，数均分子量在 2000～7000 范围内变化，然后通过活性开环易位聚合制备了瓶刷状嵌段共聚物。对称聚合物自组装形成了一维层状结构，层间距可通过改变主链长度来调节，当层间距达到 100 nm 以上时即与可见光发生相互作用。如图 5-3（b）所示，一个主链聚合度为 400 的 PLA-*b*-P*n*BA 分子刷嵌段共聚物反射绿光，表明分子刷嵌段共聚物具有制备光子晶体材料的巨大潜力。

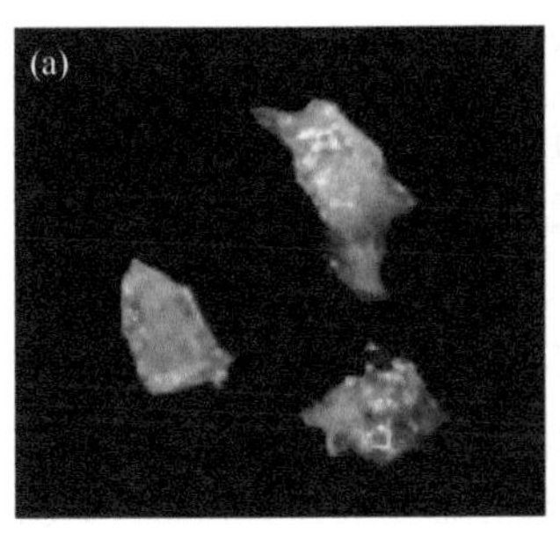

图 5-3 分子刷嵌段共聚物展示出明显的结构色[6, 18]

（a）PS-*b*-PLA 分子刷（$M_n = 2.40\times10^6$）；（b）PLA-*b*-P*n*BA 分子刷（$M_n = 1.77\times10^6$）

科学家们利用上述“grafting-through”方法成功合成了 PS-*b*-PLA 分子刷嵌段共聚物[19]，分子量在更宽范围可调，因此所得光子晶体的反射光颜色覆盖了紫外/可见/近红外区。样品断层扫描电镜表明该系列聚合物组装形成了一维层状结构，即一维光子晶体。除了聚合物本身的性质，膜制备方法也会对自组装结构和光学表现产生重要影响。如图 5-4 所示，对于一个分子量为 2.94×10^6 的样品而言，以二氯甲烷为溶剂制备的膜呈现为蓝色，以四氢呋喃为溶剂时呈现绿色，对上述绿色样品进行热退火后呈现红色。上述现象的根本原因在于不同处理方法导致分子刷链排列的有序度不同：四氢呋喃能同时较好地溶解 PS 和 PLA，这有利于分子链在溶剂挥发过程中组装成有序层状结构，而在二氯甲烷中的组装结构有序度明显降低，反射波长发生蓝移。绿色样品在热退火之后会变得更有序，形成的结构尺寸更大，反射波长红移。在可见光的基础上，人们还将研究范围扩大到近红外区域。Miyake 等[20]合成了一系列窄分子量分布的异氰酸酯基刷状嵌段共聚物，其分子量多分散性指数（polydispersity index，PDI）为 1.08～1.39，分子量最高可达 7.12×10^6。

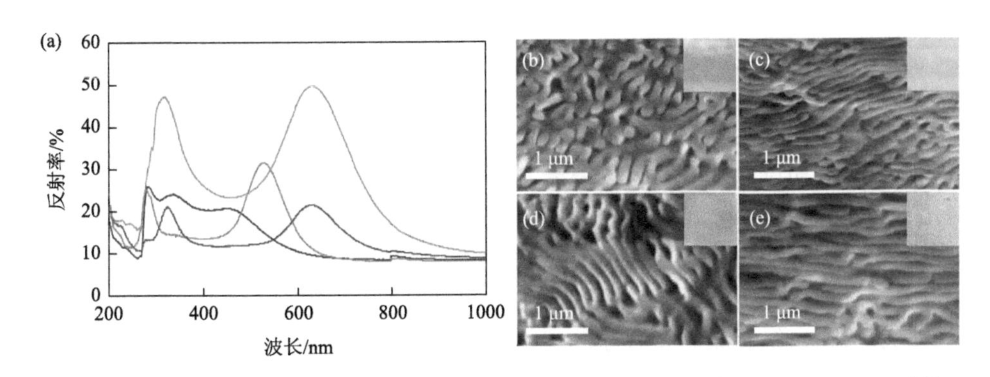

图 5-4 PS-*b*-PLA 分子刷嵌段共聚物（$M_n = 2.94\times10^6$）自组装形成的光子晶体薄膜[19]

（a）不同薄膜的反射光谱［蓝色、绿色、红色、橙色线条依次对应（b）～（e）样品］；（b）二氯甲烷溶液涂膜；（c）四氢呋喃溶液涂膜；（d）绿色薄膜热处理后的效果；（e）通过热压方法制备的样品

异氰酸酯接枝的刚性棒二级结构增强了嵌段共聚物的自组装能力，使其能快速形成大尺寸的层状有序结构。结构尺寸与聚合物分子量密切相关，反射波长精确可调。这些红外反射结构可通过溶液加工制备，因此有望成为一种制备红外反射涂层的新技术。

为了合成超高聚合度的分子刷且维持窄分子量分布，人们开发了多种大分子单体的合成方法。化学家们通过活性负离子聚合（living anionic polymerization，LAP）成功制备了 ω 末端降冰片基聚苯乙烯（NPSt）和聚（4-叔丁氧基苯乙烯）（NPtBOS）[21]。利用 ROMP 合成了具有超高分子量和窄分布的瓶刷均聚物和嵌段共聚物，聚合度最高可达 1084。如图 5-5 所示，热压后发生相分离的分子刷共聚物自组装形成了光子晶体薄膜，当聚合物的分子量增大时，其反射光颜色从蓝色逐渐向绿色、黄色和粉色转变，表明结构尺寸随分子量增大而增大。利用不同分子刷嵌段共聚物自组装制备光子晶体还有很多其他例子，这里不再一一赘述，这类光子晶体的基本特征可归结于以下三点：第一，形成光子晶体分子刷嵌段共聚物的分子量高达百万以上；第二，自组装形成的结构一般为周期性排列的层状结构，尺寸介于 100～300 nm 之间；第三，光子带隙在紫外/可见/近红外区范围内可调。

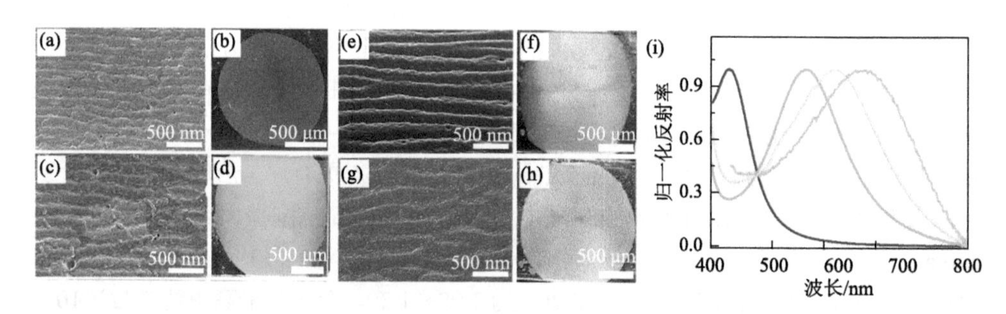

图 5-5 树枝状嵌段共聚物自组装形成的光子晶体薄膜[21]

光子晶体的扫描电镜照片和数码照片：(a)、(b) M_w = 1 694 000；(c)、(d) M_w = 2 056 000；(e)、(f) M_w = 2 348 000；(g)、(h) M_w = 3 055 000；(i) 相应的反射光谱图，其中蓝色、绿色、黄色和红色谱线依次对应于 (b)、(d)、(f) 和 (h) 样品

科学家们通过调控分子刷嵌段共聚物的分子结构，获得了多种具有优良性能的光子晶体材料。如图 5-6 所示，2013 年，Grubbs 课题组[22]通过开环易位聚合反应合成了以楔形烷基乙醚和楔形苯醚为侧链的树枝状嵌段共聚物，并研究了它们的自组装过程。这些聚合物的刚性棒主链构象大大降低了分子重排的能量壁垒，使其能够快速自组装成高度有序的层状纳米结构。这些材料表现出优异的光反射性能，反射波长随嵌段共聚物的分子量增加呈线性增长趋势，范围覆盖了紫外、可见光和近红外区，为制备具有窄带隙的布拉格反射镜提供了一种高效方法。2018 年，Lee 课题组[23]以笼状聚倍半硅氧烷（polyhedral oligomeric silsesquioxane，POSS）

和聚苯甲基丙烯酸酯为大分子单体，利用活性开环易位聚合制备了非对称分子刷嵌段共聚物，通过溶剂蒸发和热退火制备了一维光子晶体。POSS 基团有利于增强两嵌段的微相分离，进而形成高度有序层状结构。2020 年，任丽霞课题组[24]合成了以结晶性聚环氧乙烷和无定形聚正丁基丙烯酸酯为侧链的嵌段共聚物刷，通过加热自组装制备了一维光子晶体。由于结晶性嵌段在特定温度下对组装结构有形状记忆效应，可实现结构色的温度响应性控制。

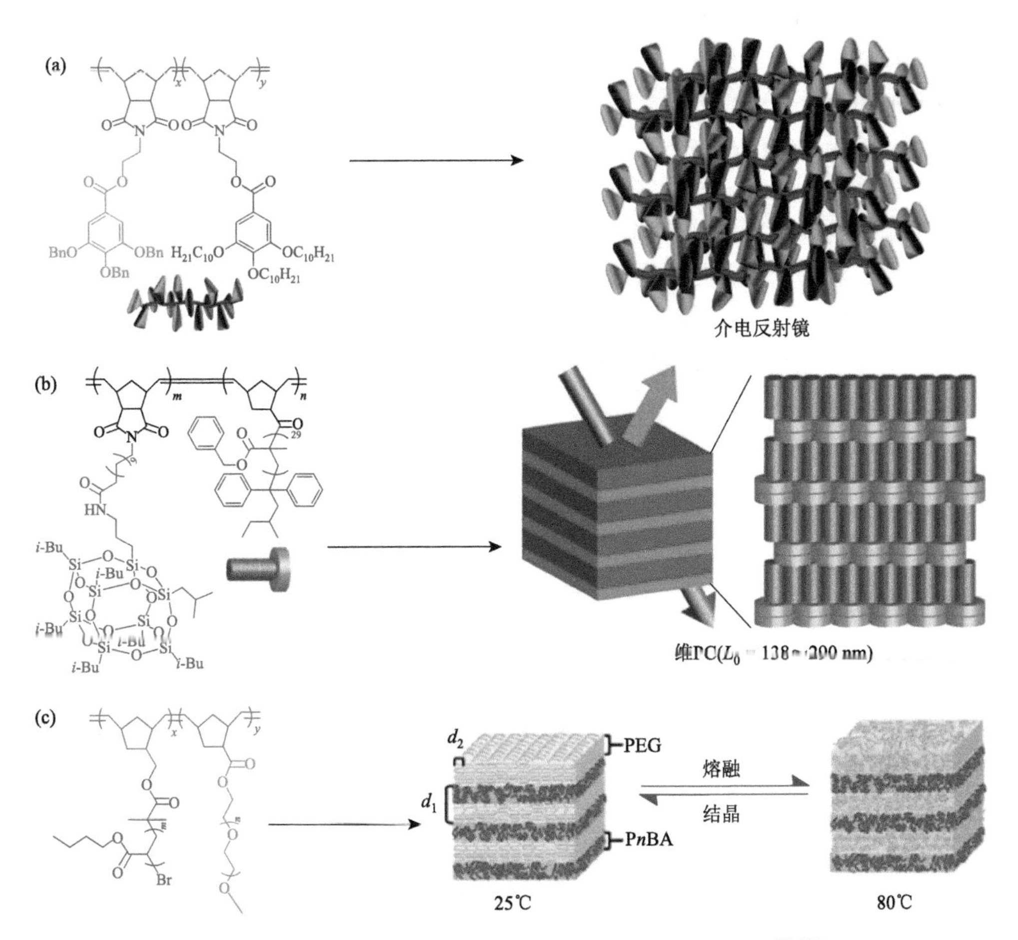

图 5-6　不同拓扑结构的嵌段共聚物自组装形成层状结构[22-24]

（a）树枝状嵌段共聚物的自组装；（b）含 POSS 嵌段共聚物的自组装；（c）结晶性嵌段共聚物的自组装

5.2.2　分子刷配方光子晶体

上述的光子晶体是通过单种分子刷嵌段共聚物组装制备，每种反射波长对应一种光学结构尺寸和分子刷的分子量，这就要求烦琐耗时的高分子合成。随着对分子量要求的提高，样品的合成难度会不断加大，高分子量样品在有机溶剂中的溶解度下降，不利于溶液加工。关于对称的线型嵌段共聚物的研究[25]表明：当两种不同分子量的样品混合且分子量之比小于 5 时，两者共同组装可形成层状结构，结构尺寸取决于不同分子量样品的比例。在形成的层状结构中，高分子量的分子链压缩与低分子量的分子链伸展同时进行从而相互匹配，形成能量较低的热力学稳定结构。科研人员利用线型嵌段共聚物组装结合溶剂溶胀的方式成功制备了光子晶体，但这种方式获得的结构色不稳定，随着溶剂的挥发导致颜色逐渐消失。

尽管分子刷嵌段共聚物主链刚性较强，Grubbs 课题组[26]仿照上述两种线型共聚物共混的方式，研究了两种不同分子量的分子刷共混体系，成功制备了一维光子晶体，反射光颜色在整个可见光区域可调。如图 5-7 所示，两种分子刷共聚物的分子量之比为 2.76，通过调整共混体系中两种分子刷的质量比，即更高分子量的分子刷的质量分数从 0%逐渐增加到 100%，得到的光子晶体薄膜结构色逐渐红移，最大反射波长 λ_{max} 与质量分数呈现非常好的线性增长关系，表明形成的结构尺寸均一且精确可调，断层扫描电镜进一步证实了这一结果。考虑到分子刷嵌段共聚物刚性较强的分子链构象，此种现象的机理尚不明确，但与先前线型共聚物的结果非常类似。

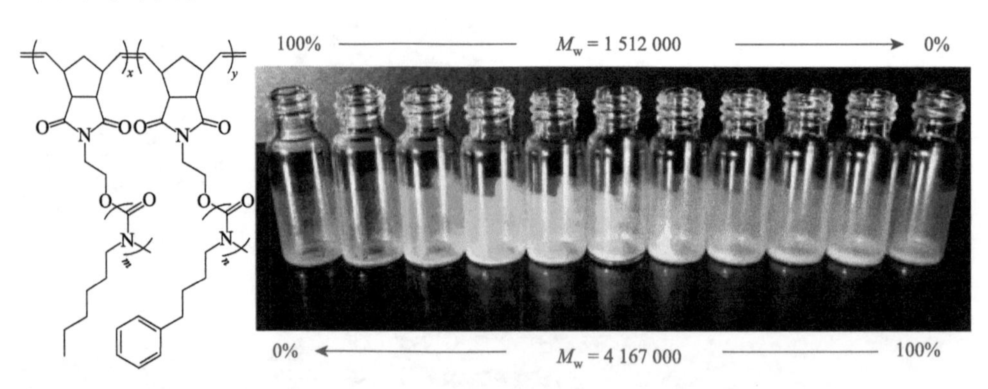

图 5-7　分子刷嵌段共聚物的化学结构，以及两种不同分子量聚合物共混样品的照片[26]

通过对上述工作的讲述，已经了解利用分子刷组装制备光子晶体取得的巨大进展，通过配方调控光子晶体的反射波长是简便有效的方法。接下来将了解更多的基于分子刷嵌段共聚物配方制备光子晶体的例子。Grubbs 课题组[27]报道了通过向分子刷嵌段共聚物中添加小分子量均聚物的方式来调节光子带隙的方法，所得样品在光纤通信红外区 1200～1650 nm 有较强反射，同时又能保持在可见光区的透光性。先前对于线型嵌段共聚物的研究表明，可通过向 AB 型嵌段共聚物添加均聚物 A 和 B 来实现对所得层状结构尺寸的调节，在自组装的过程中，均聚物会选择性地进入嵌段共聚物的 A 相和 B 相中，从而起到溶胀剂的作用。科学家们研究了向分子结构对称的 PS-*b*-PLA 分子刷嵌段共聚物中添加等质量的 PS 和 PLA 均聚物，均聚物分子量与分子刷侧链分子量相同。对于不同的分子刷样品，随着 PS 和 PLA 均聚物加入量的增加，反射光波长逐渐红移，当均聚物超过 67.5%后会出现宏观相分离，结构有序性下降。除此之外，通过此种方法可将官能团引入光子晶体结构中，进而实现对微相折光指数和机械性能的调节，或是制备具有刺激响应性的光子晶体。

高分子材料的机械性能主要来源于高分子链缠结，分子刷嵌段共聚物具有刚性的蠕虫状分子构象和较少的分子间链缠结：一方面这使其自组装速率加快，易形成高度有序结构；另一方面高分子链缠结减少，可大幅降低高分子材料的力学性能，很大程度上限制了材料的实际应用。例如，高强度和高硬度是制备涂层的必要条件，而基于单纯分子刷嵌段共聚物的结构色涂层并不具备上述机械性能。为了解决这个问题，Watkins 课题组[28]开发了一种基于分子刷嵌段共聚物的热固性树脂材料，该类材料能自组装形成一维光子晶体并呈现明亮的结构色，同时材料热固化后硬度和杨氏模量分别高达 172 MPa 和 2.9 GPa，达到了商用高分子树脂的水

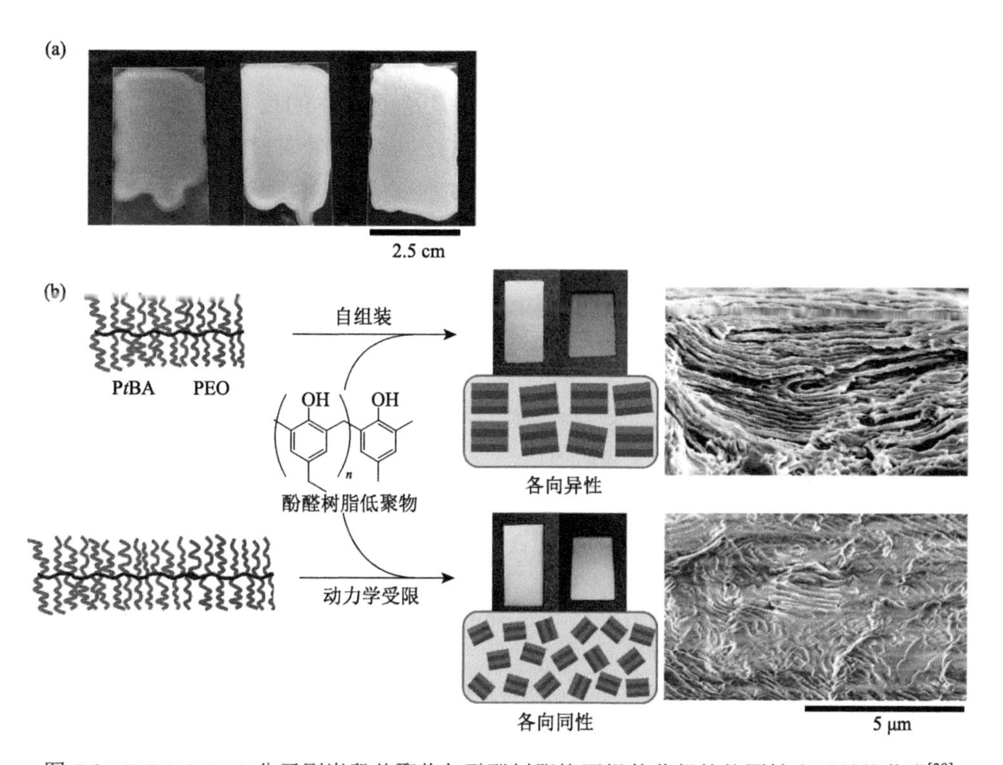

图 5-8　P*t*BA-*b*-PEO 分子刷嵌段共聚物与酚醛树脂协同组装获得的热固性光子晶体薄膜[28]

（a）通过调节酚醛树脂含量（质量分数）调控结构色，从左至右分别为 20%、30%、40%；（b）低分子量嵌段共聚物形成各向异性的结构色，而高分子量样品则形成各向同性结构色

平。如图 5-8 所示，此类材料配方中包含聚丙烯酸叔丁酯-*b*-聚环氧乙烷[poly(tert-butylacrylate)-block-poly(ethylene oxide)，P*t*BA-*b*-PEO]分子刷嵌段共聚物作为模板组装出一维光子晶体结构，还包含酚醛树脂低聚物作为添加剂，实现加热固化增强力学性能。在自组装过程中，酚醛树脂低聚物分子链上悬挂有众多羟基，与P*t*BA-*b*-PEO 分子刷中的 PEO 侧链能形成多重氢键作用，以此为驱动力酚醛树脂低聚物会选择性进入 PEO 微相中，进而形成交替层状结构。此外，所得涂层的外观颜色可利用不同分子量的分子刷嵌段共聚物或不同配方比例实现调节。例如，当使用小分子量样品作为模板时，自组装较易形成长程有序结构，表现出颜色的角度依赖性；而使用大分子量样品时，自组装动力学受限形成各向同性光子晶体薄膜。以分子刷为模板制备的此光学树脂兼具靓丽的结构色和良好的机械性能，在结构色表面涂层方面有较大的潜在应用前景。

5.2.3 分子刷纳米杂化光子晶体

我们已经了解到光子晶体由两种折光指数不同的介质周期性排列而成，除了前面讲到的反射光波长即光子带隙的调节外，提高光子晶体反射率意义同样重大，在制备一些光学器件时甚至要求全反射，那光子晶体的反射率由什么决定的呢？下面以一维光子晶体为例来说明。交替层状结构组成材料的折光指数分别为 n_1 和 n_2（$n_1>n_2$），反射率和结构的层数分别以 R 和 N 来表示，那么反射率可通过式（5-3）计算：

$$R=\left[\frac{\left(1-\dfrac{n_2}{n_1}\right)^{2N}}{\left(1+\dfrac{n_2}{n_1}\right)^{2N}}\right]^2 \tag{5-3}$$

根据式（5-3）可以推断，当光子晶体膜厚度一定，即 N 恒定时，反射率 R 的大小取决于两种介质间的折光指数差，这种差别越大，光子晶体的反射就越强。常见的高分子有机材料的折光指数一般在 1.45～1.59 范围内变化，这导致由纯有机材料构成的光子晶体折光指数差一般小于 0.1，反射强度不够理想，因此接下来将重点介绍如何提高折光指数差。

众所周知，无机金属或金属氧化物材料拥有较高的折光指数，例如，二氧化锆和二氧化钛的折光指数分别达到了 2.16 和 2.89，与此同时它们在可见光范围内保持了较高的透光度。假设能将大量的纳米颗粒均匀分散于聚合物介质中，就能宽范围调节所得纳米复合材料的折光指数，从而制备高折光指数差的光子晶体。然而现实情况是有机/无机材料的物理化学性质差异巨大，无机纳米材料具有巨大的比表面积，在聚合物介质中倾向于独自聚集以减小无机/有机材料之间的界面能，这导致所得纳米复合材料光散射严重、透光性变差，无法用于制备光学材料。对于制备周期性排列结构的光子晶体而言要求会更加苛刻：不但需要无机纳米颗粒均匀分散，而且要实现其在微观尺度上的有序排列。例如，在 100～300 nm 范围内实现交替层状排列结构，才能制备一维光子晶体等。传统方法是利用线型嵌段共聚物协同纳米颗粒自组装实现了特定的纳米结构排列，无机材料在复合体系中的含量一般是在 5 wt%～20 wt%（质量分数）之间，这对于调节折光指数来讲是杯水车薪。此外，传统纳米复合材料的结构有序度一般局限在亚微米级别，远未达到制备光学器件的水平。这些问题产生的最根本原因可归结为两个：一是无机粒子与聚合物母体相容性差导致其含量无法提高；二是线型聚合物严重的分子链缠结成为其组装制备有序结构无法逾越的壁垒。

接下来介绍一下如何利用分子刷嵌段共聚物解决传统纳米复合体系中存在的问题，进而利用纳米杂化方法制备高性能的光子晶体。2015 年，Song 等[29]首次将分子刷嵌段共聚物应用到纳米颗粒的有序组装领域，成功合成了两亲性聚苯乙烯-*b*-聚环氧乙烷[polystyrene-*b*-poly(ethylene oxide)，PS-*b*-PEO]分子刷嵌段共聚物，同时在金纳米颗粒表面修饰了大量羟基，通过羟基与 PEO 间形成的多重氢键作用构筑能量较低的稳定复合材料体系，避免了纳米颗粒的自聚集。如图 5-9 所示，在自组装发生后，可形成金属纳米颗粒反六方排列结构。此外，金属纳米颗粒的物理性能与粒子大小密切相关，例如，金的表面等离子体共振（surface plasmon resonance，SPR）效应，即紫外可见吸收峰随粒径增大明显红移，已经广泛应用于构筑 SPR 传感器或制备超材料等。由于线型嵌段共聚物组装形成的微结构尺寸一般小于 20 nm，因此无法实现大于 10 nm 的无机粒子组装，极大地限制了复合材料的物理性能调节。分子刷嵌段共聚物形成的较大的微相分离结构，能有效容纳大尺寸的粒子，可组装的纳米颗粒直径达到 15 nm 以上，这为构筑功能性纳米复合材料提供了高效方法。

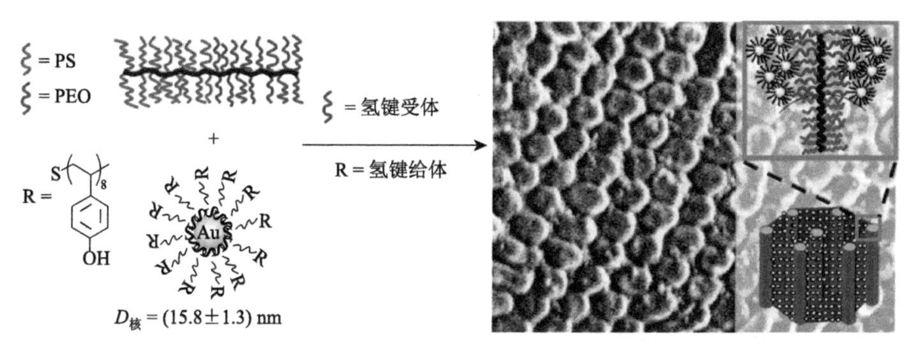

图 5-9　PS-*b*-PEO 分子刷嵌段共聚物诱导 15 nm 金粒子的有序自组装[29]

为了解决结构有序度差的问题，Song 等[30]又设计合成了 P*t*BA-*b*-PEO 分子刷嵌段共聚物，通过在分子刷侧链上引入大位阻基团叔丁基使其呈现更加伸展的分子形态，进一步减少链缠结。与此同时，P*t*BA 侧链的玻璃化转变温度相比于 PS 明显降低，这能显著加快分子刷自组装速率。实验结果表明，P*t*BA-*b*-PEO 分子刷能在加热条件下 5 min 内形成宏观有序结构，有序体积相比线型聚合物提高达 10^9 倍以上。利用此类分子刷为模板，结合上述的氢键策略可将大量的金纳米颗粒选择性嵌入 PEO 相中，形成宏观有序的金属/聚合物交替层状结构，该长程有序性在金含量达到 60 wt%时仍能较好保持，从而为制备高性能的光子晶体材料铺平了道路。

接下来介绍基于分子刷嵌段共聚物的纳米杂化光子晶体。金属/介电材料周期性交替排列的光子晶体是一类非常重要的超材料，可用于研制超级透镜等器件。传统方法通过真空蒸镀在基底表面上制备金属和介电材料涂层，具有工艺复杂、耗时、大规模制备成本高等显著缺点。2015 年，Song 等[31]利用 PS-*b*-PEO 的分子刷嵌段共聚物协同金纳米颗粒组装的策略成功制备了金属/介电光子晶体。此种材料的制备过程简便高效，只需将 PS-*b*-PEO 分子刷和金纳米颗粒在溶剂中混合均匀，随后将所得混合液涂在基底上，溶剂挥发过程中分子刷嵌段共聚物发生快速自组装，形成 PS/PEO 交替层状结构。同时，由于金颗粒表面羟基与 PEO 相间强氢键作用，2 nm 的金颗粒会选择性嵌入 PEO 微相中，从而形成金属/介电材料周期性交替层状结构。金纳米颗粒在 PEO 相中的质量分数可达 80%以上。通过调节金的加入量调节光学参数，可实现光子晶体膜的反射光颜色覆盖紫外-可见-近红外区。此外，通过热处理可进一步调节 PEO 相的光学参数，在加热过程中金纳米颗粒被限制在 PEO 层中逐渐相互融合生长，生成金的网络纳米结构，反射光谱及理论模拟证明此种结构已经具备导电性。

虽然金属/介电光子晶体具有上述的独特性能，但是金纳米颗粒存在固有的 SPR 吸收。当退火处理后，纳米颗粒尺寸较大时，吸收效果会更明显，导致反射强度降低。此外考虑到实际应用中的成本问题，Song 等[32]随后将贵金属替换成了廉价的二氧化锆（ZrO_2）纳米晶体。如图 5-10 所示，他们首先对二氧化锆进行了表面修饰，引入了大量的酚羟基，利用强氢键作用实现了纳米颗粒选择性均匀分散于 PEO 中。通过改变 PEO 相中二氧化锆含量调节其折光指数，实验结果表明，折光指数可在 1.45～1.70 范围内进行调节。他们选取了 P*t*BA-*b*-PEO 分子刷作为制备一维光子晶体的模板，成功构筑了二氧化锆与 P*t*BA 的交替层状结构，折光指数差达到了 0.27 以上。制备了厚度仅为 1 μm 左右的薄膜，二氧化锆质量分数为 30%的光子晶体膜相比单纯 P*t*BA-*b*-PEO 分子刷膜反射率提高 4 倍以上，与理论模拟结果较好吻合。这部分工作为调节纳米复合材料的折光指数和制备高反射率的光子晶体开辟了新途径。

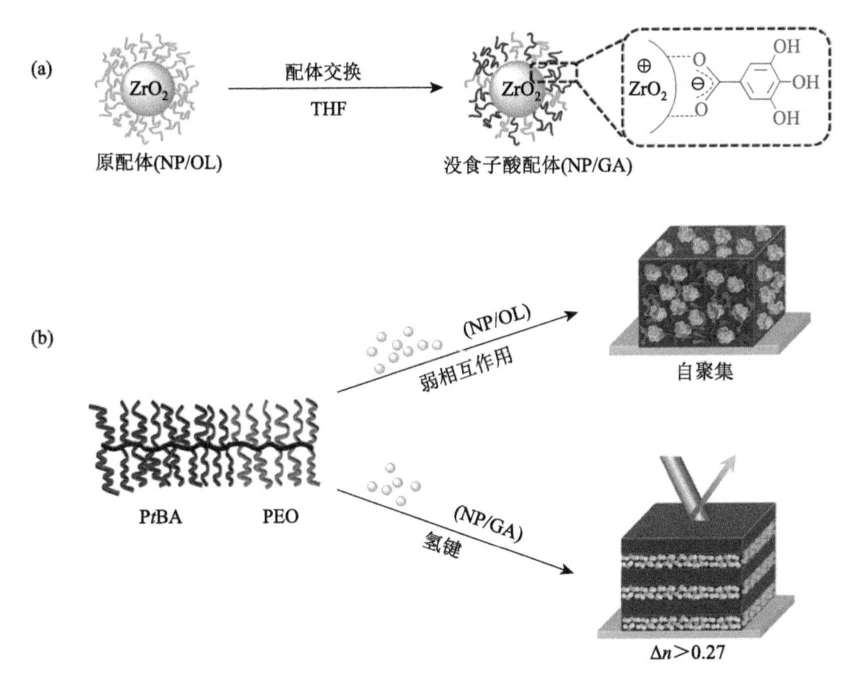

图 5-10　分子刷嵌段共聚物诱导二氧化锆纳米颗粒自组装，提高折光指数差和反射率[32]

（a）二氧化锆纳米颗粒的表面修饰；（b）利用氢键作用实现纳米颗粒选择性嵌入 PEO 相中

量子点是一类具有广泛用途的发光材料，构筑周期性重复结构可显著增强其发光效率，分子刷嵌段共聚物自组装为构建一维光子晶体提供了高效方法。Watkins 课题组[33]成功对硒化镉（CdSe）量子点进行了表面修饰，使其选择性嵌入 PS-*b*-PEO 分子刷的 PEO 微相中，自组装发生后即形成量子点与 PS 之间交替层状结构。通过改变分子刷嵌段共聚物分子量可在 46～145 nm 范围内有效调控结构周期尺寸。CdSe 在复合材料体系中的质量分数可达 30%。此外，研究人员利用 700～1550 nm 的飞秒激光激发有序排布的量子点阵列，观察到了强荧光和三阶非线性发射光，成功制备了高效的非线性光学材料。

由于分子刷骨架刚性较强，聚合物分子在自组装时倾向于形成热力学稳定的层状结构，即一维光子晶体。探索利用分子刷嵌段共聚物制备高维度的光子晶体面临挑战但具有较大意义。Watkins 课题组[34]系统研究了分子刷嵌段共聚物在纳米颗粒存在时的相行为及形成形貌的多样性。研究人员选取 P*t*BA-*b*-PEO 分子刷嵌段共聚物作为研究对象，首先通过改变 PEO 侧链分子量（750、2000、5000）调节分子侧链长度的对称性，其次改变 PEO 所占的体积分数调控自组装形貌。以表面改性的金纳米颗粒作为添加剂，利用氢键作用将颗粒选择性分散于 PEO 中。研究发现，随金纳米颗粒加入量的增加，形貌发生转变，获得了变形柱状结构等非层状结构，并绘制了各种形貌的相图。此工作大大拓展了人们对分子刷嵌段共聚物形貌多样性的认识，为构筑三维光子晶体结构提供了新思路。

5.2.4　光子晶体颜料

2017 年，日本丰田汽车公司经过 15 年的研发推出了世界首款结构色汽车喷漆，并将其应用到了雷克萨斯 LC500 系列跑车，创造了独特的视觉体验，开启了光子晶体材料产业化应用的新纪元。该汽车喷漆研发灵感来自北美大闪蝶，制造工艺是先通过多步的真空蒸镀在柔性基底上制备一维光子晶体膜，然后再将该膜粉碎成微米级大小的颗粒，进而做成喷漆配方。整个生产过程需要 12 个步骤，由于成本过高，难以广泛应用于普通汽车上。对比而言，自组装制备工艺简单且成本较低，传统方法将胶体粒子或液晶材料限制在乳液滴中自组装而制备光晶颗粒，但在实际应用中这些材料的配方设计和可调控性存在较大的局限性。

如图 5-11 所示，天津大学 Song 课题组与剑桥大学的 Vignolini 教授[35]合作开发了基于聚苯乙烯-*b*-聚二甲基硅氧烷［poly(styrene)-*b*-poly(dimethylsiloxane)，PS-*b*-PDMS］分子刷嵌段共聚物的高反射率光子晶体颜料，即光子微球，并实现了红绿蓝三基色的调控，蓝光反射率高达 100%。此类分子刷通过“grafting-through”方法合成：先合成带有降冰片烯端基的聚苯乙烯（NB-PS）和聚二甲基硅氧烷（NB-PDMS）大分子单体，随后通过开环易位聚合（ROMP）合成了瓶刷状嵌段共聚物。该研究采用微流控技术制备大小均匀的液滴，分子刷 PS-*b*-PDMS 在球形微液滴中受限自组装形成类洋葱的多层结构微球，每个微球等同于一个微型光晶，能选择性反射特定波长的可见光，反射波长或颜色可通过调节聚合物刷的分子量实现，随着分子量的增大结构尺寸变大，结构色逐渐由蓝色转变为红色。

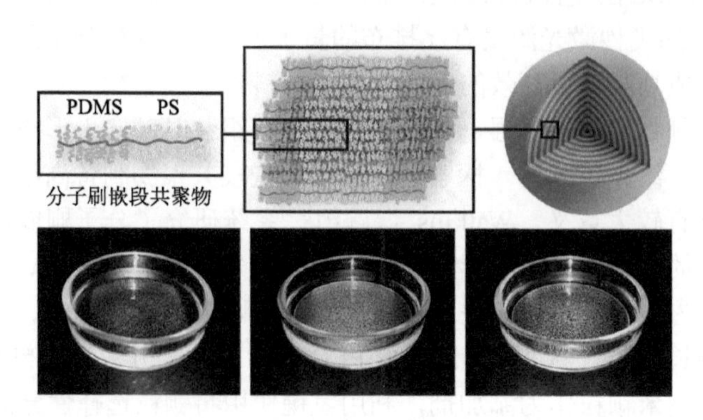

图 5-11　分子刷嵌段共聚物受限自组装制备颜色可调的“洋葱”结构光子晶体微球[35]

采用显微镜原位观测液滴挥发揭示了结构形成过程：随着溶剂的挥发，当液滴中分子刷达到临界浓度（约 120 mg/mL）时，液滴球心出现紫色斑点，表明层状结构开始形成；随着溶剂进一步挥发，初始层状结构作为模板引发快速的结构生长，溶剂完全挥发后最终形成类洋葱结构。在此过程中伴随着液滴中心反射颜色由紫色变绿色再变蓝色的现象，这是由于从洋葱结构的初始到接近完全形成的阶段，大量溶剂挥发引发体系平均折光指数增加，导致颜色由紫色变绿色，结构基本形成到溶剂完全挥干阶段，结构尺寸快速变小导致其颜色由绿色变蓝色。同时正交偏光显微镜结果显示，在油水界面处开始出现双折射现象，并且随着溶剂逐渐挥发，双折射现象从微球界面向内部扩展，这表明类洋葱结构的生长开始于油水界面，界面诱导自组装促进了长程有序结构的形成，进而显著提高了材料的光学利用率。

从实际应用的角度考虑，工业上大规模制备的乳液滴大小不均，若以现有工业制备工艺生产光子微球，会得到同样大小不均的光晶颗粒。该课题组又制备了多分散性的光子微球，并揭示了颗粒大小对反射光颜色影响不大，这表明分子刷在大小微球体内的链排布所受影响较小，结构尺寸变化不大。颜色的耐热和持久性是实际应用关注的问题，该研究表明制备的光子晶体颜料在 150℃以下能保持颜色恒定。为了验证所得光子晶体颜料可作为着色剂，研究人员将微球添加到透明的硅树脂中并交联制备成薄膜。在自然光情况下，这种光子晶体颜料呈现单一绿色。当入射光角度一定时，颜色随观察角度的改变而发生变化。

由于分子刷嵌段共聚物分子间链缠结少，光子晶体颜料颗粒机械性能差，在压力作用下易破损而丢失结构色，这极大地限制了其作为力致变色颜料的用途。Song 课题组[36]采用受限自组装和光交联策略，在纳米尺度上成功地构筑了软/硬交替的同心圆层状结构。采用 PS-*b*-PDMS 分子刷嵌段共聚物为模板，通过添加等量的 PS 和 PDMS 小分子量均聚物作为溶胀剂。依据相似相溶的原理，PS 和 PDMS 添加剂会分别进入相应的微相中，进而调控结构周期尺寸和反射光波长。接下来通过紫外光照的方法将 PDMS 交联，这样就制备了上述纳米结构。由于 PS 具有较高的玻璃化转变温度，在常温条件下表现为硬的特性，交联的 PDMS 是超软的弹性体。在受到外力挤压时，硬层承担了对抗外力的任务，而软层起到能量耗散的作用。所得光子微球在加载外力时表现出大的变形和肉眼可见的颜色变化，而在卸载后的不到 1 s（约 0.16 s）时间内迅速恢复到其原始状态。连续加载-卸载微压缩测试 250 次循环后，未发现微球有明显破损，表明颜料颗粒具有优异的抗疲劳性能。这些力致变色颜料有望用于压力传感和光学探伤等领域。

Swager 课题组[37]合成了以楔形烷基乙醚和楔形苯醚为侧链的树枝状嵌段共聚物，经过乳液受限自组装制备了具有轴向层状结构的椭球体。如图 5-12 所示，当观察方向垂直于平面时，由于布拉格反射较强，微球表现出靓丽的结构色；而当观察方向平行于平面时几乎没有反射，故结构色消失。向层状结构中掺杂磁性纳米颗粒的椭圆形光子晶体，层状结构空间排列方向随磁场方向改变而变化，从而改变结构色的宏观表现，提供了一种制备磁性响应光子晶体的有效方法。2021 年，Kim 课题组[38]系统研究了聚苯乙烯-*b*-聚乳酸（PS-*b*-PLA）分子刷嵌段共聚物的受限自组装行为，发现聚合度或分子量对嵌段共聚物的自组装行为产生了较大影响：当聚合度小于 200 时，在微球内部自组装形成了同心圆层状结构；而当聚合度增加到 200 以上时，自组装形貌从洋葱状同心圆结构转变为具有轴向排列层状结构的椭球形粒子。这些研究成果为不同光学结构的设计制备打下了良好的基础。

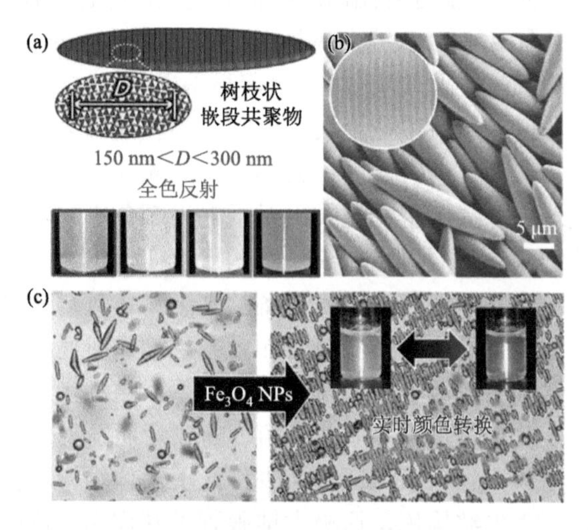

图 5-12　树枝状嵌段共聚物自组装制备椭球形光子晶体微球[37]

（a）具有轴向层状结构的椭球体；（b）光子晶体微球的扫描电镜照片；（c）带磁性纳米颗粒的微球具有磁场响应取向的特性

通过上述工作的介绍我们了解到乳液法受限自组装是制备光子晶体颜料的高效方法，基于分子刷嵌段共聚物的光子晶体材料展现了迷人的魅力。可以预想这种新型的光子晶体颜料在化妆品、光学器件、喷墨打印、喷漆等方面应用潜力巨大。然而，上述方法仍存在一些局限性：首先，分子刷具有刚性的主链，在自组装时易形成一维光子晶体结构，难以获得更高维度结构的光子晶体材料；其次，制备一维光子晶体需要用到数均分子量高达百万的分子刷嵌段共聚物，这对高分子化学合成提出了较大挑战。因此，寻找新科学机制解决上述问题成为迫切的任务。

反蛋白石光子晶体是一种三维有序多孔结构，具有较少的无序光散射和更高的色彩饱和度。传统模板刻蚀方法制备反蛋白石光子晶体需要烦琐耗时的工艺和苛刻的制备条件，不利于大规模应用。2020 年，Song 课题组[39]报道了两亲性分子刷嵌段聚合物（PS-*b*-PEO）诱导的有序自发乳化（organized spontaneous emulsification，OSE）机制，能实现一步制备反蛋白石结构光子微球。事实上自发乳化现象普遍存在，当两种互不相溶的液体相互接触时，在表面活性剂存在的条件下，会自发在油水界面（o/w）形成乳液滴。Johannes Gad 在 1879 年首次报道了这种现象，现已用来制备水包油包水（w/o/w）双乳液，可广泛用于化妆品、食品、药物包裹等领域。然而，时至今日自发乳化过程一直无法得到控制，获得的双乳液难以达到热力学稳定态，以其为模板制备的多孔结构杂乱无序。对于小分子表面活性剂或线型两亲性嵌段共聚物稳定的双乳液，它们的柔性链在油水界面的排列方式随机多变，导致 w/o/w 双乳液内液滴曲率即尺寸得不到有效控制，形成了无序多孔结构。对比而言，以两亲性嵌段共聚物刷为表面活性剂的 OSE 机制能产生粒径均匀的内水滴，研究证明棒状链构象是实现上述控制的关键因素，进而获得了热力学稳定且排列有序的 w/o/w 双乳液，解决了自发乳化无法控制的难题。如图 5-13 所示，研究人员以有序结构的双乳液为模板制备了有序多孔结构微球，产生了强烈的布拉格反射，展现出靓丽的结构色。孔径大小可通过调节聚合度来调控，进而获得了红绿蓝三色的微球样品。这些光学微球材料只需要通过简单的一步法挥发工艺生产，为规模化制备高附加值的光学材料提供了一种低成本工艺。同年，Vignolini 课题组[40]报道了动力学控制的 PS-*b*-PEO 分子刷的受限自组装，获得的微球内部具有短程有序、宏观各向同性的排列结构。这种结构被称为光学玻璃体，它消除了结构色的角度依赖性。2021 年，Song 课题组[41]将荧光基团四苯基乙烯引入到 PS-*b*-PEO 分子刷的侧链，获得了紫外灯激发下呈蓝色荧光、白光照射下有角度依赖性结构色的双通道反蛋白石光子晶体颜料，不仅能用于防伪标记，而且能实现对硝基苯酚类化合物的超痕量定量检测。

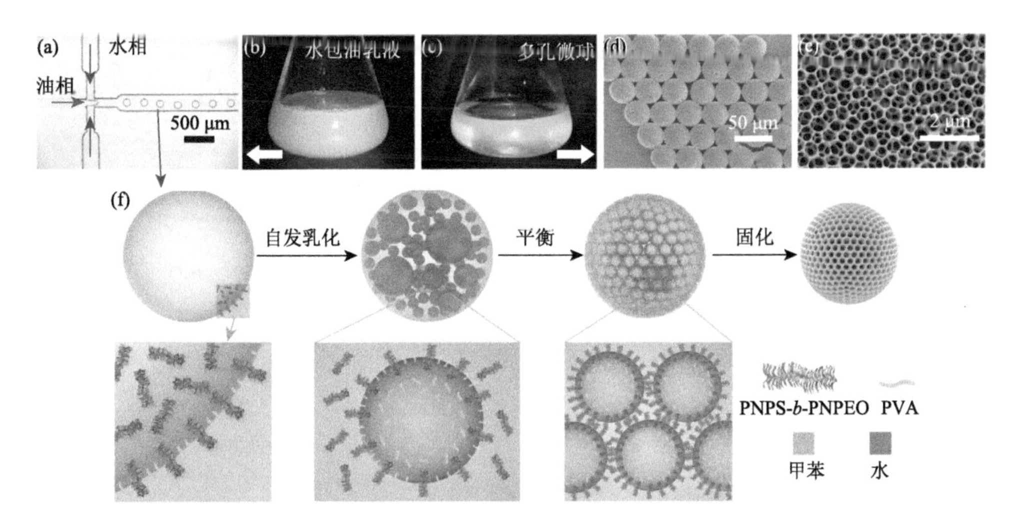

图 5-13　两亲性分子刷嵌段共聚物诱导的有序自发乳化制备有序多孔光子晶体微球[39]

(a)、(b) 微流控制备水包油乳液；(c) 有机溶剂挥发完后形成的光子晶体微球分散液；(d)、(e) 光子晶体微球的扫描电镜照片；(f) 有序自发乳化过程示意图

为获得不同结构色，传统方法主要依赖于改变组装基元尺寸，这需要进行烦琐耗时的化学合成，且颜色难以连续精准调节。Song 课题组[42]提出了一种通过调控聚合物链构象调节结构色的新思路，只需单一原料即可制备出颜色连续可调的光子晶体颜料，制备过程简便、快捷、易于规模化生产。如图 5-14 所示，该课题组设计了一种两亲性嵌段聚合物刷，在其中亲水嵌段接枝了具有氧化响应性的二茂铁基团，其在双氧水的氧化下能转变为离子基团，从而实现了由疏水性向亲水性的转变。将上述聚合物溶于甲苯中制成透明溶液，随后制

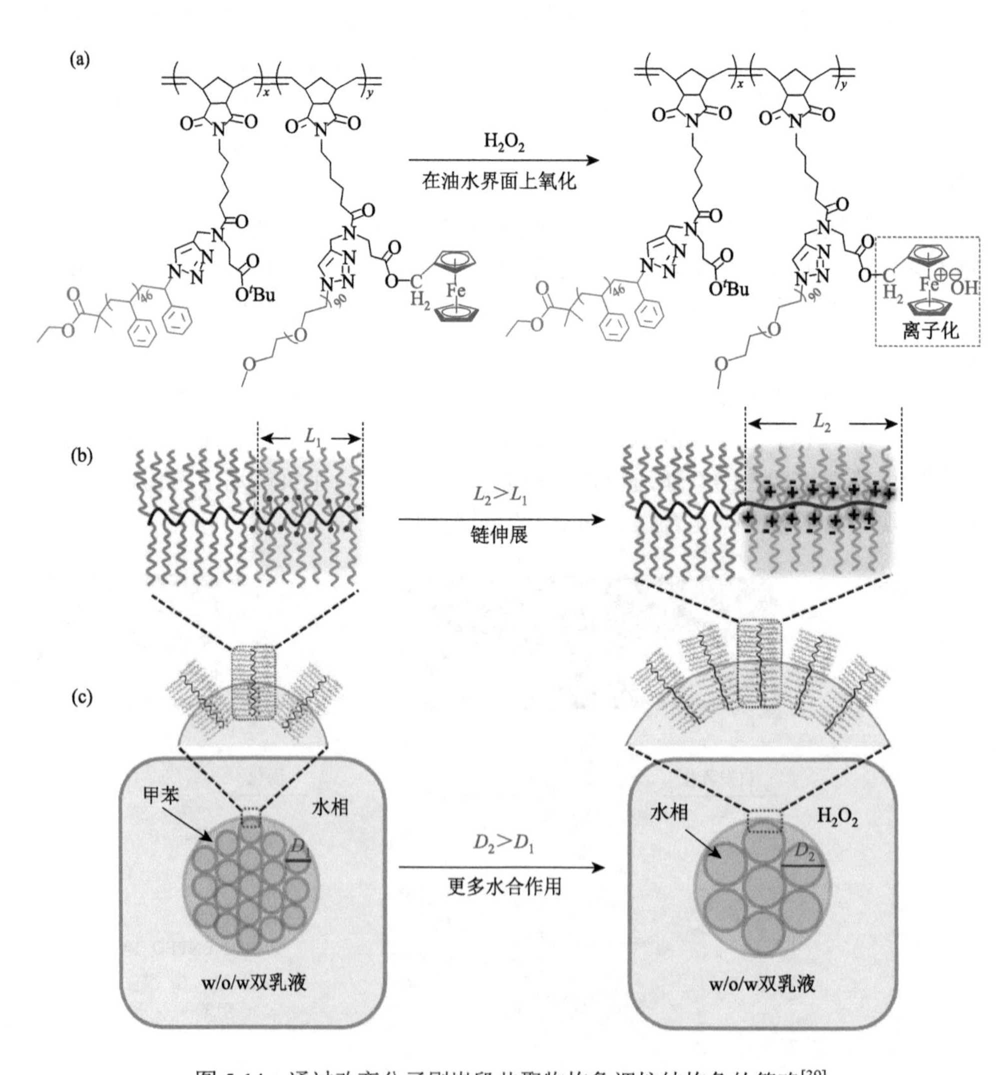

图 5-14 通过改变分子刷嵌段共聚物构象调控结构色的策略[39]

（a）氧化响应分子刷嵌段共聚物及其响应机理；（b）、（c）构象变化影响组装结构尺寸示意图

成水包油 o/w 乳液滴。起初，油滴悬浮在一定浓度的双氧水溶液中，随着有机溶剂挥发，越来越多的嵌段共聚物吸附到油水界面。当油滴中嵌段共聚物浓度达到一定值时，会发生有序相翻转，即水滴会自发进入油滴中，形成稳定且高度有序的 w/o/w 双乳液，当甲苯挥干时即可获得漂亮的结构色颗粒，具有类反蛋白石的多孔结构。在上述结构形成过程中，二茂铁基团会被内水滴中双氧水氧化，促使界面上亲水性嵌段水合能力增加，主链构象更加伸展，形成尺寸更大的内水滴，对应于微粒中更大的孔径。利用此原理，通过控制氧化程度来控制亲水段的伸展程度，即可获得一系列孔径大小连续可调的产物，从而展现出多彩的结构色。

5.2.5 响应型光子晶体

通过生物或化学刺激可改变光子晶体的周期性结构参数，从而改变光子带隙，其最大反射波长也会发生变化。这种颜色变化可以视觉读出，因此提供了一种可视化的生物化学检测方法。自然界中存在许多响应性变色的现象，常见的有变色龙皮肤，不仅可以通过结构的规整排列而产生各种结构色，而且可以在不同的颜色背景下主动改变皮肤颜色，以达到伪装、隐藏等目的。此外，头足类动物和两栖动物拥有着柔软生物组织，如皮肤，但在变形过程中这些柔软组织会迅速变硬以防止损伤。在狭窄的应变区间内，它们的弹性模量比常规弹性体、凝胶和热塑性塑料要高出几个数量级。这些组织还可以通过精确调控周期性或准周期性结构产生的相干散射生成彩色图案。总之，这些生物材料兼具有独特的机械性能和光学特性，构成了生命体的防御和信令机制。

受到这些机制的启发，时至今日已经出现了各种仿生设计的材料，这些材料或具有优异的组织力学性能或显示各种响应性结构色。如图 5-15 所示，Sheiko 课题组[43]合成了 ABA 系列的三嵌段共聚物，其中 A 嵌段为线型聚合物，分别为聚甲基丙烯酸甲酯（PMMA）、聚（甲基丙烯酸苄酯）［poly(benzyl methacrylate), PBZMA］或聚［低聚（乙二醇）单甲醚甲基丙烯酸酯］{poly[oligo(ethylene glycol)monomethyl ether methacrylate]，POEOMA}；B 嵌段为分子刷，以聚二甲基硅氧烷（PDMS）为侧链。这种嵌段共聚物可自组装形成类似于变色龙皮肤的光子晶体结构，线型嵌段 A 与分子刷嵌段 B 发生微相分离，在 B 相中形成有序的球堆积结构，两相具有不同的力学性能：①A 聚集产生刚性相区作为物理网络交联点；②分子刷嵌段形成超软弹性体相区作为基体。这种刚柔并济的结构设计赋予了材料独特的机械性能和光学性能。当材料发生形变时，聚合物膜具有与动物皮肤类似的应激变硬特性，导致内部光子晶体结构尺寸变小，使得结构色发生蓝移。

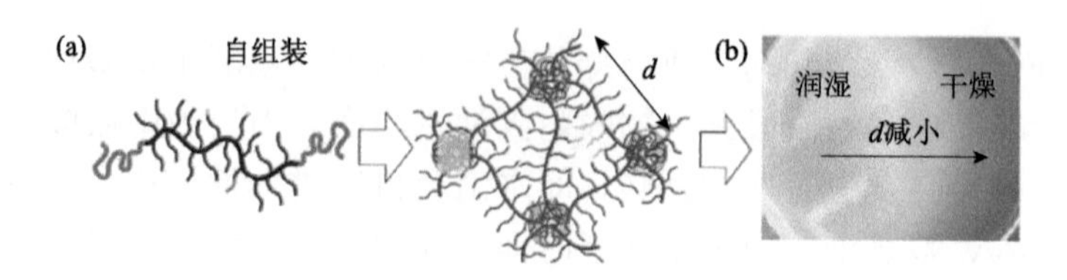

图 5-15　模仿变色龙皮肤的分子刷嵌段共聚物弹性体[43]

（a）三嵌段共聚物自组装形成球状堆积结构；（b）溶液挥发过程中的颜色变化

Song 课题组[44]制备了在盐水中具有刺激响应变色特性的超软弹性聚合物微球，合成了聚二甲基硅氧烷-*b*-聚环氧乙烷[polydimethylsiloxane-*b*-poly(ethylene oxide)，PDMS-*b*-PEO]分子刷嵌段共聚物，利用有序自发乳化（OSE）机制成功制备了多孔光子微球。如图 5-16 所示，多孔结构由交联 PDMS 作为超软弹性骨架，PEO 作为内部响应层。在盐离子存在的环境中，渗透压和离子迁移促使微球发生脱水，使得其体积大幅收缩，结构色从红色逐渐转变为蓝色，收缩与结构色变化程度和盐离子浓度密切相关。当除去盐离子时，弹性微球会发生反向的膨胀，逐步恢复到初始状态。这种盐刺激响应变色行为与变色鱿鱼等头足类软体动物的变色机制相似，后者是通过盐离子调制的发射蛋白脱水与吸水的可逆变化来改变一维光子晶体的结构色。而大幅度的收缩膨胀主要依赖于超软的弹性体骨架的设计，这为通过自组装制备低成本的刺激响应光子材料提供了一条便捷途径。

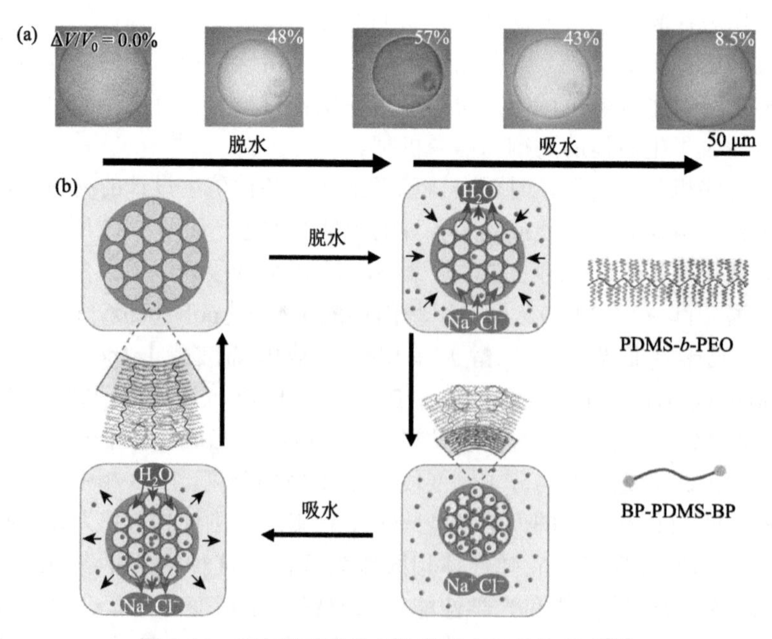

图 5-16　盐离子响应的超软弹性光子晶体微球[44]

（a）光子晶体微球颜色的可逆性变化；（b）盐离子引发颜色变化的机制图

5.3 总结与展望

关于分子刷嵌段共聚物自组装制备光子结构的研究在近10年取得了较大的进展。如图5-17所示，剑桥大学化学系的Vignolini课题组[45]总结了基于分子刷嵌段共聚物自组装制备光子薄膜和光子晶体颜料的研究进展，发现“颜色调控”、“响应性”、“溶剂溶胀”和“支化大分子单体”逐渐成为热门关键词。此外，人们对研制具有新型纳米结构的光子晶体颜料越来越关注，例如，“受限自组装”、“光子颜料”、“微球”、“非虹彩”和“反相光学玻璃体”等新术语的出现说明了这一点。展望未来，由于分子刷嵌段共聚物分子结构调控空间巨大，更深入的自组装机理将得到进一步揭示，利用其自组装方法有望获得更多新型光学结构和更优异的光学性能，在防伪、环保涂料、汽车喷漆、生物医学检测、化妆品等领域有望获得广泛应用。

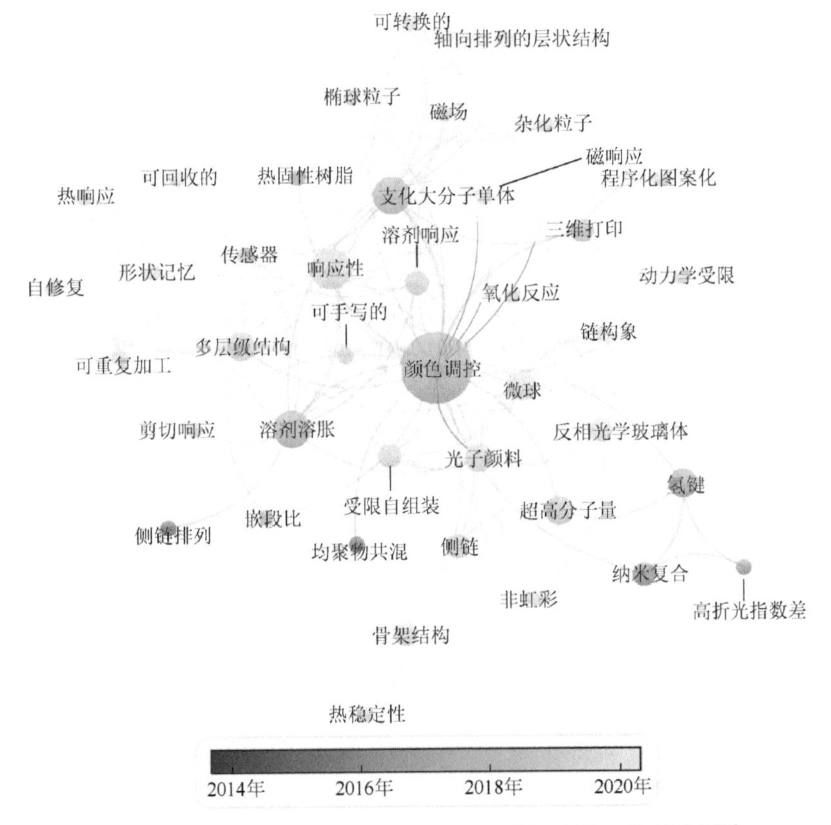

图5-17 分子刷嵌段共聚物光子晶体领域的关键词关系图谱[45]

每个节点突出一个子主题，关系由点与点之间的连线表示，每个节点的大小与出版物数量成正比，颜色代表出版年份

参 考 文 献

[1] Gronheid R，Nealey P. Directed Self-assembly of Block Co-polymers for Nano-manufacturing. Cambridge：Woodhead Publishing，2015.

[2] Salvatore S. Optical Metamaterials by Block Copolymer Self-assembly. Switzerland：Springer Nature Publishing Group，2015.

[3] 刘世勇，等. 大分子自组装新编. 北京：科学出版社，2018.

[4] Stefik M，Guldin S，Vignolini S，et al. Block copolymer self-assembly for nanophotonics. Chem Soc Rev，2015，44：5076.

[5] Xia Y，Kornfield J，Grubbs R H. Efficient synthesis of narrowly dispersed brush polymers via living ring-opening metathesis polymerization of macromonomers. Macromolecules，2009，42：3761.

[6] Rzayev J. Synthesis of polystyrene-polylactide bottlebrush block copolymers and their melt self-assembly into large domain nanostructures. Macromolecules，2009，42：2135.

[7] Wintermantel M，Gerle M，Fischer K，et al. Molecular bottlebrushes. Macromolecules，1996，29：978.

[8] Sheiko S，Sumerlin B，Matyjaszewski K. Cylindrical molecular brushes：Synthesis，characterization，and properties. Prog Polym Sci，2008，33：759.

[9] Gadwal I，Rao J，Baettig J，et al. Functionalized molecular bottlebrushes. Macromolecules，2014，47：35.

[10] Dalsin S，Rions-Maehren T，Beam M，et al. Bottlebrush block polymers：Quantitative theory and experiments. ACS Nano，2015，9：12233.

[11] Yavitt B，Gai Y，Song D，et al. High molecular mobility and viscoelasticity of microphase-separated bottlebrush diblock copolymer melts. Macromolecules，2017，50：396.

[12] Dutta S，Wade M，Walsh D，et al. Dilute solution structure of bottlebrush polymers. Soft Matter，2019，15：2928.

[13] Liberman-Martin A，Chu C，Grubbs R. Application of bottlebrush block copolymers as photonic crystals. Macromol Rapid Commun，2017，38：1700058.

[14] Xie G，Martinez M，Olszewski M，et al. Molecular bottlebrushes as novel materials. Biomacromolecules，2019，20：27.

[15] Verduzco R，Li X，Pesek S，et al. Structure，function，self-assembly，and applications of bottlebrush copolymers. Chem Soc Rev，2015，44：2405.

[16] Patel B，Walsh D，Kim D，et al. Tunable structural color of bottlebrush block copolymers through direct-write 3D printing from solution. Sci Adv，2020，6：eaaz7202.

[17] Li Z，Tang M，Liang S，et al. Bottlebrush polymers：From controlled synthesis，self-assembly，properties to applications. Prog Polym Sci，2021，116：101387.

[18] Xia Y，Olsen B，Kornfield J，et al. Efficient synthesis of narrowly dispersed brush copolymers and study of their assemblies：The importance of side chain arrangement. J Am Chem Soc，2009，131：18525.

[19] Sveinbjörnsson B，Weitekamp R，Miyake G，et al. Rapid self-assembly of brush block copolymers to photonic crystals. Proc Natl Acad Sci U S A，2012，109：14332.

[20] Miyake G，Weitekamp R，Piunova V，et al. Synthesis of isocyanate-based brush block copolymers and their rapid self-assembly to infrared-reflecting photonic crystals. J Am Chem Soc，2012，134：14249.

[21] Yu Y，Chae C，Kim M，et al. Precise synthesis of bottlebrush block copolymers from ω-end-norbornyl polystyrene and poly(4-tert-butoxystyrene)via living anionic polymerization and ring-opening metathesis polymerization.

Macromolecules，2018，51：447.

[22] Piunova V，Miyake G，Daeffler C，et al. Highly ordered dielectric mirrors via the self-assembly of dendronized block copolymers. J Am Chem Soc，2013，135：15609.

[23] Chae C，Yu Y，Seo H，et al. Experimental formulation of photonic crystal properties for hierarchically self-assembled POSS-bottlebrush block copolymers. Macromolecules，2018，51：3458.

[24] Guo T，Yu X，Zhao Y，et al. Structure memory photonic crystals prepared by hierarchical self-assembly of semicrystalline bottlebrush block copolymers. Macromolecules，2020，53：3602.

[25] Yamaguchi D，Hashimoto T. A phase diagram for the binary blends of nearly symmetric diblock copolymers. 1. Parameter space of molecular weight ratio and blend composition. Macromolecules，2001，34：6495.

[26] Miyake G，Piunova V，Weitekamp R，et al. Precisely tunable photonic crystals from rapidly self-assembling brush block copolymer blends. Angew Chem Int Ed，2012，51：11246.

[27] Macfarlane R，Kim B，Lee B，et al. Improving brush polymer infrared one-dimensional photonic crystals via linear polymer additives. J Am Chem Soc，2014，136：17374.

[28] Song D，Jacucci G，Dundar F，et al. Photonic resins：Designing optical appearance via block copolymer self-assembly. Macromolecules，2018，51：2395.

[29] Song D，Lin Y，Gai Y，et al. Controlled supramolecular self-assembly of large nanoparticles in amphiphilic brush block copolymers. J Am Chem Soc，2015，137：3771.

[30] Song D，Li C，Colella N，et al. Large-volume self-organization of polymer/nanoparticle hybrids with millimeter-scale grain sizes using brush block copolymers. J Am Chem Soc，2015，137：12510.

[31] Song D，Li C，Colella N，et al. Thermally tunable metallodielectric photonic crystals from the self-assembly of brush block copolymers and gold nanoparticles. Adv Opt Mater，2015，3：1169.

[32] Song D，Li C，Li W，et al. Block copolymer nanocomposites with high refractive index contrast for one-step photonics. ACS Nano，2016，10：1216.

[33] Song D，Shahin S，Xie W，et al. Directed assembly of quantum dots using brush block copolymers for well-ordered nonlinear optical nanocomposites. Macromolecules，2016，49：5068.

[34] Song D，Gai Y，Yavitt B，et al. Structural diversity and phase behavior of brush block copolymer nanocomposites. Macromolecules，2016，49：6480.

[35] Song D，Zhao T，Guidetti G，et al. Hierarchical photonic pigments via the confined self-assembly of bottlebrush block copolymers. ACS Nano，2019，13：1764.

[36] Dong Y，Ma Z，Song D，et al. Rapid responsive mechanochromic photonic pigments with alternating glassy-rubbery concentric lamellar nanostructures. ACS Nano，2021，15：8770.

[37] He Q，Ku K，Vijayamohanan H，et al. Switchable full-color reflective photonic ellipsoidal particles. J Am Chem Soc，2020，142：10424.

[38] Kim E，Shin J，Do T，et al. Molecular weight dependent morphological transitions of bottlebrush block copolymer particles：Experiments and simulations. ACS Nano，2021，15：5513.

[39] Chen X，Yang X，Song D，et al. Discovery and insights into organized spontaneous emulsification via interfacial self-assembly of amphiphilic bottlebrush block copolymers. Macromolecules，2021，54：3668.

[40] Zhao T，Jacucci G，Chen X，et al. Angular-independent photonic pigments via the controlled micellization of amphiphilic bottlebrush block copolymers. Adv Mater，2020，32：2002681.

[41] Liu Q，Li Y，Xu J，et al. Self-assembled photonic microsensors with strong aggregation-induced emission for ultra-trace quantitative detection. ACS Nano，2021，15：5534.

[42] Li Y，Chen X，Geng H，et al. Oxidation control of bottlebrush molecular conformation for producing libraries of photonic structures. Angew Chem Int Ed，2021，60：3647.

[43] Vatankhah-Varnosfaderani M，Keith A，Cong Y，et al. Chameleon-like elastomers with molecularly encoded strain-adaptive stiffening and coloration. Science，2018，359：1509.

[44] Li X，Wang B，Liu Q，et al. Supersoft elastic bottlebrush microspheres with stimuli-responsive color-changing properties in brine. Langmuir，2021，37：6744.

[45] Wang Z，Chan C，Zhao T，et al. Recent advances in block copolymer self-assembly for the fabrication of photonic films and pigments. Adv Opt Mater，2021，9：2100519.

第 6 章　磁响应胶体光子晶体

6.1　引　　言

胶体组装提供了一种自下而上构筑功能材料的有效方法，而胶体光子晶体就是这类材料中最典型的代表。胶体光子晶体是由胶体粒子单元组装形成规则排列的有序结构。由于胶体粒子与环境介质的介电常数存在差别，从而产生了光子带隙，处于光子带隙内的电磁波不能在光子晶体内传播[1, 2]。当光子带隙处于可见光区域时，光子晶体与可见光发生强烈的干涉，往往呈现出随观测角变化的结构色，这类特殊的材料在彩色绘画和印刷、信息存储、显示、传感、军事伪装等领域具有广阔的应用前景[3]。不同于自上而下的光子晶体制备方法，胶体组装路径具有条件温和、成本低廉、易于大规模制备等突出优势，因此备受研究者的关注[4]。然而，胶体光子晶体的大规模应用还面临着许多挑战，尤其是在晶体结构和取向的精确控制、制备效率及重复性等方面还有待改进。

在许多应用场景下，能够响应外部刺激产生光学信号变化的响应型光子晶体更受到人们的青睐[5, 6]。胶体组装路径特别适用于构筑响应型光子晶体，因为具有外界刺激响应性的活性组分不仅可以整合到胶体粒子单元中，还能够添加到胶体光子晶体的包埋介质中[7]。目前已经发展了许多种类的响应型胶体光子晶体，其刺激手段主要包括温度、湿度、磁场、电场、机械应力、化学环境等。但是该领域的发展仍然存在着许多挑战，例如，现有体系的光子带隙调节范围往往较窄、对外部刺激响应速度慢、可逆性差、难以实现器件集成等[8, 9]。为了拓宽结构色的调节范围，外部刺激作用必须能够诱导光子晶体的折射率、有序结构的排列方式、晶体取向等参数发生显著变化。此外，人们也渴望找到新的响应机理，以显著提高光子晶体对外部刺激的响应速度，满足动态光学性质调节的实际应用需求。

因其响应速度快、灵敏度高、可逆性好、无接触式操控等优点，以磁场为刺激手段的磁响应胶体光子晶体吸引了研究人员的广泛关注。磁场诱导胶体粒子自组装为构建光子晶体提供了一种快速高效的方法。通过施加外磁场可以立即产生强磁相互作用，为胶体粒子的快速组装提供充足的驱动力[10]。这种长程作用力还可以用来改变光子晶体内部相邻胶粒之间的距离，实现光子带隙的快速、可逆、大范围调控。由于磁相互作用的各向异性，不仅可以诱导磁性粒子组装形成各向异性的光子晶体结构，还能够通过控制外磁场的方向，调节磁响应胶体光子晶体的取向，为磁控光学调控提供额外的手段[11-13]。利用磁场的复杂空间分布，还能够控制磁性胶粒的局部组装行为，实现光子晶体的图案化和结构色印刷。通过将胶体粒子分散于磁流体中，研究人员成功地将磁控组装与调控策略拓展至非磁性胶体粒子单元。利用光聚合树脂材料为分散介质，磁控组装形成的动态有序结构成功地被固定在高分子材料中，不仅为其结构研究提供了条件，还可以用来制备响应其他刺激的胶体光子晶体。

6.2　磁控组装的机理

目前，磁响应光学纳米材料大多基于磁性胶体粒子及其组装结构，通过施加外磁场，调节“粒子-磁场”或“粒子-粒子”之间的相互作用，改变组装体的结构、周期性或者取向，进而实现光学性质的调控。因此，首先简要介绍磁组装与调控的作用机理。磁响应光学纳米材料主要采用超顺磁性和铁磁性胶体粒子（统称为磁性胶体粒子）作为基材构建组装结构。磁性胶体粒子的磁诱导组装是由磁偶极子之间及磁偶极子与外场之间的作用力来驱动的[14, 15]。如图 6-1 所示，施加的外磁场引起了超顺磁性胶体粒子中沿磁场方向的磁偶极矩 $\boldsymbol{m}$。对于磁偶极矩为 $\boldsymbol{m}$ 的球形粒子 1，另一粒子 2 所受到的感应磁场 $\boldsymbol{H}_1$ 可以用式（6-1）描述，其中，$\boldsymbol{r}$ 是从粒子 1 指向粒子 2 的单位矢量；d 是两胶粒之间的距离[16, 17]。因此，具有相同磁矩 $\boldsymbol{m}$ 的粒子 2 与粒子 1 之间的偶极-偶极相互作用势能可以通过式（6-2）描述，其中，α 的范围为 0°～90°，是外磁场方向和胶粒中心连线之间的夹角。最终，由粒子 1 引起的对粒子 2 施加的偶极力可以用式（6-3）来表示。

$$\boldsymbol{H}_1 = \left[3(\boldsymbol{m}\cdot\boldsymbol{r})\boldsymbol{r} - \boldsymbol{m}\right]/d^3 \tag{6-1}$$

$$U_2 = \boldsymbol{m}\cdot\boldsymbol{H}_1 = (3\cos^2\alpha - 1)\boldsymbol{m}^2/d^3 \tag{6-2}$$

$$\boldsymbol{F}_2 = \nabla(\boldsymbol{m}\cdot\boldsymbol{H}_1) = \frac{3(1-3\cos^2\alpha)\boldsymbol{m}^2}{d^4}\boldsymbol{r} \tag{6-3}$$

上述等式表明了偶极-偶极力与两个磁偶极子排列方式之间的关系。在临界角 54.09°处，相互作用接近于零。当 0°≤α<54.09°时，偶极-偶极相互作用表现为吸引力，当 54.09°<α≤90°时，偶极-偶极相互作用表现为排斥力。如图 6-1（d）所示，当相互作用能大到足以克服布朗运动时，磁偶极-偶极作用力会诱导粒子沿外磁场方向自组装形成一维链状结构。当胶粒间的磁吸引作用力与颗粒间的静电或位阻排斥力达到平衡时，胶粒就会磁组装形成周期性结构。当外磁场强度改变时，胶粒间距会发生变化以达到新的平衡；换言之，外磁场对胶体组装结构产生了有效的调制。

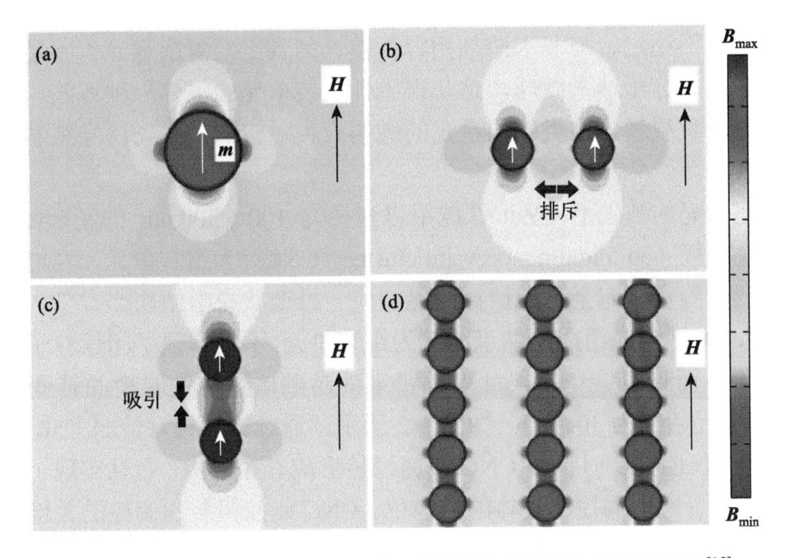

图 6-1　超顺磁性胶体粒子在均匀磁场中的磁场分布及受力情况[15]

（a）单个磁性胶体粒子周围的磁场分布；（b）、（c）粒子之间偶极-偶极作用力与位置之间的关系；（d）偶极-偶极作用力诱导形成的组装结构

在非均匀的外磁场中，磁性胶体粒子与外磁场之间还存在另一种特定取向的磁作用力。通常来讲，磁偶极子 $\boldsymbol{\mu}$ 在外磁场 $\boldsymbol{H}$ 中的能量可以用式（6-4）表示，因此磁场对磁偶极子产生的磁堆积力可以用式（6-5）描述。这种粒子-磁场之间的磁作用力将驱使磁性胶体粒子向磁场强度高的区域移动，并引起粒子的浓度梯度变化或结晶[18, 19]。此外，磁性相互作用力还能导致磁性颗粒组装形成的三维有序结构发生相变，如面心立方（fcc）结构向密排六方（hcp）结构的转变，从而改变组装体的光学性质[20, 21]。

$$U_{\mathrm{m}} = \boldsymbol{\mu} \cdot \boldsymbol{H} \tag{6-4}$$

$$\boldsymbol{F}_{\mathrm{p}} = \nabla(\boldsymbol{\mu} \cdot \boldsymbol{H}) \tag{6-5}$$

6.3　基于磁性胶粒的磁响应光子晶体

由于较强的磁响应和良好的胶体分散性，尺寸均匀的超顺磁性纳米颗粒是构筑磁响应光子晶体的理想单元。一方面，超顺磁性纳米颗粒的磁性远高于传统的顺磁性材料，因而在较弱的外磁场作用下就能够实现快速组装与光学性质调控。另一方面，在没有外磁场存在时，超顺磁性纳米颗粒之间没有明显的磁相互作用，因而不会发生类似铁磁性颗粒的团聚现象。Bibette 等[22]以浓缩磁流体乳液液滴为结构单元，利用磁场组装形成一维链状有序结构，率先报道了通过控制外磁场强度调节光子晶体的衍射波长（即结构色）的研究结果。然而，这种磁性结构单元存在着热力学不稳定、与非水溶剂相容性差、制备工艺复杂等显著不足。将磁性胶体粒子掺入高分子纳米微球，是获得磁性组装单元的另外一种方法。但是受限于磁性组分的负载量，这类结构单元的磁响应相对较弱，磁场诱导组装和调控的效率非常低[19, 23]。

在上述研究的基础上，Yin 课题组以直径为 100～200 nm 的超顺磁性 Fe_3O_4 胶体纳米晶团簇（colloidal nanocrystal cluster，CNC）为组装单元，发展了响应速度快、可变范围宽、完全可逆调控的磁响应一维链状光学结构[10, 24-26]。他们利用 10 nm 的 Fe_3O_4 纳米晶组成的纳米团簇为组装单元，不仅增强了团簇粒子的磁响应和相互作用，而且也避免了尺寸增加带来的超顺磁性向铁磁性的转变（铁磁性 Fe_3O_4 的临界尺寸约为 30 nm）。如图 6-2 所示，通过施加相对较弱（50～500 Oe）的外磁场，不仅能够实时诱导 CNC 快速组装形成有序结构，而且实现了整个可见光区域快速、可逆地调控组装体的结构色。CNC 磁控组装和调控的关键在于颗粒间同时存在着磁偶极和静电排斥两种作用力。沿着磁颗粒链的方向，颗粒间的磁性引力与静电力达到平衡，而相邻磁颗粒链之间的磁斥力和静电力又会使链彼此保持距离[22]。由于颗粒间距受外磁场强度控制，磁颗粒链的反射光谱与结构色可以通过改变外磁场实现动态调控。例如，增强磁场会产生更强的磁性吸引力，使粒子靠得更近，从而产生反射峰的蓝移，结构色产生从红色向紫色的相应变化。

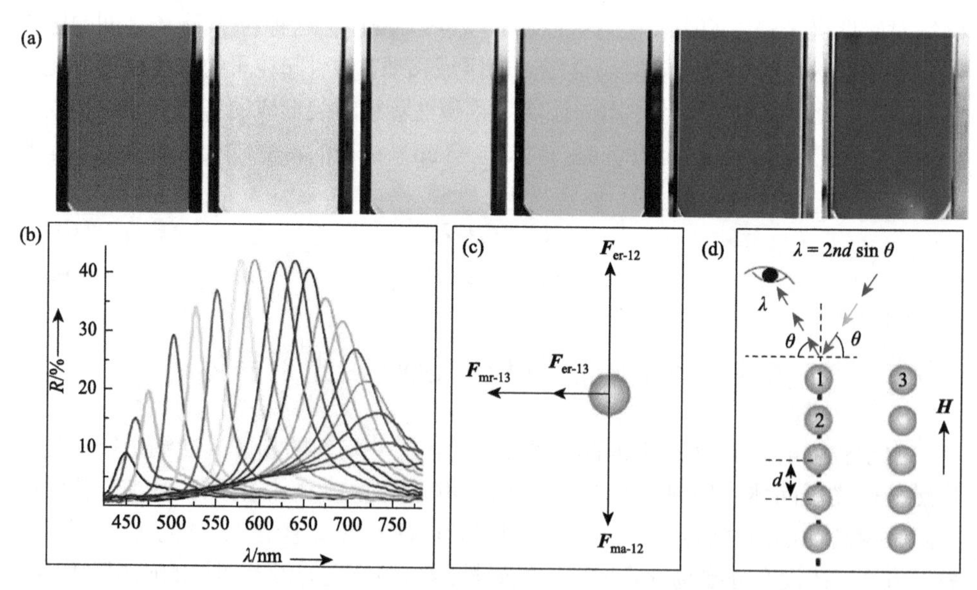

图 6-2　外磁场调控 CNC 快速组装形成不同结构色[15]

(a)封装在毛细管中的 Fe_3O_4 CNC 水溶液的颜色随磁场强度增加发生从红色到紫色的变化;(b)样品在 50～500 Oe 磁场下的反射光谱变化情况（从右至左）;（c）磁颗粒链内和链间的胶粒相互作用;（d）磁颗粒链的 Bragg 衍射示意图

相比于传统密堆积三维光子晶体，Fe_3O_4 CNC 一维光子晶体在体积分数仅为 0.1%的低浓度条件下就能展现出明亮的结构色，这主要是因为 Fe_3O_4 颗粒和溶剂水的折射系数差别较大，且 Fe_3O_4 对于非相干散射光的吸收提高了对比度。磁组装一维光子晶体是在磁场诱导下形成的动态结构，施加磁场时，颗粒之间瞬间产生较强的磁相互作用，克服布朗运动，实现快速组装，显现结构色；当撤去外磁场时，由于布朗运动，组装结构迅速被破坏，结构色消失。在较低浓度条件下，磁性胶粒在溶液中移动的阻力较小，可以在非常短的时间内实现自由运动的无序状态与一维有序结构之间的完全可逆切换。在水溶液体系，磁组装一维光子晶体的响应速度已经达到了 30 Hz。

在合成过程中，Fe_3O_4 CNC 胶粒的表面最初接枝了一层聚丙烯酸，因此在水溶液中具有强烈的粒子间静电排斥力，但是这种胶粒在其他溶剂中的分散性较差[10]。Ge 和 Yin 等在胶粒表面包覆一层 SiO_2，成功地将一维磁响应光子晶体拓展至其他极性溶剂（如短链醇），通过在 $Fe_3O_4@SiO_2$ 胶粒表面进行疏水改性，进一步在非极性溶剂中实现了磁响应光子晶体的组装与调控[27, 28]。在极性溶剂中，$Fe_3O_4@SiO_2$ 胶粒表面由于硅羟基的电离携带有一定量的表面电荷，能够提供抗衡磁吸引力所需的长程静电排斥力。然而，非极性溶剂中离子化的能垒较高，颗粒表面基团难以发生解离，也就难以产生胶粒间的静电作用。为了解决这一难题，研究人员引入了反相胶束来促进电荷分离，在颗粒之间构筑了强烈的静电排斥力，从而实现了超顺磁性胶体粒子在非极性溶剂中的有序组装与调控[28]。

在后续的研究中，超顺磁性胶体粒子形成的一维链状结构逐渐被证实。如图 6-3（a）所示，一维链状组装最早在光学显微镜中被观察到，但是难以证实其动态微观结构。通过将超顺磁性胶体粒子分散在光聚合低聚物，如聚乙二醇二丙烯酸

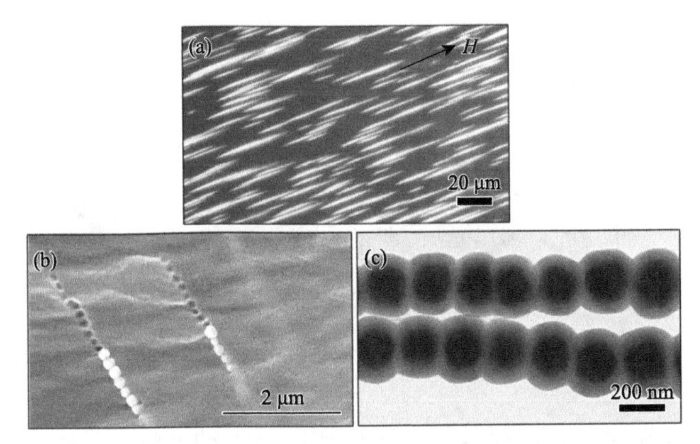

图 6-3　超顺磁性胶体粒子组装形成的一维链状结构[15]

（a）光学显微镜照片中的一维链状组装结构；（b）扫描电镜照片中，$Fe_3O_4@SiO_2$ 粒子在 PEGDA 基质中的一维周期性排列；（c）SiO_2 包覆 Fe_3O_4 CNC 组装后形成纳米链的透射电镜照片

酯（PEGDA）中，结合磁控组装与原位快速紫外光照聚合，就可以将一维链状结构固定于树脂中[28, 29]。如图 6-3（b）中的扫描电镜照片所示，通过观察平行于磁场方向的样品切割截面，可以很容易地找到具有规则粒子间距的平行粒子链，从而为一维磁组装机理提供直接证据。在垂直于磁场的方向上，链与链之间的距离较大（>1 μm），不能衍射可见光。如图 6-3（c）所示，在后续研究中，Hu 等通过溶胶-凝胶法将 Fe_3O_4 CNC 胶粒在磁场下的组装结构包裹于二氧化硅层中，进一步验证了一维链状结构[12]。

由于一维磁响应光子晶体的结构色来自单个粒子链的集体衍射，因此可以通过控制磁场的分布控制局部组装行为，即链的取向及链内颗粒的间距，进而调控衍射颜色的空间分布，为高分辨彩色显示等应用带来了新的机会。从布拉格方程可以看出，动态光子链的衍射颜色可以通过控制相邻粒子间距（d）或粒子链的取向（θ）来调节。其中，d 受磁场强度控制，而链的取向则与外磁场方向一致。如图 6-4 所示，置于冰箱磁铁上方的 Fe_3O_4@SiO_2 水分散液呈现出周期性结构色图案 [30]。在强度和方向均随空间显著变化的复杂磁场作用下，光子链内的粒子间距和链取向同时被调控，从而在单个样品的不同区域呈现出类似彩虹的颜色效果。此时，衍射颜色从左向右的蓝移是由链的压缩和观察角度看到的链倾斜所造成的。

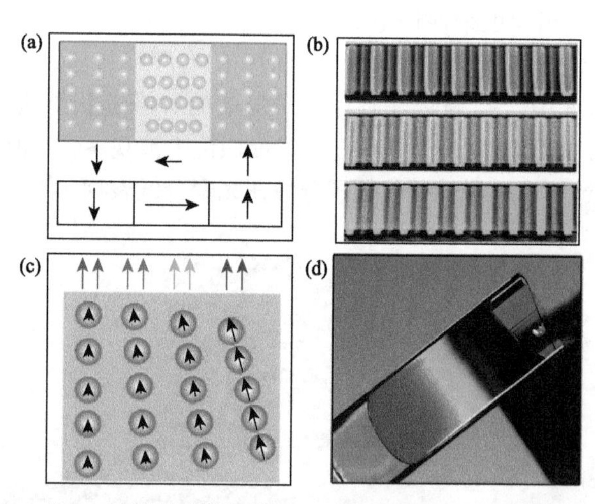

图 6-4　冰箱磁铁组装 CNC 呈现周期性结构色[15]

（a）、（b）非均匀磁场中 Fe_3O_4@SiO_2 粒子组装的示意图和数码照片；（c）、（d）形成彩虹颜色分布是由胶粒在磁场中的间距和方向变化所致

在外磁场存在时，超顺磁性纳米颗粒和铁磁性纳米颗粒的磁矩均与外磁场方向保持一致，磁性作用力并没有本质的区别。在没有外磁场时，铁磁性颗粒之间依然存在着磁性相互作用，在溶液中容易发生团聚，不利于有序结构的组装和调

控。He 等[31]通过增加铁磁性颗粒的表面电荷，使颗粒之间产生强的静电排斥力，从而提高其胶体稳定性，发展了基于铁磁性颗粒的磁响应光子晶体，并实现了弱磁场的快速检测。

除了球形磁性胶体粒子，还能利用其他形貌磁性胶体粒子作为构筑单元，获得更加丰富多样的磁响应光子晶体。如图 6-5 所示，Wang 等[32]以铁磁性 Fe@SiO_2 纳米椭球体作为组装单元，构筑了非紧密堆积的三维光子晶体；通过施加外磁场操纵纳米椭球的取向，实现了光子带隙的动态调控。通过不断浓缩纳米椭球的胶

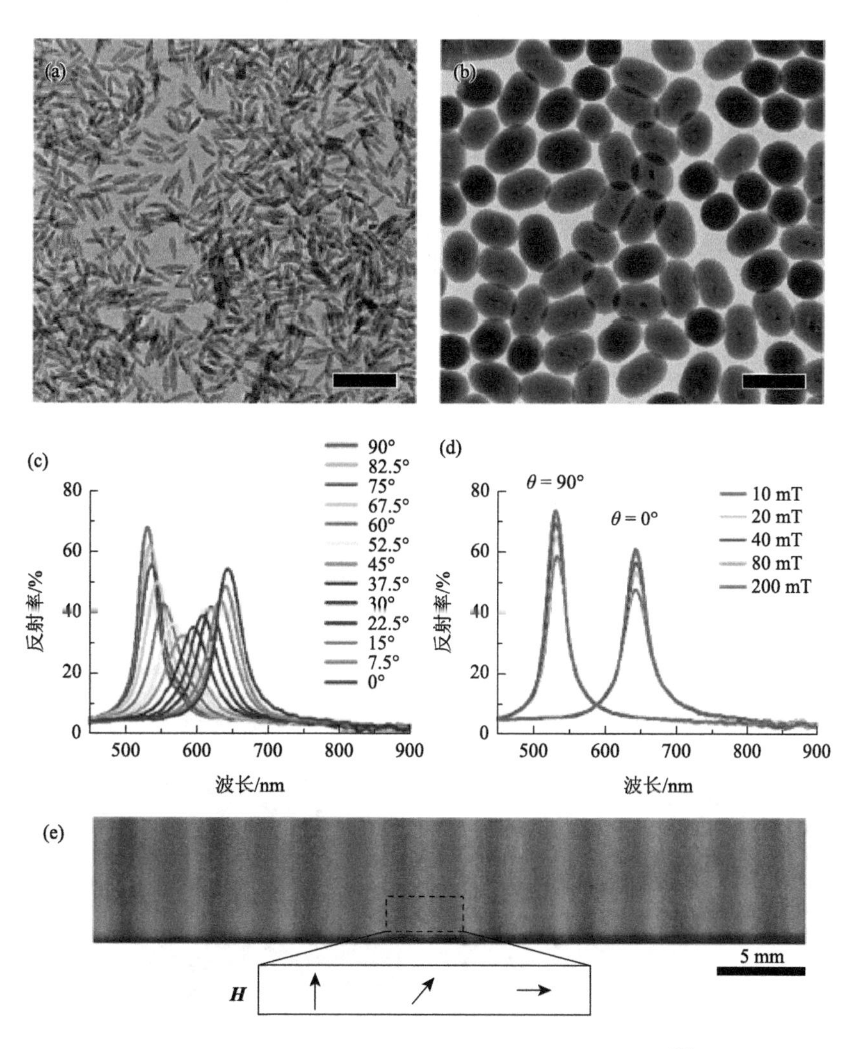

图 6-5　以纳米椭球为组装单元构筑三维光子晶体[32]

FeOOH 纳米棒（a）和 Fe@SiO_2 纳米椭球（b）的透射电镜照片（比例尺为 200 nm）；纳米椭球组装结构在不同磁场方向（c）、不同磁场强度（d）下的反射光谱；（e）置于冰箱磁铁上方的纳米椭球溶液呈现周期性排列的颜色分布

体分散液，使粒子间的距离小于静电力的作用范围，粒子自组装形成三维面心正交晶体。如图 6-5（c）所示，磁场方向从垂直到水平变化的过程中，由于衍射晶面间距的减少，衍射峰从约 730 nm 到约 510 nm 连续蓝移。如图 6-5（d）所示，与一维磁性组装体不同的是，磁场强度对该三维磁响应体系的光子带隙的位置几乎没有影响，仅仅改变衍射峰的强度。当置于磁场方向呈周期性变化的复杂磁场时，Fe@SiO_2 分散液呈现出不同衍射的周期性图案，不同区域分别显示红色、绿色和蓝色三种结构色。

最近，He、Ozin 及 Zhang 等[21]提出了构筑具有各向异性光学性质的磁性纳米棒胶体晶阵列，进而利用单一刺激调控多种光学性质的新思路。该策略的核心在于选用合适尺寸的均匀磁性纳米棒为组装单元，组装具有各向异性光学性质的有序结构，并利用磁场控制纳米棒的取向，实现光学性能的调控。研究人员首先通过模板转化法制备了胶体分散性好、尺寸形貌均一的 Fe_3O_4@SiO_2 磁性纳米棒组装单元。如图 6-6（a）所示，当 Fe_3O_4@SiO_2 纳米棒在水分散液中的浓度超过临界值时，颗粒间的强静电排斥作用诱导自组装形成有序排列的胶体晶阵列结构。在没有外磁场存在时，微晶的取向不一致，表现出多晶结构。施加外磁场后，微晶的取向与磁场方向保持一致，发生多晶向准单晶的结构演变。纳米棒胶体晶阵列表现出依赖于纳米棒取向的各向异性光学特性，兼具磁响应光子晶体和磁响应液晶的性能。研究表明，纳米棒取向随磁场方向改变时，会导致光子带隙的改变。当磁场与入射光平行时，纳米棒沿入射光线方向排列，衍射面的晶格间距由纳米棒长度决定，此时衍射波长达到最大值，样品呈现红色结构色。当夹角 θ 为 45°时衍射波长变短，溶液呈现黄绿色。进一步改变磁场方向使之与入射光方向垂直，此时纳米棒的宽度决定了衍射晶格的间距，衍射波长蓝移程度最大，从而呈现出蓝色。

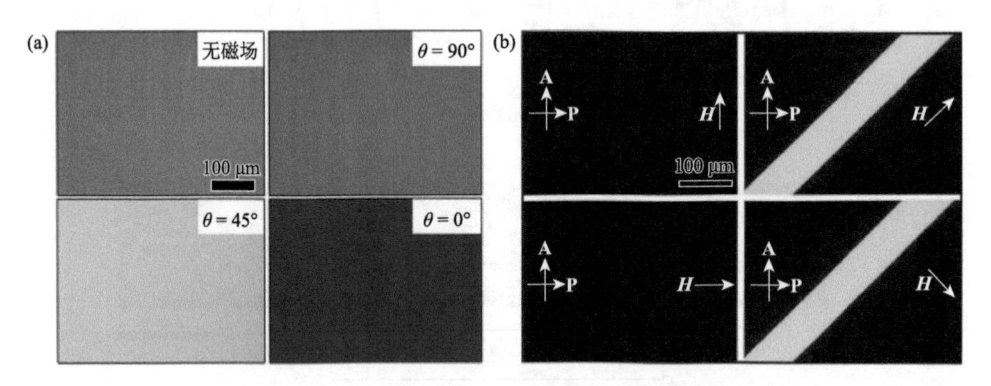

图 6-6　基于胶体纳米棒的磁响应双光学性质调控[21]

（a）体积分数为 21%的 Fe_3O_4@SiO_2 磁性纳米棒胶体晶阵列在不同方向磁场下的暗场光学显微镜照片；（b）在不同磁场方向下，封装在微流控芯片通道中的 Fe_3O_4@SiO_2 纳米棒胶体晶阵列的明场光学显微镜照片，图中 A 和 P 分别代表检偏器（analyzer）和起偏器（polarizer）

如图 6-6（b）所示，各向异性纳米棒构成的胶体晶阵列还具有磁响应液晶性质，通过改变磁场和偏振片之间的角度 α 可以调节胶体晶阵列的透光率。当 α 等于 0°或 90°时，透射光的强度最小，在偏光显微镜下观察到最暗的视图。透射光强度在 α 为 45°时达到最大，观察到最亮的视图。值得一提的是，在 50 Oe 的弱旋转磁场作用下，透射光的强度就能发生周期性变化，频率达到 50 Hz。该频率与商业液晶显示器的频率相当，考虑到纳米棒 CCA 优异的胶体稳定性及可控性，该材料具有潜在的应用价值。在 He 等的后续工作中，成功将这种具有双光学响应型材料拓展至一维纳米椭球和二维纳米片，极大地丰富了这类新型响应型功能材料的种类[33, 34]。

6.4　基于非磁性胶体粒子的磁控组装

如 6.3 节所述，磁场可以诱导超顺磁性胶体粒子快速组装形成一维光子晶体结构，通过改变外磁场强度还能快速、可逆地在整个可见光范围内调控其结构色。相比于超顺磁性胶体粒子，单分散非磁性胶体粒子的合成工艺更加成熟，种类更加丰富多样，将磁控组装与调控策略拓展至非磁性胶体粒子将为发展磁响应光子晶体提供更多的可能性。由于非磁性胶体粒子对外磁场并无响应，因此磁控组装技术的关键是将胶粒分散在磁化的铁磁流体中，从而在非磁性胶体粒子中建立有效的磁矩。如图 6-7 所示，非磁性胶体粒子所具有的磁矩是由“磁洞”现象造成的，可以视为被置换的铁磁流体在磁场相反方向上的总力矩，即 $\boldsymbol{m}=-V\chi_{\mathrm{eff}}\boldsymbol{H}$，其中，$V$ 是粒子的体积；χ_{eff} 是铁磁流体的有效体积磁化率；$\boldsymbol{H}$ 是局部磁场强度[35]。磁洞之间的偶极-偶极相互作用与真磁矩具有相同的方向性，同样可以驱动非磁性胶体粒子组装成链。不同之处在于，非磁性胶体粒子具有正的静磁能量，外磁场的梯度将驱动它们向磁场强度最小的区域移动。

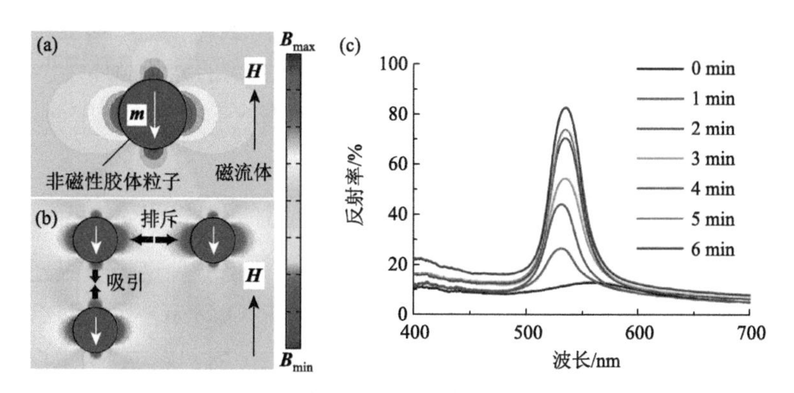

图 6-7　非磁性胶体粒子在磁流体中的磁场分布与受力情况[15]

（a）非磁性胶体粒子在磁流体中具有与外磁场方向相反的磁偶极矩；（b）非磁性胶体粒子间的排斥力和吸引力；（c）1 mm 厚的聚苯乙烯粒子和磁流体混合液在 2530 Oe 固定磁场下随时间变化的光谱

通常情况下，操纵尺寸小于 1 μm 的磁洞是非常困难的，因为它们不具有足够强的磁矩以克服布朗运动形成磁组装结构。增加磁洞的响应需要在强外界磁场中使用浓缩的铁磁流体，而高浓度铁磁流体通常具有不稳定性，极大地阻碍了实际使用。为了解决上述问题，研究人员将多元醇的合成方法扩展到制备高表面电荷的超顺磁性纳米晶，从而实现了对非磁性胶体粒子进行组装[36]。研究发现，含有 4% Fe_3O_4 纳米晶的铁磁流体在强磁场和大梯度磁场中具有稳定的抗团聚能力，在不同磁场下可以有效地将 185 nm 非磁性聚合物胶粒组装成从一维胶粒链到三维胶体晶的不同光子晶体结构[37]。光子晶体的组装过程是由非磁性胶体粒子所受的磁力和静电力的相互作用所驱动的。特别是在大梯度磁场中，强的堆积力使非磁性胶体粒子的磁势能最小化，从而导致非磁性胶体粒子的浓度梯度较大。当非磁性胶体粒子的局部浓度达到临界值时，粒子间静电排斥力就能有效驱动三维光子晶体的组装。如图 6-7（c）所示，随着组装的进行，衍射强度逐渐增强，表明非磁性胶体粒子在局部富集成更有序的组装结构。对于非磁性胶体粒子，磁控组装可在几分钟内形成高质量的三维光子晶体，提供了一种很有前景的光子晶体制备方法。

6.5 磁响应光子晶体的应用

以一维磁性胶体粒子链为代表的磁响应光子晶体具有快速、可逆和大范围调控结构色的性质，在彩色显示、安全、伪装和信息存储等方面有广泛的应用。虽然胶体分散液直接用于彩色显示较为困难，但是将分散液以乳液液滴形式封装在柔性聚合物薄膜中，可以方便地获得操作简便、性能可靠的磁响应显示器件[27]。此外，利用磁性组装体的瞬时响应性质，可以通过将磁控组装与快速光聚合工艺相结合来获得永久性的结构色[29]。利用聚合物在溶剂中溶胀的特性，封装了光子晶体链的聚合物薄膜可用于可重复擦写纸张和湿度传感器[38, 39]。通过将链状结构固定于二氧化硅或者聚合物中，还能发展响应磁场方向的光子晶体[11, 12]。接下来将重点介绍磁响应光子晶体系统在结构色印刷、磁响应显示等领域中的独特应用。

6.5.1 磁致变色硅橡胶薄膜

将磁性胶体粒子的分散液封装在柔性硅橡胶中，是一种将磁响应光子晶体集成到复杂器件的有效手段。例如，Ge 和 Yin[27]将 $Fe_3O_4@SiO_2$ 粒子的乙二醇分散液与聚二甲基硅氧烷（PDMS）的预聚体溶液混合，形成几微米大小的乳液液滴，然后通过固化预聚体得到 PDMS 硅橡胶薄膜。当施加外磁场时，每个液滴内的磁性胶体粒子发生组装形成一维光子晶体结构，使薄膜呈现出肉眼可识别的结构色。如图 6-8 所示，复合薄膜保持了 PDMS 出色的柔韧性，即使折叠成各种形状，仍然能够快速响应外磁场显示动态的结构色。利用磁场分布控制每个液滴的局部组装，可以获得颜色渐变效果。此外，还可以使用不同尺寸的磁性胶粒溶液进行分别封装，没有磁场时薄膜的不同区域具有相似背景颜色，在磁场作用下却又显示出不同的颜色，可以应用于防伪标签或可切换标志。

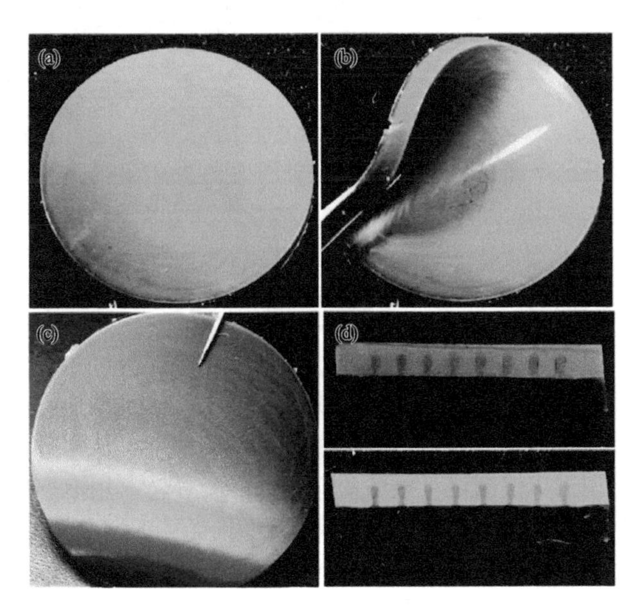

图 6-8　磁致变色硅橡胶薄膜[15]

均匀磁场［(a)、(b)］和非均匀磁场 (c) 中的结构色分布；(d) 由两种尺寸胶粒构建的磁致变色硅橡胶薄膜在有无外磁场条件下的照片（上图：无磁场，下图：有磁场）

6.5.2　磁控结构色打印

利用磁控组装与调控的瞬时性，并结合光聚合技术，可以将动态的一维链结构光子晶体固定于聚合物基材中。Kim 和 Kwon 等[29, 40]开发了一种便捷的高分辨率彩色印刷技术，利用调制的聚焦 UV 光束作为印刷工具，以 Fe_3O_4 CNC 粒子和 UV 固化树脂的混合物作为墨水，通过磁控调制和光固化定型的多次重复过程来获得各种彩色图案。如图 6-9 所示，这一方法可连续印刷不同颜色区域，最终得到大型复杂多色图案。由于最终分辨率可达 2 μm，因此可以通过改变小于人眼分辨率的像素点密度来实现灰度的调制。该方法的优点包括单组分油墨的多色生产、印刷过程中无须移动基板或改变光掩模、产生高色彩耐久性的结构色图案等。该技术为高分辨率打印提供了一个新的平台，可直接应用于防伪、结构色平面设计等领域。

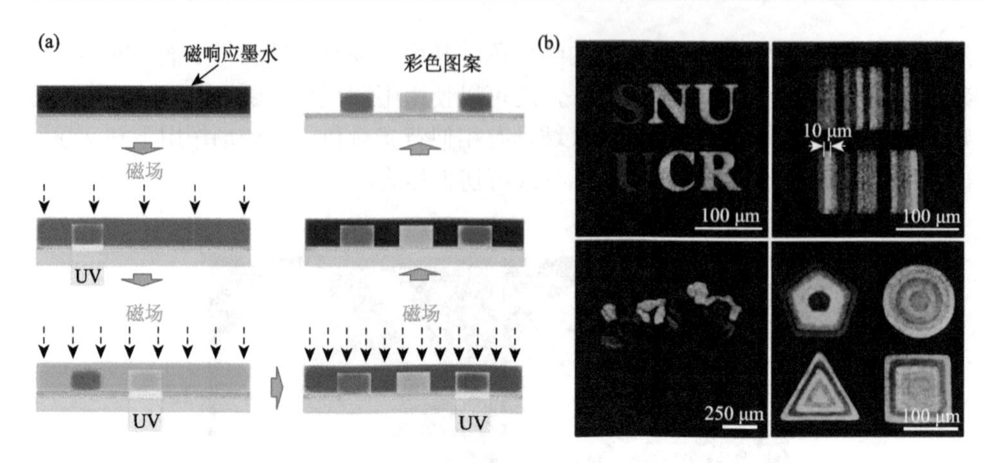

图 6-9 结合“磁控调制”和“光固化定型”的结构色印刷技术[40]

（a）使用一种磁性墨水，通过“磁控调制”和“光固化定型”的多次重复过程制备彩色图案的流程图；（b）使用磁性墨水制备的高分辨率多色图案

在每组“磁控调制”和“光固化定型”过程中，除了调控磁场强度以控制粒子间距，也可以控制磁场方向以确定胶粒链结构的取向，从而打印出由不同链取向构成的结构色图案。根据这一策略，Xuan 和 Ge 等[41]利用取向控制实现了结构色印刷，只需要一种磁性墨水就可以获得具有不同晶体取向分布的光子晶体薄膜；而当入射光的角度发生变化或样品倾斜时，可以观察到不同的颜色分布。研究表明，当入射光与图案区域中，粒子链的排列方向一致或相近时，入射光在周期性结构中的光程差最大，相应区域衍射波长较长；而在背景区域中，粒子链的排列方向与入射光有一定的夹角，导致光程差较小，衍射波长较短，最终和前者形成色彩差异并展现出设计印刷的图案。反之，当入射光以背景区域粒子链的方向入射到样品上，图案和背景立即切换了颜色。因此，通过使用多个掩模，可以制作出更复杂、更独特的图案，这对于防伪应用有着特别的意义。

6.5.3 磁控可旋转光子晶体

鉴于一维光子晶体链的结构色依赖于入射光的方向，可以通过调整它们的取向来控制衍射光的波长与强度。如图 6-10（a）所示，光子晶体链的主轴取向与外加磁场方向一致时，其静磁能达到最小值，因此可以通过磁场控制它们的取向，进而调控链的光学性质。除了利用二氧化硅包裹单个胶粒链，研究人员还成功将多个胶粒链封装于聚合物微球中，并通过磁场控制它们的取向，从而调节微球的结构色[11, 42]。由于磁组装和磁调控过程是彼此独立的，因此通过将不同结构色的微球混合可以实现混色的效果。图 6-10（b）展示了通过旋转外部磁场，切换这些微球的衍射处于“开”或“关”状态。相比于磁组装过程中同时控制胶体的有序排列和晶格常数调控，将磁组装和色彩调控分为两个步骤具有显著优点，包括光学响应的稳定性、对离子强度和溶剂疏水性等环境变量的耐受性等。这类新型磁响应光子晶体有望应用于高分辨率彩色显示等领域。

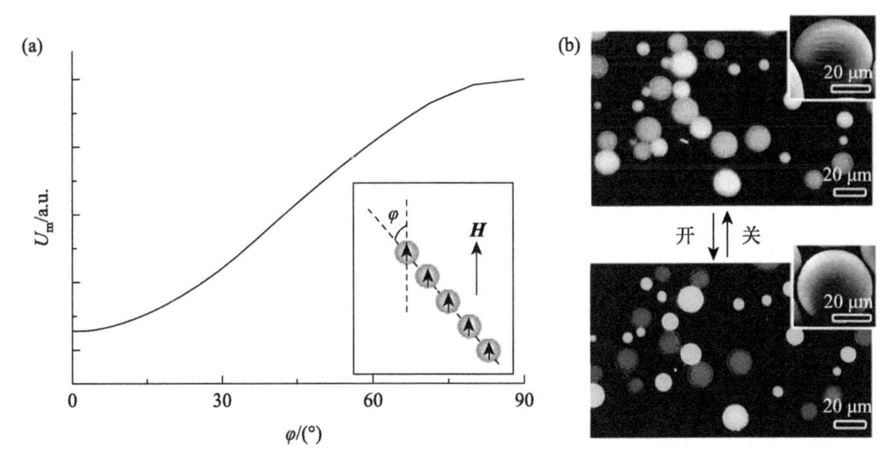

图 6-10　磁场调控封装有胶粒链的聚合物微球的“开”“关”状态[15]

(a) 磁胶粒链结构在不同外磁场方向下的磁偶极-偶极能量图；(b) 包埋有大量磁组装胶粒链的透明聚合物微球在水平和垂直磁场下的光学显微镜照片和扫描电镜照片

6.6　总结与展望

本章介绍了利用磁场实现胶体粒子快速组装形成光子晶体，并利用磁场调控光子晶体的周期性和取向，实现光学性质的快速、可逆调控。具有链结构的一维光子晶体的磁控组装和调控的关键在于建立颗粒间磁偶极和静电排斥两种作用力的动态平衡。利用磁洞效应，研究者们成功地将磁控组装策略扩展到非磁性胶体粒子上，极大地拓宽了胶体光子晶体构建单元的选材范围。磁场诱导胶体粒子瞬间组装成有序阵列，可实现结构色的快速、可逆和宽范围调控，且易于快速固定，为磁响应光子晶体在彩色显示、防伪等领域的应用开辟了新的方向。尽管研究者们探索了磁响应光学材料在多个领域的应用，但是大部分研究还停留在实验室阶段。推动磁响应智能光学纳米材料走向实际应用依然是一个迫切的任务，还需要克服诸多瓶颈挑战。未来需要研究者们付出更多的努力，解决材料的大规模制备，降低成本的同时保证其性能的可靠性。在应用方面，需要找到真正走向商用市场的突破口。无论如何，笔者坚信这类新颖的智能光学材料在多个行业都有大放异彩的巨大潜力。

参 考 文 献

[1] Vos W，Sprik R，Blaaderen A，et al. Strong effects of photonic band structures on the diffraction of colloidal crystals. Phy Rev B，1996，53：16231.

[2] Asher S，Holtz J，Liu L，et al. Self-assembly motif for creating submicron periodic materials. Polymerized crystalline colloidal arrays. J Am Chem Soc，1994，116：4997.

[3] Aguirre C，Reguera E，Stein A. Tunable colors in opals and inverse opal photonic crystals. Adv Funct Mater，2010，20：2565.

[4] Xia Y，Gates B，Yin Y，et al. Monodispersed colloidal spheres：Old materials with new applications. Adv Mater，2000，12：693.

[5] Arsenault A，Puzzo D，Manners I，et al. Photonic-crystal full-colour display. Nat Photonics，2007，1：468.

[6] Holtz J，Asher S. Polymerized colloidal crystal hydrogel films as intelligent chemical sensing materials. Nature，1997，389：829.

[7] Ge J，He L，Hu Y，et al. Magnetically induced colloidal assembly into field-responsive photonic structures. Nanoscale，2011，3：177.

[8] Fudouzi H，Xia Y. Colloidal crystals with tunable colors and their use as photonic papers. Langmuir，2003，19：9653.

[9] Fudouzi H，Sawada T. Photonic rubber sheets with tunable color by elastic deformation. Langmuir，2006，22：1365.

[10] Ge J，Hu Y，Yin Y. Highly tunable superparamagnetic colloidal photonic crystals. Angew Chem Int Ed，2007，46：7428.

[11] Ge J，Lee H，He L，et al. Magnetochromatic microspheres：Rotating photonic crystals. J Am Chem Soc，2009，131：15687.

[12] Hu Y，He L，Yin Y. Magnetically responsive photonic nanochains. Angew Chem Int Ed，2011，50：3747.

[13] Gates B，Xia Y. Photonic crystals that can be addressed with an external magnetic field. Adv Mater，2001，13：1605.

[14] Ge J，Yin Y. Responsive photonic crystals. Angew Chem Int Ed，2011，50：492.

[15] He L，Wang M，Ge J，et al. Magnetic assembly route to colloidal responsive photonic nanostructures. Acc Chem Res，2012，45：1431.

[16] Bishop K，Wilmer C，Soh S，et al. Nanoscale forces and their uses in self-assembly. Small，2009，5：1600.

[17] Kraftmakher Y. Magnetic field of a dipole and the dipole-dipole interaction. Eur J Phys，2007，28：409.

[18] Erb R，Sebba D，Lazarides A，et al. Magnetic field induced concentration gradients in magnetic nanoparticle suspensions：Theory and experiment. J Appl Phys，2008，103：063916.

[19] Sacanna S，Philipse A. Preparation and properties of monodisperse latex spheres with controlled magnetic moment for field-induced colloidal crystallization and dipolar chain formation. langmuir，2006，22：10209.

[20] He L，Malik V，Wang M，et al. Self-assembly and magnetically induced phase transition of three-dimensional colloidal photonic crystals. Nanoscale，2012，4：4438.

[21] Li H，Li C，Sun W，et al. Single-stimulus-induced modulation of multiple optical properties. Adv Mater，2019，31：1900388.

[22] Calderon F，Stora T，Mondain-Monval O，et al. Direct measurement of colloidal forces. Phys Rev Lett，1994，72：2959.

[23] Xu X，Friedman G，Humfeld K，et al. Superparamagnetic photonic crystals. Adv Mater，2001，13：1681.

[24] Ge J，Hu Y，Biasini M，et al. Superparamagnetic magnetite colloidal nanocrystal clusters. Angew Chem Int Ed，2007，46：4342.

[25] Ge J，Hu Y，Zhang T，et al. Self-assembly and field-responsive optical diffractions of superparamagnetic colloids. Langmuir，2008，24：3671.

[26] Ge J，Yin Y. Magnetically responsive colloidal photonic crystals. J Mater Chem，2008，18：5041.

[27] Ge J，Yin Y. Magnetically tunable colloidal photonic structures in alkanol solutions. Adv Mater，2008，20：3485.

[28] Ge J，He L，Goebl J，et al. Assembly of magnetically tunable photonic crystals in nonpolar solvents. J Am Chem Soc，2009，131：3484.

[29] Kim H，Ge J，Kim J，et al. Structural colour printing using a magnetically tunable and lithographically fixable photonic crystal. Nat Photonics，2009，3：534.

[30] He L，Hu Y，Han X，et al. Assembly and photonic properties of superparamagnetic colloids in complex magnetic fields. Langmuir，2011，27：13444.

[31] Zhang S，Li C，Yu Y，et al. A general and mild route to highly dispersible anisotropic magnetic colloids for sensing weak magnetic fields. J Mater Chem C，2018，6：5528.

[32] Wang M，He L，Xu W，et al. Magnetic assembly and field-tuning of ellipsoidal-nanoparticle-based colloidal photonic crystals. Angew Chem Int Ed，2015，54：7077.

[33] Liu J，Xiao M，Li C，et al. Rugby-ball-like photonic crystal supraparticles with non-close-packed structures and multiple magneto-optical responses. J Mater Chem C，2019，7：15042.

[34] Zhang C，Wu Z，Chen Z，et al. Photonic nanostructures of nanodiscs with multiple magneto-optical properties. J Mater Chem C，2020，8：16067.

[35] Skjeltorp A. One- and two-dimensional crystallization of magnetic holes. Phys Rev Lett，1983，51：2306.

[36] Ge J，Hu Y，Biasini M，et al. One-step synthesis of highly water-soluble magnetite colloidal nanocrystals. Chem Eur J，2007，13：7153.

[37] He L，Hu Y，Kim H，et al. Magnetic assembly of nonmagnetic particles into photonic crystal structures. Nano Lett，2010，10：708.

[38] Ge J，Goebl J，He L，et al. Rewritable photonic paper with hygroscopic salt solution as ink. Adv Mater，2009，21：4259.

[39] Xuan R，Wu Q，Yin Y，et al. Magnetically assembled photonic crystal film for humidity sensing. J Mater Chem，2011，21：3672.

[40] Ge J，Kwon S，Yin Y. Niche applications of magnetically responsive photonic structures. J Mater Chem，2010，20：5777.

[41] Xuan R，Ge J. Photonic printing through the orientational tuning of photonic structures and its application to anticounterfeiting labels. Langmuir，2011，27：5694.

[42] Kim J，Song Y，He L，et al. Real-time optofluidic synthesis of magnetochromatic microspheres for reversible structural color patterning. Small，2011，7：1163.

第7章　绿色印刷光子晶体

7.1　引　　言

自从1987年Yablonovitch[1]和John[2]分别独自提出光子晶体的概念以来，光子晶体便引起了国内外科研学者的广泛关注。光子晶体是一种由具有不同介电常数的材料经周期性排列而形成的光学超材料。由于布拉格散射的存在，电磁波在这种周期性结构中传播时会受到结构的调制而形成光子能带，并且光子能带之间存在光子带隙，这种独特的能带结构可以控制光子的运动状态。按照介电材料在周期性变化的空间维度上的差异，光子晶体可划分为一维、二维、三维光子晶体。由于光子晶体具有特殊的光学特性，因此在各种光学器件中具有良好的应用前景[3-16]。特别是图案化的光子晶体，它具有独特的微纳集成功能，可以极大地拓宽光子晶体在生物传感与检测[17-21]、色彩显示[8, 10]、光波导[5, 6]、组织工程等领域的应用。传统制备图案化光子晶体的方法包括光刻法[8]和模板组装法[9, 18, 19]，但这些方法的制造工艺复杂、图案设计有限，且设备价格昂贵，难以工业化应用。随着人们环保意识的提高，制造加工方式向绿色化、数字化发展已经成为主流趋势。利用喷墨印刷技术制备图案化光子晶体，具有方便、成本低、高产出等优点，近年来发展迅速，使图案化的光子晶体在工业中的应用成为可能。本章介绍了绿色印刷光子晶体的基本原理、方法，以及在显示、防伪、传感、微流控芯片等领域的应用。

7.2　喷墨印刷光子晶体

图案化光子晶体的广泛应用要求其制备方法简便、成本低廉。喷墨印刷是一种基于液滴按需沉积的材料加工技术。喷墨印刷技术可以将微小体积的液体在基材表面进行精确图案化，喷墨打印机通常有几十到几百个喷嘴，每秒可喷出6000个液滴，从而可实现大面积复杂图案的直接书写。此外，喷墨印刷还具有效率高、制备简便、成本低等优点，且喷墨印刷过程简便，便于实现材料的选择性沉积制备，因此已经成为最有前景的功能材料图案化策略之一。目前，喷墨印刷技术已经被广泛地用于制备各类功能器件。研究人员通过结合胶体纳米颗粒自组装和喷墨印刷技术，发展了许多喷墨印刷光子晶体图案的方法。图案化的光子晶体为构建具有高度集成功能的高性能光子晶体器件提供了一种新的途径，是构建具有微/纳米结构的下一代光学器件最有前景的方法之一。然而，喷墨印刷技术也存在一定的不足。首先，在液滴溶剂蒸发的过程中，非挥发性溶质容易沉积在液滴的边缘而形成环状的沉积图案，即所谓的“咖啡环”效应（coffee-ring effect）。“咖啡环”效应会造成功能材料的不均匀沉积，影响所制备器件的性能。其次，由于受到喷孔直径和液滴形成机理的限制，以及液滴在基材表面扩散行为的影响，使用现有普通喷墨印刷设备所制备的图案分辨率相对较低，线宽通常会达到几十或几百微米，因而限制了高精密光子晶体微/纳米结构的制备。这些缺点在很大程度上制约了喷墨印刷技术在高性能光子晶体器件制造方面的应用。近年来，研究人员通过研究喷墨印刷过程并结合胶体光子晶体自组装的特性，发展了一系列喷墨印刷高质量光子晶体图案的方法，成功制备了多种高性能光子晶体器件。

7.2.1 “咖啡环”效应

咖啡或者茶的液滴在干燥后通常会在物质材料的表面残留下一个环状的不均匀图案，这就是经典的“咖啡环”现象。该现象的发现来源于科研人员对日常生活的留心观察与认真分析。留心观察生活，会发现当滴落在桌面上的一滴咖啡蒸发完成之后，会形成一个周围颜色重而中间颜色浅白的环状图案，边缘暗环的颜色要比中间区域深，这是由于边缘处沉积的咖啡颗粒浓度要远高于中间区域。而咖啡颗粒沉积浓度产生差异的原因是液滴在干燥过程中的不对称蒸发，这种以咖啡为代表的不均匀沉积现象被称为“咖啡环”效应。“咖啡环”效应并不是咖啡中特有的现象，它广泛存在于其他组分体系中，例如，含有其他微小粒子（从较大的胶体颗粒到纳米颗粒及小分子）的液滴挥发后一般都会在边缘产生一个类似的环状图案，这是自然界中普遍存在的一个现象[22]。“咖啡环”效应会导致墨滴图案的不均匀沉积，降低喷墨打印图案的精度，从而在很大程度上制约了喷墨印刷技术在高性能器件制造方面的应用。除了喷墨印刷，液滴粒子或分子的均匀沉积在涂料涂层和功能器件制备等领域也有着十分重要的作用。均匀沉积的薄膜不但可以提升图案的清晰度和分辨率，还可以提高功能器件的传输性能及响应灵敏度等特性，对于高精度图案与高性能器件的制备都至关重要。

因此，如何消除“咖啡环”效应，实现墨滴的均质沉积，是提高打印图案精度及器件性能的核心问题之一。在过去的几十年中，科研学者对“咖啡环”现象的形成机理，即液滴内部粒子或溶质在液滴干燥过程中的迁移沉积展开了深入的研究。Deegan 等[23]在 1997 年首先对这一现象进行了阐述。如图 7-1 所示，他们认为形成“咖啡环”的主要原因是液滴内部外向的毛细流动会将悬浮在液滴中心的粒子携带至液滴边缘并且沉积[23]，而液滴三相接触线（three-phase contact line，TCL）在基底表面的钉扎是形成“咖啡环”的必要条件之一。当液滴的三相接触线在基底表面钉扎时，边缘处的液膜厚度较薄，挥发速率比中心处的挥发速率大，因此溶剂损失的速率更大。为了补偿液滴边缘处的溶剂损失，液滴的内部将产生由液滴中心向边缘的毛细流动，该流动会将悬浮粒子携带到液膜边缘。源源不断的毛细流动会导致溶液中大部分的粒子沉积在液滴边缘，从而形成“咖啡环”[24, 25]。Adachi 等[26]结合数学模型对含有聚苯乙烯胶体小球的液滴在玻璃基底表面的蒸发过程进行了探究。他们发现，在蒸发过程中液体的三相接触线将经历黏滞滑动，即振荡滑移。在振荡滑移过程中，聚苯乙烯小球会向液滴边缘移动并在边缘沉积，因此形成了许多带状条纹的图案。振荡滑移现象及带状条纹的形成原理可根据数学模型加以解释。聚苯乙烯小球在滑移过程中会同时受到来自基材的摩擦阻力和液滴的表面张力的作用，这两个力在三相接触线处的竞争作用使得三相接触线发生了黏滞滑动，最终导致带状条纹的形成。Shmuylovich 等[27]也研究了含有聚苯乙烯小球的液滴在玻璃表面的蒸发过程，其结果也证实了三相接触线黏滞滑动是形成带状条纹的原因。

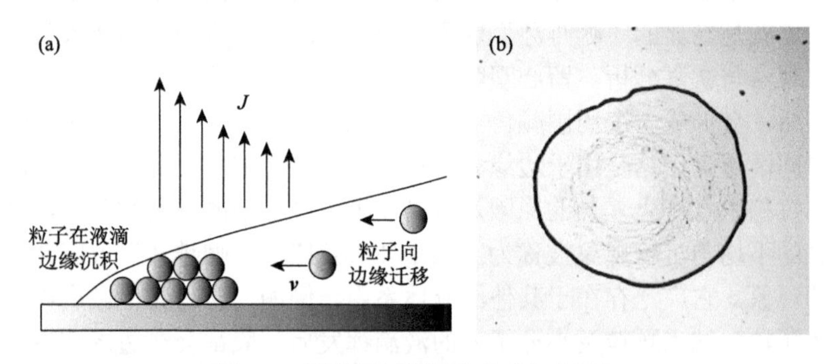

图 7-1　液滴表面蒸发形成“咖啡环”

（a）液滴表面蒸发通量分布及蒸发过程中粒子向三相接触线迁移；（b）典型的“咖啡环”现象

如图 7-2 所示，除了控制液滴三相接触线的移动，抑制内向的马兰戈尼毛细流动是促使“咖啡环”形成的另一个必要条件。马兰戈尼毛细流动是由 C. Marangoni 在 1865 年发现的，这是一种与重力无关，仅在表面张力梯度作用下的自然对流。在存在两种表面张力的混合液体中，表面张力较高的液体对周边液滴的拉拽力比表面张力较低的液体大，于是液体会受到表面张力梯度的驱动，向高表面张力的区域移动。该流动可以把粒子从液滴边缘输送到液滴中心，能够有效抑制“咖啡环”的形成。液滴表面张力梯度可由浓度梯度或温度梯度产生。Hu 和 Larson[28]利用温度梯度调控马兰戈尼效应并将其引入液滴蒸发过程，证明了蒸发过程中在液滴内部确实存在一个沿着液滴表面、由表面张力梯度差引起的从边缘指向中心的马兰戈尼流动。

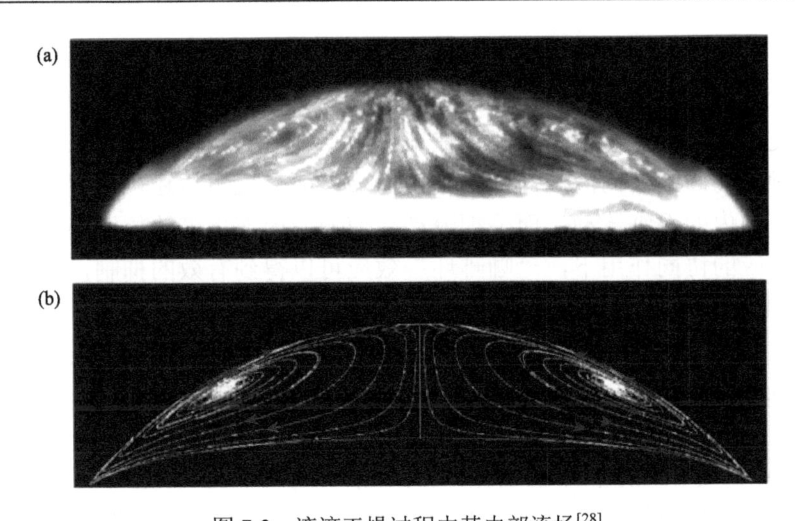

图 7-2　液滴干燥过程中其内部流场[28]

（a）液滴干燥过程中其内部流场的照片；（b）内部流场模拟结果

此外，除了毛细流和马兰戈尼流，“咖啡环”的形成也会受到液滴尺寸的影响。这是由于液滴整体蒸发的速度会随着液滴尺寸的减小而大大增加，而纳米颗粒的运动速度却不会发生太多改变。当液滴的尺寸足够小时，液滴蒸发的速度将远远超过粒子的运动速度。因此，在液体完全蒸发之前，纳米颗粒还未来得及运动到液滴边缘便发生了沉积[29]。研究结果表明，“咖啡环”效应的实现存在一个尺寸极限，当液滴中纳米颗粒的直径为 100 nm 时，能够形成“咖啡环”的最小液滴尺寸为 10 μm。

“咖啡环”现象会导致物质材料的不均匀沉积，因此在如何抑制“咖啡环”形成的问题上，研究人员做了大量的探究工作。根据“咖啡环”形成的机理，研究人员通常从三个方面来抑制“咖啡环”效应。第一是减弱液滴内部向边缘流动的毛细流动；第二是增大边缘向中心流动的马兰戈尼流动；第三是控制蒸发过程中液滴三相接触线的移动。包含纳米颗粒的液滴在基底表面的蒸发过程非常复杂，这是因为液滴内部始终处于非平衡态。由于“咖啡环”形成的主要原因是液滴内部的毛细流动，因此近年来科研工作者主要通过调控毛细流动来改善甚至消除“咖啡环”效应。宾夕法尼亚大学的 Yunker 等[30]发现改变液滴中颗粒的形状可以有效地抑制环状的沉积形貌，他们使用椭球形的粒子，借助粒子间的毛细作用抑制了“咖啡环”的形成。Bigioni 等[31]通过在蒸发液滴表面形成单纳米颗粒层，有效地消除了“咖啡环”的形成。具体来讲，他们将十二硫醇加入含有金纳米颗粒的悬浮液中，利用界面作用控制液滴的蒸发动力学过程及粒子与液面间的毛细管力，使金纳米颗粒在液面进行自发组装，形成单粒子的薄膜。由于该单粒子层被束缚在液滴的表面，金纳米颗粒既无法重新运动至液滴内部，同时也难以向液滴边缘运动，因此可以有效地抑制“咖啡环”的形成。Eral 等[32]采用电浸润的方法成功消除了“咖啡环”现象。交流电压的存在可以对液滴蒸发过程进行调控，一方面交流电压会促进三相接触线在干燥基材上的滑移，这样纳米颗粒会跟随三相接触线的回缩而向液滴内部聚集；另一方面交流电压还可以促进液滴内部产生由外向内的毛细流动，而毛细流动会使液滴内部携带的粒子向中心迁移。在两种效应的协同作用下，“咖啡环”效应可以得到有效的抑制，最终形成均匀的薄膜。

虽然上述几种方法能有效改善“咖啡环”效应，但由于受到实际应用中可操作性的限制，在喷墨印刷制备功能器件时并不常用。实际上，喷墨印刷中普遍采用的方法是通过调整喷墨印刷材料的组分和调控基材的浸润性来抑制“咖啡环”效应。其中，最常见的方法是改变溶剂的成分[22, 33-36]。研究表明，在墨水中添加高沸点和低表面张力的第二组分溶剂能够有效增大马兰戈尼流动。例如，Park 等[33]在溶液中加入了第二组分溶剂乙二醇。与水相比，乙二醇的沸点较高、表面张力较低，在蒸发过程中，由于液滴边缘处水的蒸发速率比中心处大，并且乙二醇的蒸发速率较小，因此随着液滴的蒸发，边缘处的乙二醇的浓度会逐渐高于液滴中心的浓度。由不均匀蒸发导致的乙二醇浓度差，会进一步降低液滴边缘的表面张力，液滴边缘与中心表面张力的差异会增强马兰戈尼流动。实验结果表明，当乙二醇的质量分数达到整体溶液的 32%时，“咖啡环”现象便会消失，得到更加均匀的粒子沉积形貌。

7.2.2　喷墨印刷材料的影响

印刷材料和配方的开发是利用喷墨印刷制备高性能光子晶体器件的重要挑战之一。印刷材料的组成不仅会影响液滴的喷射过程和液滴在基材表面的浸润铺展行为，而且会影响胶体纳米颗粒的组装过程，因而决定了印刷图案的质量和所获得的光子晶体器件的性能。通常，喷墨印刷光子晶体图案的材料主要包括胶体纳米颗粒、溶剂和添加剂等组分。粒径均匀、稳定分散的纳米颗粒，以及适当黏度和表面张力的液体是喷墨打印高质量的光子晶体图案和器件的必要条件。单分散胶体纳米颗粒可通过乳液聚合[37, 38]、分散聚合[39]、Stöber 法[40]、水热合成[41]等方法得到。利用乳液聚合法合成的聚合物乳胶纳米颗粒是制备光子晶体膜常用的组装单元。但利用常规乳液聚合法制备的单一结构的乳胶纳米颗粒所组装成的光子晶体膜强度较低，容易开裂。如图 7-3 所示，中国科学院化学研究所绿色印刷重点实验室[38]针对普通聚合物光子晶体膜强度低的缺点，对光子晶体组装单元，即单分散乳胶纳米颗粒的核壳结构及表面功能基团进行设

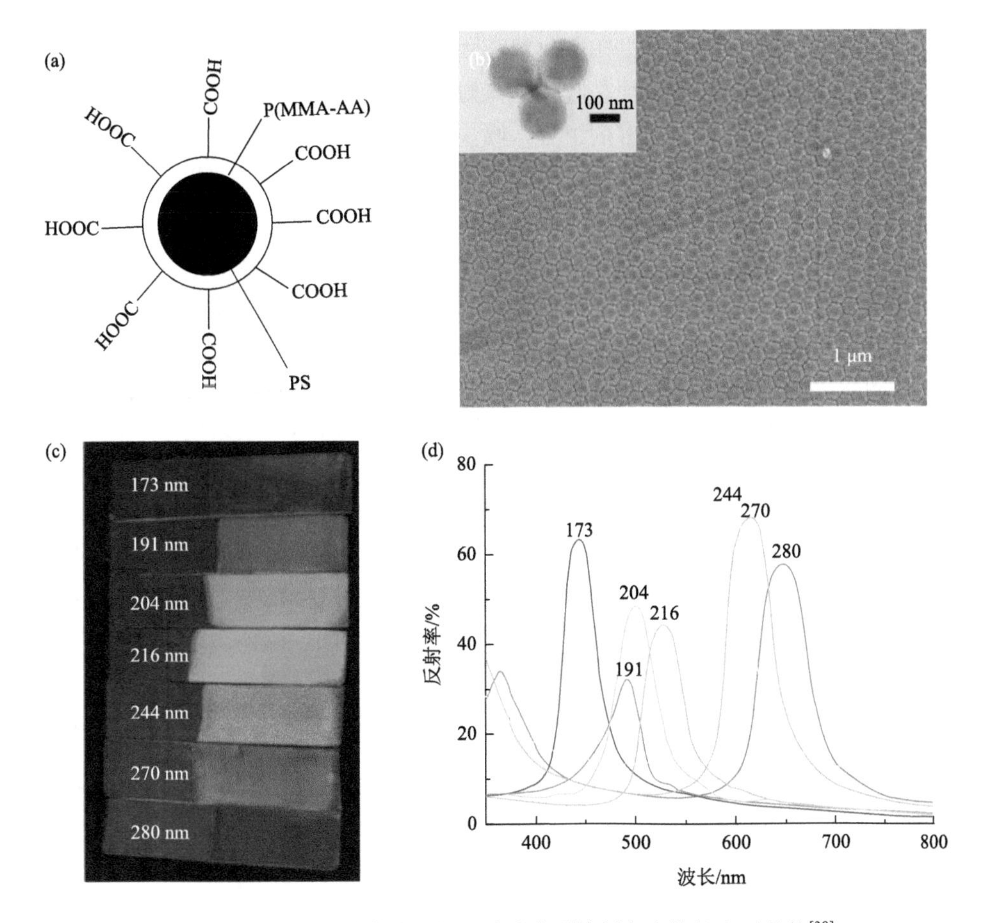

图 7-3　设计合成核壳聚合物乳胶纳米颗粒制备高性能光子晶体[38]

（a）核壳聚合物乳胶纳米颗粒的结构示意图；（b）光子晶体组装结构的扫描电子显微镜照片和纳米颗粒的透射电子显微镜照片（插图）；不同粒径的纳米颗粒组装形成的不同颜色的光子晶体膜（c）及相应的反射光谱（d）

计，通过乳液聚合法制备了聚苯乙烯-聚甲基丙烯酸甲酯/聚丙烯酸核壳结构的胶体纳米颗粒。该乳胶纳米颗粒具有硬而疏水的核和软而亲水的壳，这种特殊的核壳结构不仅使乳胶纳米颗粒易于组装成膜，而且使所形成的光子晶体薄膜具有较高的机械强度，满足了实际应用需求。除了乳胶纳米颗粒，喷墨印刷液体材料的黏度和表面张力也是制备高质量光子晶体图案的关键性因素。适当的黏度和表面张力可以避免喷嘴堵塞，实现流畅喷墨印刷。若印刷材料黏度过大、表面张力过大或过小，则喷孔处很难形成均匀的液滴，而且当液滴在喷孔处受阻时会造成喷口的堵塞。

多组分溶剂通常是溶剂式喷墨印刷材料中所占比例最高的组分，在印刷过程中可以满足调节液体的黏度和表面张力、稳定分散胶体纳米颗粒及控制纳米颗粒组装的多种要求。合格的喷墨印刷材料要求至少六个月不产生沉淀，因而喷墨印刷材料中的主要溶剂组分必须是胶体纳米颗粒的良好分散剂，以保持功能材料的分散性和稳定性。除了主要溶剂组分，喷墨印刷材料中还需要添加第二溶剂组分和其他组分，如乙二醇（EG）、*N*, *N*-二甲基甲酰胺、甘油、二甘醇或苯乙酮等高沸点、低表面张力的溶剂，以改变液滴中胶体纳米颗粒的组装方式，同时调节喷墨印刷材料在基材表面的浸润行为、蒸发方式和干燥时间。众所周知，纳米颗粒的组装结构是影响光子晶体光学性能的关键因素之一，而喷墨印刷材料的组成对于喷墨液滴内乳胶纳米颗粒的组装至关重要。通常情况下，单一溶剂组分往往会导致液滴内乳胶纳米颗粒形成环状沉积，且组装有序性较差，由此得到的光子晶体图案的反射强度低，光学性能较差。如图 7-4（a）所示，当采用单一溶剂时，溶剂蒸发后纳米颗粒在基材表面的分布不均匀，大部分聚集在液滴边缘，并且组装有序程度有限；其余少数纳米颗粒在液滴中心随机分散，没有任何有序结构[33]。因而，使用单一溶剂组分材料进行喷墨印刷所制备的光子晶体图案和器件的光学性能较差。为了改善液滴中纳米颗粒的组装结构，通常会在喷墨印刷材料中添加高沸点和低表面张力的第二溶剂组分。如图 7-4（b）所示，当采用水 /*N*, *N*-二甲基

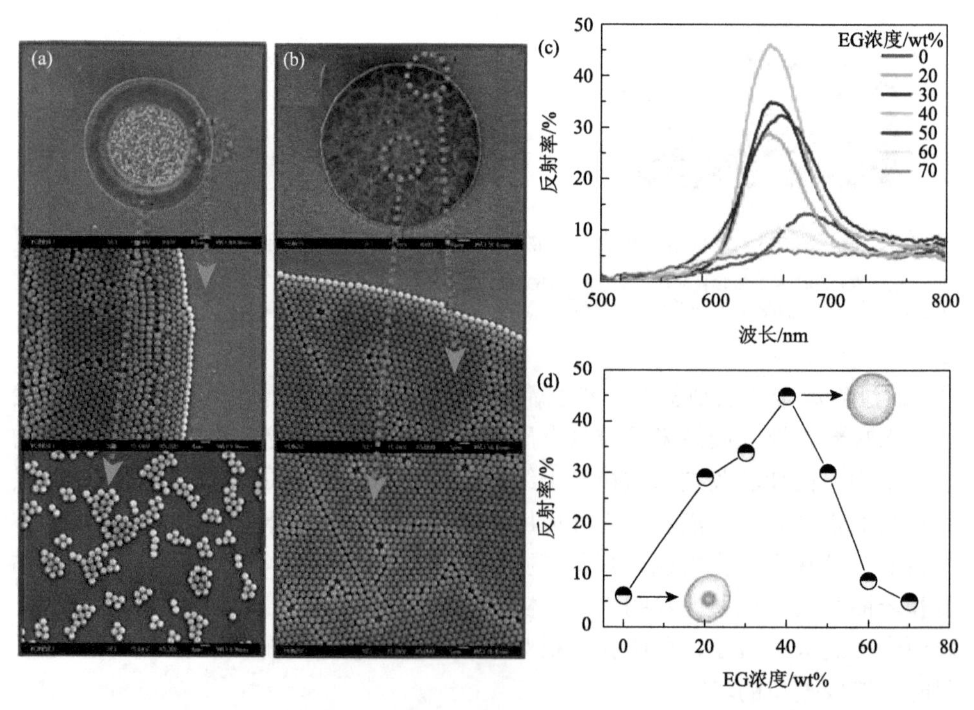

图 7-4　喷墨印刷材料组成对纳米颗粒组装结构及光子晶体反射强度的影响[33, 42]

（a）单一溶剂组分；（b）混合溶剂组分；（c）、（d）不同乙二醇含量对光子晶体点性能的影响

甲酰胺作为混合溶剂时，可以获得有序的自组装纳米颗粒单层结构[33]。同样，将乙二醇引入溶剂体系也可以形成均匀有序的组装结构。如图7-4（c）和（d）所示，当乙二醇的用量增加到40 wt%时，纳米颗粒形成有序组装，所印刷的光子晶体图案的反射强度达到最大值[42]。通过研究液滴蒸发过程中其内部的液体流动可知，促进马兰戈尼回流可以抑制纳米颗粒向液滴边缘迁移，从而抑制“咖啡环”效应，便于实现纳米颗粒的有序组装。改变溶剂的组成，加入高沸点、低表面张力的第二溶剂组分，在附加的表面张力梯度驱动下，流体及纳米颗粒同时向液滴中心流动，从而可以抑制胶体纳米颗粒在液滴边缘的沉积，实现均匀有序的组装。此外，高沸点的第二溶剂组分可延长蒸发时间，也有利于胶体纳米颗粒组装成有序结构。因此，多溶剂组分的喷墨印刷材料有助于形成均匀有序的组装结构。

不仅是溶剂组分可以影响液滴蒸发过程中内部的液体流动及沉积形态，其他添加剂，如表面活性剂，也会对液滴中纳米颗粒的沉积产生重要影响。如前所述，马兰戈尼流动会影响液滴中纳米颗粒的组装过程。由于马兰戈尼流的本质是由表面张力梯度所引起的，因此在喷墨印刷材料中通过引入表面活性剂控制溶液的表面张力，也可以调节蒸发液滴内部的马兰戈尼流动[43]。此外，添加表面活性剂还会在液滴内部形成局域性的漩涡流动，即马兰戈尼漩涡[44, 45]。Still等[44]向溶剂中加入了离子型表面活性剂十二烷基硫酸钠，表面活性剂的加入可以调控液滴内部的流动，从而在溶剂挥发后得到相对均匀的粒子沉积膜。这是因为当少量的离子型表面活性剂被加入液滴后，由于蒸发梯度的差异会产生外向的毛细流动，表面活性剂会随毛细流的运动被带至液滴边缘，并在液-气界面形成单分子厚度的薄膜，导致液滴边缘的表面张力降低，在表面张力梯度的作用下，液滴边缘流向液滴中心的马兰戈尼回流被引发。在回流与外向毛细流动共同作用下，液滴边缘将产生马兰戈尼漩涡层，最终可以阻止颗粒的不均匀沉积。

将功能性单体引入喷墨印刷材料中也可以调节乳胶纳米颗粒的组装行为，从而制备高质量的光子晶体图案。常用的功能性单体有丙烯酰胺、丙烯酸和*N*-异丙基丙烯酰胺等[46, 47]。这些单体的引入不仅可以调节喷墨印刷材料的表面张力，还可以利用单体的聚合增加液滴的黏度，从而改变液滴的浸润和扩散行为及纳米颗粒的组装过程。研究表明，在蒸发过程中，液体的黏度也会对溶液内粒子迁移产生影响[46, 48]。例如，当丙烯酰胺单体被引入喷墨印刷材料时，由于单体会发生聚合，形成的聚合物会提高液滴的黏度，粒子向液滴边缘的迁移速率被减缓，从而实现纳米颗粒的均匀沉积及有序组装。另外，在喷墨印刷材料中通过加入单体而不是直接加入聚合物来调控液滴黏度，是为了保持打印墨水的低黏度特性，这样可以保证打印过程中墨水喷出的流畅性。单体的用量和聚合速率在纳米颗粒组装过程中起着关键作用，两者需互相匹配才能形成有序的组装结构。当纳米颗粒组装速率明显高于单体聚合反应速率时，低黏度的液滴无法抑制纳米颗粒从中心迁移至液滴边缘，因而形成环状沉积；而当纳米颗粒组装速率低于单体聚合速率时，液滴黏度的快速增加将阻碍纳米颗粒的组装。只有在两者互相匹配的条件下，所制备的光子晶体图案才能显示出较高的反射强度和明亮的结构色[46]。

除了上述影响因素，喷墨印刷墨水中胶体纳米颗粒的浓度对光子晶体图案的质量也会产生重要影响[33]。胶体纳米颗粒的浓度不仅会影响粒子的沉积形貌和组装结构，还会影响喷墨印刷过程的流畅性。从图 7-5 可以看出，不同浓度［体积分数（vol%）］的墨水在同种亲水基材上的沉积形貌具有非常明显的差异。当胶体纳米颗粒的浓度较低时，大部分纳米颗粒沉积在液滴的外围，而少量纳米颗粒的团聚体则随机分散在液滴中心。随着浓度的增加，纳米颗粒在液滴边缘的沉积宽度变厚，并且在基材表面的覆盖面积逐渐增大，组装结构也变得更加有序。当纳米颗粒的浓度达到 4.0 vol%时，溶剂挥发后可获得形貌完整的单层纳米颗粒组装膜。随着浓度的增加，组装膜厚度也逐渐增加。当浓度达到 15.0 vol%～20.0 vol%时，可获得具有明亮结构色的光子晶体图案。然而，当纳米颗粒的浓度过大时，由于喷墨印刷材料的黏性较高，所形成的墨滴不稳定，且纳米颗粒容易在喷孔处聚集造成喷孔堵塞，进而影响喷墨印刷的流畅性和光子晶体图案的连续性。

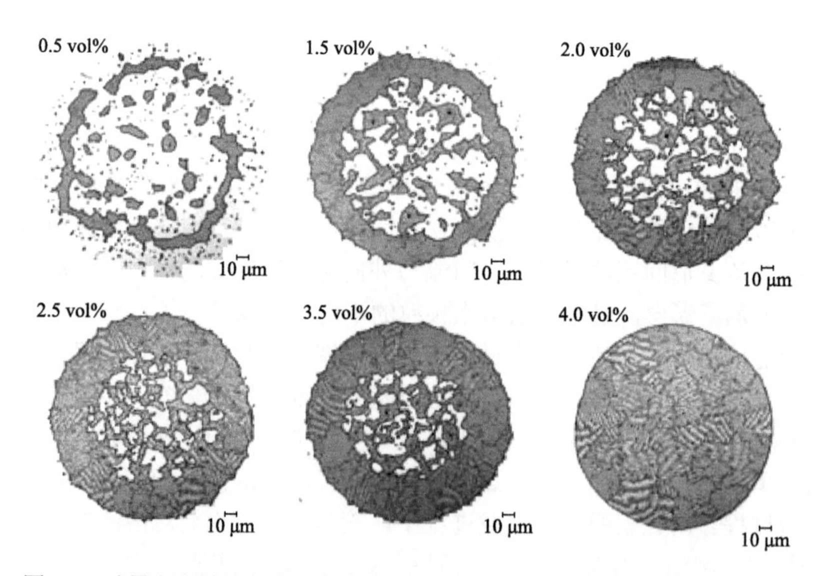

图 7-5 喷墨印刷材料中胶体纳米颗粒的浓度对沉积形貌和组装结构的影响[33]

7.2.3 基材浸润性的影响

除喷墨印刷材料的影响，液滴在基材上的行为还主要取决于其表面的浸润性和液滴的喷射速度。当液滴在基材表面以零速度浸润时，体系中的气相、液相和固相能够迅速达到平衡状态，这种平衡状态通常以接触角（θ）表示。当 $\theta=0°$时，液滴铺展成一个非常薄的液膜，从理论上甚至可形成单分子层。在 $\theta>0°$的情况下，体系在液滴重力和三相表面能的作用下达到平衡状态。根据杨氏方程式（7-1）可知，接触角 θ 与表面能密切相关，其中，γ_{SG}、γ_{SL} 和 γ_{LG} 分别是固气相、固液相和液气相的表面张力。

$$\cos\theta=\frac{\gamma_{SG}-\gamma_{SL}}{\gamma_{LG}} \tag{7-1}$$

然而，在实际情况下，从打印机喷射出的液滴速度高达 10 m/s，液滴在下落过程中由于与基材撞击而发生明显的变形，其动能将转化为形变能和表面能。当基材的表面能较低时，所存储的形变能使得液滴的三相接触线回缩或甚至使液滴完全从表面反弹。这些高速撞击基材表面的液滴达到平衡状态的过程更加复杂，必须考虑速度（惯量）的影响，因而液滴动能是影响后续撞击行为的关键因素。如图 7-6 所示，在撞击过程中由于基材浸润性的不同，液滴将产生三种最常见的行为：铺展、回弹和飞溅。当高速飞行的液滴撞击浸润性基材表面时，液滴在惯性作用下铺展成液膜[49]。在三相接触线经历较小程度的扩散-回缩振荡运动后，液滴由于动能耗散而最终达到平衡状态[50]。液滴达到平衡状态所需的时间取决于液滴直径的大小，直径在毫米级的液滴需要几毫秒，而在微米级的滴液只需要几微秒。当高速飞行的液滴撞击非浸润性基材时，液滴在铺展到最大尺寸后发生较大程度的回缩，甚至可能由于与基材之间存在的极低的黏附力而从基材表面回弹[51, 52]。当高速飞行的液滴撞击粗糙的基材表面时还可能出现飞溅[53, 54]并产生卫星液滴，从而降低打印图案的分辨率。总而言之，铺展、回弹和飞溅行为对打印光子晶体的形貌有很大的影响。研究液滴在基材表面的撞击过程对于制造先进的光子晶体喷墨印刷设备具有重要意义，并能促进喷墨印刷技术的发展。调控基材的化学组成或物理结构可以有效限制喷墨液滴的铺展，是控制液滴在基材表面浸润或去浸润行为的有效方法，可以有效提高喷墨印刷图案质量。

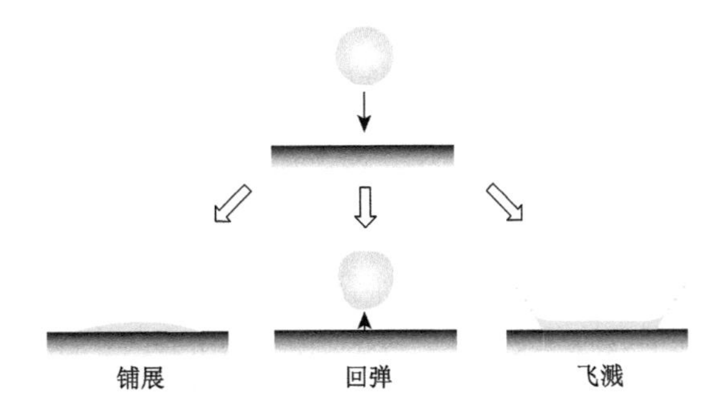

图 7-6　喷墨印刷液滴撞击基材时发生的三种常见行为

液滴撞击到固体表面后，会在惯性的作用下向外铺展成圆形的液膜。在此过程中，液滴的初始动能转化为液膜与固体间的界面能，以及新形成的液膜上表面的表面能。液膜外向铺展速度减小到零的时刻称为液滴的最大铺展。在达到最大铺展之前，液膜行为受基材浸润性影响不大，但随后的行为与基材的浸润性有很大关系。液滴撞击到固体表面后，可能发生的行为包括：铺展（deposition）、完全回弹（complete rebound）、部分回弹（partial rebound）、部分回缩（partial recede）、液膜破裂（drop rupture）、回缩断裂（receding breakup）、飞溅（splash）等多种情况。通过控制液滴的铺展/浸润行为和回缩/去浸润过程，可以有效地调控液滴的尺寸和形貌，从而实现高质量、功能化的喷墨印刷。液滴在基材表面的过度浸润和去浸润行为，分别会降低喷墨印刷图案的分辨率和影响液滴定位与融合，不利于连续光子晶体膜和三维结构的制备。为了构筑高质量光子晶体图案，研究人员通常采用改变基材表面物理/化学结构的方法来调控其浸润性。

液滴中的胶体纳米颗粒从喷孔中喷射出后，在溶剂蒸发过程中由于毛细管力的作用进行自组装，形成周期性有序结构的光子晶体。在这一过程中，基材的浸润性直接影响纳米颗粒的组装时间、相互作用力及纳米颗粒的迁移，因此对光子晶体图案的形态和组装结构起着关键作用。具体而言，基材的静态浸润性通常决定了打印光子晶体的平衡尺寸和形态，而基材的动态浸润性通常控制液滴的浸润行为和去浸润行为[55-60]，并且进一步控制液滴的蒸发模式。

基材的静态浸润性一般分为亲水性或疏水性两种类型，并用表观接触角来表征。通常，液滴在具有不同浸润性的基材表面所呈现的形状不同，在亲水性基材表面迅速扩散并形成盘状形貌；相反，在疏水性基材表面形成半球状形貌。盘状液滴的液体层较薄，蒸发速率快；半球状液滴较盘状液滴而言液体层较厚，溶剂蒸发速率相对较慢，因而液体中的胶体粒子组装时间更长。中国科学院化学研究所绿色印刷重点实验室基于对基材浸润性调控液滴行为的长期研究，实现了通过控制打印基材的表面能制备光子晶体的高精度图案。通过深入分析基材的表面能对液滴铺展行为及光子晶体组装行为的影响，对与液滴性能相匹配的基材进行优化，最终制备了兼具高分辨率和良好光学性能的图案化光子晶体。图 7-7 显示了基材浸润性对喷墨印刷光子晶体图案的形状和纳米颗粒组装结构的影响[61]。在接触角较小的亲水性基材表面，纳米颗粒沉积形成不规则的盘状或环状结构，由此所制备的光子晶体图案反射率较低，颜色暗淡；而在接触角较大的疏水性基材表面形成了反射率较高的光子晶体图案，这主要是由于基材浸润性差异引起了纳米颗粒不同的组装行为。液滴在接触角较小的亲水性基材表面的三相接触线固定，其边缘液体层非常薄，因而溶液在边缘的蒸发速率远高于在液滴中心的蒸发速率。由此形成的蒸发速率差诱导产生了由中心向外的毛细流动，纳米颗粒被携带移动到液滴边缘并形成不均匀的组装结构。相反，液滴在接触角较大的疏水性基材表面始终保持半球形，且三相接触线会随着液滴的蒸发而回缩，液滴中的纳米颗粒浓度也随之逐渐增加。当达到某一临界值时，纳米颗粒开始在液体表面结晶并最终生长成具有紧密堆积的组装结构，打印图案显示出优异的光学性能。

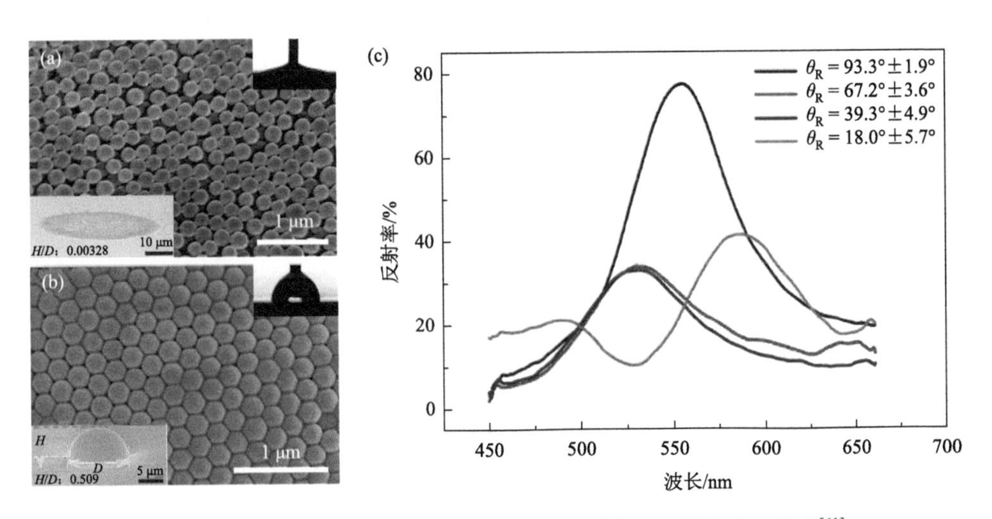

图 7-7　基材浸润性对喷墨印刷光子晶体的结构及光学性能的影响[61]

（a）乳胶粒微液滴在亲水性表面蒸发干燥组装的结构；（b）乳胶粒微液滴在疏水性表面蒸发干燥组装的结构；（c）喷墨印刷中基材浸润性对组装结构光学性能的影响

基材的动态浸润性通常用前进角、后退接触角、滞后角或黏附力来表征。研究人员对液滴在不同动态浸润性的基材表面上的蒸发过程及纳米颗粒的组装结构进行了详细的研究[62-65]。研究结果表明，当基材的静态浸润性相同但动态浸润性不同时，液滴将经历完全不同的蒸发模式[66]。液滴在高黏附超疏水基材表面蒸发时，其三相接触线固定，液滴的蒸发模式与其在亲水性基材表面的蒸发模式相似，即接触角逐渐减小而液滴接触直径保持不变。而液滴在低黏附超疏水基材表面蒸发时，其三相接触线将会不断回缩，而接触角则几乎保持不变。三相接触线在蒸发过程中的行为差异将会对液滴中纳米颗粒的组装产生深刻的影响，从而影响光子晶体的光学性能。中国科学院化学研究所绿色印刷重点实验室在低黏附超疏水基材表面制备了大面积无裂纹的窄带隙光子晶体。在低黏附超疏水基片上，液滴三相接触线不断后退，为纳米颗粒组装提供足够的蒸发时间，有利于形成高度有序的组装结构。另外，当纳米颗粒在低黏附基材表面组装时，由于三相接触线收缩及时释放了纳米颗粒间的应力，纳米颗粒能够自由地收缩和运动，因此最终形成紧密堆积、无裂纹的结构。如图 7-7（c）所示，该实验室还研究了后退接触角对打印光子晶体组装结构和相应的光子晶体图案的光学性能的影响[61]。在后退接触角为 18.0°±5.7°的基材表面，纳米颗粒部分组装成有序结构，通过喷墨印刷所制备的光子晶体图案的反射强度较弱。在后退接触角为 93.3°±1.9°的基材表面，纳米颗粒组装成紧密堆积的有序结构，因而所制备的光子晶体图案表现出较强的反射强度。由此可见，较高的后退接触角保证了三相接触线在液滴蒸发过程中的连续回缩，将液滴中所含的纳米颗粒积聚在液滴中心，并组装成紧密堆积的有序结构，因而打印图案表现出良好的光学性能。

与光子晶体点图案相比，喷墨印刷光子晶体线图案的制备过程更加复杂，并且更具有挑战性。理想的喷墨印刷线应该是平滑均匀的，但在实际打印过程中，相邻液滴的融合将直接影响喷墨印刷线的形态。影响液滴融合过程的因素很多，如液滴的间距和延迟时间[67]、液滴表面张力[68]、粒子的界面干扰[69, 70]及基材的表面浸润性[71]等。如图 7-8 所示，液滴的间距和延迟时间是最重要的影响因素[67, 71]。如

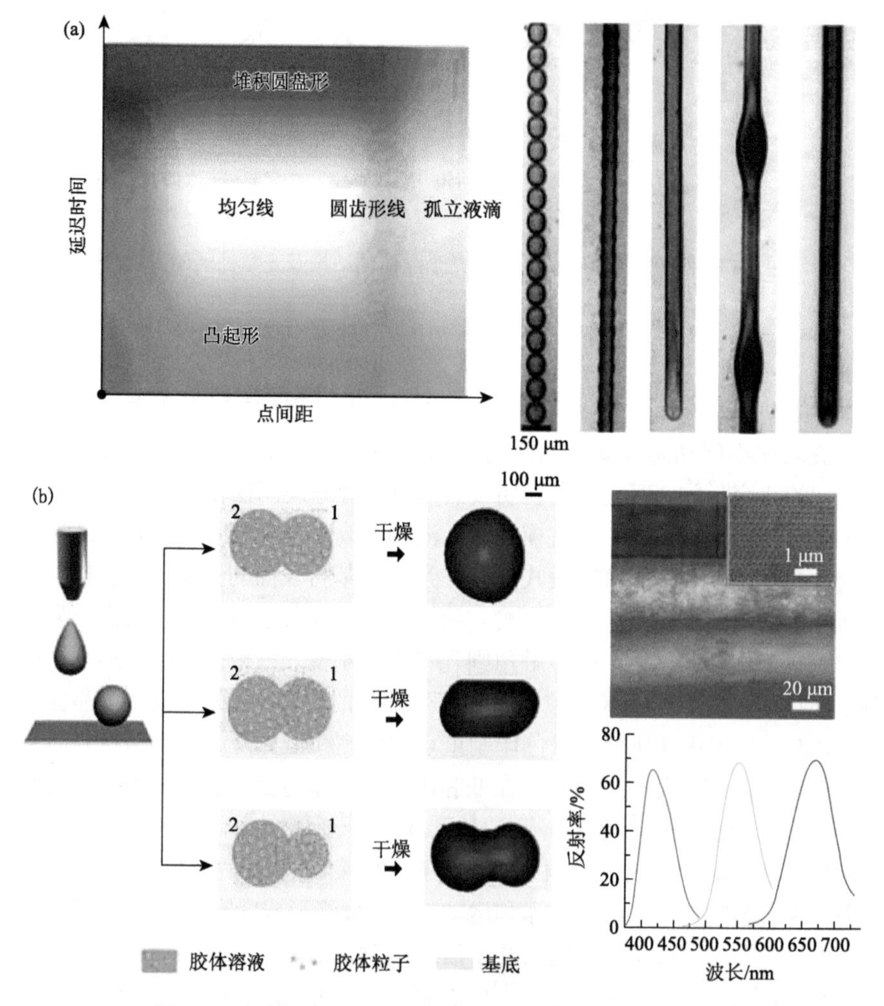

图 7-8　液滴间距和延迟时间对印刷液滴形貌的影响[67, 71]

（a）液滴间距和延迟时间对印刷液滴形貌影响的分布图；（b）基底的动态浸润性对相邻液滴间融合过程的影响；优化基底的动态浸润性可获得具有良好光学性能的、光滑的光子晶体反射光谱曲线

果打印液滴相距太远，超过液滴直径，两液滴不会互相融合，只能得到分散的点状光子晶体图案。随着液滴间距减小，液滴发生部分融合，形成波浪状的打印线条图案。当进一步减小液滴间距，液滴均匀融合，形成平滑的直线。除了液滴间距，合适的延迟时间也是喷墨印刷均匀、平滑光子晶体线条的重要保障。当延迟时间太短时，液滴在撞击铺展的同时发生融合，巨大的形变能会将两个相邻的液滴融合成一个直径更大的液滴。而当延迟时间太长时，液滴中的纳米颗粒在溶剂挥发过程中在液滴边缘发生组装，从而导致相邻液滴难以融合并最终形成分散的、孤立点状的光子晶体图案。

7.2.4　其他因素的影响

除了喷墨印刷材料与基材浸润性，基材温度、环境温度及湿度等其他因素同样会对喷墨印刷光子晶体图案质量产生非常大的影响。通常情况下，对打印基材进行疏水化处理可以降低墨滴在基材的铺展，进而提高光子晶体打印图案的分辨率与胶体粒子的组装有序度。但是当基材由于表面能降低而变得过于疏水时，由于瑞利-泰勒不稳定性的存在，液滴之间难以马上融合，由此印刷的线条会出现波浪形貌而难以形成边缘光滑的直线。这种降低图案分辨率与质量的现象在喷墨印刷光子晶体图案中需要避免。通常，在低表面能的疏水性基材表面进行喷墨印刷打印得到的线条具有不光滑的边缘及局部凸起的缺陷形貌，显示出较差的连续均匀性。为了克服这一缺点，Schubert 课题组利用升高温度以加速溶剂蒸发的方法有效控制了液滴的铺展过程。利用这种方法，可以在未经处理的疏水性聚合物基底表面打印出宽度为 40 μm 的连续规整线[72]。温度的升高加速了溶剂的蒸发，并迅速增加了液体的黏度，从而防止液体三相接触线出现不稳定回缩的过程，成功实现了喷墨印刷均匀的光子晶体直线的目的。升高基材温度可以获得均匀的喷墨印刷图案，而在某些情况下，降低基材温度也可以获得高质量喷墨印刷图案。Soltman 和 Subramanian[67]发现通过降低基材的温度，从而减弱液滴的蒸发速率，可以抑制液滴内部向边缘流动的外向毛细流动。这是因为液滴的蒸发速率会随基材温度下降而下降，而且由于边缘液膜较薄，液滴边缘蒸发速率下降的程度要高于液滴中心，因此液滴边缘与中心的蒸发速率会变得相当。蒸发速率差异的减小会减弱液滴内部的外向毛细流动，因此粒子向边缘移动的趋势也随之减弱。当控制基材温度为 17℃时，可实现纳米颗粒的均匀沉积。

综上所述，通过调节喷墨印刷材料中的纳米颗粒浓度和表面张力、优化基材的动态润湿性及调控基材温度等条件，目前已经可以获得具有良好光学性能的、边缘光滑的光子晶体图案。

7.3 模板印刷光子晶体图案

利用具有物理或化学微结构的基底诱导胶体纳米颗粒组装是实现光子晶体图案化的常用方法。当含有纳米颗粒的溶液在具有物理微结构的基底表面蒸发干燥时，纳米颗粒会在限域力和毛细管力的共同作用下自发组装成有序结构，从而形成光子晶体点、线或者其他形状[73-75]。如果将组装好的光子晶体图案，如光子晶体线，层层转移至其他基底上，可以构筑空间取向可控的三维光子晶体[76]。除了在基底上构筑物理微结构，利用化学修饰法构建具有化学“微结构”的基底也可以诱导组装图案化光子晶体。例如，超亲水/超疏水相间的基底可以诱导胶体纳米颗粒选择性地沉积在超亲水区，并在限定的区域内进行有序组装，从而形成光子晶体图案[77]。类似地，亲水/疏水相间的基底也可以诱导胶体纳米颗粒进行选择性沉积并制备图案化光子晶体[78]。通过研究液滴在这些模板化的基材表面的蒸发过程可以发现，其三相接触线由于表面能的作用将会被迫钉扎在亲水区域上，而在疏水区域上会连续回缩，从而造成三相接触线的非均匀变化，因而形成线、四边形、星形、六边形、八边形等各种非圆形的沉积形貌[79]。图案化基底诱导产生图案化光子晶体的策略可以用来制备高度有序的光子晶体微结构。然而，由于图案化基底的制备通常需要光刻过程及用于选择性曝光的掩模板，其工艺较为复杂、费用昂贵，因此应用模板印刷法制备大面积光子晶体图案受到限制。

7.4 光子晶体图案的应用

光子晶体由于具有光子禁带、光子局域、“慢光子”效应、荧光增强等多种独特的光学性能，在新型光学器件的制备、图形防伪技术及传感器等领域具有广阔的应用前景。利用商业喷墨印刷机来构筑图案化光子晶体为许多光学功能器件的设计提供了一种有效的制备方法。光子晶体图案一般由光子晶体像素点或线组成，其亮度通常取决于单个光子晶体像素点或线的反射强度，以及它们在基材表面的有效覆盖面积。如前所述，在低表面能的基材表面可以得到紧密堆积的纳米颗粒组装结构，所获得的光子晶体像素点具有较高的反射强度。然而，液滴在低表面能基材上的铺展面积通常较小，所形成的单个光子晶体点的面积较小，因而光子晶体图案在基材表面的整体覆盖率不高，图案的显示亮度一般较低。

通常，制备高质量的光子晶体图案需要同时调控喷墨印刷材料的性质和基材的浸润性。如图 7-9 所示，直接利用商业喷墨印刷机可制备具有明亮颜色的光子晶体图案[42]。研究人员使用表面富含羧基的乳胶纳米颗粒作为组装基元，其中颗粒表面的官能团可以促进纳米颗粒间氢键的形成并增强其相互作用，加速组装速率和组装作用力，从而提高组装结构的有序程度。该印刷材料的黏度约为 1 MPa·s，表面张力约为 57 mN/m，这种优化的条件有利于液滴从喷孔流畅喷射及在基材表面的均匀铺展。此外，研究人员为避免“咖啡环”的形成，还在印刷材料的溶剂体系中引入高沸点的第二溶剂组分乙二醇（质量分数为 40%）。为了制备反射强度高的光子晶体图案，研究人员还对基材的浸润性进行了优化选择。发现当液滴与基底的接触角约为 62°时，所得到的打印图案既能保证光子晶体像素点的覆盖率，又可以实现乳胶纳米颗粒的有序组装。对以上这些因素的优化均有助于打印制备均匀沉积、有序组装和具有高覆盖率的光子晶体像素点。在上述条件下，喷墨印刷制备的光子晶体图案表现出鲜艳的颜色及良好的光学性能。众所周知，调整乳胶纳米颗粒的直径可以改变光子晶体的禁带，从而使组装图案显示出不同的颜色。喷墨印刷设备通常具备多个墨盒，可同时装配包含不同粒径乳胶纳米颗粒的墨水，因此可直接使用商业喷墨印刷机制备出具有明亮结构色的多色光子晶体图案。例如，图 7-9（c）中的红色、绿色和蓝色区域分别由直径为 280 nm、220 nm 和 180 nm 的纳米颗粒通过喷墨印刷得到。该技术为发展光子晶体光学显示器件奠定了基础。需要注意的是，为了避免喷孔堵塞，喷墨印刷材料中的纳米颗粒直径不宜超过 500 nm。

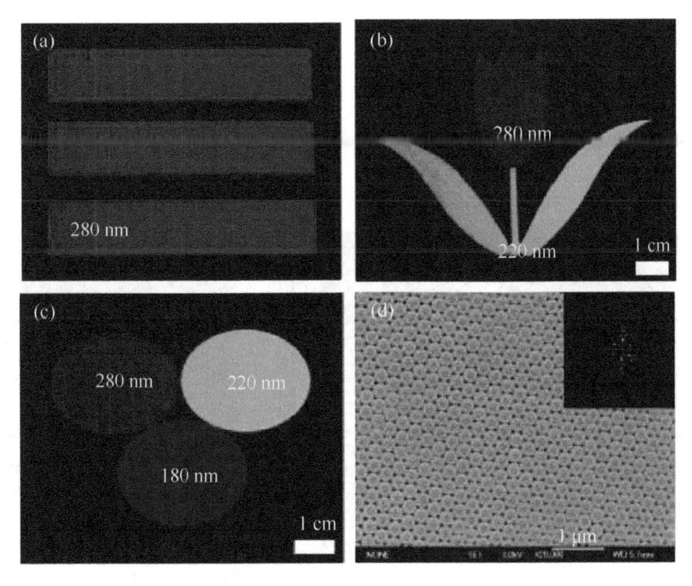

图 7-9　商业喷墨印刷机制备的光子晶体图案[42]

（a）～（c）利用商业喷墨印刷机制备的光子晶体图案的光学照片；（d）喷墨印刷光子晶体点的扫描电子显微镜照片

根据布拉格衍射理论，光子晶体在不同观察角度下显示出不同的结构色。在实际应用中，光子晶体的这种角度依赖特性会限制其在宽视角显示器中的应用。目前，研究人员已经开发了许多新颖的材料和组装结构来实现无角度依赖性的光子晶体的制备[80-84]，其中的一个方法是制备球形光子晶体结构。在球形光子晶体的表面，入射光总是以垂直于面心立方的(111)面的角度入射，因而在各个角度下呈现出相同的反射颜色。虽然利用传统的竖直沉积法很难获得球形光子晶体，但可以在调节基材的润湿性和墨水的表面张力的基础上利用喷墨印刷技术来控制单个光子晶体像素点的形态，从而制备球形光子晶体。前一节介绍了通过改变基底的后退接触角来调节光子晶体像素点的高径比（*H*/*D*）和组装结构。如图 7-10（a）所示，当后退接触角从 18.0°±5.7°增加到 93.3°±1.9°时，*H*/*D* 从 0.00328 增加到 0.509，乳胶纳米颗粒的组装结构也变得更加有序。随着光子晶体像素点 *H*/*D* 的增大，每个像素点的角度依赖性会逐渐变小；当增加到 0.375 时，整个光子晶体的表面都呈现密排六方的结构。因此，无论入射光以任何角度照射，在球形结构的光子晶体上，其入射光的方向都是垂直于面心立方的(111)面，光子禁带的位置不会发生移动，因此所制备的球形结构光子晶体会反射出一致的颜色。将荧光分子

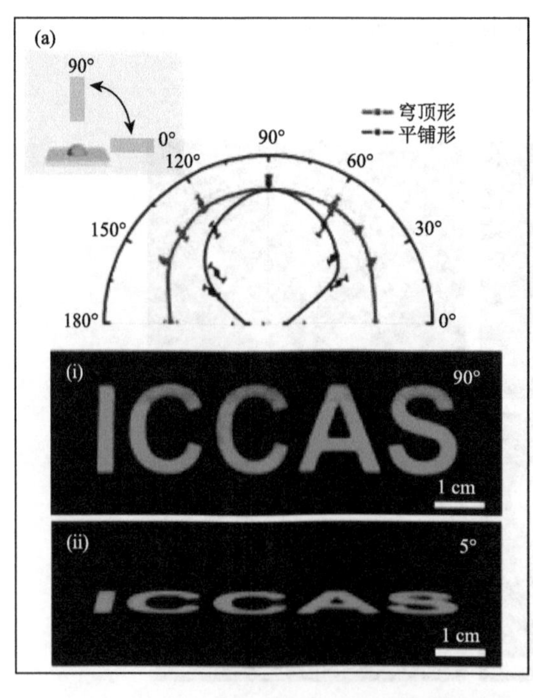

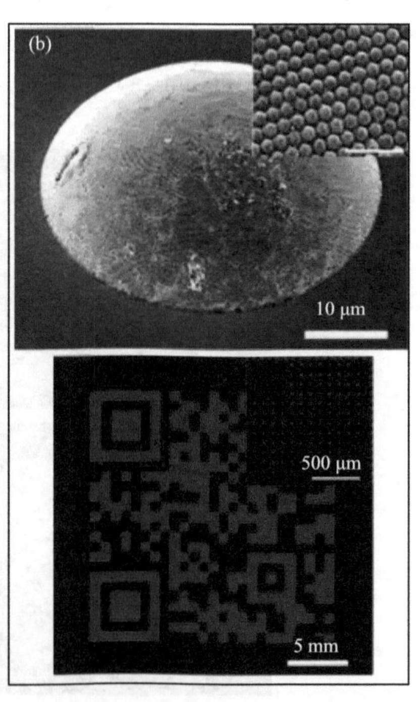

图 7-10　喷墨印刷材料制备的无角度依赖光子晶体点[61, 84]

（a）半球形的荧光增强光子晶体在 0°～180°范围内具有良好的宽视角；（b）由反应性喷墨印刷材料制备的光子晶体点的扫描电子显微镜照片，以及由光子晶体点阵所构成的荧光二维码

引入到球形结构光子晶体中时，一方面，由于慢光子效应，其荧光强度可以提高 40 倍以上；另一方面，由于球形结构的 H/D 高，光子晶体从 0°到 180°都显示出较高的荧光强度，从而实现全方位的荧光增强效应[61]。球形结构光子晶体可以印刷至多种基材表面，从而构筑多功能图案，这对于柔性宽视角显示器的开发具有重要意义，可以为制备先进的显示器和其他光学器件提供一种有效的策略。

如图 7-10（b）所示，除了荧光分子，半导体量子点也可以通过直接添加或原位合成的方法引入光子晶体中，用以制备具有强荧光显示的光子晶体图案[84]。其中，原位合成量子点的优势在于可以保证喷墨印刷过程的流畅性。中国科学院化学研究所绿色印刷重点实验室将二价镉离子溶于含有乳胶纳米颗粒的印刷墨水中。在喷墨印刷后，对组装过程中的乳胶纳米颗粒进行硫化氢气体处理，可以原位合成硫化镉（CdS）量子点。在纳米颗粒有序组装后，硫化镉量子点均匀分布在粒子之间，因而所制备的光子晶体图案显示出非常强的荧光增强效果。反应性喷墨印刷技术由于工艺简单且具有灵活性，在纳米复合材料的图案化、光电子器件的制备等不同领域具有潜在应用。

在某些特殊的情况下，基材表面被设计成亲水-疏水相间的图案来获得图案化光子晶体。在此类基材表面喷墨印刷的光子晶体形状取决于基材表面的图案及打印材料的性质，如液滴尺寸、表面张力、黏度等。当液滴的尺寸与亲水区域的大小大致相同时，液滴将会准确地定位在亲水区域，所形成的光子晶体像素点的形状也与亲水区域形状相同[85]。但当液滴体积大于亲水区域的尺寸时，液滴将跨越两个或多个亲水区域并产生一定的形变。如图 7-11 所示，利用浸润性图案化的基材可以喷墨印刷制备不同形状的三维光子晶体点阵列[79]。由于基材表面浸润性不均匀，液滴挥发过程中其三相接触线（TCL）在亲水区域钉扎、疏水区域回缩，并由此诱导液滴中纳米颗粒的组装，最终形成形貌可控的三维光子晶体像素点。研究结果表明，光子晶体像素点的最终形貌可以通过作用在液滴上的作用力来调控，这种作用力由液滴的性质（如表面张力、粒子浓度等）及基材的浸润性图案（如几何形状、距离和排列方式等）共同决定。具体来讲，基材的浸润性图案是决定三维光子晶体像素点最直接的因素，因为其几何形状、距离和排列方式直接决定了液滴最终的形貌。此外，表面能高的液滴具有更大的回缩驱动力，可以产生更大的收缩距离和更立体的形态；而纳米颗粒浓度越大的液滴可以产生更饱满的三维立体结构。这些光子晶体像素点阵列具有明亮的结构色，且形态和分布位置均可调控。其宏观/微观层次的图案、颜色等优势使其在多信息载体或防伪材料等领域具有非常好的应用前景。此外，该制备方法操作简便且具有普适性，不仅可以用来制备光子晶体三维结构，还可以实现纳米银、量子点、无机盐等材料的三维结构的制备。这一研究结果为制备形貌可控的三维结构提供了新的思路，对 3D 打印技术的发展具有重要的启示意义。

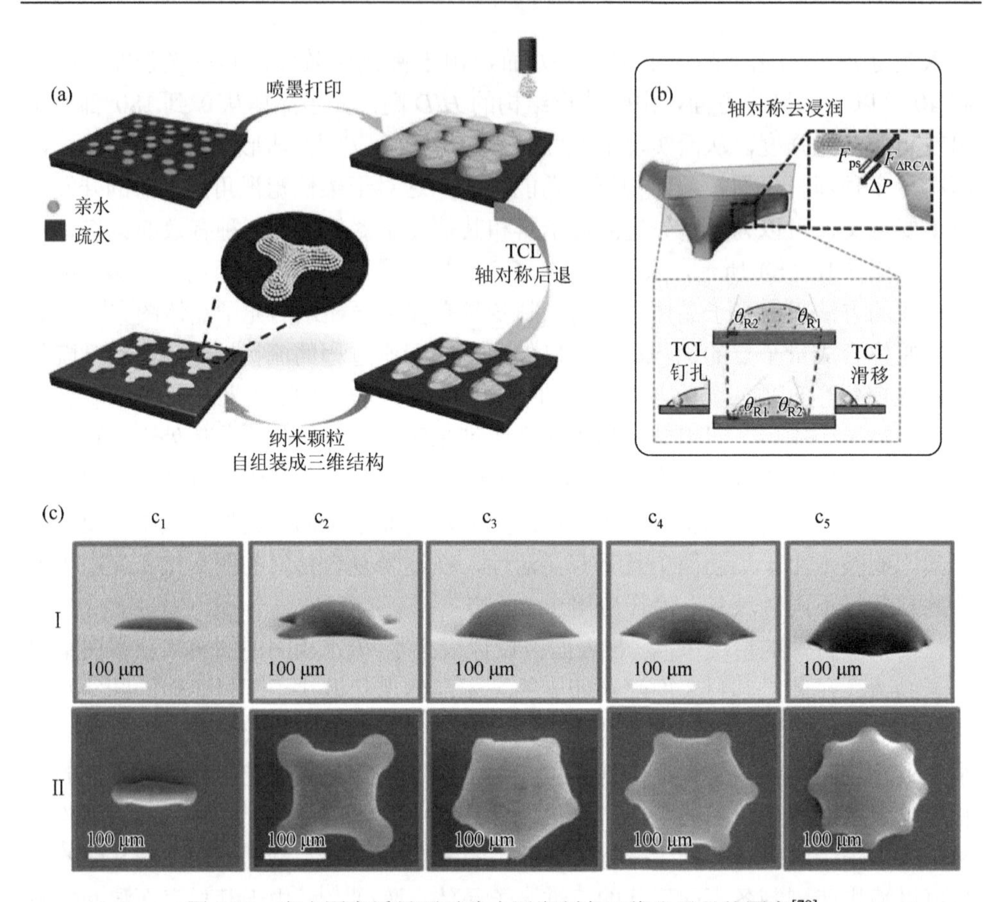

图 7-11 亲水图案诱导不对称去浸润制备三维光子晶体图案[79]

(a)、(b) 利用亲水图案诱导不对称去浸润过程制备三维光子晶体图案；(c) 形貌可控的三维光子晶体的扫描电子显微镜照片（c_1～c_5表示亲水区的数量分别为 2、4、5、6、8；Ⅰ和Ⅱ分别表示侧视图和俯视图）

由于具有亮丽的结构色彩及特殊的光学调控性能，光子晶体在高性能化学和生物传感器等方面具有非常重要的应用。在荧光检测领域，光子晶体可以将荧光信号提高上百倍并同时增强所收集的荧光信号的信噪比。基于这一特性，研究人员利用光子晶体实现了飞摩尔级的错配 DNA 检测。在比色检测领域，响应性光子晶体可以对外界环境的改变进行响应。由布拉格衍射定律可知，光子禁带的波长 λ 可以通过改变晶格间距 d、材料折光指数 n，以及入射角 θ 等参数来调控。如果外部环境的刺激可以改变其中任何一个参数，光子禁带的位置就会得到调控。常见的方式可以通过改变光子晶体的空间周期结构或电介质的折射率来对光子晶体的光子禁带位置进行调控。将各类响应性功能材料引入光子晶体结构中，例如，在光子晶体中填充响应性功能材料，或者直接将响应性功能材料制备成光子晶体，可实现对光、电、磁、热、力、化学物质或生物物质等外界刺激的响应并产生光学信号和颜色的变化。通过建立光学信号变化与外界刺激量变之间的关系，可以监测环境的变化。这些特性使基于光子晶体的光学检测和传感成为可能，并使得响应性光子晶体在传感芯片、智能显示等方面展现出重要的应用前景。美国匹兹堡大学的 Asher 课题组是研究新型光子晶体化学智能传感材料的先驱[86]，至今为止，外界环境响应性光子晶体材料得到了广泛的研究。例如，将湿度响应的聚丙烯酰胺引入光子晶体中，通过聚合物材料在不同湿度下的体积变化可以实现光子禁带在全可见光谱内的可逆调控；利用亲油性的酚醛树脂或碳材料制备的光子晶体可在不同油品中呈现不同的颜色，从而实现检测石油品质及监控石油泄漏情况的目的；对具有电响应性的聚吡咯材料所制备的反蛋白石结构的光子晶体施加不同的氧化还原电位，可使其中的聚吡咯粒子在氧化态和中性态之间发生可逆转变，从而引起光子晶体的光子禁带、导电性和浸润性的可逆转变。

虽然研究人员已经开发了大量的光子晶体传感器，但是传感器的响应速度、检测灵敏度、选择性及交叉反应系统仍需改进。敏感性和响应速度是衡量响应性材料功能的重要指标。例如，具有及时、快速、灵敏等特性的响应性光子晶体传感器，在对动态体系的实时监控及对危险物质的快速识别检测等方面具有重大意义。近年来，利用光子晶体禁带位置的迁移实现对微体系环境变化的实时光学监控已经成为一个重要的研究方向。对微体系环境的快速实时监测要求所制备的光子晶体传感器的尺寸足够小、灵敏度足够高，并能够对环境微小变化做出响应；同时为了满足快速反应进程的实时监控，还要求光子晶体传感器具有更快的响应速度。喷墨印刷技术可以实现微小液滴的高精度定位，并方便宏观大面积图案的程序化制备。喷墨印刷制备的图案化光子晶体的特征尺寸一般在微米精度，其图案一般由小尺寸（数十微米）光子晶体点阵组成，而且具有较大的比表面积及较快的响应速度，因而在环境监测领域具有较好的应用前景。将喷墨印刷技术与响应性光子晶体相结合，并在喷墨印刷材料中引入响应性材料以制备多功能的光子晶体，可以扩展功能性光子晶体的应用范围，为其在实时分析、智能显示领域的应用提供新的思路。如图 7-12 所示，中国科学院化学研究所绿色印刷重点实验室利用喷墨印刷技术制备了响应性光子晶体微阵列与图案，并在所制备的响应体系中引入了一定量的聚异丙基丙烯酰胺链段。该聚合物本身具有疏水性，而且在其达到低临界溶解温度（LCST）之后，分子构象会发生变化，这两种效应的协同作用可以调整所吸附的水在凝胶链段上的浸润态和黏附性（即可逆地在 Wenzel 状态与 Cassie 状态之间转换）。因此，该材料可以对湿度变化做出快速响应，并伴随禁带位置的迁移，成为一种可视化的光子晶体微传感器。该传感器对湿度变化最短的响应时间为 1.2 s，并伴随着明显的光子禁带迁移和肉眼可辨的颜色变化[46]。该方法为构筑可快速检测型光子晶体传感器件提供了新的思路。

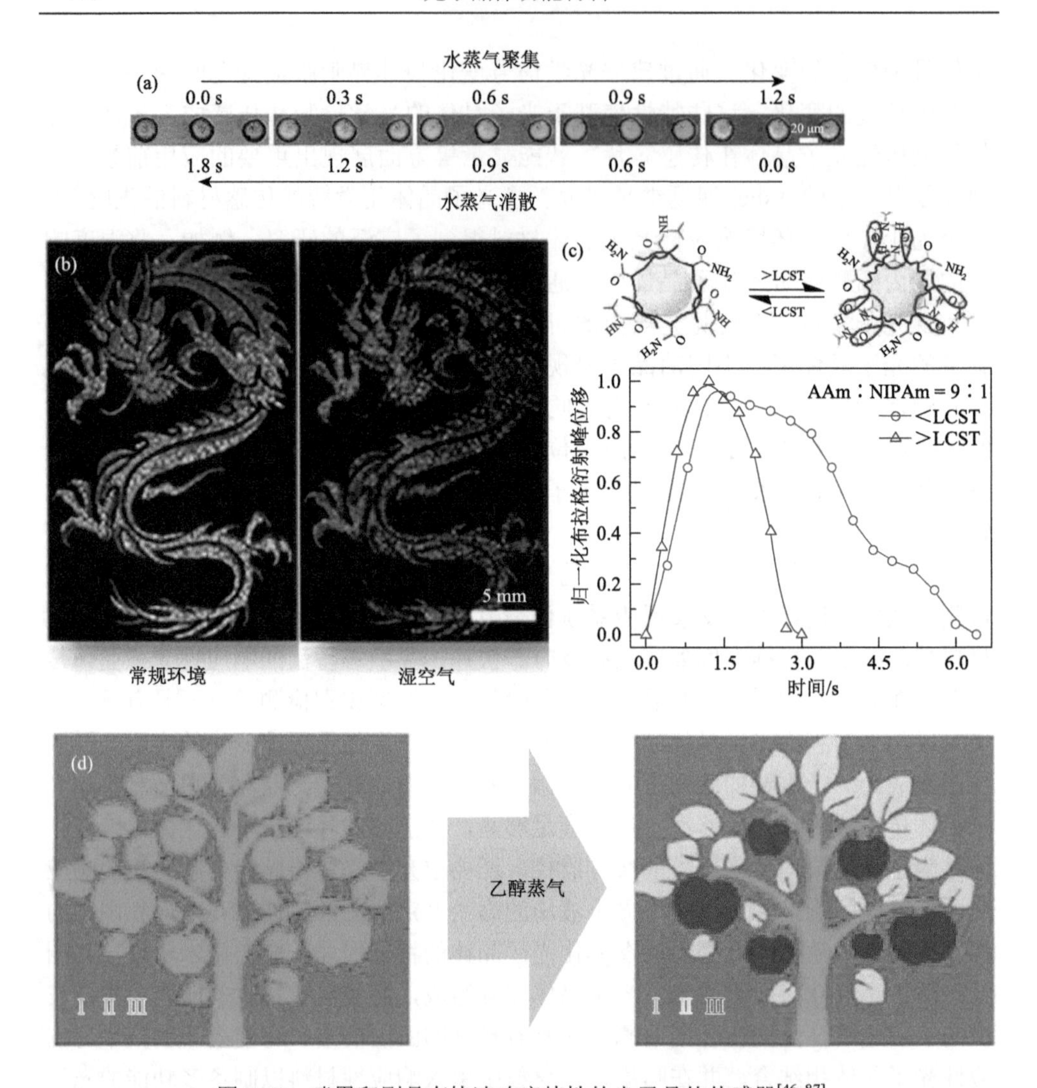

图 7-12　喷墨印刷具有快速响应特性的光子晶体传感器[46, 87]

(a)～(c)喷墨印刷打印具有快速、可逆特性的湿度响应型光子晶体传感器；(d)喷墨印刷打印乙醇蒸气响应型光子晶体传感器

除了水蒸气传感器，利用喷墨印刷方法还可以将其他功能材料引入印刷墨水中以制备其他蒸气类型的光子晶体传感器，如乙醇传感器等。如图 7-12（d）所示，东南大学顾忠泽课题组利用喷墨印刷方法制备了用于检测乙醇气体的光子晶体传感器[87]。首先，他们合成了一种具有气体响应特性的介孔 SiO_2 胶体纳米颗粒，并通过喷墨印刷方法制备光子晶体图案。当这种介孔 SiO_2 粒子遇到乙醇气体时，其内部的多级孔结构有利于蒸气在其内部凝结。此时，材料体系的综合折射率增加，反射峰发生红移，导致图案颜色发生变化，因而基于这种纳米颗粒制备的光子晶

体传感器可实现对乙醇气体的图案化色度检测。

设计具有特殊结构的光子晶体芯片是光子晶体应用领域重要的发展方向。中国科学院化学研究所绿色印刷重点实验室基于浸润性差异原理制备了一系列高性能的光子晶体芯片[88-90]。如图 7-13（a）所示，他们直接在疏水基底上利用喷墨印刷过程制备了亲水性的光子晶体微流控芯片[88]。该芯片的基底由疏水性材料构成，而光子晶体微流通道由亲水性材料构成。当检测溶液被滴加至微流通道的一端时，溶液会因浸润性差异而被限域在亲水性的光子晶体微流通道内，并且会因毛细管力作用沿着该通道自发向前流动，从而实现化学物质的检测。这种喷墨印刷光子晶体微流通道芯片的制备方法简便、成本低廉，且不需要复杂的加工设备，具有非常好的应用前景。此外，他们还利用浸润性差异富集液滴中的待测样品，制备了高灵敏度的光子晶体微芯片。与光子晶体微流通道芯片类似，他们在疏水性的聚二甲基硅氧烷（PDMS）基底表面通过喷墨印刷构筑了亲水性的光子晶体点阵列[89]。如图 7-13（b）所示，检测液滴在光子晶体芯片表面蒸发时，液滴的体积不断缩小、三相接触线持续回缩。当遇到亲水性的光子晶体点时，三相接触线将会停止移动，而其余部分将继续回缩。这种定向的三相接触线滑移行为可将待测样品逐渐富集到光子晶体点上，从而提高了待检测样品的浓度。同时，结合光子晶体的荧光增强效应，该芯片的检测灵敏度可提高 2000 倍，不仅达到 10^{-16} mol/L 的超低检测限，而且具有大于 10 的高信噪比（s/n）比和 100 ms 的快速富集性能。如图 7-13（c）所示，基于以上这种定向富集原理，该实验室还利用色度变化原理制备出图案化的分子印迹光子晶体（MIP-PC）微芯片，实现了四环素的高灵敏色度检测[90]。他们将色度传感中发生响应的颜色集成为一张扇形比色卡，通过选用具有不同尺寸的亲水区域的色度传感器便可以得到不同的检测灵敏度和不同的检测范围。研究表明，检测液滴的体积和光子晶体点的尺寸是影响富集程度的两个主要因素。通过改变亲水性光子晶体点的尺寸，可以调整检测范围，这对于设计其他基于富集原理的芯片具有指导意义。

虽然光子晶体常被用于增强具有特异性识别的荧光检测体系的荧光信号，但在有些检测体系中，底物会对某些待检测物产生非特异性的荧光信号，进而影响检测的准确性。为了实现多底物分析和高输出分析，往往需要制备集成化的检测阵列[91]。一般，集成化的检测阵列需要大量的系列化合物作为检测分子以实现信息的差别分析，而这往往涉及复杂的化学合成反应和有效分子的筛选过程。尽管许多检测分子系列已经被设计和合成[92-94]，发展一种普适、高效的多底物检测方法，以实现多底物的便捷检测仍然是一个巨大的挑战。为了实现高效的多底物检测过程，中国科学院化学研究所绿色印刷重点实验室设计了一种具有多种带隙的图案化光子晶体芯片。该芯片可以选择性地增强同一荧光检测体系中不同检测点的荧光信号，从而实现高效的多底物差别分析。他们只利用一种简单的检测

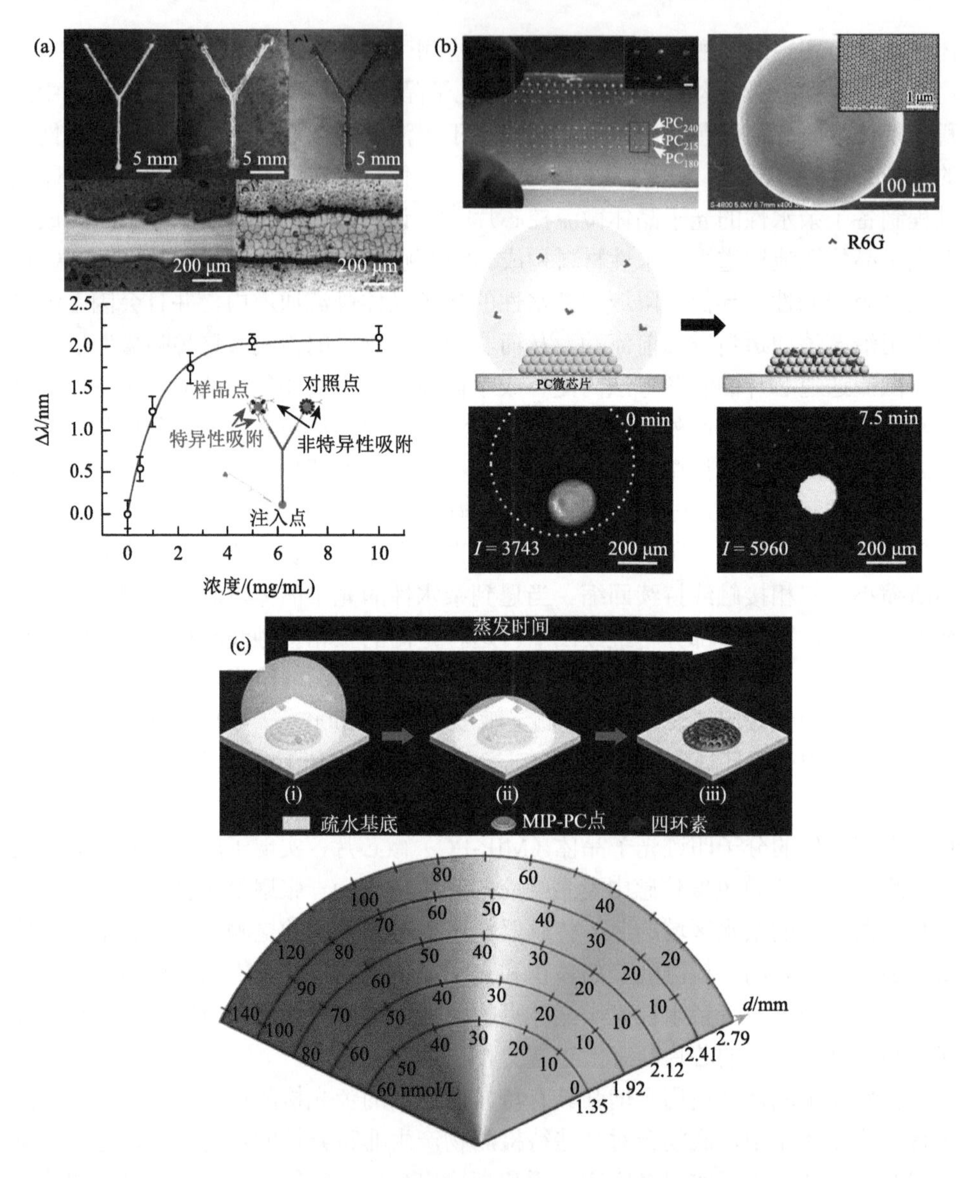

图 7-13　高灵敏光子晶体芯片[88-90]

（a）喷墨印刷制备光子晶体微流控芯片；（b）在疏水基底表面利用喷墨印刷制备痕量检测光子晶体检测器；（c）高灵敏度的光子晶体色度微传感器

分子 8-羟基喹啉，就实现了对 12 种不同金属阳离子的识别和分析[20]。该方法为非特异性荧光检测体系中多底物识别光子晶体芯片的设计提供了新思路，对于发展新型、先进的复杂多底物分析体系具有重大的意义。

参考文献

[1] Yablonovitch E. Inhibited spontaneous emission in solid-state physics and electronics. Phys Rev Lett，1987，58：2059.

[2] John S. Strong localization of photons in certain disordered dielectric superlattices. Phys Rev Lett，1987，58：2486.

[3] Freymann G，Kitaev V，Lotschz B V，et al. Bottom-up assembly of photonic crystals. Chem Soc Rev，2013，42：2528.

[4] MacLeod J，Rosei F. Photonic crystals：Sustainable sensors from silk. Nat Mater，2013，12：98.

[5] Kondo K，Shinkawa M，Hamachi Y，et al. Ultrafast slow-light tuning beyond the carrier lifetime using photonic crystal waveguides. Phys Rev Lett，2013，110：053902.

[6] Kaji T，Yamada T，Ito S，et al. Controlled spontaneous emission of single molecules in a two-dimensional photonic band gap. J Am Chem Soc，2013，135：106.

[7] Zhang Y，Huang Y，Parrish D，et al. 4-Amino-3, 5-dinitropyrazolate salts-highly insensitive energetic materials. J Mater Chem，2011，21：6891.

[8] Arpin K，Mihi A，Johnson H，et al. Multidimensional architectures for functional optical devices. Adv Mater，2010，22：1084.

[9] Burgess I，Mishchenko L，Hatton B，et al. Encoding complex wettability patterns in chemically functionalized 3D photonic crystals. J Am Chem Soc，2011，133：12430.

[10] Ge J，Goebl J，He L，et al. Rewritable photonic paper with hygroscopic salt solution as ink. Adv Mater，2009，21：4259.

[11] Ge J，Yin Y. Responsive photonic crystals. Angew Chem Int Ed，2011，50：1492.

[12] Zhang Y，Wang J，Zhao Y，et al. Photonic crystal concentrator for efficient output of dye-sensitized solar cells. J Mater Chem，2008，18：2650.

[13] Wang Z，Zhang J，Xie J，et al. Bioinspired water-vapor-responsive organic/inorganic hybrid one-dimensional photonic crystals with tunable full-color stop band. Adv Funct Mater，2010，20：3784.

[14] Cui L，Shi W，Wang J，et al. Enhanced sensitivity in a Hg^{2+} sensor by photonic crystals. Anal Methods，2010，2：448.

[15] Tian E，Cui L，Wang J，et al. Tough photonic crystals fabricated by photo-crosslinkage of latex spheres. Macromol Rapid Commun，2009，30：509.

[16] Tian E，Ma Y，Cui L，et al. Color-oscillating photonic crystal hydrogel. Macromol Rapid Commun，2009，30：1719.

[17] Zhang J，Yang B. Patterning colloidal crystals and nanostructure arrays by soft lithography. Adv Funct Mater，2010，20：3411.

[18] He L，Wang M，Ge J，et al. Magnetic assembly route to colloidal responsive photonic nanostructures. Acc Chem Res，2012，45：1431.

[19] Xuan R，Ge J. Invisible photonic prints shown by water. J Mater Chem，2012，22：367.

[20] Huang Y，Li F，Qin M，et al. A multi-stopband photonic-crystal microchip for high-performance metal-ion recognition based on fluorescent detection. Angew Chem Int Ed，2013，52：7296.

[21] Zhao Y，Zhao X，Gu Z. Photonic crystals in bioassays. Adv Funct Mater，2010，20：2970.

[22] Kim D，Jeong S，Park B，et al. Direct writing of silver conductive patterns：Improvement of film morphology and

conductance by controlling solvent compositions. Appl Phys Lett，2006，89：264101.

[23] Deegan R，Bakajin O，Dupont T，et al. Capillary flow as the cause of ring stains from dried liquid drops. Nature，1997，389：827.

[24] Deegan R. Pattern formation in drying drops. Phys Rev E，2000，61：475.

[25] Deegan R，Bakajin O，Dupont T，et al. Contact line deposits in an evaporating drop. Phys Rev E，2000，62：756.

[26] Adachi E，Dimitrov A，Nagayama K. Stripe patterns formed on a glass surface during droplet evaporation. Langmuir，1995，11：1057.

[27] Shmuylovich L，Shen A，Stone H. Surface morphology of drying latex films：Multiple ring formation. Langmuir，2002，18：3441.

[28] Hu H，Larson R. Marangoni effect reverses coffee-ring depositions. J Phys Chem B，2006，110：7090.

[29] Shen X，Ho C，Wong T. Minimal size of coffee ring structure. J Phys Chem B，2010，114：5269.

[30] Yunker P，Still T，Lohr M，et al. Suppression of the coffee-ring effect by shape-dependent capillary interactions. Nature，2011，476：308.

[31] Bigioni T，Lin X，Nguyen T，et al. Kinetically driven self assembly of highly ordered nanoparticle monolayers. Nat Mater，2006，5：265.

[32] Eral H，Augustine D，Duits M，et al. Suppressing the coffee stain effect：How to control colloidal self-assembly in evaporating drops using electrowetting. Soft Matter，2011，7：4954.

[33] Park J，Moon J. Control of colloidal particle deposit patterns within picoliter droplets ejected by ink-jet printing. Langmuir，2006，22：3506.

[34] Denneulin A，Bras J，Carcone F，et al. Impact of ink formulation on carbon nanotube network organization within inkjet printed conductive films. Carbon，2011，49：2603.

[35] Tekin E，Gans B，Schubert U. Ink-jet printing of polymers：From single dots to thin film libraries. J Mater Chem，2004，14：2627.

[36] Gans B，Schubert U. Inkjet printing of well-defined polymer dots and arrays. Langmuir，2004，20：7789.

[37] Wang J，Wen Y，Feng X，et al. Control over the wettability of colloidal crystal films by assembly temperature. Macromol Rapid Commun，2006，27：188.

[38] Wang J，Wen Y，Ge H，et al. Simple fabrication of full color colloidal crystal films with tough mechanical strength. Macromol Chem Phys，2006，207：596.

[39] Chen M，Wu L，Zhou S，et al. A method for the fabrication of monodisperse hollow silica spheres. Adv Mater，2006，18：801.

[40] Qi G，Wang Y，Estevez L，et al. Facile and scalable synthesis of monodispersed spherical capsules with a mesoporous shell. Chem Mater，2010，22：2693.

[41] Pell L，Schricker A，Mikulec F，et al. Synthesis of amorphous silicon colloids by trisilane thermolysis in high temperature supercritical solvents. Langmuir，2004，20：6546.

[42] Cui L，Li Y，Wang J，et al. Fabrication of large-area patterned photonic crystals by ink-jet printing. J Mater Chem，2009，19：5499.

[43] Hu H，Larson R. Analysis of the effects of Marangoni stresses on the microflow in an evaporating sessile droplet. Langmuir，2005，21：3972.

[44] Still T，Yunker P，Yodh A. Surfactant-induced Marangoni eddies alter the coffee-rings of evaporating colloidal drops. Langmuir，2012，28：4984.

[45] Sempels W, Dier R, Mizuno H, et al. Auto-production of biosurfactants reverses the coffee ring effect in a bacterial system. Nat Commun，2013，4：1757.

[46] Wang L，Wang J，Huang Y，et al. Inkjet printed colloidal photonic crystal microdot with fast response induced by hydrophobic transition of poly(*n*-isopropyl acrylamide). J Mater Chem，2012，22：21405.

[47] Zhou J，Wang J，Huang Y，et al. Large-area crack-free single-crystal photonic crystals via combined effects of polymerization-assisted assembly and flexible substrate. NPG Asia Mater，2012，4：e21.

[48] Cui L, Zhang J, Zhang X, et al. Suppression of the coffee ring effect by hydrosoluble polymer additives. ACS Appl Mater Interfaces，2012，4：2775.

[49] Li Z，Wang J，Zhang Y，et al. Closed-air induced composite wetting on hydrophilic ordered nanoporous anodic alumina. Appl Phys Lett，2010，97：233107.

[50] Hendriks C，Smith P，Perelaer J，et al. "Invisible" silver tracks produced by combining hot-embossing and inkjet printing. Adv Funct Mater，2008，18：1031.

[51] Sele C，Werne T，Friend R，et al. Lithography-free，self-aligned inkjet printing with sub-hundred-nanometer resolution. Adv Mater，2005，17：997.

[52] Lim J，Cho J，Jang Y，et al. Precise control of surface wettability of mixed monolayers using a simple wiping method. Thin Solid Films，2006，515：2079.

[53] Kang B, Oh J. Influence of C_4F_8 plasma treatment on size control of inkjet-printed dots on a flexible substrate. Surf Coat Technol，2010，205：S158.

[54] Kim J，Pfeiffer K，Voigt A，et al. Directly fabricated multi-scale microlens arrays on a hydrophobic flat surface by a simple ink-jet printing technique. J Mater Chem，2012，22：3053.

[55] Liu K，Tian Y，Jiang L. Bio-inspired superoleophobic and smart materials：Design，fabrication，and application. Prog Mater Sci，2013，58：503.

[56] Sun T，Feng L，Gao X，et al. Bioinspired surfaces with special wettability. Acc Chem Res，2005，38：644.

[57] Liu K，Yao X，Jiang L. Recent developments in bio-inspired special wettability. Chem Soc Rev，2010，39：3240.

[58] Wong T，Kang S，Tang S，et al. Bioinspired self-repairing slippery surfaces with pressure-stable omniphobicity. Nature，2011，477：443.

[59] Feng X，Jiang L. Design and creation of superwetting/antiwetting surfaces. Adv Mater，2006，18：3063.

[60] Jiang L. Bio-inspired，smart，multiscale interfacial materials. J Biol Inorg Chem，2014，19：S153.

[61] Kuang M，Wang J，Bao B，et al. Inkjet printing patterned photonic crystal domes for wide viewing-angle displays by controlling the sliding three phase contact line. Adv Opt Mater，2014，2：34.

[62] Cui L，Zhang J，Zhang X，et al. Avoiding coffee ring structure based on hydrophobic silicon pillar arrays during single-drop evaporation. Soft Matter，2012，8：10448.

[63] Nguyen T，Nguyen A. On the lifetime of evaporating sessile droplets. Langmuir，2012，28：1924.

[64] Shanahan M，Sefiane K，Moffat J. Dependence of volatile droplet lifetime on the hydrophobicity of the substrate. Langmuir，2011，27：4572.

[65] Huang Y，Zhou J，Su B，et al. Colloidal photonic crystals with narrow stopbands assembled from low-adhesive superhydrophobic substrates. J Am Chem Soc，2012，134：17053.

[66] Kulinich S，Farzaneh M. Effect of contact angle hysteresis on water droplet evaporation from super-hydrophobic surfaces. Appl Surf Sci，2009，255：4056.

[67] Soltman D，Subramanian V. Inkjet-printed line morphologies and temperature control of the coffee ring effect. Langmuir，2008，24：2224.

[68] Karpitschka S，Riegler H. Noncoalescence of sessile drops from different but miscible liquids：Hydrodynamic analysis of the twin drop contour as a self-stabilizing traveling wave. Phys Rev Lett，2012，109：066103.
[69] Subramaniam A，Abkarian M，Mahadevan L，et al. Non-spherical bubbles. Nature，2005，438：930.
[70] Chen G，Tan P，Chen S，et al. Coalescence of pickering emulsion droplets induced by an electric field. Phys Rev Lett，2013，110：064502.
[71] Liu M，Wang J，He M，et al. Inkjet printing controllable footprint lines by regulating the dynamic wettability of coalescing ink droplets. ACS Appl Mater Interfaces，2014，6：13344.
[72] Osch T，Perelaer J，Laat A，et al. Inkjet printing of narrow conductive tracks on untreated polymeric substrates. Adv Mater，2008，20：343.
[73] Yang S，Ozin G. Opal chips：Vectorial growth of colloidal crystal patterns inside silicon wafers. Chem Commun，2000，24：2507.
[74] Yin Y，Lu Y，Gates B，et al. Template-assisted self-assembly：A practical route to complex aggregates of monodispersed colloids with well-defined sizes，shapes，and structures. J Am Chem Soc，2001，123：8718.
[75] Kim S，Park H，Choi J，et al. Integration of colloidal photonic crystals toward miniaturized spectrometers. Adv Mater，2010，22：946.
[76] Xiao Z，Wang A，Perumal J，et al. Facile fabrication of monolithic 3D porous silica microstructures and a microfluidic system embedded with the microstructure. Adv Funct Mater，2010，20：1473.
[77] Gu Z，Fujishima A，Sato O. Patterning of a colloidal crystal film on a modified hydrophilic and hydrophobic surface. Angew Chem Int Ed，2002，41：2068.
[78] Masuda Y，Itoh T，Koumoto K. Self-assembly patterning of silica colloidal crystals. Langmuir，2005，21：4478.
[79] Wu L，Dong Z，Kuang M，et al. Printing patterned fine 3D structures by manipulating the three phase contact line. Adv Funct Mater，2015，25：2237.
[80] Takeoka Y. Angle-independent structural coloured amorphous arrays. J Mater Chem，2012，22：23299.
[81] Chung K，Yu S，Heo C，et al. Flexible，angle-independent，structural color reflectors inspired by morpho butterfly wings. Adv Mater，2012，24：2375.
[82] Lee I，Kim D，Kal J，et al. Quasi-amorphous colloidal structures for electrically tunable full-color photonic pixels with angle-independency. Adv Mater，2010，22：4973.
[83] Gu H，Zhao Y，Cheng Y，et al. Tailoring colloidal photonic crystals with wide viewing angles. Small，2013，9：2266.
[84] Bao B，Li M，Li Y，et al. Patterning fluorescent quantum dot nanocomposites by reactive inkjet printing. Small，2015，11：1649.
[85] Kim S，Yang S. Patterned polymeric domes with 3D and 2D embedded colloidal crystals using photocurable emulsion droplets. Adv Mater，2009，21：3771.
[86] Holtz J，Asher S. Polymerized colloidal crystal hydrogel films as intelligent chemical sensing materials. Nature，1997，389：829.
[87] Bai L，Xie Z，Wang W，et al. Bio-inspired vapor-responsive colloidal photonic crystal patterns by inkjet printing. ACS Nano，2014，8：11094.
[88] Shen W，Li M，Ye C，et al. Direct-writing colloidal photonic crystal microfluidic chips by inkjet printing for label-free protein detection. Lab Chip，2012，12：3089.
[89] Hou J，Zhang H，Yang Q，et al. Bio-inspired photonic-crystal microchip for fluorescent ultratrace detection. Angew Chem Int Ed，2014，53：5791.

[90] Hou J，Zhang H，Yang Q，et al. Hydrophilic-hydrophobic patterned molecularly imprinted photonic crystal sensors for high-sensitive colorimetric detection of tetracycline. Small，2015，11：2738.

[91] Lavigne J，Anslyn E. Sensing a paradigm shift in the field of molecular recognition：From selective to differential receptors. Angew Chem Int Ed，2001，40：3118.

[92] Rout B，Unger L，Armony G，et al. Medication detection by a combinatorial fluorescent molecular sensor. Angew Chem Int Ed，2012，51：12477.

[93] Kim J，Wu X，Herman M，et al. Enzymatically generated polyphenols as array-based metal-ion sensors. Anal Chim Acta，1998，370：251.

[94] Wang Z，Palacios M，Anzenbacher P. Fluorescence sensor array for metal ion detection based on various coordination chemistries：General performance and potential application. Anal Chem，2008，80：7451.

第 8 章　光子晶体纤维

8.1　引　　言

光子晶体纤维是在光子晶体概念的基础上提出来的。1987 年，Yablonovitch 和 John 在分别研究周期性电介质结构对材料中光传输行为的影响时，各自独立地提出了光子晶体的概念，即不同介电常数的介质材料在空间中的周期性排列结构[1, 2]。由于介电常数在空间上的周期性，它会对在材料内部传输的光子形成一个限制其能量传输的带状结构，也就是光子带隙。当光子的频率落在光子带隙之间时，光子在某些方向或者所有方向上的传输都是被禁止的，使光子按照特定的路径进行传输，从而达到控制光子传播的目的。根据制备方式的不同，光子晶体纤维通常可以分为两类，一类是光子晶体光纤，另一类是光子晶体结构色纤维。光子晶体光纤偏指光学通信纤维，光子晶体纤维多指光子晶体结构色纤维。

光子晶体光纤（photonic crystal fiber，PCF），通常也称为多孔光纤或者微结构光纤，是一种由熔石英构成、横截面周期性排列波长量级空气孔并纵向延伸的特殊光纤。根据导光机理的不同，光子晶体光纤可分为折射率导光（全反射）（total internal reflection，TIR）型光子晶体光纤和光子带隙（PBG）型光子晶体光纤。人们对光子晶体光纤的认识开始于 1991 年，Russell[3]将光子晶体的概念引入光纤中。1996 年，Knight 等[4]研制出第一根全反射型光子晶体光纤，该光纤通过将周期性排列的纯石英毛细管在高温下进行拉伸形成，并且具备无截止单模传输特性。1998 年，第一根光子带隙光纤出现，与传统的通过全反射原理导光的光子晶体光纤相比，光子带隙光纤的光传输原理是利用包层中二维周期性排列的空气孔将光限制在纤芯中传输[5]。1999 年，带隙型光子晶体光纤拉制成功，从而将光子晶体带隙概念引入光纤光学，对光纤光学的发展产生了质的影响。随后，光纤拉制技术和工艺日趋完善，各式各样的光子晶体光纤不断涌现，并且都具有各自独特的优势[6, 7]。通过对新型光纤不断设计与研发，光子晶体光纤的研究也进入了一个崭新的阶段。

光子晶体结构色纤维，也就是我们所说的结构色纤维（structurally colored fiber），主要是通过在纤维表面或内部构筑光子晶体结构，从而达到纤维显示结构色的目的。结构色纤维的提出来源于人们对自然界中结构色的认识。自然界中许多动物的羽毛、翅膀、甲壳或者鳞片等都具有十分绚丽的颜色，关于这些颜色产生的机理科学家们进行了长期的研究，最终发现这些颜色的产生并非源于染料，而是由周期性的微结构对光的折射或衍射产生的，即结构生色[8-15]。由于传统染色主要是通过染料在纤维表面附着而形成的，但是在染料制备过程和染色过程中存在着大量的重金属离子和有毒的中间体，这些对人体和环境都会造成严重的负面影响，所以研究者们试想在纤维上构筑光子晶体结构色，从而实现绿色无污染的纤维染色过程，光子晶体结构色纤维在这个背景下应运而生。随着对结构色纤维研究的深入，以及智能服装产业的发展，人们对具有特殊功能的纤维产生了更多的需求。结构色纤维作为一种通过结构而显色的纤维，通过对其表面或内部结构设计很容易实现功能化，因此关于光子晶体结构色纤维的外界刺激响应性研究也逐渐流行起来。

对于光子晶体光纤，一些著述中已经对其进行了详细介绍[16-18]。本章将在 8.4 节对光子晶体光纤做一些简要介绍，而把更多的阐述放在光子晶体结构色纤维的论述上，通过结构色纤维的发展历程、制备方法、表征方法和应用等方面的介绍使读者能够对该领域有较为全面的了解。

8.2　光子晶体结构色纤维的制备方法

光子晶体结构色纤维具有特殊的组织结构，从而对光的色散、散射、干涉和衍射等进行调控，并产生特殊视觉效果，例如，光子晶体的结构色会随着观察角度变化而变化，具有虹彩效应，这是传统染色做不到的[19]。近些年研究纺织品和纤维结构着色的科研人员越来越多，目前光子晶体结构色纤维的制备方法主要分为以下 5 种。

8.2.1　基于薄膜干涉原理制备

光线在入射到单层薄膜时，薄膜上表面的反射光和经过薄膜下表面反射后再次折射出的光相干，可以产生对特定波长光的反射加强。当薄膜的层数增加时，这种相干变得更强，最终形成对某一特定波段的光完全反射，这个过程称为多层薄膜干涉。多层薄膜干涉是自然界中结构色最常见的生成方式，日本的宝石甲虫和巴西闪蝶都是周期性多层薄膜结构呈现结构色比较典型的例子[20]。

日本帝人株式会社通过模仿 Mropho 蝴蝶多层薄膜干涉原理的生色方式，制备了结构色纤维并命名为 Morphotex。它是一种多层结构的中空纤维，是将 31 层的尼龙 6 和 30 层的聚酯交错层压，通过精确控制厚度来实现红色、绿色、蓝色、紫色等各种颜色纤维的制备。美国也推出了由聚酯和聚酰胺薄膜制成的 Angelina 系列超细闪光纤维[19]。闪光薄膜中含有 200 多层两种或更多种的聚合物，随聚合物折射率和厚度的不同会产生不同颜色。该纤维非常柔软，在面料中添加 1%～3%的 Angelina 纤维即可使面料具有珠光、虹彩、金属光泽。但由于其对湿热处理较敏感，只适用于无须湿热加工的纺织品。目前通过薄膜干涉原理制备的结构色纤维存在的问题主要包括生产成本高、制备工艺复杂、大规模工业化生产较困难、纤维穿着不舒适、颜色不艳丽等。

8.2.2 微通道自组装法

微通道自组装法是通过控制组装条件，使微球逐渐有序排列成光子晶体结构的一种方法，主要有重力沉降自组装、垂直沉降自组装、离心沉降自组装等。目前通过自组装方法构筑的光子晶体结构主要是在平面基体上进行。而纤维表面是弧形表面，再加上纤维直径很小，仅几微米，表面能较高，在开放空间内很难实现微球在纤维表面的自组装。为了解决上述问题，Liu 等[21, 22]以毛细玻璃管作为微通道，如图 8-1 所示，先将玻璃纤维置于微通道中，再用微注射泵输送一定浓度的二氧化硅纳米球分散液到微通道中，然后在 70～90℃下蒸发自组装，之后剪断毛细管，在 40～90℃下烘干，可得到具有结构色的纤维。进一步研究发现当温度为 80℃，溶剂水与乙醇的体积比为 3∶7 时可获得质量较好的胶体晶体。单层胶体晶体在垂直方向上没有形成光子带隙，对自然光不能产生布拉格衍射现象，因此没有结构色；而多层结构会产生明显的布拉格衍射而呈现出明亮的结构色。因此为了得到较厚的胶体晶体，需要适当提高悬浮液中胶体球的浓度。这种结构色纤维制备方法简单，但由于二氧化硅微球属于硬球，所得胶体晶体力学性能较差，不具备实用性，也不适合工业化生产，只能作为理论模型进行研究。

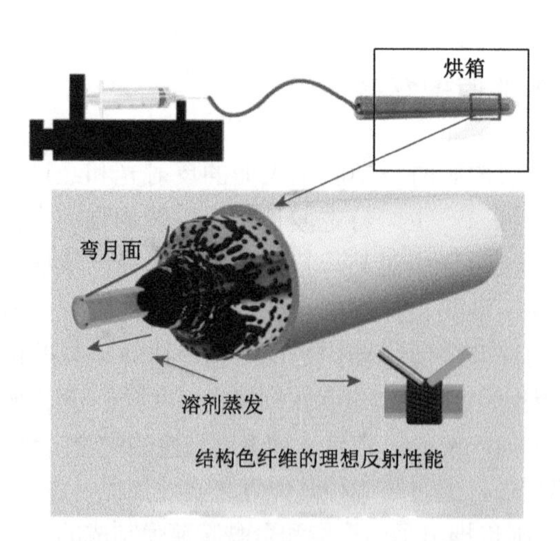

图 8-1 微通道自组装法制备结构色纤维示意图[21]

随后，Liu 和 Wang 等[22]在此基础上做了进一步改进。首先制备出 Fe_3O_4@C 磁性胶体微球，将其与光固化剂均匀混合，用注射器将该混合液注射到两个同轴毛细管中间的空腔里。在磁场作用下，磁性胶体颗粒有序排列，最后再通过紫外光照射使光固化剂迅速固化，这样磁性胶体颗粒的有序排列结构就被固定下来，从而得到结构色纤维。该光固化聚合物内部 Fe_3O_4@C 胶体颗粒有序排列形成一维光子晶体。该制备结构色纤维的方法具有快速、有效的特点，但制备磁性胶体颗粒的工艺复杂，不能大量合成，极大地限制了其工业化，且这种结构色纤维尺寸较粗，超出了纺织纤维的范畴。

8.2.3　电泳沉积法

电泳沉积（electrophoretic deposition，EPD）是指将电泳和沉积两个过程结合起来。电泳是指在外加电场的作用下，胶体粒子在分散介质中做定向移动的现象；沉积是指微粒聚沉成较密集的质团。与传统自组装方式相比，电泳沉积能大幅缩减实验时间，提高制备光子晶体结构色纤维的效率。

Liu 等[23]利用电泳沉积法成功制得了覆盖可见光范围的光子晶体结构色纤维。他们首先将均匀分散的粒径为 190～270 nm、带负电荷的聚甲基丙烯酸甲酯（PMMA）胶体颗粒乳液封存在自制的连续电泳沉积装置的圆柱形样品池中。随后采用碳纤维和导电铜管分别作为电泳正极和负极，在环形电极上施加电场，电场诱导的电泳运动使 PMMA 胶体微球沉积在碳纤维表面，实现了结构色碳纤维的制备。通过优化电泳时间和电压，可以将沉积胶体晶粒的时间从几十分钟缩短到几十秒。研究发现，只有在电压不小于 3 V 时才能发生电泳沉积现象，此时得到的光子晶体纤维长程有序。此外，沉积时间越长，PMMA 胶体层越厚，纤维直径越大；并且随着拉伸速率的增加，纤维表面反射光谱蓝移。

如图 8-2 所示，Zhang 课题组[24, 25]采用类似电泳沉积法，在单根碳纤维表面沉积一层聚苯乙烯（PS）胶体晶体，也得到了红、绿、蓝三基色结构色纤维。碳纤维表面均匀包覆着胶体晶体，微球呈现短程有序、长程无序密堆积排列结构。

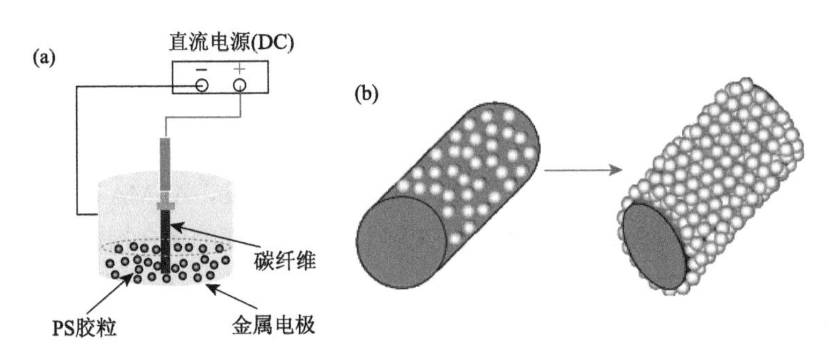

图 8-2　电泳沉积法制备结构色纤维[25]

（a）电泳沉积装置示意图；（b）PS 胶粒在碳纤维表面组装示意图

8.2.4　静电纺丝法

静电纺丝法能够实现大批量光子晶体结构色纤维的制备。Zhang 课题组[26]通过该方法制备了光子晶体结构色纤维，实验过程如图 8-3 所示。在质量分数为 40%的聚苯乙烯-甲基丙烯酸甲酯-丙烯酸[poly-(styrene-methyl methacrylate-acrylic acid)，P(St-MMA-AA)]复合微球乳液中加入质量分数为 13%的聚乙烯醇[poly(vinyl alcohol)，PVA]溶液，使 PVA 与 P(St-MMA-AA)球的质量比为 1∶4，并加入质量分数为 3%的曲拉通（triton），通过磁力搅拌混合均匀得到纺丝液。将上述纺丝液装入 5 mL 塑料注射器中，通过静电纺丝可快速制备出大量胶体晶体纤维膜，随后在去离子水中静置 10 h 以除去纤维中的部分 PVA 并在室温下晾干，可得到结构色纤维膜。所得结构色纤维膜的颜色没有角度依赖性和虹彩效应，通过调节微球尺寸可制备得到不同颜色的纤维膜。

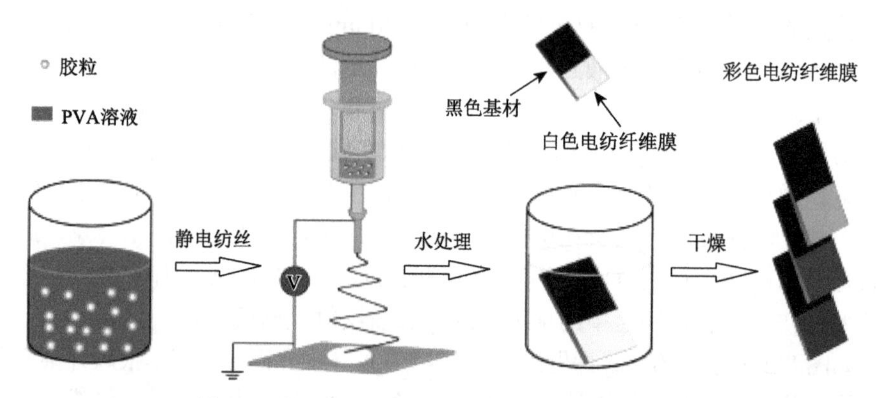

图 8-3　静电纺丝法制备结构色纤维膜示意图[26]

8.2.5　微型挤出法

微型挤出是指将微球预处理后，经机械作用使其通过专门设计的孔口，有序排列成纤维形状，制备出结构色纤维。Finlayson 和 Baumberg 等设计合成了一种以聚苯乙烯（PS）为硬核，甲基丙烯酸烯丙酯（allyl methacrylate，ALMA）作为接枝黏结剂，聚丙烯酸乙酯（polyethylacrylate，PEA）作为柔软外壳的聚合物核壳微球[27]。在加热条件下，可通过微型挤压装置将 PS-ALMA-PEA 核壳胶粒挤压组装成纤维形状，制得结构色纤维。该纤维力学性能良好，可通过针织得到简单的织物或面料。

光子晶体的发展历史只有短短几十年，光子晶体纤维的发展时间更短，但光子晶体的结构生色与传统染色技术相比，具有绿色环保、永不褪色、饱和度高、亮度高及虹彩效应等特点，不仅符合当前低碳发展的要求，更赋予纺织品栩栩如生的动感色彩效果，起到色素色无法实现的特殊效果，在晚礼服、演出服、工艺品、车内装饰布等方面都有较好的应用前景。因此，光子晶体纤维引起了学术界的重视，已有不少科研工作者对结构色纤维的着色方法进行探索，且取得了不错的成果。综上所述，目前制备光子晶体纤维的主要方法有基于薄膜干涉原理制备、微通道自组装、电泳沉积、静电纺丝、微型挤压等。其中，电泳沉积法具有方法简单、时间短、易于控制等特点，在未来工业化生产方面具有很大的潜能。但是受制于光子晶体纤维尚未工业化生产，因此其在纺织领域的应用研究还不多。随着人们对传统纤维环境污染问题的重视，光子晶体纤维受到了更多研究者的关注，相信在不久的将来，研究者们一定会探索出简便可行、经济适用的结构色纤维的制备方法，从而掀起一场纺织印染行业的革命。

8.3　光子晶体结构色纤维的表征方法

光子晶体结构色纤维的显色原理来源于周期性微结构在纤维上的构筑，因此在其表征过程中，首先需要对其微观结构进行表征，其中主要的表征手段包括光学显微镜和扫描电镜；其次，根据结构色纤维的微观结构，通常使用光纤光谱仪或者显微光纤光谱仪对其光学性能进行相关研究。

为了实现对结构色纤维表面微观区域颜色的表征，显微光纤光谱仪应运而生。如图 8-4 所示，显微光纤光谱仪是将普通的光谱仪与光学显微镜连用而实现的。在光谱仪与显微镜的联用过程中，需要实现光路的转化，而实现光路转化的器件被称为光谱扩展口。其内部蕴含了两档光路设计，搭载不同性能光学器件，能够实现纤维微区表面如“边看边测”“微区传输”等设想。

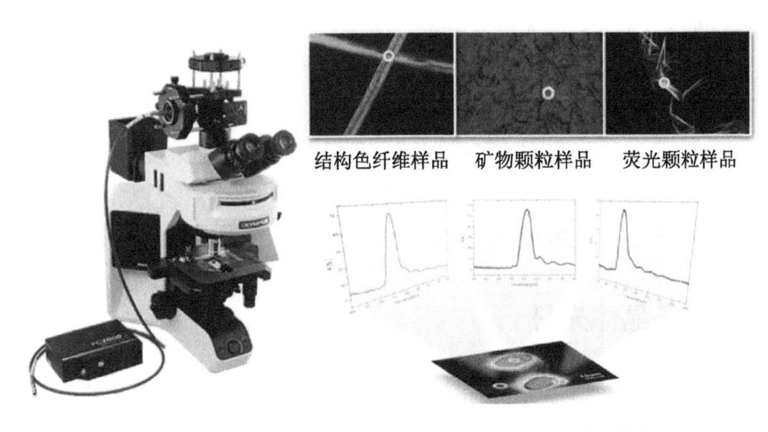

图 8-4　用于结构色纤维光学表征的显微光纤光谱仪

显微光谱也称为微区光谱测量系统，是一套能够实现微米级物体光谱采集的仪器，它不仅保持了显微镜对微小区域实时成像的特点，同时具备了采集该区域物体 350～2500 nm 波段内光谱的能力，在光学、材料学、生物技术、矿物分析等领域具有重要应用。

通常，显微光谱测量系统可分为三个模块：照明模块、光谱接收模块及成像模块。照明模块可分为科勒照明和共焦照明：科勒照明的光源一般为显微镜自带的卤素灯，通过透镜组将卤素灯丝成像于物镜的后焦平面上，物体可获得较为明亮且均匀的全场照明；共焦照明是将照明光源（如激光、氙灯等）通过光纤引入显微光谱系统，光纤输出端面经过光学系统成像于物体面上，即入射端面与物体面共轭，实现定点照明或激发。光谱接收模块由光纤及微型光谱仪组成，其中光纤接收光路为共焦接收，即接收面和物体面为共轭面，实现定点光谱接收。接收光纤一端接入显微镜光路，另一端连接至微型光谱仪，从而获取物体微观区域内的光谱信息。成像模块为 CCD 相机，在显微镜的基础上，将 CCD/CMOS 相机放置在物体面的共轭面上，在测量光谱的同时可以实现物体图像实时采集。

8.4　光子晶体光纤

本部分内容涉及的光子晶体光纤，在以往有关光子晶体的书籍中多有提及，如《光子晶体光纤的结构设计及其传输特性研究》、《光子晶体原理及应用》，在此不再赘述。本节主要是从科学研究的角度总结近年来关于光子晶体光纤的研究热点及其成果。

光子晶体光纤也称为微结构光纤，因其具有独特的结构特性和新颖的光学性质，在科研领域获得了大量研究者的青睐。1991 年，Philip Russell 在学术会议上首次提出了纤芯周围具有二维晶体结构周期排列的空气孔的全新结构光纤。1996 年，Knight 等首次研制出了具有无截止单模传输特性的光子晶体光纤。1999 年，Philip Russell 对单模空芯光纤进行了详细报道，并发现利用光子带隙型光纤的导光机理能将光束很好地束缚在纤芯空气孔中传输。此后，科研人员在光子晶体光纤领域投入了大量研究工作，光纤传感领域也迅速引入了具有独特导光特性的光子晶体光纤，这使得一系列具有独特用途的光子晶体光纤传感器得以报道[5, 28]。光子晶体光纤根据材料成分，一般分为无机光子晶体光纤和聚合物光子晶体光纤。

8.4.1　无机光子晶体光纤

近年来，随着光子晶体光纤研制水平越来越高，新型结构和特殊用途的光子晶体光纤不断被报道，利用其研制的新型传感器也层出不穷。图 8-5 展示了各种不同结构的光子晶体光纤，说明了该技术的多样性。根据导光机理的不同，光子晶体光纤一般分为干涉型、光栅型、吸收型、荧光型、表面等离子体共振型、拉曼散射型等。例如，2015 年 Lin 等研制了一个基于液体填充的固体芯光子晶体光纤的静水压力传感器，其压力灵敏度为−0.621 nm/mPa[29]。2016 年，Feng 利用空芯光子晶体光纤作为气体参考气室，实现了氨气的高灵敏度检测。目前大多数光子晶体光纤传感器仍处于实验室阶段，若要实际应用则性能与稳定性仍需进一步提高。除了对传感器参数优化外，还可通过预制棒材料掺杂、新型 PCF 结构设计等途径从源头进行性能改进。

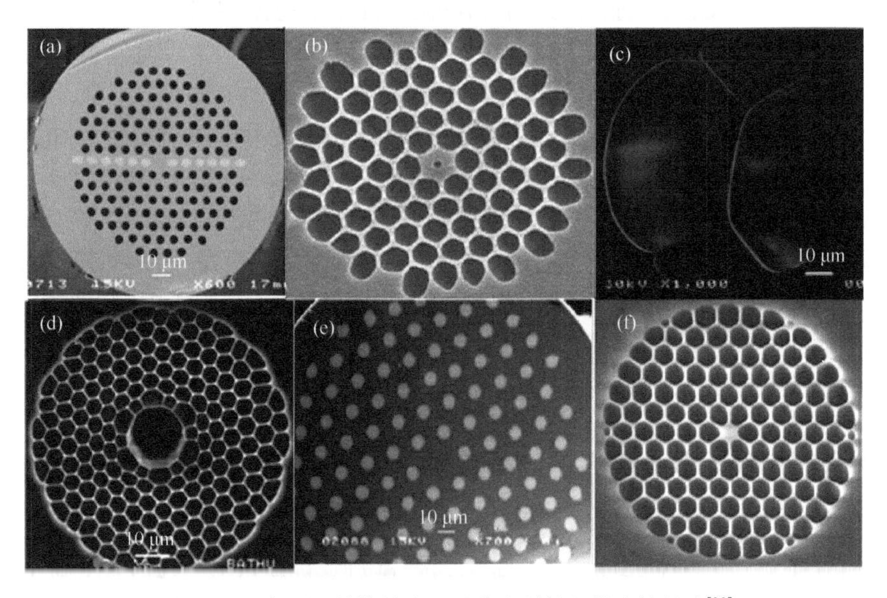

图 8-5　具有不同结构的光子晶体光纤的扫描电镜照片[30]

8.4.2　聚合物光子晶体光纤

根据光子晶体的概念，以及受到石英光子晶体光纤成功的鼓舞，澳大利亚悉尼大学于 2001 年利用聚甲基丙烯酸甲酯（PMMA）材料制备了聚合物光子晶体光纤。聚合物光子晶体光纤与普通的聚合物光纤相比，其优势包括：材料可以是单一聚合物、不需要任何掺杂、选材范围广，采用空气芯导光的聚合物光子晶体光纤还可以大大降低其吸收损耗。聚合物光子晶体光纤的预制棒可以采用很多聚合物材料及相应的不同工艺技术来制备。除常用的堆垛方法以外，还可以通过挤压成型、打孔、注射成型、模具聚合成型等方法来制备，并且可以获得不同截面结构的光子晶体光纤预制棒。拉制温度也远比石英低，一般在 200℃以内。

加拿大蒙特利尔大学 Skorobogatiy 课题组制备了具有明显结构色的层状结构聚合物光子晶体光纤，并探究了其在传感领域的应用[31, 32]。首先，他们采用直径为 100～600 μm 的布拉格纤维制备了聚合物光子晶体光纤。研究发现，当入射光在制备的 PMMA/PS 多层结构的光纤中传播时，由于多层结构之间折射率的差别，部分光从光纤中透出，宏观上可以观察到鲜艳的颜色。基于该材料，研究者制备了光纤传感器，能够检测不同浓度的氯化钠溶液。虽然这种光子晶体光纤可以实现纤维的结构显色，但其需要外界光源的注入，无法利用自然光使纤维显色[33, 34]。

8.5 基于光子晶体纤维的功能器件

随着社会经济的发展，传统的能源器件已经无法满足人们对微型化、便携化、集成化的可穿戴设备的需求。与传统的平面状能源器件相比，纤维状光子晶体能源器件质量更轻、柔性更好、集成度更高，同时可以像高分子纤维一样，通过与纺织技术相结合实现大规模应用，从而满足可穿戴设备和各种便携式电子设备的应用需求。21 世纪在光子技术领域中操控光子已成为核心的研究内容，纤维状光子晶体因其特殊的周期结构而具有光子禁带特性，从而可以对特定频率的光进行调控。纤维状光子晶体的应用涵盖了光电、催化、能源等众多领域，为功能器件的结构设计和性能优化提供了参考依据。本节提出一些已有或前瞻性的概念，供读者参考研究。

8.5.1 能源器件电极用光子晶体纤维

染料敏化太阳能电池（dye sensitized solar cell，DSSC）作为第三代薄膜太阳能技术的主角之一，具有成本低、质量轻、原料充足等优点。该器件一般由二氧化钛阴极、对电极和电解液构成。二氧化钛不仅是吸收太阳光的关键部件，而且还承担着作为染料分子载体和接收并传导电子到电池阴极端的功能。因此，二氧化钛电极的物理性质和结构既关系着电池的光电转换效率又影响光吸收率，这两个因素直接决定着电池的效率。

为了提高光电转换效率，Gratzel 课题组研究了光阳极的微观结构，并指出垂直于导电玻璃表面的有序结构可能比一般的多孔电极材料更有优势。许多纳米微观结构，如光子晶体结构等被引入光阳极的制备过程中，这种结构可增加光程长度、提高光捕获效率，且能在一定程度上增加电极的比表面积，进而提高总体的光电转换效率，同时制备的电池会对外显示结构色。如图 8-6 所示，Dechun 等采用原子层沉积（ALD）制备的 TiO_2 薄膜提高了纤维状染料敏化太阳能电池的性能[35]。通过插入均匀且无针孔的 TiO_2 薄膜，Ti/TiO_2 上的电接触得到了改善。厚度为 15 nm 的 TiO_2 薄膜和 10 pm 的 TiO_2 纳米层的典型器件的光电转换效率高达

7.4%。致密、高质量的 TiO_2 膜显著改善了 Ti/TiO_2 界面性能。表面修饰加速了电子的传递，从而提高了电荷收集效率。与未进行 ALD 处理的纤维状染料敏化太阳能电池相比，其光电流密度和弯曲性能均有显著提高。

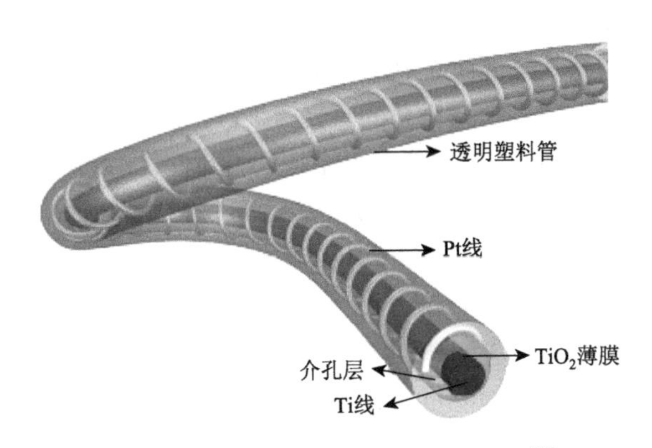

图 8-6　纤维状染料敏化太阳能电池结构[35]

8.5.2　发光器件用光子晶体纤维

可编织柔性发光材料具有质轻、适形、可延展等优势，在智能穿戴电子产品方面有广泛的应用前景，相比于普通电子设备难集成、易损坏、能耗大等不足，可编织、可穿戴电子设备优势明显，已成为当前学术界及产业界的关注热点。目前，柔性发光材料的发光强度较低、力学稳定性较差、亮度不均匀。研究人员发现，通过在体系中引入光子晶体材料局域增强材料发光强度，有望解决上述问题。在平面结构发光领域，早已将光子晶体引入发光荧光粉的研究中，如吉林大学的宋宏伟教授、中国科学院化学研究所宋延林教授、大连理工大学张淑芬教授等。众所周知，光子晶体具有光子禁带、光子局域、负折射效应等特点。因此，光子晶体对嵌入在其中的发射物质的光学行为能实现有效的控制。例如，在光子晶体中引入一种光辐射介质，该辐射的频率正好处于光子晶体的带隙中，由于该频率的光为禁止模式，因此光辐射受到抑制，这样就能利用光子晶体来控制在自由空间不可避免的自发辐射。光子晶体带隙的带边效应也能对物质的吸收起到增强作用，使得光和增益物质相互作用时间延长，这在光物理和光化学反应领域有着广阔的应用前景。

2004 年，Vos 课题组报道了量子点的荧光受反蛋白石结构 TiO_2 光子晶体调制的实验，首次通过实验探索光子晶体带隙对自发辐射寿命的影响，证明光子晶体带隙不仅能够抑制自发辐射，同时也能够增强自发辐射，主要取决于光子带隙和自发辐射分布的相对位置[36]。光子晶体的出现为增强荧光发光提供了全新的思路。日本松下电器首次将二维光子晶体运用到蓝色发光二极管（light emitting diode，LED）发光层上，成功实现 LED 发光效率提高 1.5 倍。Song 课题组也提出利用光子晶体的布拉格反射作为反射镜面，利用光子晶体的光子带隙特性，减少透射损失，实现了有机荧光染料发光数十倍的增强[37]。此外，Song 课题组还利用模板辅助的溶剂热合成法成功制备了小声子能的 $NaYF_4$ 反蛋白石光子晶体[38]。通过 Yb、Er/Tm 的共掺杂体系，对上转换发光性质进行了系统研究，证明光子晶体有利于上转换，尤其是高阶上转换过程的发生。

Peng 课题组使用过渡金属掺杂的硫化锌颗粒和聚二甲基硅氧烷通过简单的沾涂方法，制备了一种芯鞘结构且具有高度柔性和可拉伸性能的应力发光复合纤维[39]，如图 8-7 所示。这种复合纤维在应力的作用下直接将机械能转换成光能，其发光的强度可以通过发光粉的含量及应力的施加方式进行调节，复合纤维所发光的颜色也可以通过使用不同种类的发光粉及其混合物进行调节。例如，将光子晶体的发光增强特性与柔性纤维相结合，势必制备出性能优异的材料，在可穿戴发光织物领域占有一席之地。Gu 课题组使用常见的桌面激光打印机在塑料片上打印图案后，将 SiO_2 纳米颗粒胶体溶液刮涂在图案上，溶液挥发后 SiO_2 纳米颗粒自组装成光子晶体，随后灌注硝酸纤维素的前驱液，通过腐蚀 SiO_2 模板的方式可得到图案化的光子晶体纤维素纸[40]。得益于光子晶体的特殊光学性质，即光子禁带及慢光效应，研究者将光子晶体纤维素纸用于非标记检测人 IgG，以及肿瘤标志物的多元荧光检测。

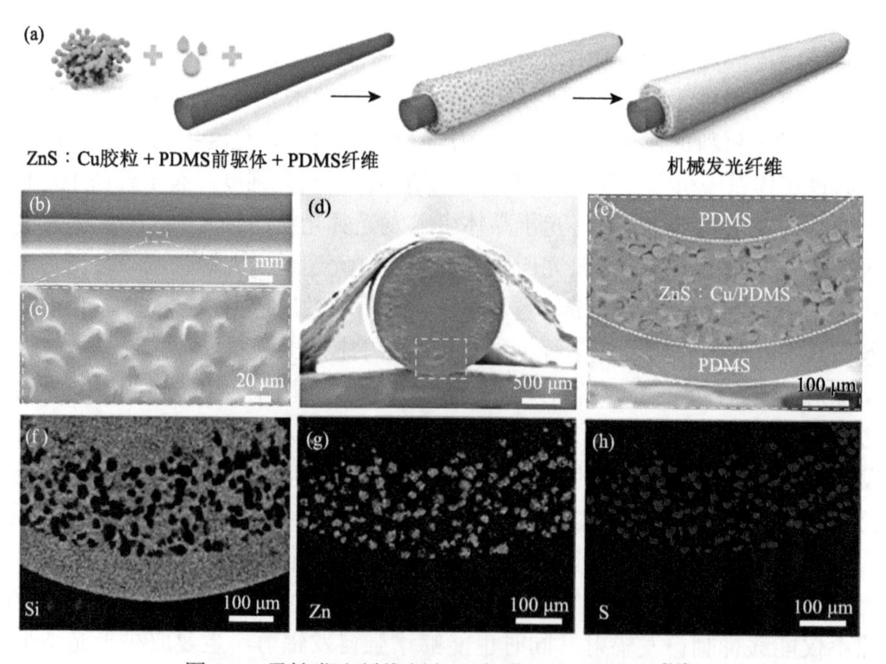

图 8-7　柔性发光纤维制备示意图及其结构表征[39]

（a）柔性发光复合纤维制备流程图；低倍（b）和高倍（c）放大镜下无 PDMS 外层的发光纤维侧视图；低倍（d）和高倍（e）放大镜下有 PDMS 外层的发光纤维的横截面图；纤维中硅（f）、锌（g）和硫（h）的能量色散光谱图像

8.5.3　纤维状变色传感器件

前面几章内容已经概括了光子晶体具有结构变色的特性，变色原理不再赘述，利用它可以制备出具有响应性的变色传感器件。具有代表性的课题组是美国匹斯堡大学的 Asher 课题组、中国东南大学的顾忠泽课题组、韩国科学技术院的 Shin-Hyun Kim 课题组等。他们通常选择水凝胶或分子印迹聚合物材料，利用分子印迹技术构筑光子晶体变色传感器。简而言之，将分子印迹技术引入光子晶体的骨架结构中，所制备的分子印迹光子晶体凝胶具备分子印迹的特异识别性、构效预定性等特点，也具备光子晶体的三维有序结构。由于具有特殊的反蛋白石光子晶体结构，在吸收目标化合物后，根据布拉格衍射定律，晶体结构的微变形能够引起衍射波长的显著变化，甚至发生颜色改变，这为实现裸眼检测提供了可能。

纤维状的光子晶体传感在可穿戴、生物医学领域具有巨大的价值。例如，东华大学的 Wang 课题组研究了磁场、温度、力学响应变色的纤维。采用温敏性材料聚（*N*-异丙基丙烯酰胺）（PNIPAM）和磁性胶体球制备了对温度具有响应性的结构色纤维。该纤维具有鲜亮的颜色，并且颜色能够随温度发生变化，其颜色的反射波长可以从 642 nm 迁移到 494 nm。通过将 Fe_3O_4@C 胶体球的乙二醇分散液与聚二甲基硅氧烷（PDMS）前驱体混合并在管状空间内固化制备得到了磁场响应型的 PDMS 纤维[22]。

Gu 课题组将具有近红外光响应的石墨烯水凝胶与光子晶体相结合制备得到图案化光子晶体水凝胶纤维。这种复合材料可以像一些生物一样具有可逆的向光弯曲行为，同时伴随着颜色自报告的特性[41]。如图 8-8 所示，当用单侧近红外光（NIR）照射纤维时，由于石墨烯水凝胶优越的光热转化效率，受照射区域会发热而发生收缩，这种不均衡的局部收缩不仅会导致纤维向光弯曲，还会导致结构色区域性蓝移。这表明通过观察特定位置处条纹的结构色，可以半定量地确定纤维的弯曲角度。这种独特的传感功能使得结构颜色条纹成为智能软材料的最佳选择之一。

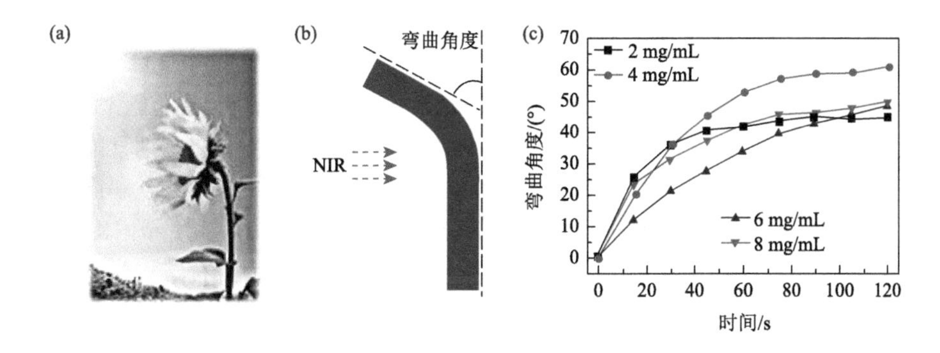

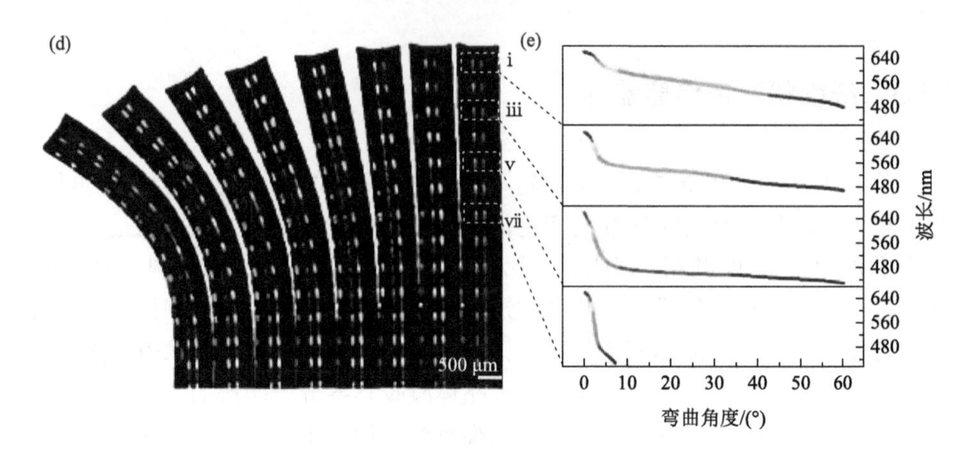

图 8-8　石墨烯复合光子晶体水凝胶纤维在近红外光下的形状颜色双重仿生调控[41]

（a）向日葵的向光性；（b）水凝胶纤维向光弯曲示意图；（c）四种不同 GO 含量的水凝胶纤维弯曲角度随时间变化曲线；（d）水凝胶纤维弯曲过程的光学图像；（e）四种不同条纹弯曲角度和特征反射峰位置之间的关系图

8.6　光子晶体结构色纤维的其他应用

在光子晶体纤维研究初期，研究者们主要是想通过在纤维表面或内部构筑光子晶体结构而使纤维显示结构色，从而探究纤维染色的新工艺。然而随着研究的深入，研究者们发现光子晶体纤维在外界刺激的作用下其颜色也会发生相应的改变，从而开始了对外界刺激具有响应性的智能结构色纤维的研究。本节将具体介绍光子晶体结构色纤维在各个领域的应用。

8.6.1　纤维材料上的结构生色

结构色作为一种物理生色机理，只要其结构不被破坏就能一直显色，具有颜色鲜艳、耐漂白等特性。因此，结构色在纤维的染色领域具有重要应用。关于结构色纤维的研究最早建立在柱状物体表面或内部周期性结构的构筑上。例如，Ni 等[42]在开放空间中将 SiO_2 和 PS 球组装在玻璃毛细管表面，得到了蛋白石结构，但是这种方法耗时长，需要 10～15 h。Yang 课题组[43]通过浸渍和毛细管的方法制备了圆柱状的光子晶体，根据纤维表面的曲率（即纤维半径的倒数）和纤维退缩速度来检测浇铸在非平面基板上的胶体晶体层的厚度。如图 8-9 所示，Kim 等[44]还利用微流体设备在中空纤维内部制备了 SiO_2-ETPTA 反蛋白石结构光子晶体，呈现出明显的结构色。

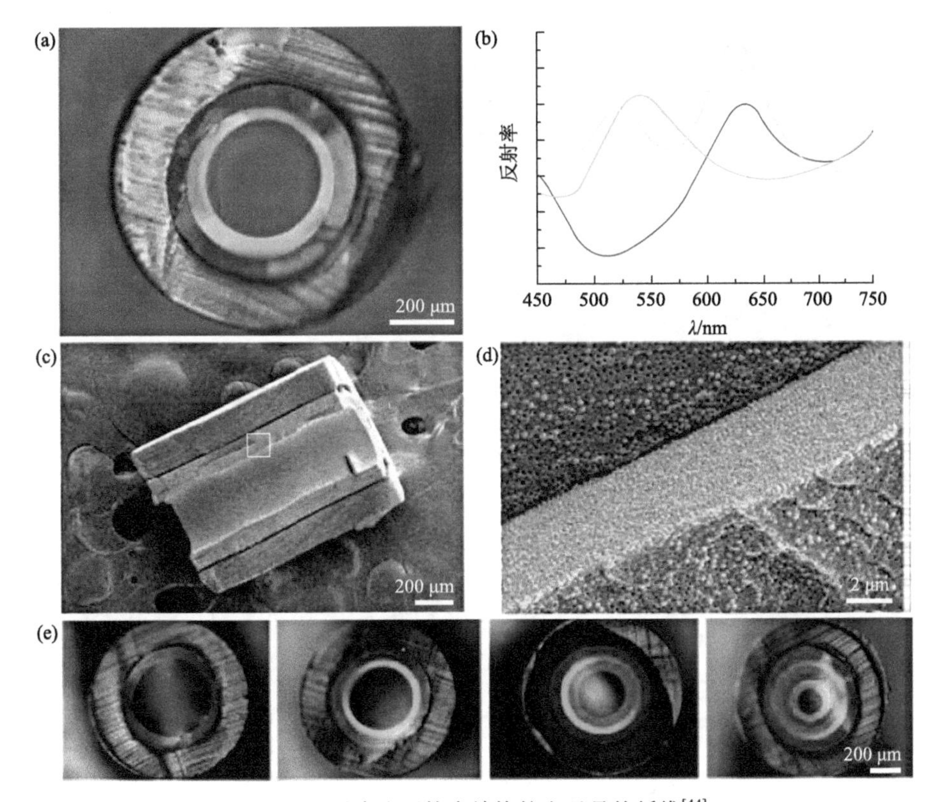

图 8-9　具有多层核壳结构的光子晶体纤维[44]

（a）具有红色和绿色双层光子晶体结构的光纤光学显微镜照片；（b）红色单层（红色曲线）、绿色单层（绿色曲线）及双层光子晶体（黄色曲线）的反射光谱；（c）双层光纤的垂直切割扫描电镜照片；（d）双层光子晶体界面的扫描电镜照片；（e）采用三种不同结构色连续涂布制备的 1 层、2 层、3 层及 6 层的光子晶体纤维

2011 年，Liu 等利用微空间内胶体微球自组装的方法在玻璃纤维表面构筑了由 SiO_2 微球组成的光子晶体结构，制备了结构色玻璃纤维[21]。在环境白光照明下，该纤维由于能够反射特定波长的光而呈现出结构色。通过控制 SiO_2 微球的粒径大小和层数，可对结构色纤维颜色进行调控。如图 8-10 所示，苏州大学 Zhang 课题组利用电泳沉积法在碳纤维的表面沉积多层 PS 微球构筑结构色碳纤维[25]。之后该研究团队利用静电纺丝法制备了结构色纤维毡，并对纤维制备过程及形成机理进行了详细研究[26, 45]。

Baumberg 课题组利用挤出成型的方法，通过对挤出口的设计，得到了由 PEA 包覆 PS 微球组成的结构色纤维，该纤维的颜色可以通过调节 PS 微球的粒径得以实现。通过构筑核壳结构，利用 PS 微球在 PEA 内部自组装形成的光子晶体结构对光的调控作用，实现了结构色纤维的制备[27]。该纤维在拉伸情况下具有较明显的结构色变化效果。通过挤出方法制备结构色纤维的优点在于能够实现结构色纤维的连续性制备，对结构色纤维在实际生产中的应用具有重要意义。

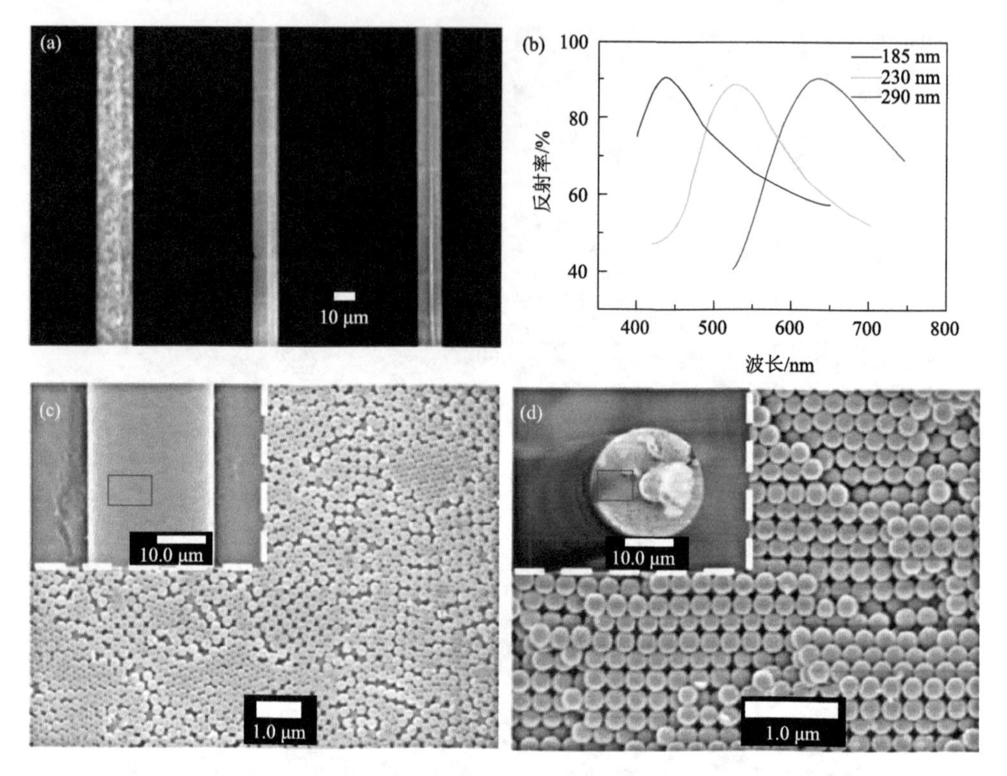

图 8-10　结构色纤维的结构和光学性能[25]

（a）红色、绿色、蓝色纤维的光学显微镜照片；（b）对应反射光谱，图例从上到下依次对应蓝色、绿色、红色纤维的纳米球直径；（c）纤维表面的扫描电镜照片；（d）纤维横截面的扫描电镜照片

8.6.2　具有刺激响应性的结构色纤维

在结构色纤维研究领域，如何实现结构色纤维对外界刺激的智能响应同样引起了研究者的广泛兴趣。实现纤维对外界响应的关键在于纤维表面响应性光子晶体的构建。尽管响应性光子晶体已经得到了广泛研究，许多研究者也开始关注光子晶体结构在纤维领域中的应用。但是在响应性光子晶体纤维这个领域，还很少有研究者涉足。其主要原因可能是在圆柱形纤维表面构筑光子晶体结构时，需要解决光子晶体结构在圆柱形表面的组装问题。目前还没有足够的理论能对其进行理论支撑。因此，现阶段制备的响应性光子晶体纤维主要是通过一些特殊方法制备得到的。如图 8-11 所示，Mathias 和 Vukusic 等[46]受自然界中热带水果 *Margaritaria nobilis* 中的多层结构启发，将构筑得到的多层周期性薄膜结构经过滚动缠绕的方式制备了带隙可调的弹性光学多层纤维。如图 8-11 所示，这种光学多层纤维能够对外力产生良好的光学响应。

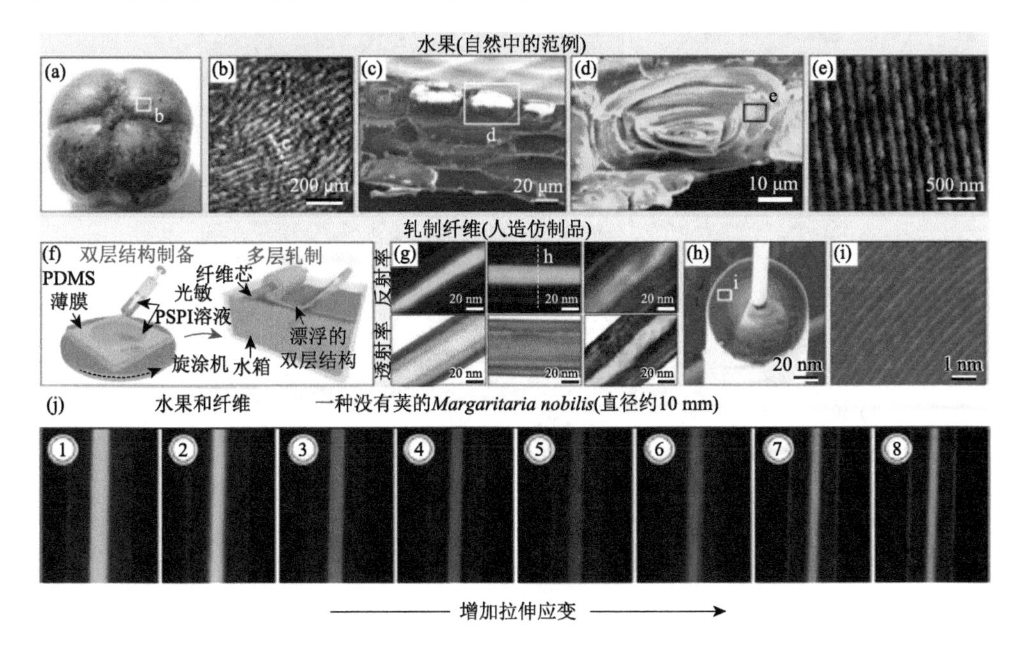

图 8-11　受热带水果启发的人造弹性光学多层纤维[46]

（a）～（e）自然界中水果的层状卷曲结构；（f）～（i）人造光子晶体纤维的卷曲制备与结构表征；（j）光子晶体纤维在轴向拉伸作用下颜色的变化

通过卷绕的方法虽然能够制备力学响应性纤维，但其制备过程相对复杂。为此，研究者也尝试了使用其他方法来制备对外力具有响应性的结构色纤维。如图 8-12 所示，Zhang 等[47]通过浸渍提拉的方法在氨纶纤维表面构筑了由 PS/PMMA/PEA 核壳胶粒组成的结构色纤维。氨纶纤维的颜色可以通过改变微球的粒径大小来实现，采用粒径为 216 nm、273 nm 和 324 nm 的核壳胶粒可分别制得结构色为蓝色、绿色与红色的氨纶纤维。该纤维除了能够显示结构色以外，还能够实现对外力的响应。当纤维受到拉伸作用力时，其反射光谱会随着拉伸应力的增大而发生蓝移。

如图 8-13 所示，Sun 等[48]通过在 PDMS 纤维表面涂覆一层碳纳米管（CNT），然后利用电泳沉积的方法在纤维表面沉积多层 PS 微球使纤维具有结构色。为了使 PS 微球在纤维表面形成的结构在拉伸过程中不受到破坏，PS 微球之间需要再次填充 PDMS 预聚体并进行固化。图 8-13（a）展示了该结构色纤维的制备过程，从纤维的 SEM 照片中可以看出经过电泳沉积后，PS 微球在纤维表面形成了周期性排列结构，使得 PDMS 纤维显色。图 8-13（b）表明，纤维所具有的结构色取决于所使用 PS 胶体球的粒径，PS 胶体球粒径越大，纤维颜色会向红光方向偏移。除此之外，纤维在拉伸过程中还会发生蓝移。

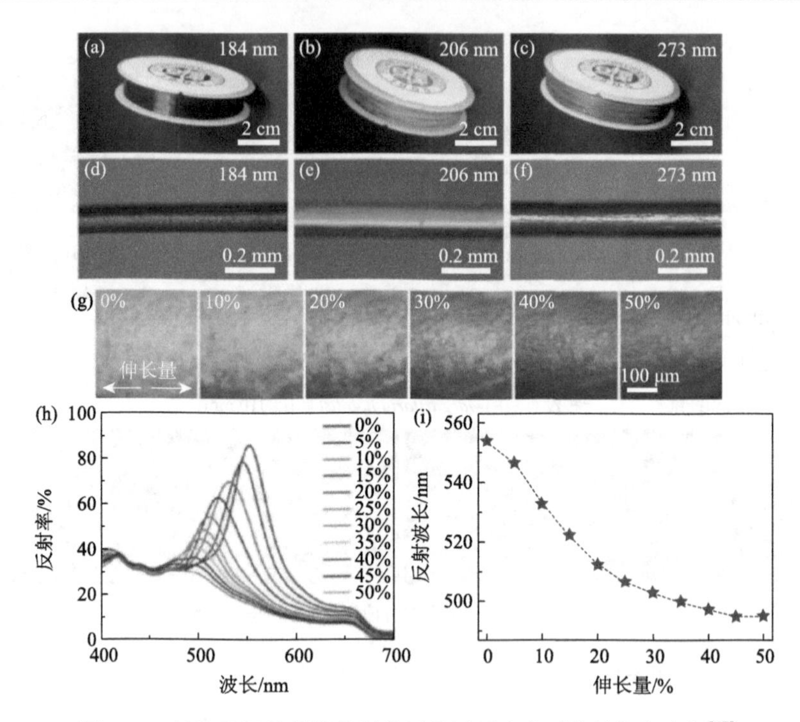

图 8-12　结构色氨纶纤维的制备以及不同应力下的结构色表征[47]

（a）～（f）利用不同粒径的 PS/PMMA/PEA 微球制备的结构色氨纶纤维的数码照片；（g）绿色氨纶纤维在不同应力作用下颜色的变化；（h）绿色氨纶纤维在不同伸长百分比条件下的反射光谱变化图；（i）绿色氨纶纤维反射波长变化图

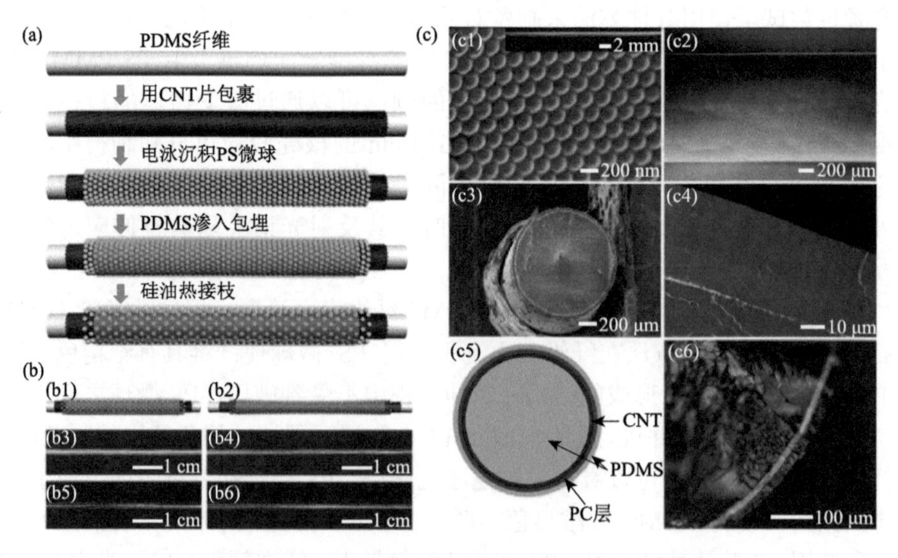

图 8-13　PDMS 结构色纤维的制备及其表征[48]

（a）结构色 PDMS 纤维的制备流程图；（b）不同粒径 PS 微球制备的结构色纤维在拉伸前后的颜色变化；（c）结构色纤维的结构表征

Shang 等[49]通过外界磁场诱导和注入成型的方法，将磁性胶体微球与丙烯酰胺前驱体混合并进行交联固化，成功实现了聚丙烯酰胺结构色纤维的制备。该纤维内部具有一维链状光子晶体结构，与通过在纤维表面制备光子结构获得的结构色纤维相比，将光子晶体结构制备在纤维的内部更能保证光子晶体结构不受外力的破坏。如图 8-14 所示，该纤维对外力具有良好的响应性，当纤维受到拉伸时，其颜色会从橙色变为黄绿色最后变为绿色；当纤维受到挤压时，纤维的颜色会从橙色变为红色。与传统力学检测器件相比，制备的力学响应性纤维在对外力具有良好响应的同时，并不需要外界设备对其提供能源，因此是一种绿色的传感器件。

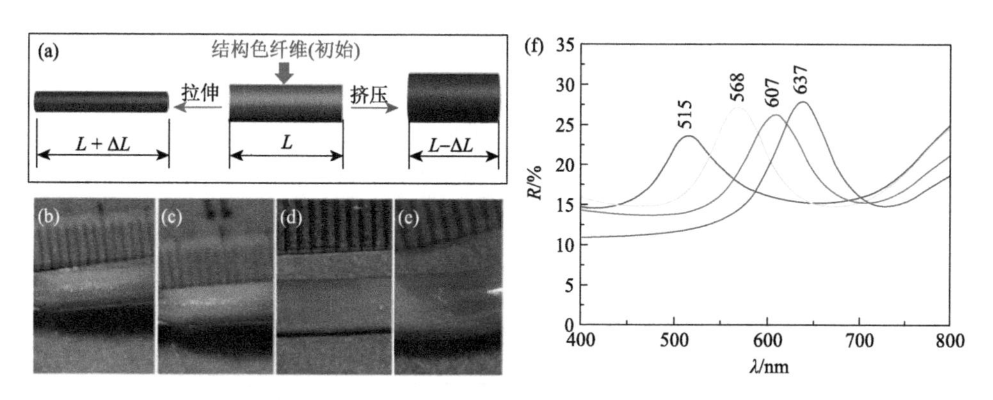

图 8-14 不同外力下的聚丙烯酰胺纤维结构色变化[49]

（a）外力响应性聚丙烯酰胺结构色纤维在外力作用下发生形变的原理图；（b）～（e）结构色纤维在不同外力作用下的显色照片；（f）外力响应性纤维在不同外力作用下的反射光谱图

此外，他们还通过将 Fe_3O_4@C 胶体球的乙二醇分散液与 PDMS 前驱体混合，在管状空间内固化制备了磁场响应性的 PDMS 纤维。如图 8-15 所示，通过在纤维外部涂覆另一层 PDMS，使制备得到的磁场响应性纤维更加稳定。该磁场响应性 PDMS 纤维对外界磁场具有良好的响应性，当对其施加一个外界磁场后，纤维的颜色会立刻发生改变。该纤维具有较好的力学强度，其结构色不受外界作用力的影响。磁场响应性纤维能够实现对外界磁场的响应性，主要是由于 PDMS 内部含有乙二醇的液滴，乙二醇液滴中的磁性胶体球能够在外界磁场作用下定向排列成一维链状光子晶体结构，从而使纤维在磁场下显色。

为了实现纤维对外界气氛的响应，Yuan 等[50]通过在碳纤维表面沉积聚（*N*-异丙基丙烯酰胺-丙烯酸）水凝胶微球制备了结构色碳纤维。如图 8-16 所示，该纤维能够对含有极性溶剂的气氛如乙醇或者丙酮进行响应。该项工作对利用结构色纤维实现对特殊气氛的检测进行了尝试，为低功率和小型化光纤传感器的研究带来实质性进展，也进一步拓宽了结构色纤维的应用领域。

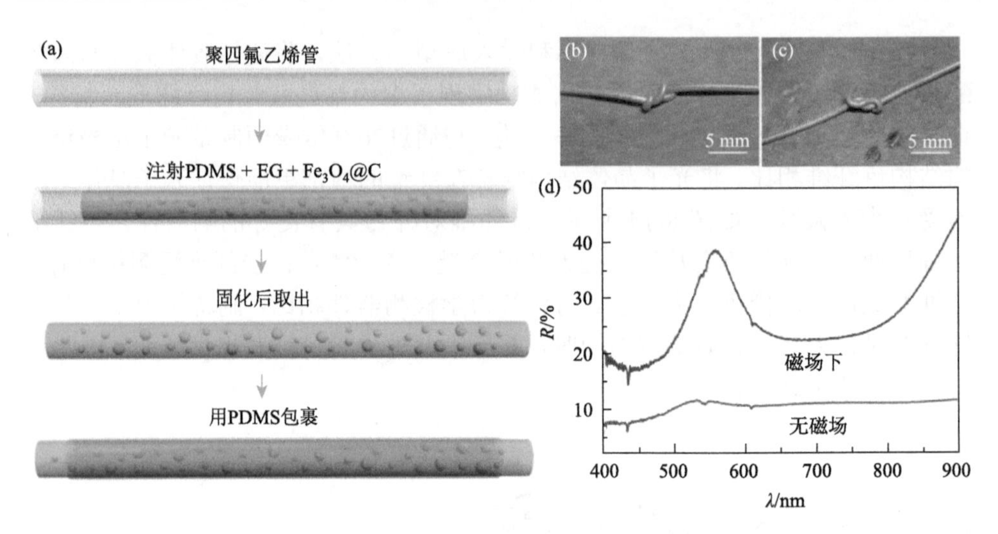

图 8-15　磁场响应 PDMS 纤维及其表征

（a）磁场响应性 PDMS 纤维制备原理图；磁场响应性纤维在无外界磁场（b）和有外界磁场（c）作用下的数码照片；（d）相应情况下纤维的反射光谱图

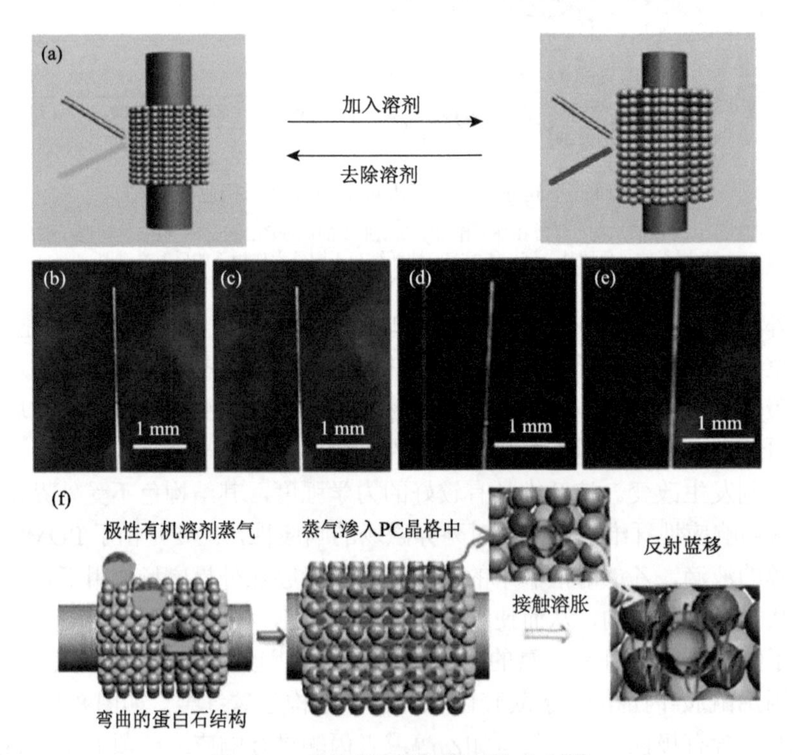

图 8-16　结构色纤维对溶剂的响应[50]

（a）结构色纤维对溶剂响应的原理图；（b）、（c）纤维对丙酮的响应性；（d）、（e）纤维对乙醇的响应性；（f）结构色纤维对极性溶剂响应的机理图

8.6.3　结构色纤维织物

光子晶体纤维的制备存在诸多技术上的难题，目前的制备方法难以实现连续的生产。而平板基底光子晶体结构的组装已非常成熟，织物表面虽不完全平整，但依旧可以使用平板基底的组装方法来实现光子晶体的构筑。此外，织物表面的组装更易实现大面积制备，于是研究者开始在织物表面直接组装光子晶体结构。目前光子晶体织物的制备方法主要有以下三种。

第一种方法是重力沉积法。与在平板基底上组装过程类似，它是将一定质量分数的单分散微球分散在溶剂中，利用胶体微球的自组装特性，在重力的缓慢作用下逐渐沉降堆积，形成有序周期性结构。例如，浙江理工大学 Shao 课题组合成了单分散的 PS 微球，并将其配成一定浓度的水溶液，在涤纶布料表面通过重力沉降法制备了结构色布料[51]。他们分别用直径为 200 nm、240 nm 和 270 nm 的微球得到了蓝色、绿色和红色的涤纶布料，并且随着角度不同该布料会显现不同的颜色。但由于 PS 在室温下是硬质球，所得结构色布料表面的光子晶体结构易被破坏。此外，他们还研究了涤纶织物基底的颜色对结构色布料最终颜色的影响[52]。实验结果表明，白色织物表面组装的结构色颜色饱和度最低，黑色织物表面组装的结构色颜色饱和度最高。这是因为黑色基底可以吸收杂散光，反射光中的杂散光越少，颜色饱和度越高，而白色织物恰好相反。上述研究中，他们不仅探索了纳米微球在纺织基材上的自组装过程及相应机理，还采用数码喷印法在纺织基材上自组装构建光子晶体结构色图案，并对提高纺织材料上光子晶体结合牢度和生色耐久性的方法进行了探究。

第二种方法是喷墨打印法。它的原理是利用胶体溶液在高压雾化下形成小液滴并附着于织物之上，随着溶剂挥发胶粒逐渐组装成光子晶体结构。该方法具有可连续生产、原料消耗少等优点。例如，Liu 等合成了聚多巴胺包覆的 SiO_2 微球，于水溶液中配制成一定浓度的分散液装于喷枪中以一定的速率在涤纶织物表面进行喷墨打印制备结构色织物。Zeng 等[53]合成了聚苯乙烯-甲基丙烯酸甲酯-丙烯酸[P(St-MMA-AA)]微球，将其分散在水中配制成一定浓度的分散液，并在水溶液中加入了聚丙烯酸酯类黏结剂，利用喷墨打印的方法在涤纶织物表面组装光子晶体结构。当溶液蒸发后，聚丙烯酸酯类的填充可以起到黏结作用，使微球的密排六方结构不容易被破坏。

苏州大学张克勤研究团队通过雾化沉积二氧化硅胶体微球及添加聚乙烯醇（PVA）黏合剂的方式可控制备大面积非晶结构色涂层，同时实现了非晶结构色的混合及精细调控[54]。该方法能在复杂不规则物体表面上进行快速的保形性涂敷，实现较好的“染色”并保留结构细节。以蚕丝面料为例，该方法能够很好地对纺织品进行印染上色，在保留其原有柔性和拉伸性的同时该结构色涂层具备较好的力学强度。

第三种方法是磁控溅射法。它与前面两种方法存在本质区别。该方法得到的颜色基于多层膜干涉效应，相较于传统的自组装法具有以下优点：①界面稳定性极好；②无废水排放，可以从源头解决传统染色的废水污染问题。Yuan 等利用直流磁控溅射技术在织物表面得到了具有结构色彩的银/二氧化钛（Ag/TiO_2）多层膜，通过调整膜的厚度可以得到不同颜色的结构色织物。

8.7　总结与展望

关于响应型纤维状光子晶体传感器，目前需要解决的关键问题是纤维状胶体晶体的可控制备。迄今尚未发现可以大规模制备光子晶体纤维的方法。另外，对于分析物的检测，目前响应原理大多是利用光子晶体结构和分析物的相对折射率变化，那么假如待测分析物的相对折射率相同，将无法实现检测。有研究人员发现使用动态光散射的在线检测方式可以进行光子晶体结构的微小变化的监测，但是该设备较为昂贵，无法大规模使用。

纤维状光子晶体器件是在平面状能源器件基础上发展而来的，与平面状能源器件有着相同的工作原理，因此平面状能源器件在材料和结构等方面的研究进展，也不断推进着纤维状光子晶体能源器件的进步。另外，与平面状能源器件相比，纤维状光子晶体能源器件凭借着独特的一维结构，在柔性、可集成、可编织性等方面表现出明显的优势，为便携式和可穿戴设备的发展提供了强有力的支持。然而，相较于平面状能源器件，纤维状能源器件的发展尚处于起步阶段，面临着许多亟待解决的问题和挑战。从器件性能角度看，目前纤维状光子晶体能源器件要明显低于平面状能源器件。综上所述，纤维状光子晶体能源器件系多学科交叉研究方向，通过物理、化学、微电子、材料学、工程学、纺织学等多个领域研究人员的共同努力，未来的纤维状光子晶体能源器件将朝着高度智能化和集成化方向发展，有望满足人们的各种需求。除了可穿戴设备，纤维状光子晶体能源器件还可以广泛应用在电子通信、医疗器械、军事国防等重要领域，有望产生新的科技革命，从多个方面改变人们的生活方式。

参考文献

[1] John S. Strong localization of photons in certain disordered dielectric superlattices. Phys Rev Lett，1987，58：2486.

[2] Yablonovitch E. Inhibited spontaneous emission in solid-state physics and electronics. Phys Rev Lett，1987，58：2059.

[3] Russell P. Photonic-crystal fibers. J Lightwave Technol，2006，24：4729.

[4] Knight J，Birks A，Russell P，et al. All-silica single-mode optical fiber with photonic crystal cladding：Errata. Opt Lett，1997，22：484.

[5] Knight J，Broeng J，Birks T，et al. Photonic band cap guidance in optical fibers. Science，1998，282：1476.

[6] Knight J. Photonic crystal fibres. Nature，2003，424：847.

[7] Russell P. Photonic crystal fibers. Science，2003，299：358.

[8] Neville A，Caveney S. Scarabaeid beetle exocuticle as an optical analogue of cholesteric liquid crystals. Biol Rev Camb Philos Soc，1969，44：531.

[9] Ghiradella H. Structure and development of iridescent butterfly scales：Lattices and laminae. J Morphol，1989，202：69.

[10] Ghiradella H. Light and color on the wing：Structural colors in butterflies and moths. Appl Opt，1991，30：3492.

[11] Ghiradella H. Development of ultraviolet-reflecting butterfly scales：How to make an interference filter. J Morphol，1974，142：395.

[12] Merritt E. A spectrophotometric study of certain cases of structural color. J Opt Soc Am & Rev Sci Instrum，1925，11：93.

[13] Newton I. Opticks：or，A Treatise of the Reflections，Refractions，Inflections and Colours of Light. London：Printed for Sam Smith，and Benj Walford，1704.

[14] Rayleigh L. On the reflection of light of regularly stratified medium. Proc R Soc A，1917，93：565.

[15] Wolbarsht R. Micrographia or some physiological descriptions of minute bodies made by magnifying glasses with observations and inquiries thereupon by robert hooke. Q Rev Biol，1963，38：81.

[16] 罗风光，沈君凤. 光子晶体光纤产生的超连续谱. 光子学报，2014，43：106007.

[17] 张晓娟. 光子晶体光纤的结构设计及其传输特性研究. 北京：科学出版社，2016.

[18] Poli F，Cucinotta A，Selleri S. Photonic Crystal Fibers：Properties and Applications. Dordrecht：Springer，2007.

[19] 张骜，袁伟，周宁. 结构生色及其染整应用前景（一）. 印染，2012，38：44.

[20] Kinoshita S，Yoshioka S. Structural colors in nature：The role of regularity and irregularity in the structure. ChemPhysChem，2005，6：1442.

[21] Liu Z，Zhang Q，Wang H，et al. Structural colored fiber fabricated by a facile colloid self-assembly method in micro-space. Chem Commun，2011，47：12801.

[22] 刘志福. 基于光子晶体的结构色纤维制备及其显色性能研究. 上海：东华大学，2013.

[23] Liu Z，Zhang Q，Wang H，et al. Structurally colored carbon fibers with controlled optical properties prepared by a fast and continuous electrophoretic deposition method. Nanoscale，2013，5：6917.

[24] 袁伟. 结构色纤维/面料的制备及其光学性质研究. 苏州：苏州大学，2014.

[25] Zhou N，Zhang A，Shi L，et al. Fabrication of structurally-colored fibers with axial core-shell structure via electrophoretic deposition and their optical properties. ACS Macro Lett，2013，2：116.

[26] Yuan W，Zhou N，Shi L，et al. Structural coloration of colloidal fiber by photonic band gap and resonant Mie scattering. ACS Appl Mater Interfaces，2015，7：14064.

[27] Finlayson C，Goddard C，Papachristodoulou E，et al. Ordering in stretch-tunable polymeric opal fibers. Opt Express，2011，19：3144.

[28] Cregan R，Mangan B，Knight J，et al. Single-mode photonic band gap guidance of light in air. Science，1999，285：1537.

[29] Yu H，Li G，Li X，et al. Producing regenerated gratings in hydrogen-loaded single mode fiber by heat treatment. Photonic Sens，2014，4：125.

[30] Cerqueira A. Recent progress and novel applications of photonic crystal fibers. Rep Prog Phys，2010，73：024401.

[31] Pone E，Dubois C，Guo N，et al. Drawing of the hollow all-polymer Bragg fibers. Opt Express，2006，14：5838.

[32] Gauvreau B，Guo N，Schicker K，et al. Color-changing and color-tunable photonic bandgap fiber textiles. Opt Express，2008，16：15677.

[33] Qu H，Ung B，Roze M，et al. All photonic bandgap fiber spectroscopic system for detection of refractive index changes in aqueous analytes. Sens Actuator B-Chem，2012，161：235.

[34] Won R. Colour-tunable textiles. Nat Photonics，2008，2：650.

[35] Song W，Wang H，Liu G，et al. Improving the photovoltaic performance and flexibility of fiber-shaped dye-sensitized solar cells with atomic layer deposition. Nano Energy，2016，19：1.

[36] Lodahl P，van Driel A，Nikolaev I，et al. Controlling the dynamics of spontaneous emission from quantum dots by photonic crystals. Nature，2004，430：654.

[37] Zhang Y，Wang J，Ji Z，et al. Solid-state fluorescence enhancement of organic dyes by photonic crystals. J Mater Chem，2007，17：90.

[38] Xu S，Xu W，Wang Y，et al. $NaYF_4$：Yb，Tm nanocrystals and TiO_2 inverse opal composite films：A novel device for upconversion enhancement and solid-based sensing of avidin. Nanoscale，2014，6：5859.

[39] Zhang J，Bao L，Lou H，et al. Flexible and stretchable mechanoluminescent fiber and fabric. J Mater Chem C，2017，5：8027.

[40] Gao B，Liu H，Gu Z. Patterned photonic nitrocellulose for pseudo-paper microfluidics. Anal Chem，2016，88：5424.

[41] Zhao Z，Wang H，Shang L，et al. Bioinspired heterogeneous structural color stripes from capillaries. Adv Mater，2017，29：1704569.

[42] Ni H，Wang M，Chen W. Sol-gel co-assembly of hollow cylindrical inverse opals and inverse opal columns. Opt Express，2011，19：25900.

[43] Moon J，Yi G，Yang S. Fabrication of hollow colloidal crystal cylinders and their inverted polymeric replicas. J Colloid Interface Sci，2005，287：173.

[44] Kim S，Hwang H，Yang S. Fabrication of robust optical fibers by controlling film drainage of colloids in capillaries. Angew Chem Int Ed，2012，51：3601.

[45] Yuan W，Zhang K. Structural evolution of electrospun composite fibers from the blend of polyvinyl alcohol and polymer nanoparticles. Langmuir，2012，28：15418.

[46] Kolle M，Lethbridge A，Kreysing M，et al. Bio-inspired band-gap tunable elastic optical multilayer fibers. Adv Mater，2013，25：2239.

[47] Zhang J，He S，Liu L，et al. The continuous fabrication of mechanochromic fibers. J Mater Chem C，2016，4：2127.

[48] Sun X，Zhang J，Lu X，et al. Mechanochromic photonic-crystal fibers based on continuous sheets of aligned carbon nanotubes. Angew Chem Int Ed，2015，54：3630.

[49] Shang S，Liu Z，Zhang Q，et al. Facile fabrication of a magnetically induced structurally colored fiber and its strain-responsive properties. J Mater Chem A，2015，3：11093.

[50] Yuan X，Liu Z，Shang S，et al. Visibly vapor-responsive structurally colored carbon fibers prepared by an electrophoretic deposition method. RSC Adv，2016，6：16319.

[51] Shao J，Zhang Y，Fu G，et al. Preparation of monodispersed polystyrene microspheres and self-assembly of photonic crystals for structural colors on polyester fabrics. J Text Inst，2014，105：938.

[52] Zhou L，Li Y，Liu G，et al. Study on the correlations between the structural colors of photonic crystals and the base colors of textile fabric substrates. Dyes Pigm，2016，133：435.

[53] Zeng Q，Ding C，Li Q，et al. Rapid fabrication of robust，washable，self-healing superhydrophobic fabrics with non-iridescent structural color by facile spray coating. RSC Adv，2017，7：8443.

[54] Li Q，Zhang Y，Shi L，et al. Additive mixing and conformal coating of noniridescent structural colors with robust mechanical properties fabricated by atomization deposition. ACS Nano，2018，12：3095.

第9章　光子晶体在纺织印染中的应用

9.1　引　　言

随着社会的进步与人们生活水平的提高，“快速时尚”成为人们日常的穿衣潮流，由此对衣着的色彩提出了更高的要求。受结构色生物的启发，相关工作者尝试将周期性的微纳米结构——光子晶体用于织物的“着色”领域，以期拓宽织物的色彩范围及来源。尽管有机染料种类多、色谱齐全，在纺织印染领域占据主导地位；但与之相比，光子晶体结构色材料具有虹彩效应、优异的色牢度及环保等优势，可成为有机染料的重要补充。在此背景下，诸多研究团队对光子晶体结构色材料在纺织“着色”领域中的应用进行了深入研究，主要包括结构色纤维、结构色纺织品等。由于纤维及纺织品应用的特殊性，这些研究主要以“光子晶体在应用基质上的组装与牢固结合”为核心，着力解决以下关键问题：如何实现光子晶体在织物上的自组装过程、微纳米阵列与织物纤维的牢固结合、在织物上结构色的图案化及多色输出。

有别于第8章全方位探讨光子晶体纤维在能源器件、发光器件、传感器件、结构生色等方面的应用，本章中涉及光子晶体纤维的内容完全围绕构筑色织物的目标展开介绍和讨论。

9.2　光子晶体结构色纤维的制备

纤维作为纺织品的前端物，是光子晶体结构色纤维的重要原料。通过将微纳米结构在其表面进行组装，可获得结构色纤维。其制备方法主要包括电泳沉积法、浸渍提拉辅助法等。

9.2.1　电泳沉积法制备结构色纤维

电泳沉积（EPD）是电泳和沉积两个过程的结合。电泳是指在外加电场的作用下，胶体粒子在分散介质中做定向移动的现象；沉积是指微粒聚沉成较密集的质团[1]。自1927年首先用电泳沉积法在铂电极上成功沉积 TiO_2 以来，这种通过外加直流电场从某一稳定的胶体悬浮液直接成型各种陶瓷坯体的方法已广泛用于包括传统瓷、技术瓷、超导瓷、生物瓷和复合瓷的制备[2]。

在传统电泳沉积过程中，表面带正电的粒子在通电后向阴极移动，沉积到阴极材料上，称为阴极沉积；相反地，带负电的粒子在通电后向阳极移动，沉积到阳极材料上，称为阳极沉积。苏州大学 Zhang 课题组在传统电泳沉积装置上进行了改进，他们将不锈钢管作为阴极，通电后提供环形电场，而红色手柄控制的电极作为阳极。为了避免外界环境如风和震动的影响，需要将整个系统用自制的有机玻璃罩罩住，并将装置和稳压电源放在光学平台上。通电前，通过控制装置中的红色手柄控制电极的上下移动，并将电极插入不锈钢管的中心部位，使两极形成的环形电场可以在不锈钢管内分布均匀，从而得到圆柱状纤维结构[3]。

利用上述改进的电泳沉积装置，Zhang 课题组通过调控不同尺寸聚苯乙烯（PS）微球的组装制备了核壳式结构色纤维。如图 9-1（a）所示，将圆柱状导电材料——碳纤维（carbon fiber）浸入 PS 微球的乙醇分散液中，让碳纤维置于不锈钢管的正中心位置，通电后开始工作。如图 9-1（b）所示，利用环形电极不锈钢管提供的环形电场，可将 PS 微球在碳纤维上进行受控自组装，并通过改变沉积时间和电压等，控制纤维的直径。利用上述方法，可制备出红色、绿色和蓝色的核壳式结构色纤维，其反射峰位置分别为 635 nm、525 nm 和 435 nm，展现出良好的光学反射性质。

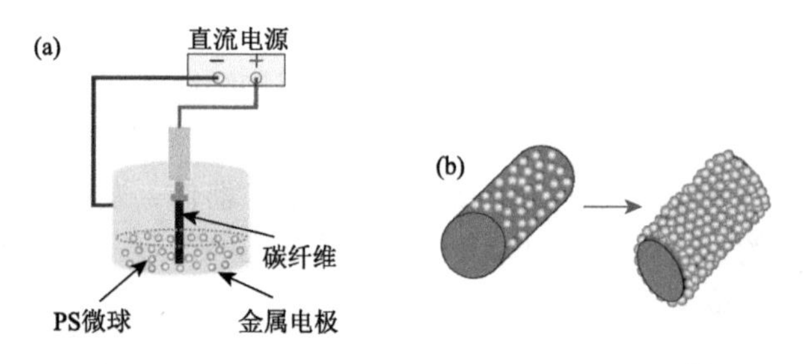

图 9-1　电泳沉积实验装置及组装效果示意图[3]

（a）结构色纤维电泳沉积实验装置示意图；（b）电泳驱动 PS 微球在碳纤维上组装效果示意图

得到的核壳式结构色纤维由碳纤维芯和胶体微球外层组成。为了清晰地描述核壳式结构色纤维，可将纤维直径值转换为胶体微球层数，采用平面胶体晶体的经验方程式（9-1）进行计算。其中，N 是层数，T 是胶体晶体的厚度，r 是 PS 微球的半径。当 r 远小于核纤维直径时，沉积层大致平行于碳纤维的基板表面，此时等式有效。

$$N = \frac{(T-r)}{r} \times \frac{3}{2\sqrt{6}} + 1 \tag{9-1}$$

在进行了大量的探索实验后，他们得出以下结论：①当施加的电压很小时，由碳纤维和不锈钢管所形成的环形电场的电场强度不足以驱动 PS 微球的移动，导致沉积到碳纤维表面的微球数量很少。只有当电压所形成的电场强度大于 PS

微球在乳液中运动的阻力时，PS 微球才会沉积到碳纤维表面。②纤维直径随着沉积时间的增加而增大，但是当纤维的直径增大到一定程度后，直径增加的速度就会越来越慢。这可能是因为当纤维的直径增大到一定值时，阳极材料碳纤维周围就会被不导电的 PS 微球所紧紧包裹，这样整个阳极相当于一个绝缘体，导致由碳纤维所提供的电场强度被显著削弱，碳纤维对 PS 微球的吸引力也会显著降低。断电后取出的碳纤维直径比通电时取出的碳纤维直径要小很多，其原因在于：在通电的过程中，PS 微球在电场的作用下会一直向碳纤维聚集，取出的瞬间，PS 微球依然具有这种趋势；相反，断电后电场消失，PS 微球失去了驱动力，所以在断电到纤维被取出的过程中，纤维的直径不再增加，而且由于纤维直径越大，阳极碳纤维的吸附能力就越弱，在失去电场后外层的 PS 微球有脱落的趋势[3]。

东华大学 Wang 课题组[4]采用自制的电泳沉积装置，以聚甲基丙烯酸甲酯（PMMA）微球为组装粒子，利用导电铜管和碳纤维分别作为电泳的正负电极，通过环形电场的作用，将带负电的 PMMA 胶体微球沉积到碳纤维表面，形成圆柱状的纤维结构。由于采用电泳沉积法的基板必须是导电的，所以选用代表性的导电纤维——碳纤维作为组装基板。如图 9-2 所示，通过上述组装工艺，研究人员制备了具有面心立方（fcc）结构的不同颜色的结构色碳纤维，色彩效果优异。在此基础上，他们利用微注射泵牵拉等技术组装了连续的电泳沉积装置，实现了长程结构色纤维的制备。与以往的设计方法相比，该方法更加利于结构色纤维的工业化制备，对于拓展结构色纤维的应用领域具有重要意义。

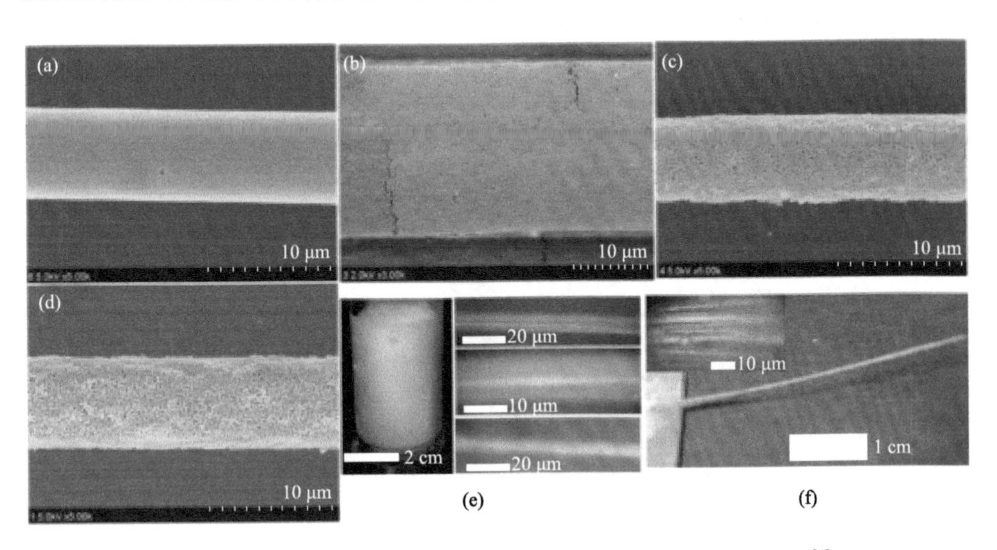

图 9-2　结构色碳纤维的微观形貌及光学显微镜照片和数码照片[4]

（a）～（d）粒径分别为 156 nm、223 nm、245 nm、270 nm 的 PMMA 微球制备的结构色碳纤维的 SEM 照片；（e）彩色胶体悬浮体光学显微镜照片及对应蓝色、黄绿色和红色纤维的光学照片；（f）绿色透明纤维的数码照片，插图为相应的光学显微镜照片

9.2.2　浸渍提拉辅助法制备结构色纤维

浸渍提拉是纳米材料工程领域制备薄膜涂料的一种简单而有效的涂布工艺，广泛应用于平面光子晶体的可控组装。将基底置于胶体乳液中，在一定的提拉条件下，利用毛细作用可得到胶体光子晶体。基底与乳液接触之后，会在表面形成固-液-气三相界面的弯月面，粒子首先在弯月面处形成结晶，在结晶区的毛细作用下微球向界面处运动并使结晶区逐渐变大，最终得到有序的光子晶体[5]。该组装方法受温度、提拉速度、提拉次数的影响较大，因此在利用浸渍提拉辅助法制备光子晶体时需要对外界条件进行合理的调控。

虽然浸渍提拉辅助法已广泛应用于平面基质上光子晶体的制备，但是将浸渍提拉辅助法应用于结构色纤维的研究还比较少。提拉辅助制备结构色纤维，同样受到外界条件的影响，纤维表面涂层可通过改变提拉速度、胶体悬浮液浓度和纤维直径进行调整，得到的结构色纤维的光学性能受层数、观察角度和结构缺陷的影响。Yuan 等[6]采用浸渍提拉辅助法，对玻璃纤维及聚对苯二甲酸乙二醇酯（polyethylene terephthalate，PET）纤维进行处理，将其从 PS 乳液中进行浸渍提拉，制备结构色纤维。为了制备无裂痕的纤维，将聚（苯乙烯-丙烯酸丁酯-丙烯酸）[poly(styrene-butyl acrylate-acrylic acid)，P(St-BA-AA)]胶体微球和 SiO_2 微球按照一定的比例混合后提拉，纳米微球在纤维上组装形成光子晶体结构并呈现出靓丽的结构色。如图 9-3 所示，微球首先在纤维、乳液和空气的三相界面处组装成立方密堆积的晶体结构，在毛细作用下，微球不断聚集，最终在纤维上组装成光子晶体。该课题组系统地研究了胶体涂层的层数与提拉速度、悬浮液浓度、纤维直

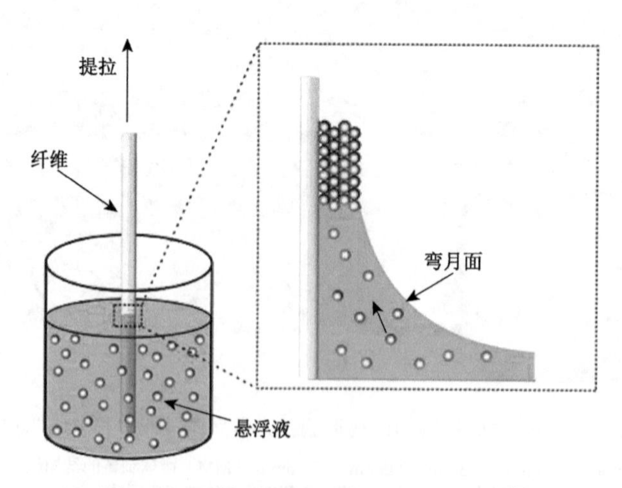

图 9-3　浸渍提拉制备结构色纤维示意图[6]

径等各种实验参数之间的关系。如图 9-4 所示，通过控制微球粒径可以得到五种不同颜色的结构色纤维。采用核壳结构的 P(St-BA-AA)微球和 SiO_2 纳米微球双组分悬浮液进行浸渍提拉，SiO_2 纳米微球会填充在聚合物微球的间隙中，可进一步得到无裂缝缺陷的结构色纤维。此处，SiO_2 微球主要有两方面的作用：一方面吸附在聚合物表面防止软壳变形聚结成膜；另一方面利用—SiOH 和—COOH 的氢键作用，使微球能够紧密连接形成三维有序结构。

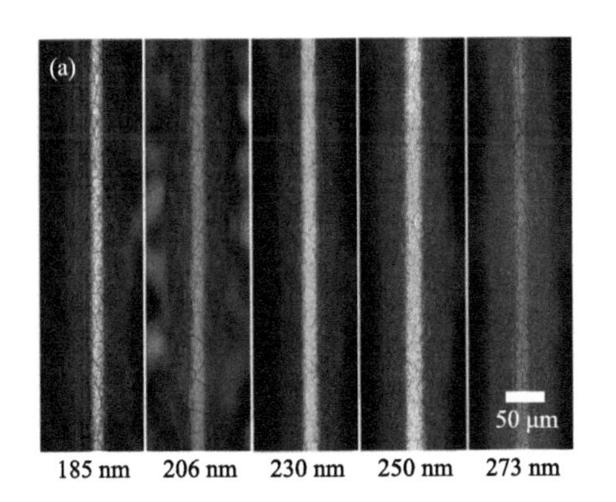

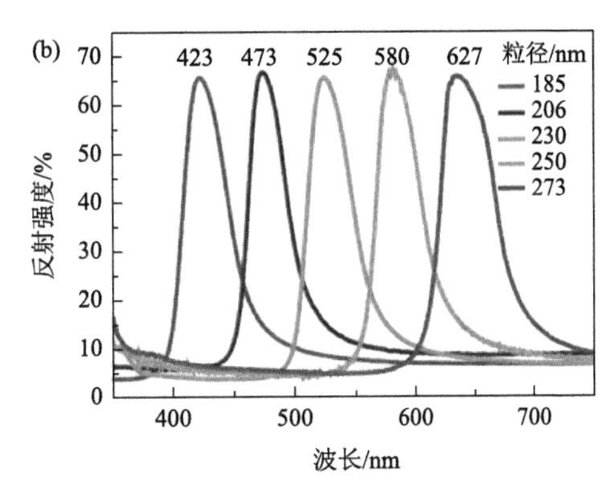

图 9-4　结构色纤维的结构色表征[6]

由五种不同粒径的微球组装形成的结构色纤维的暗场显微镜照片（a）和反射光谱图（b）

Peng 课题组[7]采用连续提拉法，将黑色氨纶纤维浸渍在硬核-软壳微球乳液中，连续制备结构色纤维。如图 9-5 所示，研究人员以聚苯乙烯/聚甲基丙烯酸甲酯

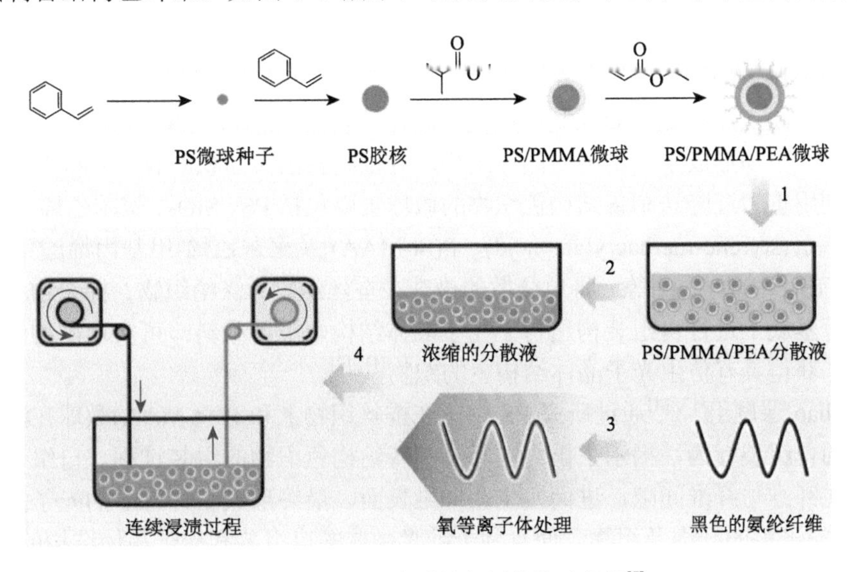

图 9-5　连续化制备结构色纤维的过程图[7]

[polystyrene/poly(methyl methacrylate)，PS/PMMA]核壳微球为硬核，以聚丙烯酸乙酯（PEA）为软壳制备得到硬核-软壳结构的微球；浓缩后在其溶液中连续提拉利用氧等离子体进行亲水化处理得到的黑色氨纶纤维。通过该方法实现了对纤维的非染料染色，并对纤维进行纺织或编织应用，在智能可穿戴纺织品等领域展现出潜在应用前景。在提拉过程中，微球粒径、溶液浓度及提拉速度等因素对样品品质影响很大。所得聚合物纤维具有较高的弹性和耐机械拉伸的稳定性，拉伸时在可见光范围内表现出快速可逆的颜色变化，周期重复性好，并可进一步编织成纺织品，呈现出丰富多彩的可调谐模式。

9.3　光子晶体在结构色纺织品中的应用

纺织品是纤维的交织物，具有一定的强度，将微纳米结构在其表面进行组装，可获得结构色纺织品，其制备方法主要包括重力沉降法、垂直沉积法、界面转印、喷涂等。

9.3.1　重力沉降法制备结构色纺织品

重力沉降法是将特定质量的单分散胶体微球均匀地分散在溶剂中，胶体微球在重力作用下遵循自由能最小的原则缓慢沉降，随着溶剂的蒸发在基板上逐渐堆积成周期性的阵列结构[8]。在重力沉降过程中，单分散微球的单粒子行为，以及沉降和扰动的平衡是两个极为重要的组装条件。通过调节自组装微球的粒径、微球在自组装溶液中的含量、自组装溶剂等因素可控制微球的沉积速度，实现光子晶体组装质量的调控[9]。该方法的优点是制备工艺和设备简单，对实验装置无特殊要求；缺点是不能有效控制所得光子晶体的表面状态和整体堆积层数，样品缺陷较多，不易形成单一均匀的晶体结构，难以制备出大面积的有序结构[10]。

利用重力沉降法制备结构色织物的微球主要包括 PS、SiO_2、聚苯乙烯-甲基丙烯酸[poly(styrene-methacrylate acid)，P(St-MAA)]及聚苯乙烯-甲基丙烯酸甲酯-丙烯酸[P(St-MMA-AA)]等。将单分散的微球在蚕丝织物、涤纶织物、棉织物和尼龙织物等基底上进行自组装构造仿生光子晶体结构，不用染料即可实现织物的结构着色，获得具有仿生光子晶体结构色的织物[11, 12]。

Shao 课题组[13, 14]通过研究 PS 微球在蚕丝织物上和 P(St-MAA)微球在涤纶织物上的自组装行为，揭示了重力沉降法制备结构色织物的组装过程。自组装首先发生在纤维与纤维间隙，进而发生在纤维表面，最终形成长程有序的光子晶体结构。光滑平整的纤维及织物表面有利于纳米微球的自组装和光子晶体结构的构建。Gao 等[15]通过对比织物和玻璃上的结构色，同样发现在生产高色彩强度和空间均匀性的材料时，光滑的基材至关重要。Li 等[16]以不同织构的涤纶和真丝织物为纺织基底，发现在紧凑、平整的织物基底上较容易得到有序的光子晶体结构，并进一步揭示了织物基底与光子晶体结构之间的相关性。另外，在大分子链上具有更少极性基团和水溶性基团的织物，有利于促进胶体微球在自组装过程的初始阶段填充到纤维和纱线之间的空洞和缝隙，从而避免过多残余的胶体微球参与随后的自组装过程。此外，空间稳定性较好的织物基底有利于形成高质量的光子晶体结构。

Zhou 和 Shao 等[9, 17]还研究了以单分散 SiO_2 胶体微球作为自组装结构单元，在蚕丝织物和涤纶织物上构建具有结构色的 SiO_2 光子晶体。在相对湿度为 60%、温度为 25℃、胶体微球质量分数为 2.0%、以纯水或乙醇为溶剂的自组装条件下，SiO_2 胶体微球可以在蚕丝织物上构建有序的三维光子晶体结构，赋予蚕丝织物鲜艳均匀的结构色。Gao 等[18]提出通过 SiO_2 胶体微球光子晶体的布拉格衍射和无序排列的 SiO_2 胶体微球的米氏散射来描述织物的整体颜色效应。紧密黑色针织棉织物的结构色比松散黑色针织尼龙织物的结构色更为均匀，而白色织物背景的强烈反射会使得结构色难以观察。

Shao 课题组[19, 20]还将核壳结构的 P(St-MAA)微球在涤纶织物上组装，制备了有序排列的三维光子晶体。微球自身的粗糙结构和组装形成的光子晶体的粗糙结构形成了类似于莲叶的双粗糙结构，促使织物疏水性增强，使该织物有望用于自清洁领域。该课题组还将组装在聚酯织物上的 P(St-MAA)和 SiO_2 光子晶体分别置于水、油、酸、碱、高温、紫外辐射等不同的应用环境中，研究其稳定性[21]。实验发现，水介质对 P(St-MAA)和 SiO_2 光子晶体的影响很小，而油介质会抑制光子晶体恢复原有结构。即使在水介质中，强酸强碱条件也能在很大程度上破坏光子晶体结构，甚至使微球降解。高温下，P(St-MAA)和 SiO_2 光子晶体的稳定性良好；紫外辐照下，P(St-MAA)光子晶体由于剧烈的热解聚作用而受到严重破坏，但 SiO_2 光子晶体能保持良好的形貌和结构色。

相比化学稳定性，结构稳定性是光子晶体结构色材料长期面临的一大挑战。为了提高结构强度，Li 等[22]采用共沉淀法在聚酯织物上自组装制备了色彩艳丽的 SiO_2/聚（甲基丙烯酸甲酯-丙烯酸丁酯）[poly(methylmethacrylate-butylacrylate)，P(MMA-BA)]光子晶体，其中较小的 P(MMA-BA)共聚物颗粒填充在较大的 SiO_2 微球之间的空隙中。由于填充在 SiO_2 微球空隙处的软 P(MMA-BA)共聚物颗粒的胶结作用，所制备的复合材料具有较高的机械强度。两种组分的体积比和尺寸比是影响复合结构色的两个重要因素，大的体积比可以提高复合结构色的稳定性，而较小的尺寸比可以提高复合结构色的亮度。这种结构稳定性高、结构色彩鲜艳的复合材料在纺织品结构着色方面具有广阔的应用前景。Shi 等[23]在织物与光子晶体之间制备了一种由贻贝启发的高黏结聚多巴胺（polydopamine，PDA）涂层，这种高黏结涂层可以显著提高光子晶体的机械强度。无论织物基色如何，PDA 涂层的黑色背景都能最大限度地突出结构色饱和度。所制备的织物具有较好的衍射结构色和较强的力学性能，在水中浸泡 14 天或水洗 45 min 后，仍能保持鲜艳的色泽，并且具有良好的抗弯、耐摩擦性能，能承受 50 次反复折叠和摩擦实验，无明显裂纹和脱落现象。

类黑色素材料如 PDA 和炭黑（carbon black，CB）等被广泛地用来增强背景光吸收从而提高结构色饱和度。除受背景反射光的影响外，结构色的对比也受到微球散射光的影响。为了在织物基材上获得高对比度的结构色，Wang 等[24]制备类黑色素的 PS@PDA 纳米球，在白色织物的表面构建光子晶体。该核壳微球表面光滑、形貌规整，有利于类黑色素微球自组装形成紧密排列的有序面心立方阵列，呈现出绚丽的结构色。此外，通过分析微球在分散溶液中自组装的驱动力，解释了织物双面结构着色现象。由于可以省去织物的染色过程，类黑色素微球可以取代黑色基体，在白色织物基体上实现高对比度的结构色，简化了织物的结构着色过程，将促进结构色在纺织领域的实际应用。受类黑色素与光子晶体结合的启发，Yavuz 等[25]制备了 P(St-MMA-AA)三元共聚物微球并用分散染料 C.I.分散红 343 对微球进行染色，研究了色素色与结构色的结合对光子晶体的形状、分布、组装、虹彩、化学结构、热稳定性和反射率的影响。研究表明，染料的存在增强了光子晶体的亮度和虹彩效果，也促进了胶体微球的自组装。织物结构对胶体微球的固定化作用也可促进胶体微球的自组装，从而形成有序的面心立方结构。分散染料与光子晶体的结合是一个非常新颖且富有挑战性的概念，它为研究光子晶体的光子带隙结构对嵌入其内部的染料的光致发光性能的影响开辟了新的途径。

由于重力沉降法效率较低，Chai 等[26]进一步提出了界面-重力联合自组装方法，在涤纶织物上制备了面心立方结构的光子晶体。在联合自组装过程中，两个自组装过程同步进行，其中毛细管力和对流效应驱动的界面自组装速度远快于重力驱动的沉降自组装速度。因此，少部分胶体微球经历重力沉降自组装，填充至织物表面及间隙中从而形成一个平面；大部分胶体微球则经历界面自组装，在气液界面形成有序胶体晶体层。随着溶剂的蒸发，界面自组装形成的有序胶体晶体层覆盖至重力自组装形成的胶体/织物平面上，最终形成平整有序的光子晶体结构。

9.3.2 垂直沉积法制备结构色纺织品

垂直沉积法是将基材垂直放置于单分散胶体微球乳液中，乳液完全浸润基材并在三相界面形成弯月面层，在弯月面产生的附加压力等的作用下，微球逐渐在基材表面聚集。当溶剂蒸发时，液面慢慢下降，微球在横向毛细管力和静电斥力的作用下进一步排列形成有序的周期性结构[27]。通过调控纳米微球粒径、自组装液浓度、分散介质挥发速率等可以有效控制所得光子晶体的质量和结构色效果[28]。该方法制备工序简单，光子晶体厚度容易调节，且形成的光子晶体质量较高，只出现少量的位错和空位，对设备要求低。目前已经有垂直沉积制备胶体光子晶体蛋白石薄膜的专用自动化装置，该装置由减速机、速度控制系统、减振系统三大部分组成，可应用于 PS 和 SiO_2 胶体微球薄膜的制备，而优化薄膜沉积条件可获得所需的薄膜性能[29]。缺点是该方法受基片的影响大，组装时间往往较长，且对温度、湿度和防振等外部环境条件要求较高，较难制备大面积光子晶体结构。

随着研究的深入，人们探索了多种改进的垂直沉积法，如温度梯度垂直沉积法、双基片垂直沉积法、基片提拉垂直沉积法、倾斜基片垂直沉积法和流速控制垂直沉积法等，极大地完善了垂直沉积法体系，拓宽了其应用范围[30]。垂直沉积法与重力沉降法的明显差异表现在垂直沉积法所得结构色织物的经纬向纹理更为清晰且具有双面着色效果。

目前，聚酯织物、真丝织物、棉织物等已经被用作结构色材料着色的基底。织物的表面并不是平整的，因此微球在其表面沉积时与固体无孔基底稍有不同。Liu 等[31]通过单分散 P(St-MAA)胶体微球的垂直沉积自组装，成功地在软聚酯织物上制备了具有结构色的三维光子晶体，并提出了光子晶体在织物上的形成机理和自组装模式。随胶体分散介质的蒸发，液面慢慢下移，光子晶体结构逐渐沉积在织物表面。胶体微球阵列则经历了无序到有序转变，在此过程中产生一系列不同的结构色。垂直沉积过程首先发生在纤维间隙中，然后发生在纤维表面，最终在涤纶织物基底上形成有序的光子晶体结构。

用于织物着色的结构生色材料种类多样，包括以 PS 为代表的有机微球、以 SiO_2 为代表的无机微球、以 SiO_2@PMMA 为代表的无机@有机微球及以 PS@PDA 为代表的有机@有机微球。不同的微球，由于物理和化学性质的差异，最佳的沉积条件不同，与织物的相互作用也不同，加之微球本身特性如吸光性能的差异，使它们的着色效果各不相同。

Zhou 等研究了 SiO_2 微球的尺寸、单分散性和浓度、环境温度和湿度及溶剂种类对其在聚酯织物上垂直沉积形成结构色的质量的影响。在微球尺寸适中、单分散性小于 0.08、浓度介于 1.0 wt%～1.5 wt%、以乙醇为溶剂时，通过控制温度和相对湿度分别为 25℃和 60%，可得到高质量 fcc 阵列光子晶体结构色织物[28]。而将聚酯织物换成真丝织物时，最佳的垂直沉积条件则为温度 25℃、相对湿度 60%、微球质量分数 2.0%、以纯水或乙醇为溶剂[32]。

织物的种类对垂直沉积条件的影响可能源于它们的表面性质差异。而对于同种织物，当其性状不同时，也会影响垂直沉积的效果和结构色的质量。周烨民等[33]通过垂直沉积自组装法将 340 nm 左右的单分散聚苯乙烯微球在织物上组装制备出超结构聚苯乙烯膜。通过改变织物的基底颜色和基底致密度来改变超结构聚苯乙烯膜的自组装和呈色效果。当乳液浓度为 1 wt%、干燥温度为 40℃时，可以在织物表面自主形成具有明显蓝色的超结构聚苯乙烯膜。在致密度较高的织物基底中，纤维之间的孔隙较小，自组装产生的超结构形貌良好，呈现较明亮的蓝色。白色织物作为基底时，会反射其他波长的入射光，超结构聚苯乙烯膜的呈色效果较弱；而黑色织物基底可以吸收其他波长的杂散光，超结构聚苯乙烯膜在其表面呈现明显的蓝色。Zhou 等[34]采用垂直沉积自组装的方法，在不同基色的涤纶织物上制备了三维光子晶体，研究了不同基色对组合体织物基片最终颜色的影响及与之相关的虹彩现象。结果表明，白色基色能最大限度地淡化光子晶体的结构色，而黑色基色能最大限度地突出结构色。如果织物基色与光子晶体的结构色相似，则对织物的最终颜色影响不大。但是，如果织物基色是光子晶体的互补色，则最终颜色的饱和度较低。此外，不同基色的组合体织物仍有虹彩现象，织物纹理的不同也会影响结构色的亮度，例如，缎纹织物的亮度比平纹织物低[35]。

由于微球相互之间作用力较弱，因此结构生色材料着色的织物也常常面临着强度差的问题。Liu 等[36]对不同光子晶体在涤纶织物上的结合强度差异进行了深入研究，并对相关机理进行了深入分析。研究发现，聚苯乙烯光子晶体在织物上的结合强度与其自身的致密性和微球与织物基体的黏结性能密切相关。一般而言，具有较软聚合物外壳的微球可以很容易地黏附在纱线、纤维及其相邻的微球上，从而提高光子晶体与织物的结合强度。此外，较软的微球具有更好的结合强度，更容易形成致密的光子晶体结构。但是，过于致密的光子晶体结构可能会使胶体阵列之间的周围介质消失，在织物表面形成折射率均匀的透明薄膜，导致光子带隙和相关光学性质的缺失。与此类似，在微球之间填充玻璃化转变温度低的材料，再在高温下将其熔融，可以在织物和光子晶体涂层之间提供持久的化学键合来提高结构色强度[37]；或者在微球间填充光聚物单体和引发剂，再通过光引发聚合形成聚合物网络结构，可以有效提高光子晶体在织物基体上的拉伸强度和结合强度[38]。

9.3.3 界面转印制备结构色纺织品

如图 9-6 所示，Tang 课题组[39]将热辅助自组装与转移印花相结合实现了对纺织品的着色。首先采用加热对流自组装的方法，将 PS 微球、聚丙烯酸酯（polyacrylate，PA）乳液与亲水性炭黑按比例混合形成混合液，滴加于玻璃基底表面，然后将多孔织物覆盖于乳液的液面上。在热源作用下，溶剂不断蒸发，微球在毛细作用及溶剂牵引等作用下，首先出现 PS 微球的结晶。随着溶剂挥发，则逐渐生长成为大面积立方密堆积的胶体晶体结构。由于织物提前覆盖在乳液表面，因此会在织物的网孔中进行该组装过程，最终实现了对织物的着色过程。由于 PA 具有较低的玻璃化转变温度，PS 微球能够牢牢黏结在织物纤维上。通过控制微球粒径及组装基底的设计，实现了纤维上结构色的多色输出。这种工艺的研究为结构色在纤维织物上的应用提供了新思路。

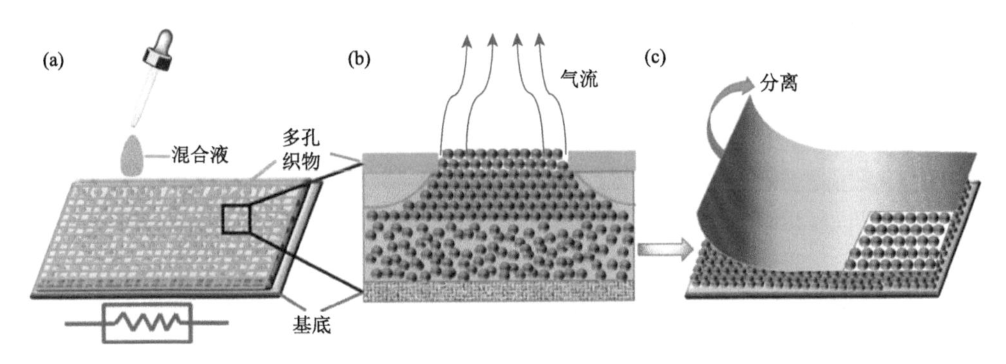

图 9-6　利用加热对流自组装实现纤维转印过程的示意图[39]

9.3.4　喷涂准晶制备结构色纺织品

除了周期性结构的光子晶体可以产生具有虹彩效应的结构色之外，研究者在自然界中还发现一些准晶结构可以产生具有非虹彩效应的结构色，其微观结构呈短程有序、长程无序的排列，赋予材料柔和亮丽且不随角度变化的显色效果[40, 41]。这种非虹彩结构色在涂料、化妆品、纺织品、显示器和比色传感器等颜色相关的领域中显示出巨大的潜在应用前景。

准晶结构产生的非虹彩结构色首先在自然界的生物体中发现，如斑喉伞鸟的绿松石蓝色的羽毛，这些天然的准晶结构为研究人员设计和制造光学材料和器件提供了灵感。在人工构建准晶结构的方法中，喷涂胶体微球是一种简单、快速并且易于控制的方法。此外，喷涂还可以实现在平面和曲面上的大面积组装，利于构建结构色纺织品。具体喷涂过程如下：将胶体微球的乳液通过空气气流喷涂到一定距离的基材上，由于溶剂迅速蒸发，胶体微球在空气中干燥并在基材上均匀地以粉末状涂覆，通过移动喷涂工具可形成均匀的层膜，膜的厚度可通过喷涂量控制。因为需要溶剂快速挥发以获得胶体微球的准晶状态，这一过程中溶剂的选择至关重要。当喷嘴和基材靠得太近或使用不挥发溶剂时，喷涂胶体微球的乳液时会在基材表面上形成薄液层，此时胶体微球在溶剂挥发期间会结晶并呈现虹彩色。因此，通过喷涂方法制造准晶膜的特性取决于影响溶剂挥发的空气温度、压力和湿度等因素[42-45]。

苏州大学 Zhang 课题组[42]通过对含有 PA 黏合剂、单分散 P(St-MMA-AA)胶体微球和炭黑的混合乳液，采用一步喷涂技术制备了具有非虹彩结构色的棉织物，如图 9-7 所示。织物涂层的颜色可通过改变微球粒径进行调节，纯度可由微球与炭黑的比例来控制，颜色深浅可通过喷涂时间来调节。PA 的加入提高了颗粒与纤维之间的黏附力，从而提高了结构色织物的耐洗涤性能和耐磨性能。成型后的织物能够保持超疏水性并具有较大的接触角（>150°）。

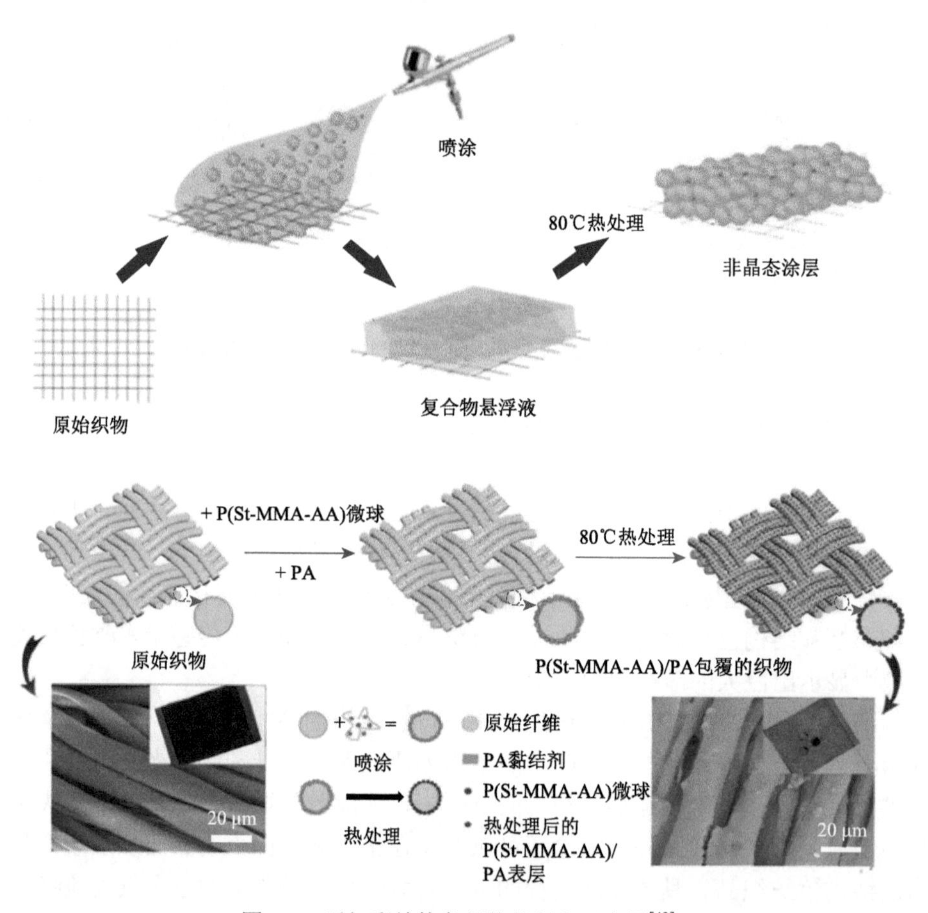

图 9-7 无虹彩结构色织物的制备示意图[42]

Zhang 课题组[43]还利用商业网孔喷雾器对 SiO_2 微球、聚乙烯醇（PVA）和炭黑的混合乳液进行雾化沉积，制备了具有鲜明结构色的丝织物。通过摩擦和洗涤测试证实，通过雾化沉积在丝织物上的准晶涂层由于黏结剂 PVA 的存在而具有良好的机械性能和稳定性。同时该策略简单，温和，环保，具有精细的厚度控制能力，可以轻松实现非虹彩结构色织物的大面积制备，还可以实现非虹彩结构色的添加混合，为纺织工业中开发绿色着色技术提供了新的途径。

准晶结构的非虹彩结构色最重要的特性是颜色需要具有足够的亮度和饱和度，这两方面往往很难同时优化。为了提高色彩饱和度，加入黑色吸光物质，如炭黑，其在整个可见光区域具有同等的光吸收，这一过程必然会降低结构色的亮度。Song 课题组[44]通过喷涂石墨烯纳米片（包含部分石墨烯量子点）和 P(St-MMA-AA)胶体微球的混合乳液，在织物上制备了具有高饱和度和亮度的非虹彩结构色图案。整个可见光范围内石墨烯纳米片的均匀光吸收有助于提高颜色饱和度，同时通过准晶结构光子赝带隙边缘吸收的选择性增强来有效调制量子点的光致发光，使其波长与光子带隙的波长匹配，从而实现亮度的增强。

因为准晶结构对光的散射作用比较强，特征波长的相干散射并不突出，颜色饱和度会大幅度下降。如图 9-8 所示，Tang 课题组[45]利用聚硫树脂（PSFM）微球的吸光特性及高折射率避免了黑色吸光物质的掺杂和额外改性，采用一步组装显著提高准晶结构的颜色可见性。通过喷涂水性聚脲（WPU）与 PSFM 微球的混合乳液，在丝绸上制备了具有高颜色可见性及良好结构稳定性的非虹彩结构色涂层。摩擦和洗涤实验表明，该准晶涂层在丝绸表面的性能优异，进一步证明了所采用的喷涂策略在实际应用中的潜力。通过使用一些具有特殊功能的添加剂，还可以实现更具功能性的准晶着色。

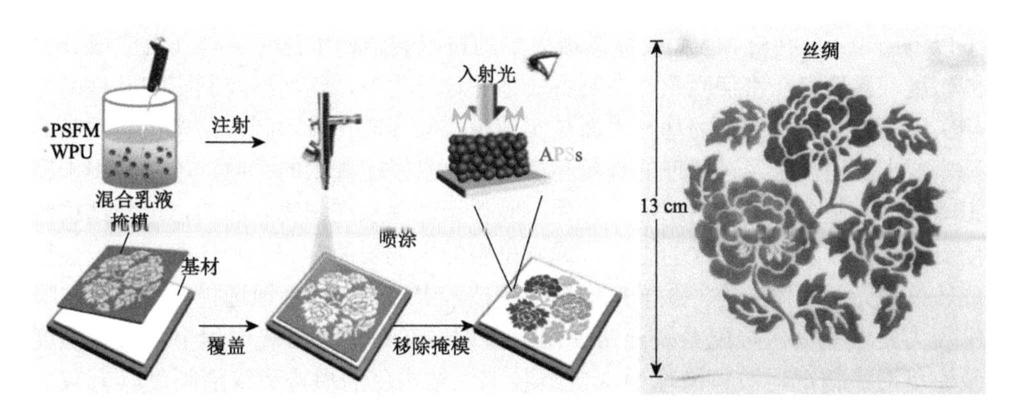

图 9-8　喷涂法制备非虹彩结构色涂层示意图及得到的印花丝绸的光学照片[45]

9.3.5　喷墨打印制备结构色纺织品

喷墨印花起源于 20 世纪 80 年代，最初用于办公室文字处理，随后用于彩色图片的复制。美国斯坦福大学的 Sweet 博士和瑞典隆德大学的 Hert 教授对连续喷墨印花的工作原理加以阐述，即用一束压力波使细小的墨流分裂成大小均匀的墨滴，并有选择性地对墨滴施加电荷，当带电墨滴通过电场时，墨滴偏转而被收集到印墨收集器中，再循环使用，而未带电的墨滴则直接喷射到被印基材上形成图案，此法称为连续喷墨印花法[46]。随后出现了连续喷墨式的印花机，使用活性染料印墨来印制纺织品。

总体而言，喷墨印花技术是一种全新的印花方式，它摒弃了传统印花需要制版的复杂环节，直接在织物上喷印，提高了印花的精度，实现了小批量、多品种、多花色印花，而且解决了传统印花占地面积大、污染严重等问题，因此具有广阔的发展前景[47]。近几年，该项技术不局限于满足人们在颜色上的追求，而被广泛应用于物体表面结构的改良，尤其在生物学、电子信息、功能材料等领域，科学家开始利用该项技术制造高聚物薄膜、三维微结构等。

对于该技术而言，墨水是纺织品喷墨印花技术最为关键的一部分。和纸张的喷墨打印类似，所有的纺织品喷墨印花技术对墨水的理化指标及性能具有严格的要求。首先，喷墨印花用的墨水需具有能在纺织品基材上形成高牢度、高质量图案的性能；其次，墨水需有较好的应用性能，如储藏稳定性、合适的黏度等。如图 9-9 所示，浙江理工大学 Shao 课题组[48, 49]首先以 P(St-MAA)胶体微球为原料配制了具有一定结构色效果和稳定性的结构生色墨水，而后模拟喷墨印花技术在纺织品表面获得了结构色。在研究过程中，分别就 P(St-MAA)胶体微球墨水的配制、适用于模拟喷墨印花技术的纺织品基材及模拟喷墨印花工艺进行了研究，并得到了以下结论：①P(St-MAA)胶体微球墨水的自组装结构生色性能与其组成成分、酸碱度、黏度存在密切联系。在制备胶体微球过程中，需严格控制影响其性能的相关因素。②疏水的织物基材表面是实现模拟喷墨印花技术制备结构色纺织品的基本要求，由于未经过处理的真丝和涤纶织物易发生墨水的扩散，不适合用于模拟喷墨印花制备结构色纺织品。此外，胶体微球墨水在织物表面的自组装结构色受到织物密度及其平整性的影响，通常平整的织物表面有利于胶体微球自组装形成较好的光子晶体结构。③模拟喷墨印花技术中，有目的性地选择喷嘴规格和喷嘴压力是实现墨水分配系统正常使用的关键。在墨水自组装过程中，组装温度及空气对流情况对胶体微球墨水自组装产生结构色的墨迹边缘清晰度具有较大影响。

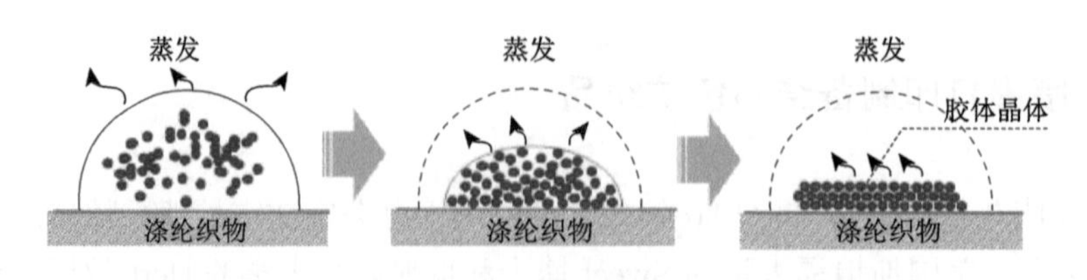

图 9-9　模拟喷墨印花技术的胶体微球自组装过程示意图[48]

在应用胶体微球墨水喷墨打印构建光子晶体结构色图案的过程中，他们发现：喷印墨滴的边缘位置极易出现“咖啡环”效应。在咖啡滴逐渐变干后，其中大部分在中间区域和边缘区域之间呈现出明显不同的颜色，并且边缘区域出现明显的较暗的环，这是已知的“咖啡环”效应。许多先前的研究已经证实“咖啡环”效应是蒸发速率不均匀造成的，通常边缘处的蒸发速率快于中心区域处的蒸发速率，并且产生毛细管流以补充环的边缘处的流体。在他们的研究中，墨滴中的P(St-MAA)胶体微球更容易通过向外流动传递到边缘并在自组装期间沉积在环的边缘。事实上，“咖啡环”效应相当普遍，它不利于织物基材上最终结构色的呈现。因此，如何在喷墨印刷过程中抑制“咖啡环”效应，在织物基底上制造均匀的光子晶体喷墨效果成为最重要的任务。如果从中心区域到墨滴边缘区域产生的毛细管流动可以减弱，则可以有效地抑制“咖啡环”效应，并且可以在一定程度上实现均匀的沉积。如图9-10所示，若能促进沿着液滴表面从边缘向中心流动，可能有助于减轻向外的毛细管流动。

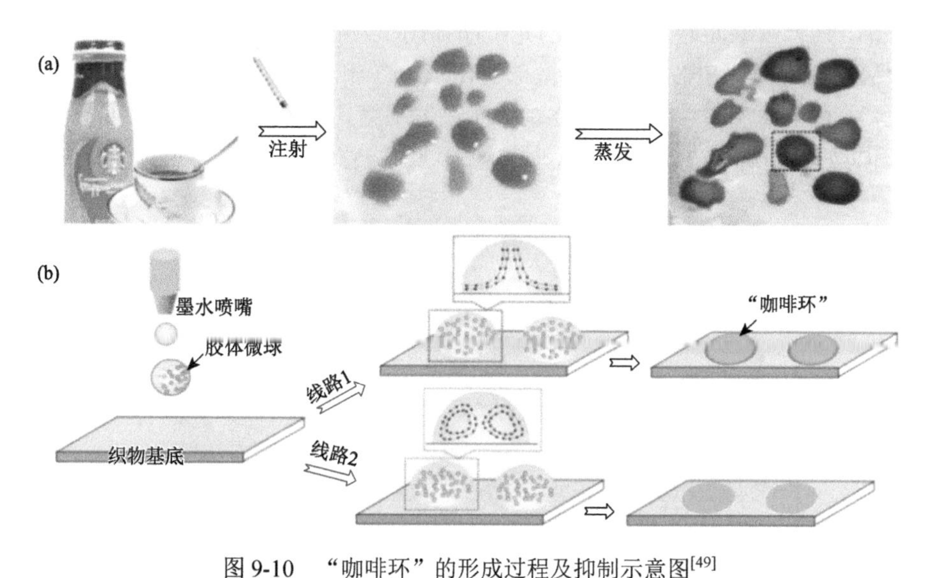

图9-10　“咖啡环”的形成过程及抑制示意图[49]

（a）咖啡滴沉积在固体表面上形成“咖啡环”；（b）抑制“咖啡环”效应的示意图

为了沿着液滴表面产生从边缘到中心的毛细管流动，需要在墨滴的中心区域和边缘区域之间设计表面张力梯度，使液滴内外部产生表面张力差且外部表面张力较小。在上述实验中，P(St-MAA)胶体油墨中的溶剂是水，因此寻找具有比水更高的沸点和更低表面张力的添加剂便引起了人们的注意。在胶体微球分散液中添加高沸点、低表面张力的水溶性有机添加剂作为共溶剂配制墨水，有利于削弱

“咖啡环”效应。在墨水蒸发过程中，由于水在液滴边缘的蒸发速率大于中心，而有机添加剂挥发速率较慢，随着蒸发的进行，有机添加剂在边缘的浓度会逐渐高于其在中心的浓度，液滴边缘与中心就会产生表面张力差，引发由液滴外部指向内部的毛细管流动。因此，从液滴的中心区域到边缘区域的向外毛细管流动将被有效地削弱，促进液滴的均匀沉积。基于上述分析，研究人员选择具有比水更高沸点（210℃）和更低表面张力（59.09 mN/m）的甲酰胺（formamide，FA）作为共溶剂，配制 P(St-MAA)胶体微球墨水。实验结果表明 FA 的量越高，咖啡环变得越小[49]。在油墨中添加 4 vol%～6 vol%的 FA 可以很好地抑制织物基质上的“咖啡环”效应。这是因为在水和 FA 一起作为溶剂系统混合之后，沉积液滴的蒸发时间变得更长，并且水在边缘处比 FA 更优先地蒸发。因此，边缘区域的 FA 浓度变得更高，降低了相关区域的表面张力，并且所产生的表面张力梯度引起从边缘到中心的向内毛细管流动，抵消了向外的毛细管流动以形成均匀沉积的液滴。

如图 9-11 所示，采用胶体微球墨水和喷墨印刷技术成功地在柔软的涤纶织物上制备出具有三维面心立方结构的光子晶体图案。在胶体油墨体系中，主要组分为作为显色剂的 P(St-MAA)胶体微球（10 vol%）和作为共溶剂的 FA（4 vol%～6 vol%）。由上述喷墨打印方法制备的光子晶体图案具有生动的结构色、明显的虹彩效果和良好的分辨率。该研究为实现纺织领域结构着色的应用开辟了一条新途径。

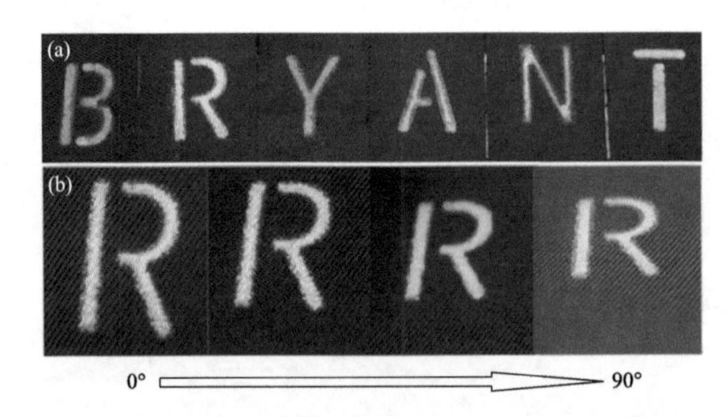

图 9-11　利用喷墨打印获得的结构色图案及结构色虹彩照片[49]

（a）由不同直径的 P(St-MAA)微球组装得到的图案；（b）结构色虹彩现象的数码照片

9.4　稳定增强型光子晶体结构色纤维与纺织品

由于纤维及纺织品在实际应用中，对其水洗、摩擦等牢度要求很高，因此解决微纳米阵列与织物纤维的牢固结合问题就显得尤为重要，其解决途径主要包括挤塑、静电纺丝、黏结等方式。

9.4.1　挤塑方式制备结构色纤维

微型挤压是指将微球预处理后，经机械作用使其通过专门设计的孔口，有序排列成纤维形状，制备出结构色纤维[50]。如图 9-12 所示，Baumberg 课题组[51]在 2011 年研究出一种由核壳胶体微球组成的结构色纤维。他们首先合成了一种核壳结构的聚合物微球，其内部是 PS 构成的硬核，中间是甲基丙烯酸烯丙酯（ALMA）作为接枝黏结剂，最外面是 PEA 构成的软壳。随后通过微型挤压装置，在加热的情况下，将这种核壳结构的微球挤压组装成纤维形状。制备得到的纤维具有结构色，并且有较好的力学性质。该纤维在弯曲折叠后其结构没有发生破损，同时还具有很好的弹性，能够通过针织得到简单的织物面料。这种结构色纤维制备方法简单，颜色也较明显，但需进一步提升纤维抗拉强度才利于后续的机械织造过程。

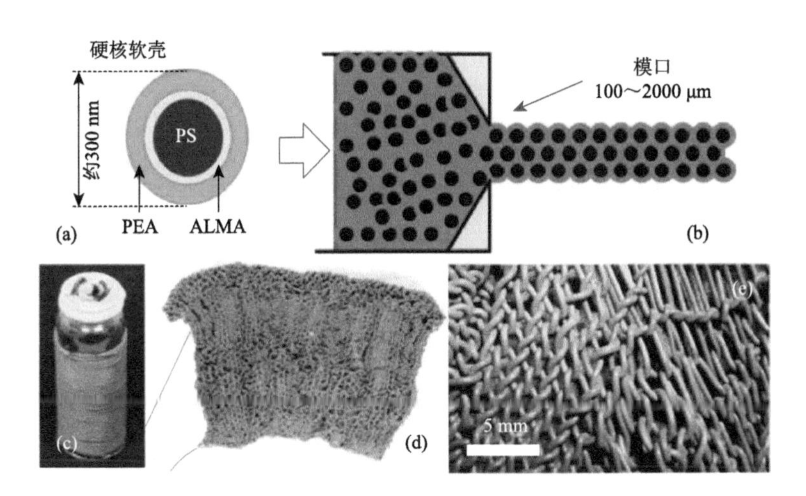

图 9-12　利用核壳结构微球制备结构色纤维[51]

（a）核壳微球示意图；（b）纤维挤压工艺示意图；（c）结构色长纤维及交联纤维编织物照片；（d）编织物的弹性可变结构色的光学照片

9.4.2　静电纺丝制备结构色纤维

静电纺丝法是目前制备亚微米级纤维最方便、高效的一种方法，而通过胶体静电纺丝法可实现胶体晶体纤维的大量制备[52]。Zhang 课题组[53]利用静电纺丝法制备结构色纤维膜，实现了胶体晶体纤维的快速、大批量制备。在体系中添加部分 PVA 可使其包在胶体微球表面，起到黏结剂的作用，因而将胶体微球黏结形成胶体晶体纤维。然而胶体晶体纤维中微球与微球之间的空隙被 PVA 填充，导致折射率差异非常小，所制备的胶体晶体纤维膜结构色泛白。通过水溶解去除掉部分PVA 后，其结构没有被破坏，仍然保持纤维形貌，此时纤维膜呈现出明显的颜色。此外，该纤维膜的反射光谱和散射光谱都不具有角度依赖性，因此颜色没有虹彩效应，符合人眼的色彩感应习惯。研究发现，纤维膜的颜色来源于微球米氏共振散射和光子禁带效应的共同作用。

9.4.3 溶液纺丝制备结构色纤维

如图 9-13 所示，Kohri 等[54]采用微流体乳化和溶剂扩散技术成功地制备了由核壳颗粒组成的柔性结构色纤维。他们以聚苯乙烯-二乙烯基苯[poly(styrene-divinylbenzene)，P(St-DVB)]颗粒作为核材料，PDA 作为壳制备 P(St-DVB)@PDA 核壳胶粒作为组装基元，使用有机溶剂作为连续相，所获得的结构色纤维均显示出与角度无关的结构色。与传统的静电纺丝法相比，基于微流体乳化和溶剂扩散的纺丝方法由于不使用高压电，具有安全、易于旋转的特点。

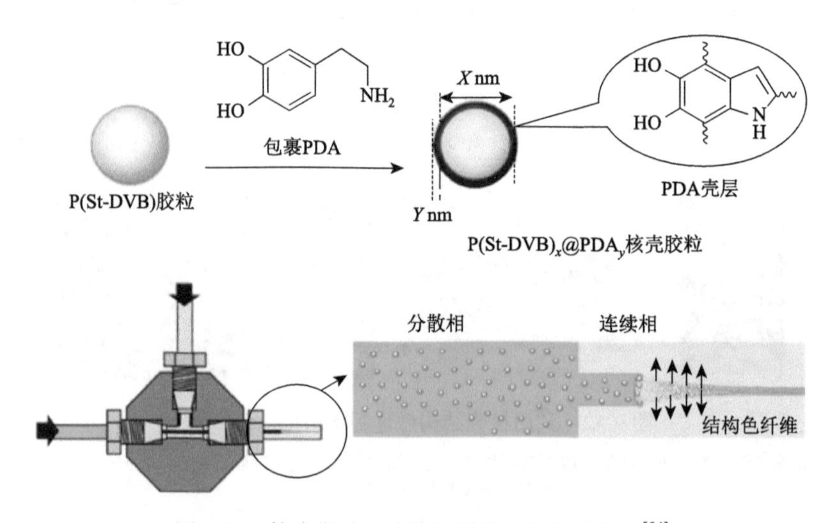

图 9-13　核壳微球及结构色纤维的制备示意图[54]

9.4.4 热压印制备结构色纤维

热压印法是通过热压印技术在各种化学纤维表面压印出微米级甚至纳米级的结构，利用光的干涉原理进行显色从而达到结构着色的目的[55]。利用滚筒式热压印技术，在聚对苯二甲酸乙二醇酯（PET）、聚丙烯（polypropylene，PP）、尼龙 6（polyamide 6，PA6）、尼龙 66（polyamide 66，PA66）、聚甲基丙烯酸甲酯（PMMA）

等化学纤维表面压印出纳米级的微结构，使纤维获得结构色，制备出光子晶体纤维。为了使得到的纤维结构色具有更闪耀的效果，研究人员在纤维表面压印上微结构后，又使用等离子 Ag 在纤维表面涂上厚度小于 100 nm 的 Ag 涂层。此种纤维表面物理加工方法简捷、设备简单，所得结构色纤维具有亮丽、高饱和的色彩，是染色方法所无法实现的，可作为装饰或辅料应用于时装、配饰或家纺上。

9.4.5　原子层沉积制备结构色纤维

原子层沉积（atomic layer deposition，ALD）是气相沉积技术的一种。由于 ALD 制备的材料具有一致性且对材料的厚度和成分能精确控制，与其他沉积方法如化学气相沉积（chemical vapor deposition，CVD）和各种物理气相沉积（physical vapor deposition，PVD）相比，展现出明显的优势。ALD 基于连续的自限制反应，既可实现高纵比的高度一致性，又能够将材料厚度精准控制在埃级别，且能够调节薄膜的组成[56]。ALD 可在中等压力和低温条件下进行，甚至可以在室温下通过化学反应进行某些金属氧化物（如氧化铝、氧化钛、氧化锌等）的生长，这为温度敏感材料的表面修饰提供了良好的应用前景。迄今为止，ALD 也被广泛应用于研究各种具有新性能的有机/无机复合杂化材料[57]。

在光子晶体结构色材料的制备中，传统的层层组装方法通常是通过氢键、静电作用力及范德瓦耳斯力等相互作用力使材料组装在一起形成特定的结构，然而这些作用力相对较弱，造成其机械性能较差并限制了其应用。而 ALD 由于其独特的反应机理，可以通过共价键在基体材料表面形成致密结构，从而解决了机械稳定性差的问题[58]。基于 ALD 的上述特点，可将其应用于高结构稳定性光子晶体结构色材料的制备。

碳纤维是一种由沿轴向堆积的片状石墨微晶组成的碳基纤维材料，其含碳量在 90 wt%以上。由于碳纤维内石墨微晶结构排列整齐，因此碳纤维机械性能优良，并且具有耐腐蚀、耐摩擦、电阻大、热稳定性好、导电性高等优点，被广泛应用于航天、电子、汽车、能源、体育和纺织品等领域。但是，这种结构特征使得碳纤维呈现单调的黑色，无法满足人们对所生活的多彩世界的审美和愉悦需求，因此对其着色显得尤为重要。由于碳纤维的高度结晶性和材料惰性，使其与染料的化学亲和力差，难以使用传统染料或者色素进行着色。彩色碳纤维织物大多通过与玻璃、聚酯、铜、人造纤维等进行共混实现。然而，想要保证彩色碳纤维织物颜色持久并保持其良好的物理强度仍然存在一定的挑战。ALD 由于能够高效、简单、精确地控制厚度，并且表面具有良好的一致性，被认为是一种最有效和最有前景的方法之一。同时，ALD 过程对化学物质及水的消耗小，可有效避免环境污染。由于碳纤维或彩色碳纤维受热易氧化，因此 ALD 的无氧条件也为其着色创造了条件[59]。

武汉纺织大学的 Xu 课题组采用 ALD 技术在碳纤维表面沉积 TiO_2 涂层来获得彩色碳纤维织物[59]。尽管碳纤维的表面存在大量朝向平面外的惰性官能团不利于原子层沉积，但仍存在一些缺陷与含氧官能团（如—OH、—COOH），这些缺陷和含氧官能团的存在使 TiO_2 能通过 ALD 技术在上面有效生长。如图 9-14 所示，通过控制 ALD 的循环次数能够有效调控涂层厚度，进而调节薄膜干涉产生的结构色，得到系列颜色鲜艳均一的碳纤维织物，同时其光谱呈现出由薄膜干涉引起的多个反射峰。固定入射角、改变接收角测量其反射波长发现，其峰位置不随观察角度发生变化，证明其具有低角度依赖性。另外，该课题组采用 ALD 得到不同颜色的校徽图案。通过上述方法获得的彩色碳纤维织物具有良好的耐洗涤性，机洗 50 次无明显的褪色现象。随着 ALD 技术的发展，彩色碳纤维有望应用于更多的领域。

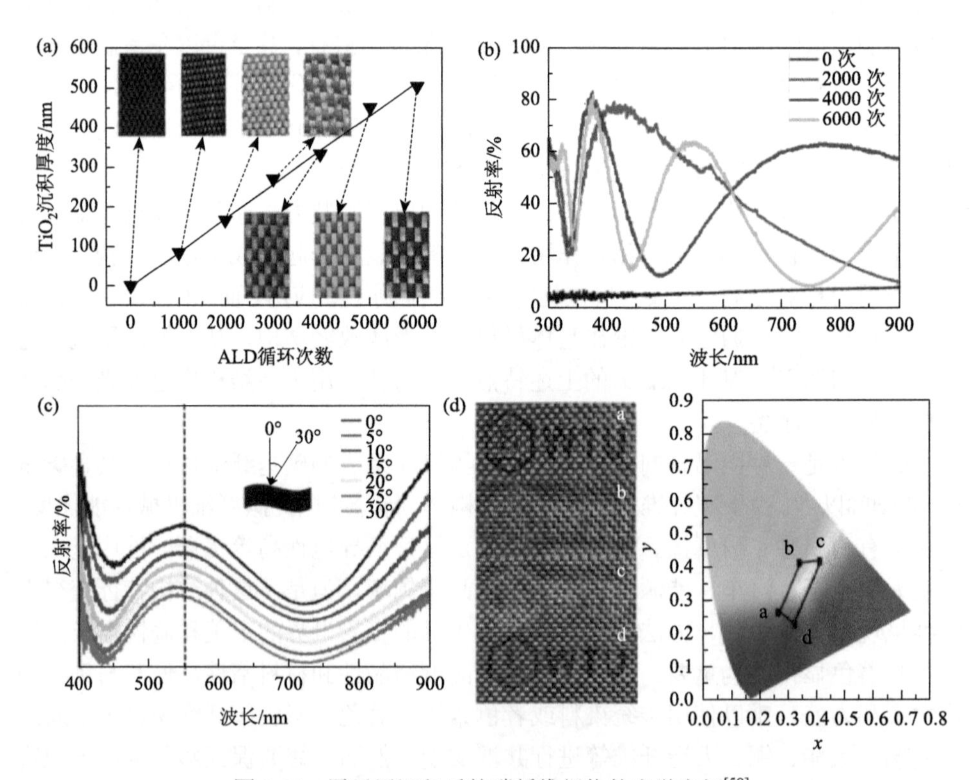

图 9-14 原子层沉积后的碳纤维织物的光学表征[59]

（a）沉积不同层数的样品的厚度及数码照片；（b）不同沉积次数碳纤维的反射光谱图；（c）CFF-ALD-6000 不同角度的反射光谱图；（d）校徽图案系列照片及 CIE 色坐标图

Niu 课题组[60]利用 ALD 技术在碳纤维表面同轴生长致密的一维光子晶体结构，制备了结构色可调、机械性能优异的新型光子晶体碳纤维纱线和织物。通过 ALD 技术独特的自我限制表面化学反应，利用表面化学相互作用将折射率差值较大的 ZnO 和 Al_2O_3 在碳纤维上进行交替沉积来构筑一维光子晶体，得到的光子晶体碳纤维具有良好的物理强度及耐洗涤性。如图 9-15 所示，随着 ZnO 沉积次数的增加，反射峰出现明显的红移，沉积得到的结构色纤维在自然光照射下呈现出靓丽的颜色，且贯穿整个可见光区（包括紫色、蓝色、青色、黄色和红色）。不同测试模式下的反射光谱也表明得到的结构色纤维具有低角度依赖性。

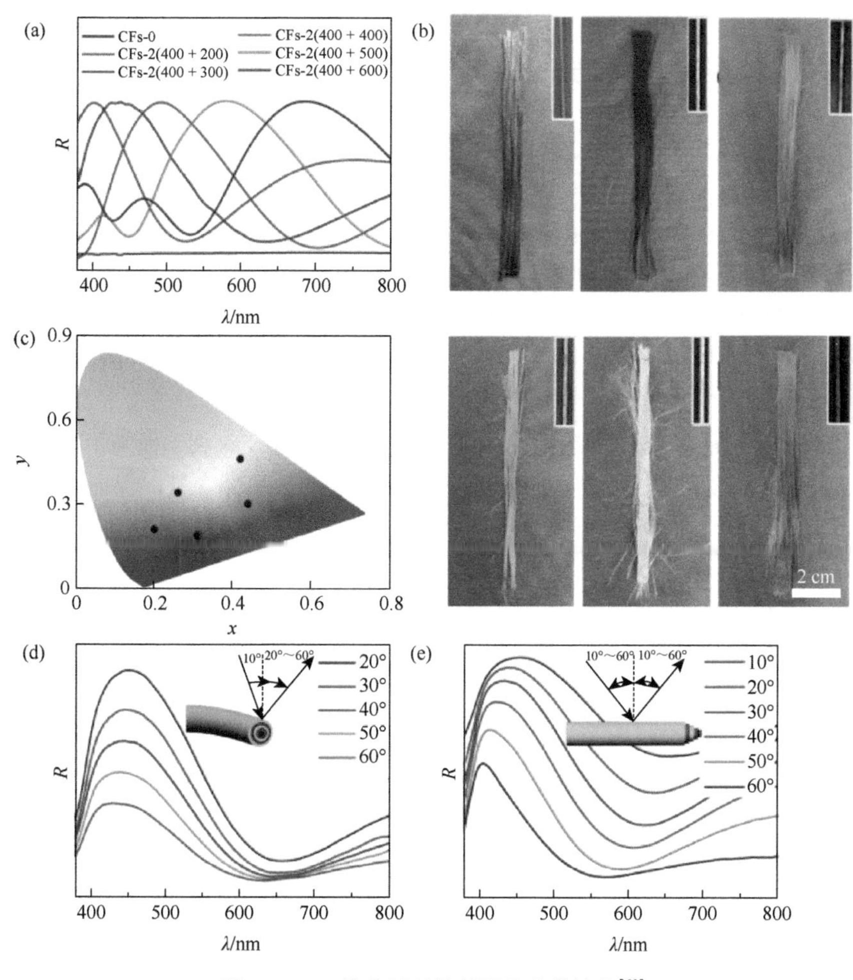

图 9-15　一维光子晶体纤维的光学性能[60]

（a）归一化的反射光谱图；（b）原始碳纤维和彩色光子晶体碳纤维的数码照片；（c）CIE 色坐标图；（d）、（e）不同测试模式的反射光谱图

蚕丝纤维以其优异的机械性能、耐磨性和生物相容性，被广泛应用于纺织、医药等行业，是目前最受欢迎的高品质生物高分子材料。但蚕丝纤维具有光、化学及热不稳定等特性，严重阻碍了其在高档时尚服装中的应用。通过 ALD 技术，在蚕丝蛋白上沉积 TiO_2-Al_2O_3 超薄涂层，利用 TiO_2 对紫外光（UV）的屏蔽作用，耗散掉大量的 UV 能量，TiO_2 层所产生的自由基和电子被内部绝缘的 Al_2O_3 层有效地阻挡在纤维表面之外，可保证蚕丝蛋白的性能[61]。因此，利用 ALD 的方式可以在保持蚕丝纤维本身固有优点的同时，实现对其结构色着色。ALD 技术在色彩工程和防辐射织物等多个领域都有潜在的应用前景，并将进一步指导未来功能光学和彩色显示设备的创新材料设计。

9.4.6 黏结增强结构色纺织品

在特定的自组装条件下，织物上可制备光子晶体结构，呈现明亮生动的结构色。然而，所制备的光子晶体容易从织物上脱落，即光子晶体与织物的结合强度较差。而光子晶体明亮的结构色是由特殊的物理结构引起的，这意味着被破坏的物理结构对结构色有负面影响。在实际的纺织品应用中，光子晶体必须暴露在不同的外部环境中，如洗涤、折叠、弯曲等，这些环境可能直接破坏织物上的光子晶体结构，并破坏现有的结构色。因此，提高光子晶体在织物上的结合强度是结构色在实际应用中需要解决的一个核心问题。

基于这些问题，Shao 课题组[36]研究发现，软壳的存在有利于提高相关光子晶体在织物基片上的结合强度。通过准确控制微球壳中的软单体含量，保证光子晶体在织物基体上的结合强度与光学性能的平衡。Yavuz 等[37]利用静电自组装技术将单分散的 P(St-MMA-AA)微球沉积在壳聚糖阳离子化的棉织物上，在光子晶体的顶部还涂上第二层壳聚糖作为保护和调色涂层。壳聚糖的正电荷保证其在化学纤维和天然纤维表面形成牢固的薄膜。Zhang 课题组采用 PVA 作为添加剂，提高织物的结构色牢度。PVA 含有大量羟基，能够与含有羟基的丝织物和 SiO_2 微球形成氢键，从而使丝织物和 SiO_2 微球紧密黏结。如图 9-16 所示，通过摩擦和洗涤测试其色牢度发现，PVA 显著增强了准晶结构色涂层的稳定性[43]。为了获得兼具良好的颜色可见性和稳定性的准晶涂层，PVA 的添加量需要控制在一定范围内。

如图 9-17 所示，Tang 课题组[39]合成小粒径 PA 粒子作为结构锁定剂，在界面转印的过程中与 PS 微球共组装形成光子晶体涂层，通过锁定周期性阵列使光子晶体涂层的力学性能和稳定性得到明显改善。该课题组还利用水性聚脲（waterborne polyurea，WPU）作为高效的黏结剂，填充在微球之间的缝隙中，实现组装后准晶阵列的结构锁定，赋予准晶涂层在纺织品上良好的结构稳定性[45]。此外，通过重新喷涂 WPU 形成的透明保护膜可以进一步增强结构色涂层的稳定性。

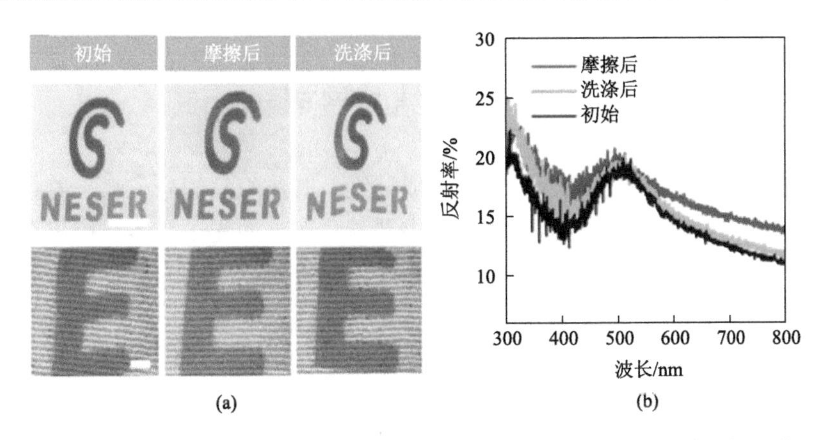

图 9-16　真丝织物上的双色光子晶体图案在摩擦和洗涤处理前后的宏观（上，标尺为 1 cm）和微观（下，标尺为 1 mm）照片（a）及青色部分的相应反射光谱（b）[43]

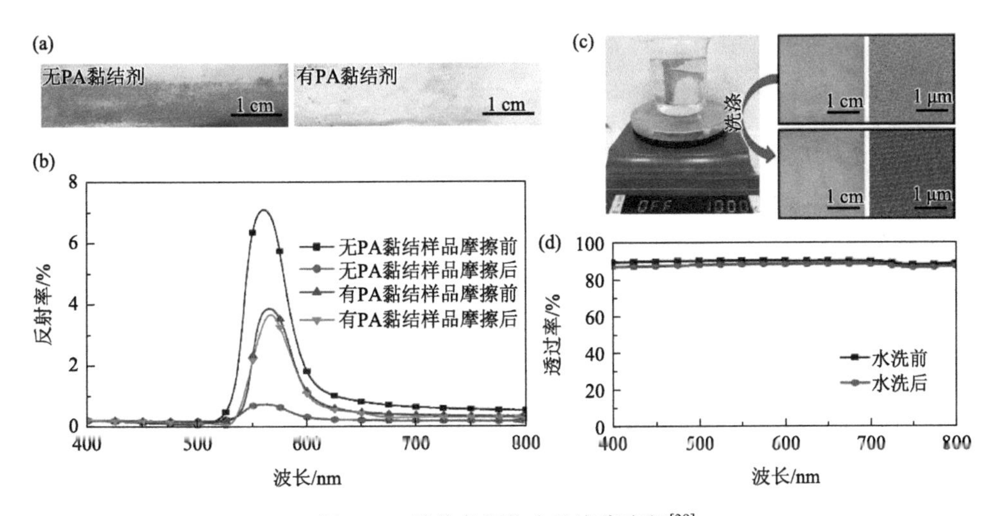

图 9-17　结构色织物水洗牢度表征[39]

（a）有无 PA 结构色织物摩擦前后的数码照片；（b）有无 PA 结构色织物摩擦前后的反射光谱；（c）水洗牢度测试前后的数码照片及微观结构 SEM 照片；（d）水洗前后水的透光率

新加坡 Liu 课题组[62]首先将单分散的 PS 胶体微球乳液浇铸在蚕丝织物表面，室温下自然晾干，随着溶剂挥发，PS 微球在毛细管力下在蚕丝织物表面进行有序自组装，得到具有结构色的胶体晶体。由于 PS 微球堆积排列得到的胶体晶体力学性质非常差，并且掩盖了蚕丝织物本身的诸多优点，所以 PS 微球在蚕丝织物表面完成有序自组装后，再在其表面浇铸一层蚕丝蛋白溶液。丝蛋白是透明的，既能够提高结构色涂层的力学性质，又不会影响颜色的呈现，更重要的是又恢复了蚕丝本来作为天然蛋白所具有的优点。这种结构色蚕丝织物保留了蚕丝天然蛋白纤维所具有的优良性质，具有实际应用的前景。

9.5 总结与展望

有机染料色谱齐全，适合天然及合成纤维及其纺织品的分子水平着色，其色彩鲜艳、牢度优异，是纤维及其纺织品主要着色剂。而光子晶体结构色在自然界广泛存在，如一些鸟类、昆虫、鱼类等，赋予其外表以华丽的色彩，就像穿上了霓裳羽衣。为达到这一目标，相关科技工作者在光子晶体在纺织印染中的应用方面做了深入且细致的研究工作，初步解决了组装、牢度与多色输出等问题，为结构色纤维与纺织品的实际应用奠定了基础。

基于光子晶体的光物理生色机制，其优异的色牢度是色素生色的有机染料难以比拟的，因而具有广阔的应用前景。但对纤维及纺织品的着色还需深入研究，解决其大面积的快速组装、色彩鲜艳性与均一性、着色纺织品的服用性等难题。

参 考 文 献

[1] 蔡宗英，张莉霞. 电化学技术在陶瓷制备中的应用. 湿法冶金，2005，24：175.

[2] 张道礼，胡云香. 电泳沉积原理及其在陶瓷制备中的应用. 现代技术陶瓷，1999，20：22.

[3] Zhou N，Zhang A，Shi L，et al. Fabrication of structurally-colored fibers with axial core-shell structure via electrophoretic deposition and their optical properties. ACS Macro Lett，2013，2：116.

[4] Liu Z，Zhang Q，Wang H，et al. Structurally colored carbon fibers with controlled optical properties prepared by a fast and continuous electrophoretic deposition method. Nanoscale，2013，5：6917.

[5] Armstrong E，Khunsin W，Osiak M，et al. Ordered 2D colloidal photonic crystals on gold substrates by surfactant-assisted fast-rate dip coating. Small，2014，10：1895.

[6] Yuan W，Li Q，Zhou N，et al. Structural color fibers directly drawn from colloidal suspensions with controllable optical properties. ACS Appl Mater Interfaces，2019，11：19388.

[7] Zhang J，He S，Liu L，et al. The continuous fabrication of mechanochromic fibers. J Mater Chem C，2016，4：2127.

[8] Gao W. The fabrication of structurally coloured textile materials using uniform spherical silica nanoparticles. Manchester：The University of Manchester，2016.

[9] Zhou L，Wu Y，Liu G，et al. Fabrication of high-quality silica photonic crystals on polyester fabrics by gravitational sedimentation self-assembly. Color Technol，2015，131：413.

[10] Vogel N，Retsch M，Fustin C，et al. Advances in colloidal assembly：The design of structure and hierarchy in two and three dimensions. Chem Rev，2015，115：6265.

[11] Shao J，Zhang Y，Fu G，et al. Preparation of monodispersed polystyrene microspheres and self-assembly of photonic crystals for structural colors on polyester fabrics. J Text Inst，2014，105：938.

[12] Diao Y，Liu X. Bring structural color to silk fabrics. Adv Mat Res，2012，441：183.

[13] 付国栋，刘国金，黄江峰，等. 蚕丝织物上光子晶体自组装过程研究. 浙江理工大学学报，2013，4：467.

[14] Liu G，Shao J，Zhang Y，et al. Self-assembly behavior of polystyrene/methacrylic acid[P(St-MAA)]colloidal microspheres on polyester fabrics by gravitational sedimentation. J Text Inst，2015，106：1293.

[15] Gao W，Rigout M，Owens H. The structural coloration of textile materials using self-assembled silica nanoparticles.

J Nanopart Res，2017，19：303.

[16] Li Y，Zhou L，Zhang G，et al. Study on the effects of the characteristics of textile substrates on the photonic crystal films and the related structural colors. Surf Coat Technol，2017，319：267.

[17] 周岚，陈洋，吴玉江，等. SiO_2胶体微球在蚕丝织物上的重力沉降自组装条件研究. 蚕业科学，2016，42：494.

[18] Gao W，Rigout M，Owens H. Optical properties of cotton and nylon fabrics coated with silica photonic crystals. Opt Mater Express，2017，7：341.

[19] Zhou L，Liu G，Wu Y，et al. The synthesis of core-shell monodisperse P(St-MAA)microspheres and fabrication of photonic crystals structure with tunable colors on polyester fabrics. Fibers Polym，2014，15：1112.

[20] Liu G，Zhou L，Wu Y，et al. Optical properties of three-dimensional P(St-MAA)photonic crystals on polyester fabrics. Opt Mater，2015，42：72.

[21] Chai L，Zhou L，Liu G，et al. Study on the stability of the photonic crystals under different application environments and the possible mechanisms. J Text Inst，2019，110：234.

[22] Li Y，Zhou L，Liu G，et al. Study on the fabrication of composite photonic crystals with high structural stability by co-sedimentation self-assembly on fabric substrates. Appl Surf Sci，2018，444：145.

[23] Shi X，He J，Xie X，et al. Photonic crystals with vivid structure color and robust mechanical strength. Dyes Pigm，2019，165：137.

[24] Wang X，Li Y，Zhou L，et al. Structural colouration of textiles with high colour contrast based on melanin-like nanospheres. Dyes Pigm，2019，169：36.

[25] Yavuz G，Felgueiras H，Ribeiro A，et al. Dyed poly(styrene-methyl methacrylate-acrylic acid)photonic nanocrystals for enhanced structural color. ACS Appl Mater Interfaces，2018，10：23285.

[26] Chai L，Zhou L，Liu G，et al. Interface-gravity joint self-assembly behaviors of P(St-MAA)colloidal microspheres on polyester fabric substrates. J Mater Sci，2017，52：5060.

[27] Zhao Y，Xie Z，Gu H，et al. Bio-inspired variable structural color materials. Chem Soc Rev，2012，41：3297.

[28] Zhou L，Wu Y，Chai L，et al. Study on the formation of three-dimensionally ordered SiO_2 photonic crystals on polyester fabrics by vertical deposition self-assembly. Text Res J，2015，86：1973.

[29] Kulochova V，Panfilova E，Prohorov E. Automated device for vertical deposition of colloidal opal films. 2018 International Russian Automation Conference，Sochi，Russia，2018.

[30] Marlow F，Sharifi P，Brinkmann R，et al. Opals：Status and prospects. Angew Chem Int Ed，2009，48：6212.

[31] Liu G，Zhou L，Fan Q，et al. The vertical deposition self-assembly process and the formation mechanism of poly(styrene-*co*-methacrylic acid)photonic crystals on polyester fabrics. J Mater Sci，2016，51：2859.

[32] 周岚，丁姣，吴玉江，等. SiO_2胶体微球在真丝织物上的垂直沉积自组装研究. 丝绸，2016，53：1.

[33] 周烨民，王莉丽，李小朋，等. 超结构聚苯乙烯膜在织物上的呈色性能. 陕西科技大学学报，2019，37：79.

[34] Zhou L，Li Y，Liu G，et al. Study on the correlations between the structural colors of photonic crystals and the base colors of textile fabric substrates. Dyes Pigm，2016，133：435.

[35] Zhang H，Liu X. Preparation and self-assembly of photonic crystals on polyester fabrics. Iran Polym J，2017，26：107.

[36] Liu G，Zhou L，Zhang G，et al. Study on the binding strength of polystyrene photonic crystals on polyester fabrics. J Mater Sci，2016，51：8953.

[37] Yavuz G，Zille A，Seventekin N，et al. Structural coloration of chitosan coated cellulose fabrics by electrostatic self-assembled poly(styrene-methyl methacrylate-acrylic acid)photonic crystals. Carbohydr Polym，2018，193：343.

[38] Liu G，Guo Y，Zhou L，et al. Tough，structurally colored fabrics produced by photopolymerization. J Mater Sci，2019，54：10929.

[39] Meng Y，Tang B，Ju B，et al. Multiple colors output on voile through 3D colloidal crystals with robust mechanical properties. ACS Appl Mater Interfaces，2017，9：3024.

[40] Dumanli A，Savin T. Recent advances in the biomimicry of structural colours. Chem Soc Rev，2016，45：6698.

[41] Takeoka Y. Angle-independent structural coloured amorphous arrays. J Mater Chem，2012，22：23299.

[42] Zeng Q，Ding C，Li Q，et al. Rapid fabrication of robust，washable，self-healing superhydrophobic fabrics with non-iridescent structural color by facile spray coating. RSC Adv，2017，7：8443.

[43] Li Q，Zhang Y，Shi L，et al. Additive mixing and conformal coating of noniridescent structural colors with robust mechanical properties fabricated by atomization deposition. ACS Nano，2018，12：3095.

[44] Zhang Y，Han P，Zhou H，et al. Highly brilliant noniridescent structural colors enabled by graphene nanosheets containing graphene quantum dots. Adv Funct Mater，2018，28：1802585.

[45] Meng F，Umair M，Iqbal K，et al. Rapid fabrication of noniridescent structural color coatings with high color visibility，good structural stability，and self-healing properties. ACS Appl Mater Interfaces，2019，11：13022.

[46] Dawson T. 纺织品喷墨印花（一）——墨滴形成和喷射原理及纺织品喷墨印花的发展. 印染，2005，1：46.

[47] Ollenhauer-Ries C，郭春花. 喷墨印花技术开辟纺织数码印花新纪元. 纺织服装周刊，2007，(4)：12.

[48] 黄江峰，刘国金，周岚，等. 胶体微球墨水的 pH 值与自组装结构生色的相关性研究. 浙江理工大学学报，2014，31：593.

[49] Liu G，Zhou L，Zhang G，et al. Fabrication of patterned photonic crystals with brilliant structural colors on fabric substrates using ink-jet printing technology. Mater Des，2017，114：10.

[50] 孟佳意，县泽宇，李昕，等. 光子晶体纤维的制备及应用. 材料导报，2018，31：106.

[51] Finlayson C，Goddard C，Papachristodoulou E，et al. Ordering in stretch-tunable polymeric opal fibers. Opt Express，2011，19：3144.

[52] 郭彦丽，刘建才，王艳红，等. 结构色纤维的研究进展. 印染，2016，42：47.

[53] Yuan W，Zhou N，Shi L，et al. Structural coloration of colloidal fiber by photonic band gap and resonant Mie scattering. ACS Appl Mater Interfaces，2015，7：14064.

[54] Kohri M，Yanagimoto K，Kawamura A，et al. Polydopamine-based 3D colloidal photonic materials：Structural color balls and fibers from melanin-like particles with polydopamine shell layers. ACS Appl Mater Interfaces，2017，10：7640.

[55] 史文静，张佩华. 热转移压印纳米结构在化学纤维结构显色上的应用和研究. 国际纺织导报，2008，36：28.

[56] Johnson R，Hultqvist A，Bent S. A brief review of atomic layer deposition：From fundamentals to applications. Mater Today，2014，17：236.

[57] Guo H，Ye E，Li Z，et al. Recent progress of atomic layer deposition on polymeric materials. Mater Sci Eng C，2017，70：1182.

[58] Niu W，Zhang L，Wang Y，et al. Multicolored one-dimensional photonic crystal coatings with excellent mechanical robustness，strong substrate adhesion，and liquid and particle impalement resistance. J Mater Chem C，2019，7：3463.

[59] Chen F，Yang H，Li K，et al. Facile and effective coloration of dye-inert carbon fiber fabrics with tunable colors and excellent laundering durability. ACS Nano，2017，11：10330.

[60] Niu W，Zhang L，Wang Y，et al. Multicolored photonic crystal carbon fiber yarns and fabrics with mechanical robustness for thermal management. ACS Appl Mater Interfaces，2019，11：32261.

[61] Yang H，Yu Z，Li K，et al. Facile and effective fabrication of highly UV-resistant silk fabrics with excellent laundering durability and thermal and chemical stabilities. ACS Appl Mater Interfaces，2019，11：27426.

[62] Diao Y，Liu X，Toh G，et al. Multiple structural coloring of silk-fibroin photonic crystals and humidity-responsive color sensing. Adv Funct Mater，2013，23：5373.

第 10 章　光子晶体物理传感器

10.1　引　　言

光子晶体材料是由不同介电常数的材料周期性排列组成的微结构，因而具有独特的光禁带结构。当光禁带落在可见光范围内时，光子晶体材料呈现出明亮的结构色。光子晶体材料由于能够控制光的传播又被称为光子带隙材料，在光纤通信、显示设备、防伪材料、绿色印刷、传感器及光催化增强等领域都具有广阔的应用。

值得一提的是，光子晶体的结构能够在外部刺激下改变，因而具有可调变的结构色。当受到外界物理或化学刺激时，光子晶体能够将其转化为光学信号及结构色的变化，因此是构筑比色型传感器的理想材料。近年来，研究人员发展了重力沉积法、提拉浸渍法、旋涂、喷涂、挥发诱导自组装及光刻等一系列制备方法[1-7]，实现了响应型光子晶体的高效、规模化制备，为其在传感器中的应用奠定了基础。与此同时，聚合物、液晶等新型功能性材料的研发，也很大程度上促进了高性能响应型光子晶体复合材料的制备。通过结构与组成设计，光子晶体材料被广泛应用于物理[8-11]、化学[12-14]与生物[15-18]等诸多传感领域。

在实际生活中，温度、压力、应力、电磁场等物理参数的测量在环境监测、生物医疗、工程等领域都是至关重要的。相比较于传统的物理传感器，光子晶体物理传感器能够将物理刺激成功转化为光学信号或结构色，实现了物理参数的可视化传感及检测。另外，它还具有制备简单、响应灵敏及可集成化设计等突出的优势，因此得到了极大的发展。本章将主要从材料体系、响应原理及形形色色的传感器展示来聚焦光子晶体物理传感器的发展现状与应用前景。

10.2　自然界中的响应型光子晶体

10.2.1　自然界中的光子晶体

在漫长的进化过程中，自然界创造出了许多可以产生结构色的光子晶体结构，从而带给人类一个多彩的世界。这种光子晶体结构在许多生物体或矿物体中都广泛存在，例如，昆虫、植物、鸟类等都闪烁着绚丽的金属光泽，这种独特的颜色被称为结构色。与色素或染料颜色不同的是，结构色是由其内部规则的微观结构对特定波长的光相互干涉所引起的，因此具有色彩明亮、不易褪色的特点。

根据折射率在空间中的周期性变化规律，自然界中的光子晶体主要包括一维光子光栅或多层结构、二维柱状阵列及三维胶体晶体这几种结构[19-22]。如图 10-1 所示，具有一维多层结构的光子晶体通常存在于许多昆虫、花瓣、鸟类及蝴蝶翅膀中。例如，大闪蝶的翅膀内部具有典型的一维多层光子晶体结构[19]。在高倍电子显微镜下可以清楚地观察到翅膀的每个脊中存在由角质层和空气交替组成的层状结构。由于角质层（$n = 1.56$）与空气（$n = 1.0$）具有显著的折射率差异，并且其层厚满足多层干涉的条件，从而呈现出明亮的蓝色。而孔雀羽毛中的微观结构则属于二维光子晶体[23]。有趣的是，这种二维光子晶体结构是由角蛋白连接的黑色素棒有序排列组成，根据晶格常数（棒间距）和周期数（黑色素棒层数）的不同，它的羽毛可以呈现出蓝色、绿色与黄色等多种色彩。在天然的蛋白石中，直径为几百纳米的二氧化硅胶体颗粒形成规则的三维胶体晶阵列[24]而呈现出明亮的结构色。生物界这种多彩的结构色及精巧的光子结构为响应型光子晶体材料的设计提供了丰富的样本。

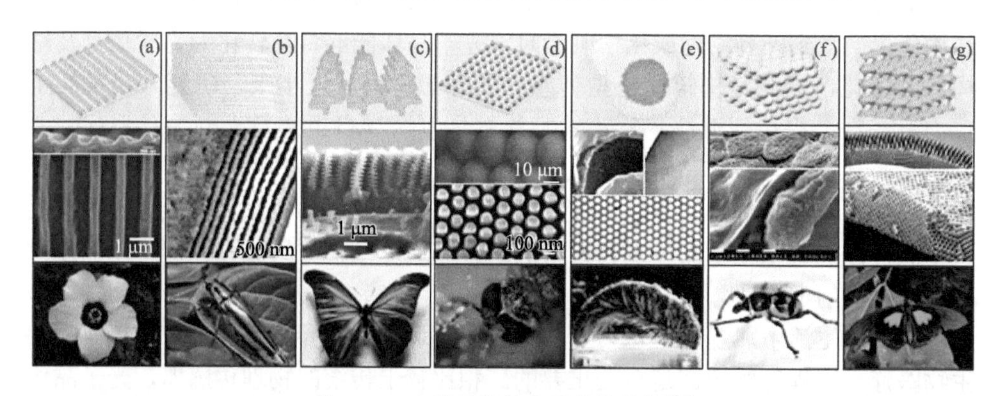

图 10-1 自然界中的光子晶体结构[25]

（a）花朵中的一维光栅结构；（b）昆虫甲壳中的一维层状结构；（c）大闪蝶翅膀中的一维周期性结构；（d）蚊虫身上具有表面减反功能的二维栅格结构；（e）海洋蠕虫毛发中的圆柱形二维周期性结构；（f）甲壳虫甲壳中的球体密堆积结构；（g）一些蝴蝶翅膀上的类反蛋白石结构

10.2.2 自然界光子晶体的动态结构色响应

自然界中，生物的结构色不仅为世界增添了色彩，其动态响应特性在生物的环境伪装、沟通交流及繁育繁衍等方面也发挥着重要作用。通常，生物体为了达到更好适应环境、防止被外部攻击或者欺骗猎物以诱捕食物等目的，能够对压力、光照、温度等外部物理刺激做出响应，而呈现出可逆的结构色变化。

在许多动植物中均能观察到这种动态变色现象，如长尾锥齿鲷、霓虹脂鲤、龟甲虫、大力士甲虫等[26-29]。研究人员发现，生活在澳大利亚昆士兰水域中的长尾锥齿鲷，其头部与身体部位有明显的结构色条纹并且具有可逆的结构色变化[27]。这些条纹状结构色在不同渗透压环境下可在 0.25 s 内从蓝色迅速变为红色。进一步研究表明，其条纹内部具有一维多层结构，当外部溶液环境的渗透压改变时，层间距会发生膨胀或收缩，因而具有动态可逆的结构色。类似的现象也可在龟甲虫与大力士甲虫中观察到，它们可对环境中不同水含量做出响应而改变其结构色。

自然界中另一种广为人知且具有动态结构色变化的生物是变色龙[28]。如图 10-2 所示，成年变色龙在兴奋状态下会快速将皮肤的背景颜色从绿色变为黄色，其中的条纹则由蓝色变为白色。研究人员通过电子显微镜观察发现，其内部包含的鸟

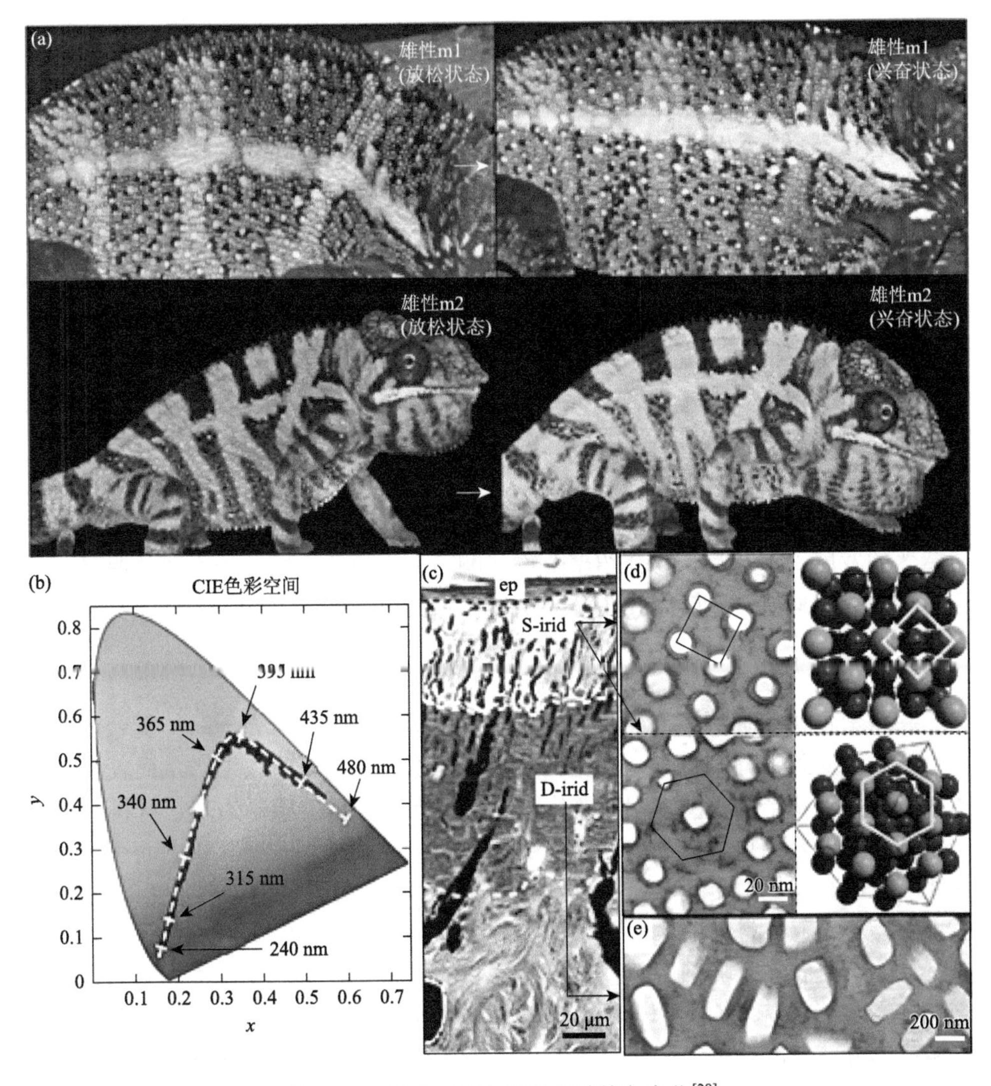

图 10-2　变色龙皮肤的动态结构色变化[28]

（a）雄性变色龙皮肤的可逆变色；（b）在 CIE 色度图中记录的皮肤颜色变化过程；（c）皮肤的截面图（ep. 表皮层；S-irid. 表面虹膜细胞；D-irid. 深层虹膜细胞）；表面虹膜细胞（d）与深层虹膜细胞（e）中鸟嘌呤纳米晶的 TEM 照片

嘌呤晶体呈现规则的面心立方结构。在兴奋状态下，纳米晶体的间距显著增大，导致其反射峰发生红移。上述现象表明，生物组织中的周期性排列结构可产生彩色的图案，而生物体中快速可逆的颜色变化往往来源于外界刺激下其微观结构的改变，包括结构单元间距、综合折射率等，因而演化和形成了独特的防御与信号传递机制。这种自然界光子晶体的动态响应过程激发了各种仿生功能材料的设计，尤其为人造光子晶体传感器的设计提供了灵感。

10.3　构筑光子晶体传感器的响应型材料

受到自然界生物应激变色的启发，研究人员设计与制造了一系列响应型光子晶体材料，并将其应用于物理、化学与生物等传感器。在构筑光子晶体传感器时，最主流的方法是根据特定的需求选择响应型功能材料，然后将其与光子晶体周期性结构复合。具体而言，又可分为两种策略。第一种策略是将组装基元包埋在具有响应性能的基材中形成光子晶体复合材料。第二种策略是将响应型材料直接整合在组装基元中或者对组装基元进行功能化修饰，然后进一步组装形成光子晶体材料。无论采用上述哪种策略，选择一种具有高灵敏度、选择性及快速响应性能的功能性材料都至关重要。利用响应型材料固有的物理/化学性质，便可以实现一系列高性能传感器的制备。

近年来，聚合物、液晶等新型响应型功能材料的发展极大地促进了光子晶体传感器的发展。本节将主要介绍聚合物、响应型无机化合物、液态胶体晶及液晶这几种功能性材料，并简述其在光子晶体传感器中的作用。

1. 聚合物材料

某些聚合物具有弹性特征及较好的光学透明性，能够与光子晶体复合形成复合材料。当受到外界刺激时，聚合物会发生体积上的膨胀或收缩，从而使光子晶体的晶格常数及结构色发生相应变化，是构筑光子晶体传感器的理想材料。

在众多聚合物材料中，水凝胶能够在多种外界刺激下改变其状态而引起广泛关注[30]。水凝胶是由交联聚合物组成的柔性网络，在外界环境（如温度、pH、光、压力等）发生微小的变化时，其物理结构或化学性质会发生明显的改变。同样地，光子晶体水凝胶在外界刺激下也会发生体积的膨胀与收缩，导致结构色的动态变化，可应用于温度、pH 等外界环境的传感。此外，由于水凝胶的柔性特征，它在机械传感方面也展现出独特的优势，还可用于构筑高灵敏度的机械力传感器。

除了水凝胶基质外，其他聚合物材料如 PDMS 等橡胶弹性体在光子晶体物理传感器中也具有重要应用。由于光子晶体弹性体具有机械强度高、可逆形变、稳定性高等特点，特别适于构筑机械力传感器，如压力传感器、应力传感器及触碰传感器等。通常情况下，弹性体具有可逆的弹性形变特性，在外界刺激下易发生大幅形变，并能将形变即时转化为结构色的变化和信号输出。当撤去外界刺激后又能恢复至初始状态，具有快速可逆的响应特点。

此外，形状记忆聚合物也是一种用于光子晶体传感器的新型材料。相较于传统的聚合物材料，形状记忆聚合物能够在撤去外界刺激后仍保持形变状态，直到受到特定的刺激才恢复至初始状态。当形状记忆聚合物与光子晶体结构复合来构筑传感器时，该复合材料具有双稳态特性，并且其“记忆”过程与“恢复”过程往往会受到不同外界因素的激发，为多重传感提供了可能。这种具有双稳态特性的光子晶体物理传感器能够在受到刺激后变色并且维持住稳态，在冷链运输、压力监测等场景中具有重要应用。

2. 响应型无机材料

无机材料可以利用其相变特征来实现光子晶体传感器的应用目标。当温度上升至相变点附近时，无机材料的折射率会发生显著变化，从而导致光子晶体结构色的变化，因此可将其应用于较高温度下的温度传感器。此外，对磁场或电场具有响应性能的特定无机胶体颗粒（如四氧化三铁胶粒、二氧化硅胶粒）还可直接组装为光子晶体，实现对外场强度的测定。

3. 液态胶体晶

液态胶体晶（LPC）是一种由溶剂作为填充介质，具有非接触密堆积结构的特殊胶体光子晶体。从结构上看，液态胶体晶可认为是一种由溶剂包裹胶粒并有序排列形成的胶体晶，因此它不仅具有液体的流动性，还呈现出胶体晶明亮的结构色特征。从能量角度考虑，液态胶体晶处于胶体溶液向固态胶体晶转化的中间态，在外界微小扰动下胶粒会从有序排列状态转化为无序状态，因此具有介稳态特性。此外，研究表明液态胶体晶在外界扰动与静置条件下可实现胶粒的可逆组装与解组装。

上述液态胶体晶的流动性、介稳态特性以及可逆组装与解组装特性使其成为一种独特的胶体响应体系，为其传感应用奠定了基础。研究表明，当液态胶体晶在机械外力、电场、磁场等外场作用下或者液态胶体晶体系中溶剂极性、离子强度、黏度等发生变化时，其内部胶粒的排列有序度与晶格参数会发生改变，并进一步影响液态胶体晶的光禁带与结构色，因此可用于构筑一系列物理与化学传感器。相较于传统固态胶体晶，这种结构可调的液态胶体晶具有晶格调控范围广、灵敏度高等优势，可应用于传统光子晶体无法实现的渗透压及介孔测定等领域[9, 31]。

4. 液晶材料

液晶材料具有独特的手性螺旋纳米结构及各向异性，是构筑光子晶体传感器又一选择[32]。研究表明，液晶材料的各种光学性质，如反射波长、偏振及透明度等均可在外界刺激下进行调制。例如，通过调节液晶分子的取向或者温度能够改变其光学性质与折射率。此外，液晶材料不同液晶相之间的转变同样会引起其光学性质的变化。因此，将液晶材料与光子晶体复合可获得电场、光照或温度响应的复合材料，从而构筑光子晶体物理传感器。

10.4 光子晶体传感器的工作原理

众所周知，光子晶体具有光禁带而能够反射特定波长的光；当光的波长落在可见光区域时，光子晶体呈现出肉眼可观察到的结构色。如图 10-3 所示，这种反射现象可以通过经典力学的衍射模型来加以理解，相应的衍射公式（10-1）中，d 代表晶格间距；θ 代表入射角；m 代表衍射级数；λ 代表反射光的波长。

$$2d\cos\theta = m\lambda \tag{10-1}$$

对于三维胶体光子晶体，如胶体颗粒分散在空气、溶剂、聚合物中形成的有序结构，可将布拉格定律与斯内尔定律相结合来描述其光学性质。在式（10-2）中，D 代表胶体颗粒之间的球心距离；n_{eff} 代表综合折射率。

$$\sqrt{\frac{8}{3}}D\left(n_{\text{eff}}^2 - \sin^2\theta\right)^{\frac{1}{2}} = m\lambda \tag{10-2}$$

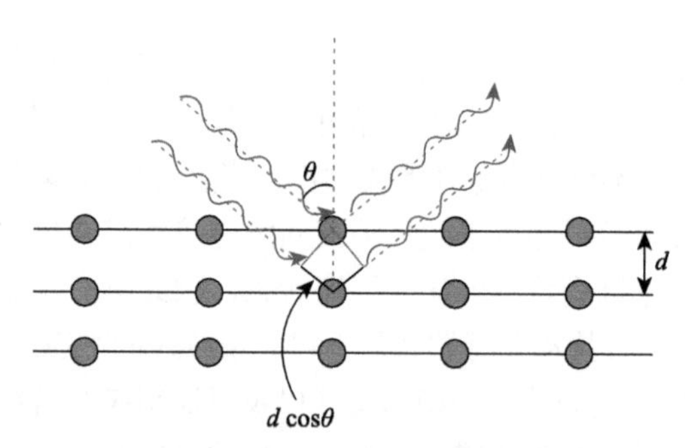

图 10-3 用衍射模型解释光子晶体的特征反射与结构色[33]

根据上述公式可知，改变光子晶体的折射率、晶格常数、晶体对称性或晶面取向等参数就可以改变其光学性质和结构色。换言之，光学信号的变化也能揭示出造成折射率、晶格常数等变化背后的外部条件的变化，因而对于设计光子晶体传感器具有重要的指导意义。下面将略微展开讨论如何利用上述关系设计构建光子晶体传感器，进而理解光子晶体传感器的工作原理。

首先，可以利用外部刺激-晶格参数-光学信号之间的内在关系构建光子晶体传感器。以聚合物光子晶体材料为例，在外界刺激下聚合物体积会发生膨胀或者收缩，使得胶粒间距及晶格常数发生改变，从而改变其反射光谱及结构色。因此，人们就可以利用结构色的变化来测定外界刺激条件的相应变化。

其次，也可以利用外部刺激-综合折射率-光学信号之间的内在关系构建光子晶体传感器。例如，蒸气或者溶剂分子的渗透与吸附、温度或光照引起材料的相变等都会引起折射率的变化，进而造成反射信号及结构色的变化。因此，人们就可以利用结构色的变化来测定温度、湿度、辐照等外部条件的变化。需要指出的是，对于复合材料，其综合折射率（n_{eff}）可通过式（10-3）进行计算。其中，n_i 与 V_i 分别代表光子晶体复合材料中各组分的折射率与体积分数。

$$n_{\mathrm{eff}}^2 = \sum n_i^2 V_i \tag{10-3}$$

此外，对于某些特定的响应型光子晶体，还可以利用外部刺激—有序无序变化—光学信号、外部刺激—折射率对比度—光学信号等较为特殊的内在关系设计传感器。上述情况下，往往通过反射信号的强弱，而非反射波长的数值来判断外部条件的变化。

10.5　几种典型的物理传感器

光子晶体物理传感器通常对响应型光子晶体材料有一定的要求。一方面，它要求材料具有明亮的结构色，即材料的反射峰位于可见光范围内，以使其光学信号能够凭借肉眼直接识别，而无须复杂昂贵的设备来读取。另一方面，光子晶体物理传感器通常还要求材料具有高灵敏响应、可逆响应及可微型化集成等特点。需要特别指出的是，当聚焦于光子晶体物理传感应用时，不仅要求材料能够对外界刺激做出响应，更进一步要求材料的光学信号与外界刺激之间能够建立一个精准、唯一的量化关系。根据这种定量关系拟合得到工作曲线，从而实现物理参数的精确测量。本节将介绍几种具有代表性的光子晶体物理传感器，如机械力传感器、温度传感器、磁场传感器、黏度传感器、介孔传感器等，并阐明其工作原理和使用方法。

10.5.1　机械力传感器

如何简单快速地感知与量化局部机械外力负载在许多领域都有重要价值，如细胞牵引力测量、手术过程中组织变形监测、防弹衣爆炸损伤及建筑基础设施故障检测等。因此，基于力致变色光子晶体，人们构筑了具有可视化肉眼检测、高灵敏度、低能耗等特点的机械力传感器[34-36]；通过结构色与反射光谱的变化，测量出机械力的相应变化。构筑机械力传感器最常用的制备方法是将机械响应型聚合物与光子晶体整合制备形成光子晶体复合结构。一般，聚合物响应材料对机械力大小的传感范围主要取决于弹性物质的材料与响应特性，因此寻找合适的弹性基质对于传感器制造至关重要。近年来，随着研究的深入，研究人员已将其拓展至拉伸传感、压力传感、剪切力传感等各个方面，并探索其在生物医学设备、健康监测、指纹识别及电子设备等领域的应用[37-39]。

1. 拉伸传感

在光子晶体机械传感中，最常见的响应方式是通过拉伸使材料发生形变变色以实现应力传感[40-42]。例如，将聚苯乙烯（PS）、二氧化硅（SiO_2）等胶体颗粒包埋在聚合物基质中形成弹性聚合物，就可以获得一种简单的拉伸应变传感器。Asher 课题组将聚乙烯胶体晶阵列包埋在乙烯吡咯烷酮、丙烯酰胺聚合物基质中，报道了一种具有拉伸变色性能的光子晶体水凝胶薄膜[43]。此后，研究人员对弹性体组分进行优化，制备了一系列具有蛋白石弹性体结构的光子晶体机械传感器。例如，Fudouzi 等[44]将聚二甲基硅氧烷（PDMS）填充在 PS 胶体晶阵列中，并用 PDMS 进行二次溶胀填充可制备得到胶体颗粒非密堆积排列的光子晶体橡胶薄膜。这种典型的光子晶体复合弹性体材料与普通橡胶类似，具有干燥、柔软、有弹性及耐用等特点。如图 10-4 所示，当被拉伸时，其(111)晶面的晶格间距减小，因此反射峰会发生蓝移，并且反射峰位置与薄膜在水平方向上的拉伸率（$\Delta L/L$）密切相关。当撤去外力后便恢复至初始状态。实验结果表明，当光子晶体橡胶的拉伸率小于 20%时，其反射峰位置随拉伸率的增加呈线性减小，伴随着结构色从红色转变为绿色，因此可用于拉伸应变的传感。

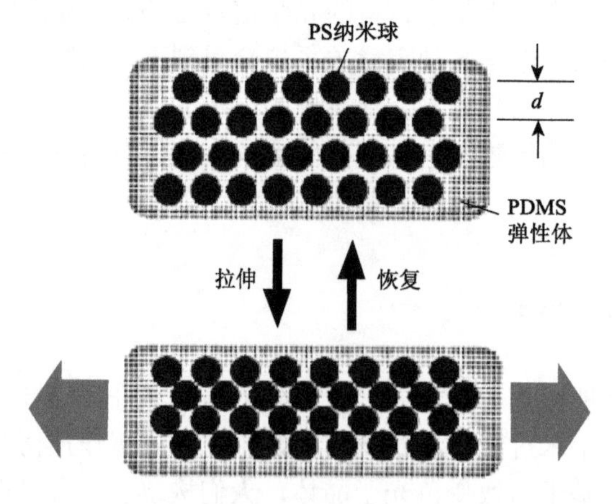

图 10-4　PS/PDMS 光子晶体弹性体在拉伸/恢复过程中晶格的可逆变化[44]

上述体系中初始状态下胶粒间距较小导致其应力响应范围较窄。为了进一步提升拉伸应变响应范围，Zhu 等[45]将表面羧基功能化的 Fe_3O_4@C 胶粒与端氨基 PDMS 共组装形成超分子交联网络。这种超分子相互作用诱导胶粒在聚合物基质中形成短程有序的非晶胶体晶阵列，得到一种与角度无关的结构色响应材料。在拉伸过程中，材料体系沿着 x 轴（平行于拉伸方向）的拉伸和沿着 z 轴（垂直于拉伸方向）的压缩使得胶粒之间的平均球心距减小，从而使结构色蓝移。通过调整体系中胶粒的质量分数能够有效调节胶粒间距，从而优化光子晶体弹性体的机械性能。当胶粒质量分数为 40%时，其最大拉伸应变可达 150%，反射峰可从 667 nm 蓝移至 444 nm，极大地提高了机械力响应范围。

近年来随着可穿戴电子设备的发展，将光子晶体的结构色与光谱信号转换为电子信号读出能够进一步提高光子晶体传感器定量检测的准确性及便携性，是一种全新的发展趋势[39, 46]。传统的光子晶体机械传感器通常只能采用光谱对应变进行量化，由于缺乏可伸缩的电子传感器，将结构色变化与柔性电子读数相结合仍是一个挑战。研究人员将 PS/PDMS 弹性胶体晶薄膜与褶皱石墨烯堆叠制备得到应变传感器，实现了拉伸变化的电信号定量检测[46]。该复合材料在激光辐照下，可通过测量光电流信号改变直接检测应变变化，实现与传统光谱仪检测一样的定量传感。这种集成的复合光子晶体传感器相比于单纯褶皱石墨烯应变传感器极大地提高了灵敏度，其性能可高出 100 倍以上。研究人员将该传感器初步应用于裂缝生长及人体运动监测，为其未来的推广应用指明了方向。

除上述胶体光子晶体复合结构外，采用光刻技术制备的光子晶体光栅在机械力传感器中也具有独特的优势。Zhang 等[47]采用快速、低成本纳米压印技术制备了具有纳米光栅结构的力致变色光子晶体薄膜。与传统的胶体/聚合物复合光子晶体结构不同，这种光子晶体光栅由单一的 PDMS 聚合物组成，一方面，有助于提高折射率对比度和结构色饱和度；另一方面，该材料体系在形变过程中不会受到胶粒重排的影响而失去结构色，因而可实现整个可见光的调控。当薄膜沿着栅格方向拉伸时，光栅纳米结构周期减小，反射峰蓝移；而当垂直于栅格方向拉伸时，纳米结构周期增大，反射峰红移。如图 10-5 所示，沿着栅格方向拉伸其应变（ε_x）最大可达 100%，结构色从红色逐渐变为蓝色。进一步研究表明，峰值变化与应变呈现线性相关关系，其相关系数高达 0.995。基于这种定量关系，可根据薄膜结构色精确计算出薄膜的应变量。该薄膜可用于将低碳钢在拉伸实验中的应变过程可视化，进一步验证了该机械变色应变传感器的实用性。

2. 压力传感

与拉伸作用类似，压力作用同样能够改变光子晶体的晶格间距从而改变其结构色，因而力致变色光子晶体也能实现压力传感[48, 49]。2011 年，Edwin P. Chan

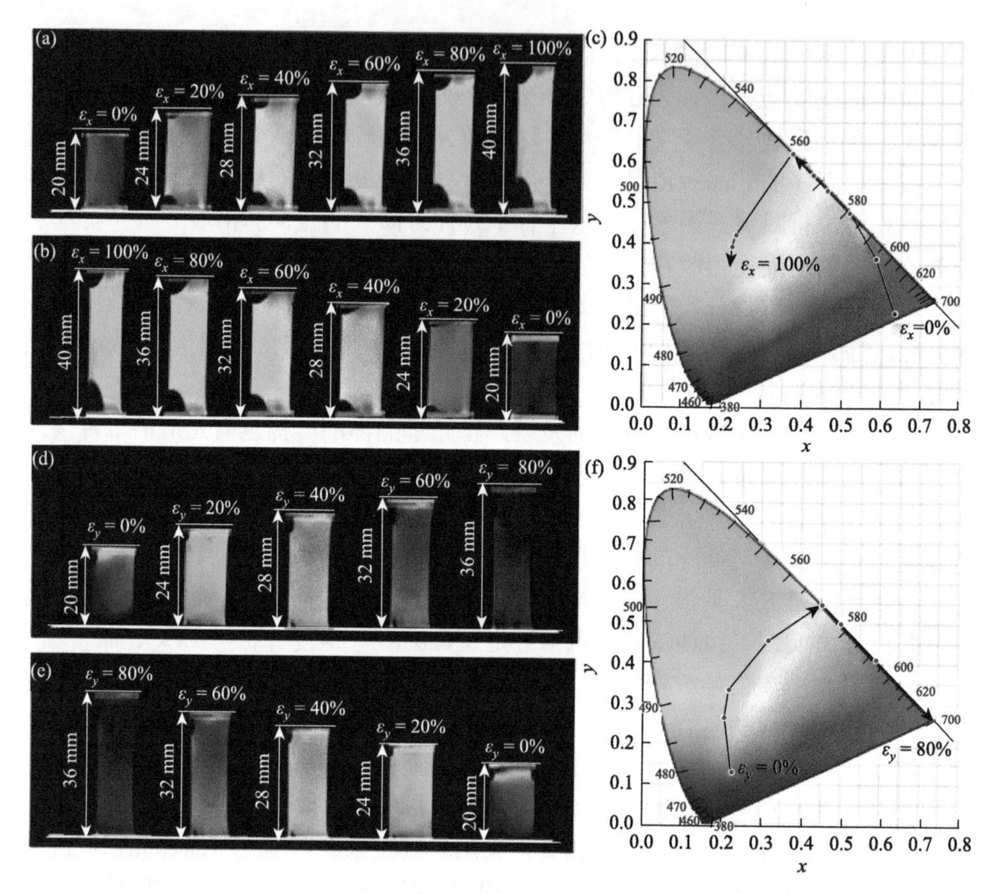

图 10-5　光子晶体光栅薄膜的形变变色响应[47]

平行于光栅方向拉伸应变下薄膜可逆变色的照片［(a)、(b)］和相应 CIE 色度图坐标的变化（c）；垂直于光栅方向拉伸应变下薄膜可逆变色的照片［(d)、(e)］和相应 CIE 色度图坐标的变化（f）

等[10]首次报道了一种由聚苯乙烯-*b*-聚-2-乙烯基吡啶（polystyrene-*b*-poly-2-vinylpyridine，PS-*b*-P2VP）组成的嵌段共聚物光子晶体凝胶，并将其用于压力传感。如图 10-6 所示，该光子晶体凝胶是由 PS 层与 P2VP 层交替堆叠形成的层状一维光子晶体结构。通过乙酸/水混合溶剂对其进行选择性溶胀后可得到具有力致变色性能的光子晶体凝胶。为了量化光子晶体凝胶的力致变色响应，研究人员采用球面压痕测试方法研究了光子晶体凝胶的机械响应和光禁带变化。根据测试曲线可知，当压缩应变从 10%增加至 30%时，其反射峰从 760 nm 蓝移至 520 nm。在此响应区间内，可通过拟合工作曲线对压力进行定量分析，实现压力的精确传感。进一步研究发现，这种力致变色行为主要与 P2VP 层的溶胀程度有关。因此，可以通过调节溶胀过程中乙酸浓度来调整其响应灵敏度，使其能够满足不同范围的应力或应变检测需求。

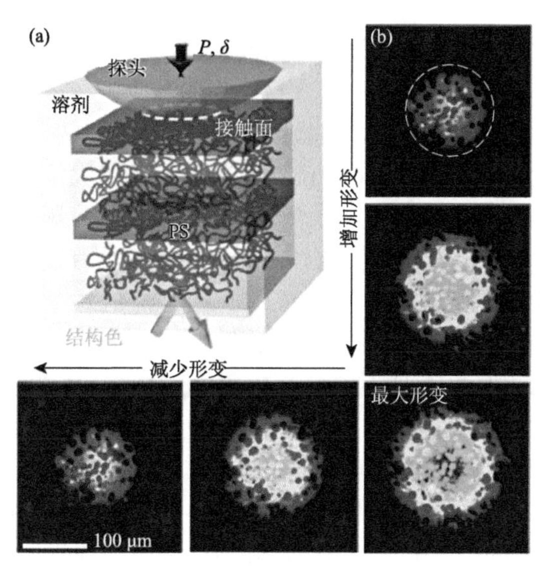

图 10-6　具有力致变色特性的 PS-*b*-P2VP 嵌段共聚物光子晶体凝胶[10]

（a）力致变色示意图；（b）受到不同压力后的结构色变化

此外，Gong 等[50]还发展了一种双层水凝胶型光子晶体来实现压力传感。如图 10-7 所示，受自然界鱼类鳞片中一维光子晶体结构的启发，研究人员制备了一种包含具有柔软特性的化学交联聚丙烯酰胺（*h*-polyacrylamide，*h*-PAAm）水凝胶

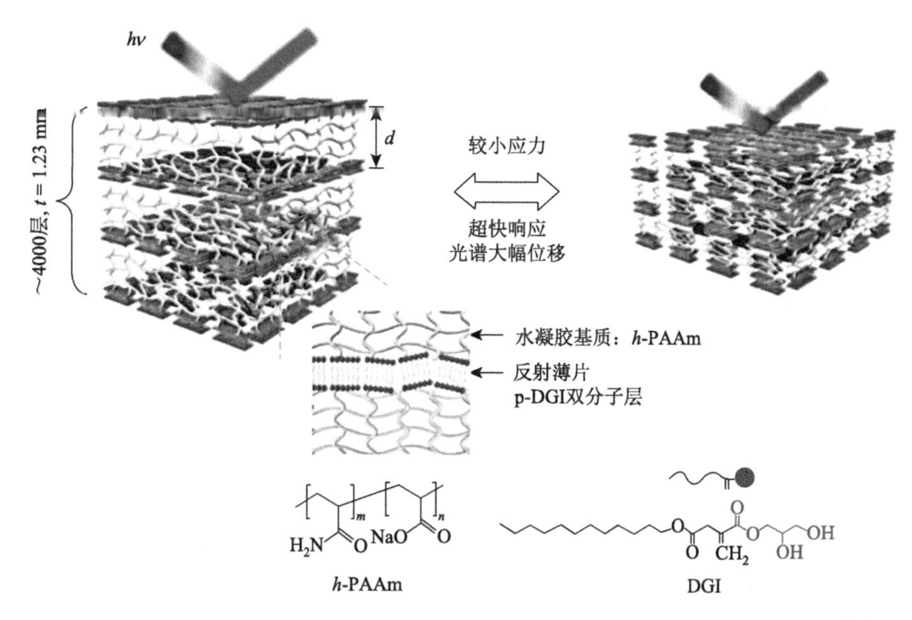

图 10-7　由 p-DGI 双分子层及 *h*-PAAm 水凝胶构成的温度响应光子晶体凝胶[50]

层及刚性聚合的十二烷基甘油基衣康酸酯[poly(dodecyl glyceryl itaconate)，p-DGI]双分子层的交替一维层状结构。该复合材料中的凝胶可在压力作用下迅速发生形变与恢复，因此可实现压力传感。实验结果表明，当压力从 0 增加到 3.0 kPa，该复合凝胶材料的反射峰可实现从 640 nm 至 340 nm 的最大位移，相应的应力灵敏度高达 0.2 nm/Pa。低于 3 kPa 压力时，其反射光谱峰位与压力应变呈线性关系，因此可实现低压范围的灵敏检测。此外，该双层结构具有较好的机械稳定性，通过了数万次的高速振动疲劳测试。

上述大部分光子晶体机械力传感器主要使用了弹性材料，必须施加外力来保持形变与颜色，一旦撤去外力结构与颜色便恢复至初始状态。那么如何才能在去除外力后仍能通过颜色变化来记录不同程度的外力呢？Yang 等采用了非交联的热塑性 SU-8 聚合物，一种负向光刻胶，作为基质制备出反蛋白石结构，并由此构筑质量轻、低功耗的压力传感器[51]。SU-8 反蛋白石结构光子晶体在受到 30 mN、60 mN、90 mN 的外力作用后，分别呈现出不同程度的凹陷的变色，具有力致变色的特点。由于 SU-8 在受到外力作用时会发生弹塑性形变，在撤去外力后仍能保持结构色变化，因此能够永久记录力学信息。值得一提的是，该压力传感器具有高灵敏度，其反射波长位移与施加应变变化比（$\Delta\lambda/\Delta\varepsilon$）达到 5.7 nm/%。另外，这种 SU-8 材料较为坚硬，杨氏模量较高，使得该传感器的机械传感范围高达 17.6～20.4 MPa。因此，该光子晶体传感器可应用于运动员或士兵的可穿戴贴片；通过结构色变化快速诊断出所受冲击强度，最大限度地减少重复损伤的可能性。

10.5.2　温度传感器

温度是工农业生产及医疗行业中十分重要且普遍测量的物理参数。光子晶体温度传感器能够对温度做出响应，并将其转化为结构色变化或者光谱信号输出，具有响应灵敏、识别简单的特点。根据光子晶体温度传感器的材料体系不同，主要可分为有机材料体系与无机材料体系两大类。

在有机材料体系中，研究较为广泛的是基于温度响应的聚合物材料来构筑复合光子晶体结构。温度的变化会引起聚合物材料相变而造成体积变化，并进一步使晶格发生改变从而影响材料的结构色等光学性质。这类光子晶体温度传感器的制备一般采用两种策略：其一是将有序结构包埋在温度响应基质中制备光子晶体凝胶；其二是直接采用温敏材料制备结构基元再组装形成有序结构。

聚（*N*-异丙基丙烯酰胺）（PNIPAM）是光子晶体温度传感器最常用的一种温敏性聚合物材料。Asher 课题组[52]将非密堆积的胶体晶阵列包埋在温敏性的 PNIPAM 基质中，率先构筑了温度响应光子晶体水凝胶。PNIPAM 在水中具有较低的相转变温度（32℃），当温度低于 32℃时，其在水中处于溶胀状态；而当温度上升至其临界溶液温度时，聚合物会发生相变导致体积收缩。此时，胶体颗粒间距减小，反射峰发生蓝移。这种复合凝胶薄膜在 10～35℃之间具有可逆的收缩与膨胀，相应反射信号的变化为 704～460 nm。在后续研究中，研究人员对水凝胶组分进行优化来进一步提升温度响应灵敏性及响应范围。Takeoka 等[53]以 SiO_2 胶体晶为模板制备了具有反蛋白石结构的、组成为聚异丙基丙酰胺-共聚-甲基丙烯酸[poly(NIPA-*co*-MAAc)]的光子晶体凝胶薄膜。如图 10-8 所示，在 16～31℃的响应范围内，随着温度的升高，凝胶薄膜收缩使得晶格常数减小，反射峰从 650 nm 逐渐蓝移至 330 nm，而薄膜的颜色也由红色逐渐变为蓝紫色。基于 λ_{max} 与 $\Delta\lambda/\lambda_{max}$ 随温度变化曲线可实现温度的定量传感，同时根据结构色的变化也能实现温度的色彩判别。需要指出的是，上述温度响应光子晶体凝胶的响应范围通常在室温附近，当温度上升至更高温度，凝胶薄膜易发生破裂。

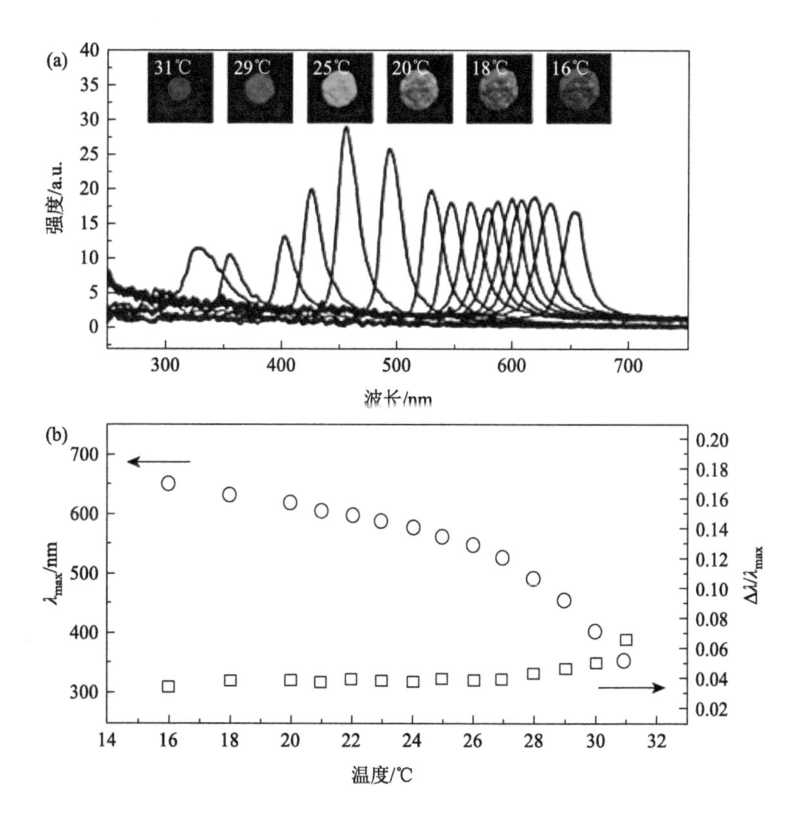

图 10-8　反蛋白石结构的 poly(NIPA-*co*-MAAc)光子晶体凝胶薄膜的温度响应性[53]

（a）在不同温度下的反射光谱与结构色；（b）反射峰波长 λ_{max} 及 $\Delta\lambda/\lambda_{max}$ 随温度的变化

除了与胶体光子晶体复合，温敏材料本身也可以作为结构基元构建温度响应光子晶体及温度传感器。例如，Thomas 等[54]制备了由聚苯乙烯-*b*-异戊二烯（PS-*b*-PI）嵌段共聚物组成的一维层状结构，进一步拓宽了温度响应范围。实验表明，当温度从 30℃上升至 140℃时，反射峰从 510 nm 移至 450 nm。这种温度响应特性主要来源于折射率及聚合物层厚度的变化，并不依赖聚合物的单一相变点，因此具有更宽的温度调节范围。

同理，将 PNIPAM 直接制成尺寸均匀且具有高表面电荷的“微凝胶”胶体颗粒，也可作为结构基元组装形成光子晶体温度传感器[52, 55]。在 10℃下粒径为 300 nm 的 PNIPAM 胶粒，当溶液温度升至 40℃时其粒径可以缩小至 100 nm，呈现显著的温度响应特性。为了提高微凝胶的稳定性，Zhang 等[56]在 PNIPAM 颗粒表面修饰可聚合的乙烯基团，将其组装成有序的胶体晶体，实现了 1～25℃低温区域的温度响应。修饰后的胶体颗粒可通过光引发表面乙烯基之间的自由基聚合，锁住有序结构。该微凝胶胶体光子晶体对温度及离子强度具有双重响应。当温度为 1℃时，胶体晶薄膜处于高度溶胀状态，其结构色为红色。随着温度的升高，凝胶颗粒的体积发生收缩，同时结构色逐渐变为绿色（22℃）、蓝色（24℃）及最终的白色（27℃）。

为了拓展温度传感器的应用场景，Kim 等[11]将具有 PS 核及 p(NIPAm-*co*-AAc) 壳层的核壳胶粒在微胶囊内进行组装形成光子晶体微胶囊温度传感器。由于 p(NIPAm-*co*-AAc)层在温度升高时会缩小其体积从而影响晶格常数，因此可实现温度的传感。如图 10-9 所示，当温度从 25℃上升至 38℃时，该微胶囊的反射峰从 661 nm 蓝移至 529 nm，展现出快速、稳定、可重现的温度响应。更重要的是，这种微胶囊由于体积较小，能够灵活注射至任意体积容器内，进而实现微环境下温度探测及空间分布的可视化监测。

此外，研究人员还将具有温敏特性的形状记忆聚合物应用于光子晶体温度传感器，实现了特定场景下的温度检测要求[57, 58]。例如，Wu 等[58]制备了一种以硬质 PS 为核，软质的聚丙烯酸酯为壳层的核壳胶粒，并通过热压法使其组装形成胶粒高度有序排列的结构色薄膜。由于结构基元中柔软壳层的存在，该光子晶体薄膜具有机械力及温度双重响应特性。在其相变温度之上，对初始状态为红色的薄膜进行拉伸时，由于胶粒间距减小，薄膜结构色转变为绿色。随后将温度迅速降低至其相变温度之下，此时聚合物链段被锁定，薄膜形状与结构色能够维持在绿色状态。当材料的温度再次上升至其相变温度之上后，拉伸的绿色薄膜能够迅速恢复至初始的红色状态。

基于这种具有记忆效应的温度响应，上述光子晶体薄膜十分适于构筑热敏标签，并用于冷链物流中的温度监测。如图 10-10 所示，当运输或存储过程中的温度超过阈值温度时，该智能标签的结构色会立刻发生不可逆的变化，对曾发生过的温度变化提供警示。调整聚合物壳层的组分，可使其相变温度在−24～53℃之间调变，因此该智能温度计有望应用于更多的场景。

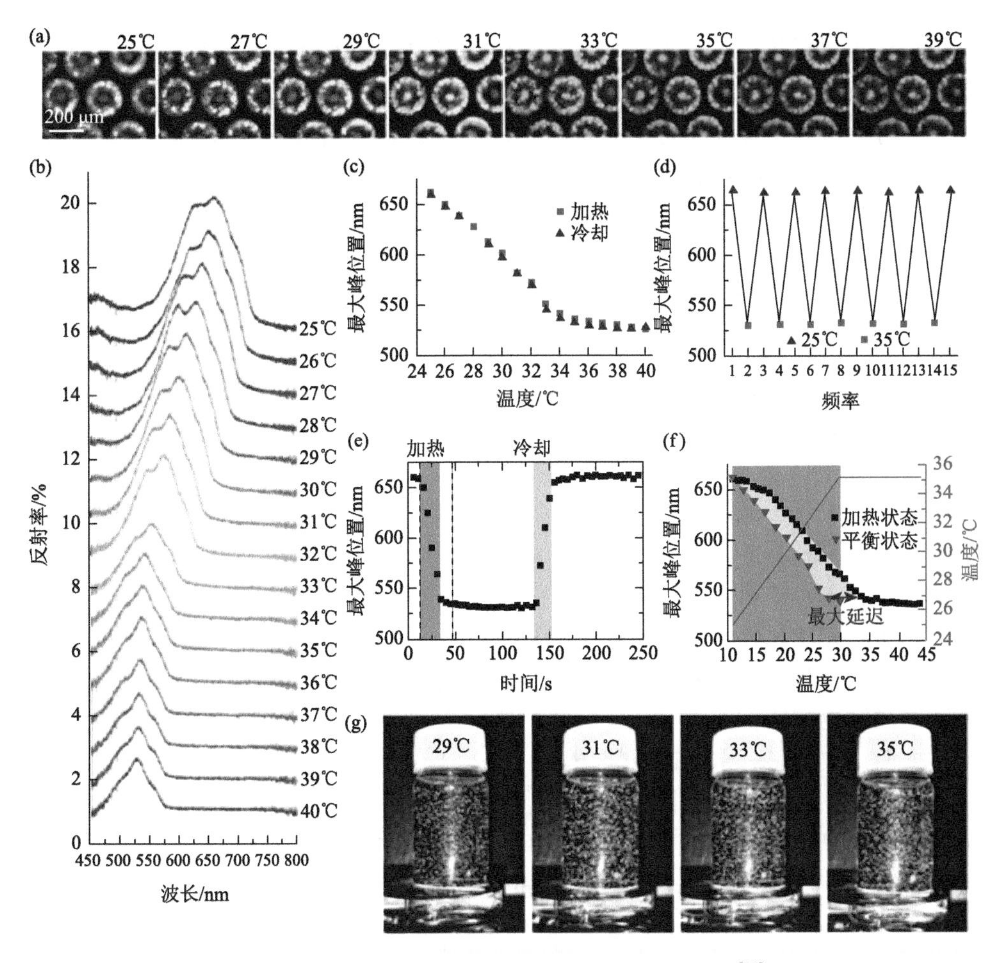

图 10-9　基于光子晶体微胶囊的微型温度传感器[11]

（a）光子晶体微胶囊在不同温度下的光学显微镜照片；（b）微胶囊在指定温度下的反射光谱；（c）加热和冷却过程中最大峰位置与温度的关系；（d）微胶囊在 25℃与 35℃之间多次切换时的最大峰位置；（e）、（f）响应时间的测定；（g）四种不同温度下微胶囊悬浮液的照片

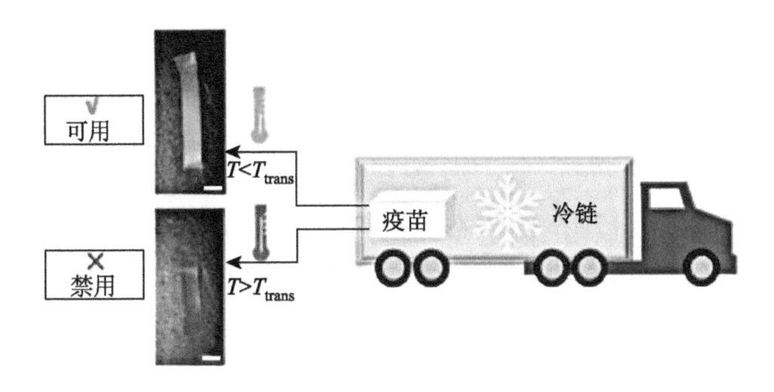

图 10-10　形状记忆光子晶体薄膜作为智能温度标签应用于冷链存储[58]

在无机材料体系中，光子晶体温度传感器主要利用材料在相变温度点附近折射率的巨大变化来实现结构色的变化和温度的感知。无机材料的相变温度选择较广，且材料一般具有较好的稳定性，适于构建较高温度范围的传感器。例如，Xia课题组[59]以 Se@Ag_2Se 核壳胶粒为组装基元制备了光子晶体薄膜。在加热升温后，胶粒的核壳部分均发生相变，a-Se 转变为 t-Se 而 β-Ag_2Se 转变为 α-Ag_2Se，导致胶体晶的反射峰发生相应变化。当薄膜温度从 110℃升高到 150℃时，反射峰从 1392 nm 红移至 1497 nm。基于类似的原理，$BaTiO_3$、VO_2、TiO_2、ZrO_2 等无机材料[60-63]也可用于构建光子晶体温度传感器。

10.5.3　磁场传感器

磁致变色光子晶体在磁场作用下具有灵敏的磁响应特性及较宽的反射峰调节范围，可用于磁场强度与分布的检测。虽然许多课题组对磁场响应型光子晶体[64-67]进行了广泛深入的研究，但是光子晶体磁场传感器研究的报道却仍然较少。这是因为磁响应光子晶体体系在磁场下的稳定性还有待提高。此外，大多数磁响应体系只能在较窄光谱范围内对变化的场强做出响应，影响了它的响应灵敏性。近年来，通过对磁响应体系进行优化改造，研究人员在磁场强度测定，特别是弱磁场测定方面，取得了一定的进展[68-70]。

例如，Zhang 等[69]将化学组成为乙氧基化三羟甲基丙烷三丙烯酸酯（ETPTA）和 3-(三甲氧基甲硅烷基)-甲基丙烯酸丙酯[3-(trimethoxysilyl)-propylmethacrylate，TPM]的反蛋白石结构微球（inverse opal microspheres，IOMs）与磁流体相结合，构筑了一种新型光子晶体磁场传感器。首先，研究人员通过乳液法制备得到 SiO_2/ETPTA-TPM 微球，随后通过氢氟酸刻蚀微球中的 SiO_2 可得到具有反蛋白石聚合物壳层及空心内核的绿色光子晶体微球。将上述微球水溶液与磁流体混合，在无外磁场条件下，密度较低的微球浮在磁流体液面上方，溶液呈现绿色，且反射峰强度最高。当施加磁场强度为 85 mT 的垂直磁场时，视野中绿色微球数量急剧减少，溶液呈现褐色，反射光谱的强度从初始无磁场时的 9%下降为 2.8%。上述磁场响应源于，在外加垂直磁场作用下，非磁性的微球可视作“磁空穴”在磁流体的推动下沿磁感线方向排列形成一维链状结构，只有端部的绿色微球可以暴露在视野中，因此反射信号猝灭。当撤去外磁场后，绿色微球在浮力作用下会重新漂浮至溶液上表面，结构色恢复至绿色，反射强度恢复至初始状态。

进一步研究表明，这种光子晶体微球分散体系的反射猝灭时间和猝灭后的反射强度均与磁场强度大小直接相关。外磁场强度越大，反射强度下降越快且最终反射强度越小。因此，基于磁场强度-反射猝灭时间与磁场强度-猝灭率之间的双重定量关系可构筑一种双通道的光学磁强计。通过对材料组分的进一步优化，该磁强计可将响应范围拓展至 20 mT 以下的弱磁场，实现 5～85 mT 范围内磁场强度的检测。该光子晶体磁强计不仅测量范围较广，而且具有较好的信号稳定性及循环稳定性，能够很好地满足实际应用的需求。

在实际应用中，弱磁场的即时检测在疾病诊断、矿物油探测等领域都有重要意义。对于传统的磁响应光子晶体体系，为了使其产生结构色变化通常需要最低 50 G（$1\ G = 10^{-4}\ T$）的磁场强度，以使得磁胶粒进行有效组装形成光子晶体，这就限制了它在弱磁场检测中的应用。Zhang 等[70]采用高度分散、对外磁场具有高灵敏度响应的铁磁性颗粒作为组装基元构建了一种新型的磁响应光子晶体并将其应用于微弱磁场检测。他们将椭圆形多孔 SiO_2 包覆的 Fe_2O_3（Fe_2O_3@p-SiO_2）颗粒在 350℃氢气下还原得到铁磁性的 Fe_3O_4@p-SiO_2 颗粒。当对 Fe_3O_4@p-SiO_2 水溶液施加一个较弱的磁场时，溶液中的胶体颗粒快速沿磁场方向组装排列形成有序结构，并能反射特定的可见光。当磁场强度从 7 G 增加至 239 G 时，胶粒表面间距从 21 nm 减少至 3 nm，反射峰逐渐蓝移。很显然，铁磁性胶粒具有更强的磁响应，因此是弱磁场检测的关键。如图 10-11 所示，该磁强计可快速可逆地检测低至几高斯的磁场强度（约为地磁场强度的 10 倍），其检测限比常规的磁响应光子晶体要低一个数量级，在微弱磁场检测中具有应用潜力。

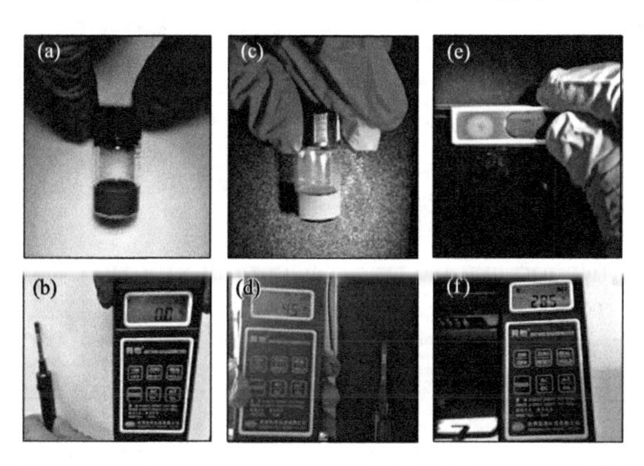

图 10-11　基于 Fe_3O_4@p-SiO_2 颗粒的磁响应光子晶体[70]

无磁场［(a)、(b)］、4.5 G［(c)、(d)］、28.5 G［(e)、(f)］磁场强度下的磁响应光子晶体照片及光子晶体所处磁场强度的测量值

10.5.4　黏度传感器

黏度是衡量流体内分子间摩擦力的物理量，是流体的本征特性之一，它的测量在工业生产和科学研究中均具有重要意义。为准确测量黏度，人们发明了毛细管黏度计、落球式黏度计、振荡黏度计、旋转式黏度计、乌氏黏度计等各种设备。然而常用的黏度计往往需要在使用后进行严格的清洗，不利于现场快速测量。

Zhang 等[8]在制备 SiO_2 光子晶体薄膜的研究中发现，这种干燥的胶体晶薄膜中具有两种典型的缝隙结构，分别是干燥过程中由于表面张力产生的晶块之间的微米级裂纹和胶粒之间紧密堆积产生的纳米级孔隙。当某种液体滴加在光子晶体薄膜上时，液体在毛细管力驱动下会逐渐渗入这些缝隙，光子晶体薄膜的结构色由明亮的绿色转变为透明，且反射峰随之消失。这是由黏液渗入后胶粒与周围介质的折射率匹配引起的。一般，待测液体黏度越大，其在薄膜中的渗入时间越长，光子晶体薄膜变色越慢。

在上述实验的基础上，研究人员利用胶体晶孔隙对不同黏度液体所产生的不同毛细管力及由此带来的浸润速度差异，构筑了一种基于 SiO_2 胶体晶薄膜的黏度试纸。与乌氏黏度计类似，SiO_2 胶体晶薄膜具有由微米裂缝和纳米大孔组成的多级孔毛细结构，因此可以通过读取黏性液体的渗入时间来判断黏度的大小。通常情况下，高黏度液体完全渗入需要的时间长，低黏度液体完全渗入需要的时间短；且在实际使用中，渗入时间视光子晶体结构色完全消失而定。如图 10-12 所示，对照黏度-时间工作曲线或对比卡尺，就可以根据试纸褪色时间方便快捷地确定未知液体的大致黏度。

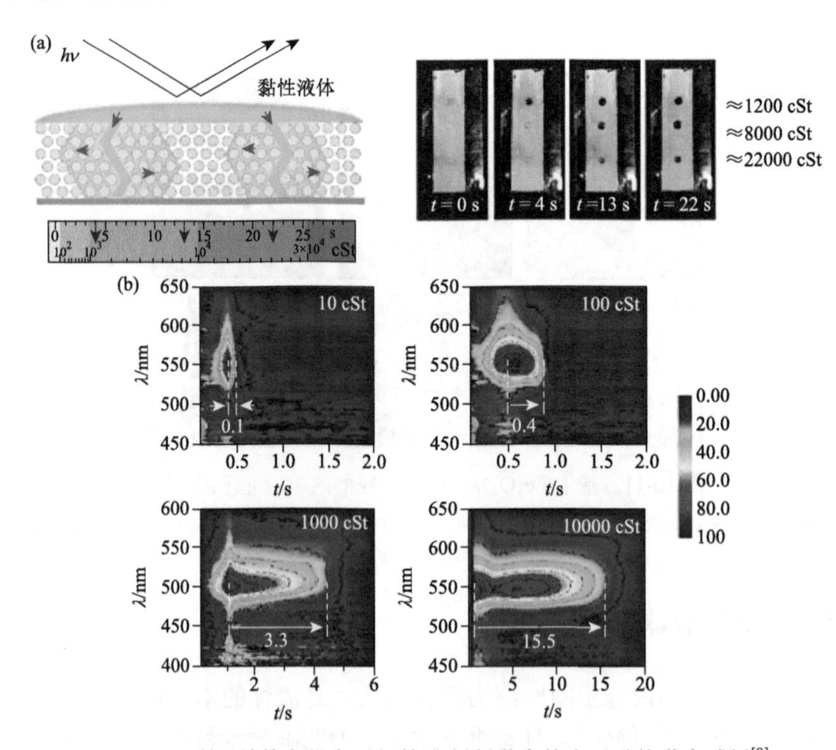

图 10-12　利用结构色褪色时间快速判断黏度的光子晶体黏度试纸[8]

（a）利用光子晶体黏度试纸进行多种黏度硅油的可视化检测；（b）检测不同黏度硅油时光子晶体黏度试纸的动态反射光谱图

针对不同的黏度范围，还可以优化胶体晶薄膜的微结构，从而获得各种精密黏度试纸。具体实验中，通过对微米缝隙的填充，减缓液体渗入速度，从而提高对低黏度液体的检测精度；通过降低介稳态胶体晶胶粒体积分数，制备具有更多空隙的固态胶体晶薄膜，从而实现对高黏度液体的有效测量。与毛细管黏度计、转子黏度计等传统黏度计相比，这种可抛弃型黏度试纸具有使用携带方便、信号明确、样品消耗量小、成本低等优点，有效避免传统量具使用时可能引入的样品污染，有望在各种实验室及生产场合中实现对黏度的快速监测。

10.5.5　介孔传感器

介孔材料具有高比表面积、高孔隙率，在化学、石油化工、医药工程、能源存储等众多领域都具有重要应用。而介孔材料的孔体积、孔径、比表面积等参数的表征是其应用的基础。目前介孔材料的表征方法主要包括 X 射线小角衍射法、电子显微镜观察法、氮气吸附脱附法等。通常这些方法要求使用昂贵的大型仪器设备，需要对样品进行预处理并且测量时间较长。

Zhu 等[9]利用液态胶体晶对胶粒浓度的响应特性，发展了一种基于液态胶体晶的介孔检测试剂来测定介孔材料的孔体积和孔径。此处采用的液态胶体晶是通过挥发诱导过饱和析出法制备得到的二氧化硅/乙二醇-乙醇（SiO_2/EG-EtOH）溶液。在该体系中加入介孔材料后，介孔物质会吸收 SiO_2 胶体溶液中的溶剂，导致胶体晶晶格收缩，反射峰蓝移。进一步研究表明，单位质量介孔物质所导致的反射波长变化量与孔体积存在正相关关系，而平均吸附温度与材料的孔径呈现负相关关系。基于这两种关系，他们用介孔基准物质的测量数据建立了用于孔体积与孔径测量的工作曲线。利用上述工作曲线及未知介孔材料的光谱测量数据就可以测定出介孔的孔体积与孔径。

如图 10-13 所示，利用这种新型介孔传感器对二氧化硅分子筛 MCM41 和 SBA15 的孔体积与孔径进行测量，发现其测量结果与氮气吸附脱附测定的结果十分接近，验证了上述传感器的可靠性。与传统检测方法相比，这种全新的光子晶体介孔传感器具有简单、便携、高效的特点，为介孔材料的表征提供了新的选择。

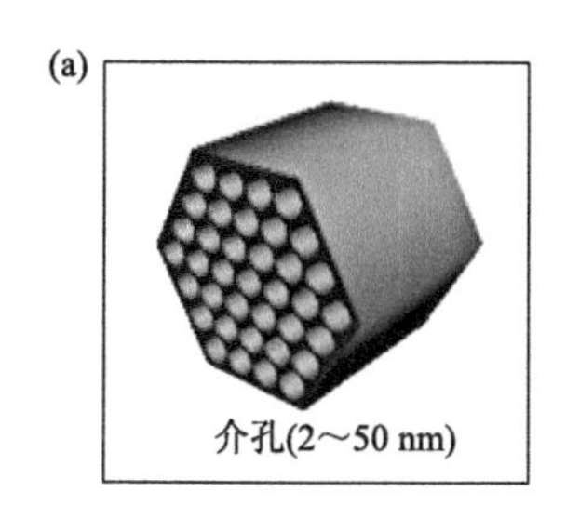

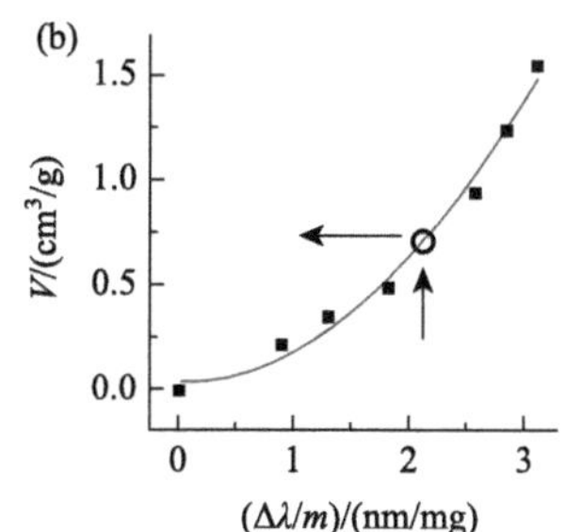

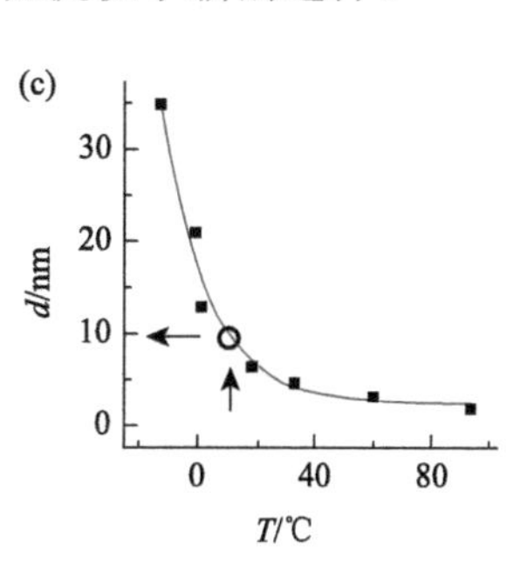

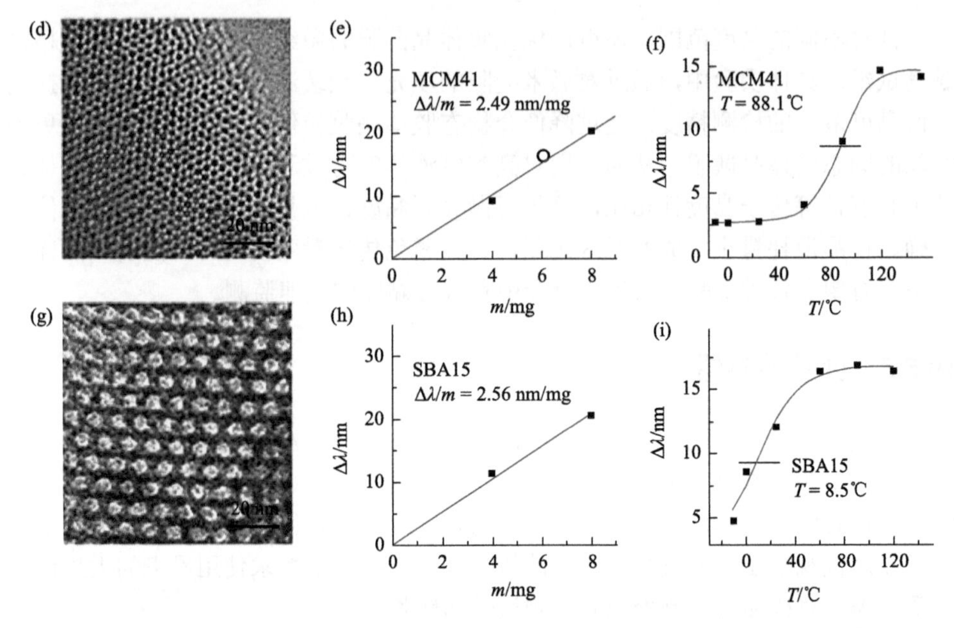

图 10-13　利用液态胶体晶检测试剂测定两种介孔 SiO_2 材料的孔体积与孔径[9]

（a）介孔结构的三维模型；（b）、（c）基于液态胶体晶反射光谱位移绘制的介孔材料孔体积与孔径的标准工作曲线；MCM41（d）和 SBA15（g）介孔 SiO_2 的 TEM 照片；未知 MCM41［（e）、（f）］和未知 SBA15［（h）、（i）］介孔 SiO_2 孔体积与孔径的测定

10.6　总结与展望

光子晶体物理传感器由于其良好的选择性、灵敏度及可视化等优势在机械力、温度、磁场强度、黏度、介孔等物理参数的传感方面展现出广阔的应用前景。虽然已经验证了光子晶体物理传感器的可行性，但是如何加快传感器从基础研究到实际应用的步伐仍然面临着巨大的挑战。首先，现有物理参数的测量主要集中在温度、应力、磁场等几个方面，具有一定的局限性。迫切需要引入更多新型的响应材料来进一步拓宽其应用场景。以光子晶体温度传感器为例，现有的材料体系主要集中在 PNIPAM 等聚合物的研究，因此其响应范围受到了极大的限制。若能进一步发展新型温敏材料体系，将有望拓宽测量温度范围。其次，除了材料体系的发展，还需要引入类似动态反射光谱、主分量分析这样的新型分析方法，进一步提升光子晶体传感器的响应灵敏度与选择性。

在未来的研发中，科研工作者仍需致力于发展结构色可大幅调变的高灵敏响应材料，以发扬光子晶体传感器在无能源消耗状态下的裸眼识别优势。与此同时，随着可穿戴便携设备的发展，部分光子晶体传感器也可能趋向于微型化、智能化、集成化方向发展。这一方面要求，在更大规模上利用诸如微流控这样的技术手段制备光子晶体微型器件，另一方面也要求与光电转换器进行耦合，将光谱信号转为电信号，摆脱对光谱仪的依赖。

参 考 文 献

[1] Jiang P，McFarland M. Large-scale fabrication of wafer-size colloidal crystals，macroporous polymers and nanocomposites by spin-coating. J Am Chem Soc，2004，126：13778.

[2] Huang Y，Zhou J，Su B，et al. Colloidal photonic crystals with narrow stopbands assembled from low-adhesive superhydrophobic substrates. J Am Chem Soc，2012，134：17053.

[3] Armstrong E，Khunsin W，Osiak M，et al. Ordered 2D colloidal photonic crystals on gold substrates by surfactant-assisted fast-rate dip coating. Small，2014，10：1895.

[4] Shah A，Ganesan M，Jocz J，et al. Direct current electric field assembly of colloidal crystals displaying reversible structural color. ACS Nano，2014，8：8095.

[5] Zhang J，Zhu Z，Yu Z，et al. Large-scale colloidal films with robust structural colors. Mater Horiz，2019，6：90.

[6] Kuang M，Wang J，Jiang L. Bio-inspired photonic crystals with superwettability. Chem Soc Rev，2016，45：6833.

[7] Wang C，Lin X，Schafer C，et al. Spray synthesis of photonic crystal based automotive coatings with bright and angular-dependent structural colors. Adv Funct Mater，2021，31：2008601.

[8] Zhang Y，Fu Q，Ge J. Test-paper-like photonic crystal viscometer. Small，2017，13：1603351.

[9] Zhu B，Fu Q，Chen K，et al. Liquid photonic crystals for mesopore detection. Angew Chem Int Ed，2018，57：252.

[10] Chan E，Walish J，Thomas E，et al. Block copolymer photonic gel for mechanochromic sensing. Adv Mater，2011，23：4702.

[11] Choi T，Je K，Park J，et al. Photonic capsule sensors with built-in colloidal crystallites. Adv Mater，2018，30：1803387.

[12] Liu C，Zhang W，Zhao Y，et al. Urea-functionalized poly(ionic liquid)photonic spheres for visual identification of explosives with a smartphone. ACS Appl Mater Interfaces，2019，11：21078.

[13] Kou D，Ma W，Zhang S. Functionalized mesoporous photonic crystal film for ultrasensitive visual detection and effective removal of mercury(Ⅱ)ions in water. Adv Funct Mater，2021，31：2007032.

[14] Luo W，Cui Q，Fang K，et al. Responsive hydrogel-based photonic nanochains for microenvironment sensing and imaging in real time and high resolution. Nano Lett，2020，20：803.

[15] Zhang X，Chen G，Bian F，et al. Encoded microneedle arrays for detection of skin interstitial fluid biomarkers. Adv Mater，2019，31：1902825.

[16] Qin J，Li X，Cao L，et al. Competition-based universal photonic crystal biosensors by using antibody-antigen interaction. J Am Chem Soc，2020，142：417.

[17] Sun Y，Wang D，Long Y，et al. A supramolecular photonic crystal hydrogel based on host-guest interactions for organic molecule recognition. J Mater Chem C，2020，8：14718.

[18] Wang Y，Shang L，Chen G，et al. Bioinspired structural color patch with anisotropic surface adhesion. Sci Adv，2020，6：eaax8258.

[19] Kinoshita S，Yoshioka S. Structural colors in nature：The role of regularity and irregularity in the structure. ChemPhysChem，2005，6：1442.

[20] Parker A，Welch V，Driver D，et al. Structural colour-opal analogue discovered in a weevil. Nature，2003，426：786.

[21] Parker A，McPhedran R，McKenzie D，et al. Photonic engineering-aphrodite's iridescence. Nature，2001，409：36.

[22] Gao X，Yan X，Yao X，et al. The dry-style antifogging properties of mosquito compound eyes and artificial analogues prepared by soft lithography. Adv Mater，2007，19：2213.

[23] Zi J，Yu X，Li Y，et al. Coloration strategies in peacock feathers. Proc Natl Acad Sci USA，2003，100：12576.

[24] Marlow F，Muldarisnur，Sharifi P，et al. Opals：Status and prospects. Angew Chem Int Ed，2009，48：6212.

[25] Zhao Y，Xie Z，Gu H，et al. Bio-inspired variable structural color materials. Chem Soc Rev，2012，41：3297.

[26] Hinton H，Jarman G. Physiological colour change in the hercules beetle. Nature，1972，238：160.

[27] Mathger L，Land M，Siebeck U，et al. Rapid colour changes in multilayer reflecting stripes in the paradise whiptail，*Pentapodus paradiseus*. J Exp Biol，2003，206：3607.

[28] Teyssier J，Saenko S，van der Marel D，et al. Photonic crystals cause active colour change in chameleons. Nat Commun，2015，6：6368.

[29] Yoshioka S，Matsuhana B，Tanaka S，et al. Mechanism of variable structural colour in the neon tetra：Quantitative evaluation of the Venetian blind model. J R Soc Interface，2011，8：56.

[30] Doering A，Birnbaum W，Kuckling D. Responsive hydrogels-structurally and dimensionally optimized smart frameworks for applications in catalysis，micro-system technology and material science. Chem Soc Rev，2013，42：7391.

[31] Kim S，Park J，Choi T，et al. Osmotic-pressure-controlled concentration of colloidal particles in thin-shelled capsules. Nat Commun，2014，5：3068.

[32] Xing H，Li J，Shi Y，et al. Thermally driven photonic actuator based on silica opal photonic crystal with liquid crystal elastomer. ACS Appl Mater Interfaces，2016，8：9440.

[33] Fenzl C，Hirsch T，Wolfbeis O. Photonic crystals for chemical sensing and biosensing. Angew Chem Int Ed，2014，53：3318.

[34] Chan E，Walish J，Urbas A，et al. Mechanochromic photonic gels. Adv Mater，2013，25：3934.

[35] Chen G，Hong W. Mechanochromism of structural-colored materials. Adv Opt Mater，2020，8：2000984.

[36] Clough J，Weder C，Schrettl S. Mechanochromism in structurally colored polymeric materials. Macromol Rapid Commun，2021，42：2000528.

[37] Hu F，Zhang L，Liu W，et al. Gel-based artificial photonic skin to sense a gentle touch by reflection. ACS Appl Mater Interfaces，2019，11：15195.

[38] Maeng B，Chang H，Park J. Photonic crystal-based smart contact lens for continuous intraocular pressure monitoring. Lab Chip，2020，20：1740.

[39] Wang Y，Niu W，Lo C，et al. Interactively full-color changeable electronic fiber sensor with high stretchability and rapid response. Adv Funct Mater，2020，30：2000356.

[40] Park T，Yu S，Cho S，et al. Block copolymer structural color strain sensor. NPG Asia Mater，2018，10：328.

[41] Sumioka K，Kayashima H，Tsutsui T. Tuning the optical properties of inverse opal photonic crystals by deformation. Adv Mater，2002，14：1284.

[42] Viel B，Ruhl T，Hellmann G. Reversible deformation of opal elastomers. Chem Mater，2007，19：5673.

[43] Asher S，Holtz J，Liu L，et al. Self-assembly motif for creating submicron periodic materials. Polymerized crystalline colloidal. J Am Chem Soc，1994，116：4997.

[44] Fudouzi H，Sawada T. Photonic rubber sheets with tunable color by elastic deformation. Langmuir，2006，22：1365.

[45] Li M，Tan H，Jia L，et al. Supramolecular photonic elastomers with brilliant structural colors and broad-spectrum responsiveness. Adv Funct Mater，2020，30：2000008.

[46] Snapp P，Kang P，Leem J，et al. Colloidal photonic crystal strain sensor integrated with deformable graphene

phototransducer. Adv Funct Mater，2019，29：1902216.

[47] Zhang R，Yang Z，Zheng X，et al. Large-strain and full-color change photonic crystal films used as mechanochromic strain sensors. J Mater Sci Mater Electron，2021，32：15586.

[48] Arsenault A，Clark T，Freymann G，et al. From colour fingerprinting to the control of photoluminescence in elastic photonic crystals. Nat Mater，2006，5：179.

[49] Wang X，Wang C，Zhou Z，et al. Robust mechanochromic elastic one-dimensional photonic hydrogels for touch sensing and flexible displays. Adv Opt Mater，2014，2：652.

[50] Yue Y，Kurokawa T，Haque M，et al. Mechano-actuated ultrafast full-colour switching in layered photonic hydrogels. Nat Commun，2014，5：4659.

[51] Cho Y，Lee S，Ellerthorpe L，et al. Elastoplastic inverse opals as power-free mechanochromic sensors for force recording. Adv Funct Mater，2015，25：6041.

[52] Weissman J，Sunkara H，Tse A，et al. Thermally switchable periodicities and diffraction from mesoscopically ordered materials. Science，1996，274：959.

[53] Ueno K，Matsubara K，Watanabe M，et al. An electro- and thermochromic hydrogel as a full-color indicator. Adv Mater，2007，19：2807.

[54] Yoon J，Lee W，Thomas E. Thermochromic block copolymer photonic gel. Macromolecules，2008，41：4582.

[55] Isapour G，Lattuada M. Multiresponsive photonic microspheres formed by hierarchical assembly of colloidal nanogels for colorimetric sensors. ACS Appl Nano Mater，2021，4：3389.

[56] Chen M，Zhou L，Guan Y，et al. Polymerized microgel colloidal crystals：Photonic hydrogels with tunable band gaps and fast response rates. Angew Chem Int Ed，2013，52：9961.

[57] Espinha A，Serrano M，Blanco A，et al. Thermoresponsive shape-memory photonic nanostructures. Adv Opt Mater，2014，2：516.

[58] Wu P，Shen X，Schafer C，et al. Mechanochromic and thermochromic shape memory photonic crystal films based on core/shell nanoparticles for smart monitoring. Nanoscale，2019，11：20015.

[59] Jeong U，Xia Y. Photonic crystals with thermally switchable stop bands fabricated from Se@Ag_2Se spherical colloids. Angew Chem Int Ed，2005，44：3099

[60] Pevtsov A，Kurdyukov D，Golubev V，et al. Ultrafast stop band kinetics in a three-dimensional opal-VO_2 photonic crystal controlled by a photoinduced semiconductor-metal phase transition. Phys Rev B，2007，75：153101.

[61] Zhou J，Sun C，Pita K，et al. Thermally tuning of the photonic band gap of SiO_2 colloid-crystal infilled with ferroelectric $BaTiO_3$. Appl Phys Lett，2001，78：661.

[62] Jeon S，Chiappelli M，Hayward R. Photocrosslinkable nanocomposite multilayers for responsive 1D photonic crystals. Adv Funct Mater，2016，26：722.

[63] Pavlichenko I，Exner A，Guehl M，et al. Humidity-enhanced thermally tunable TiO_2/SiO_2 Bragg stacks. J Phys Chem C，2012，116：298.

[64] Ge J，Yin Y. Magnetically tunable colloidal photonic structures in alkanol solutions. Adv Mater，2008，20：3485.

[65] Ge J，Hu Y，Yin Y. Highly tunable superparamagnetic colloidal photonic crystals. Angew Chem Int Ed，2007，46：7428.

[66] Xu X，Friedman G，Humfeld K，et al. Superparamagnetic photonic crystals. Adv Mater，2001，13：1681.

[67] Luo W，Ma H，Mou F，et al. Steric-repulsion-based magnetically responsive photonic crystals. Adv Mater，2014，26：1058.

[68] Wang M，He L，Xu W，et al. Magnetic assembly and field-tuning of ellipsoidal-nanoparticle-based colloidal

photonic crystals. Angew Chem Int Ed，2015，54：7077.

[69] Zhang Y，Jiang Y，Wu X，et al. A dual-channel optical magnetometer based on magnetically responsive inverse opal microspheres. J Mater Chem C，2017，5：9288.

[70] Zhang S，Li C，Yu Y，et al. A general and mild route to highly dispersible anisotropic magnetic colloids for sensing weak magnetic fields. J Mater Chem C，2018，6：5528.

第 11 章　光子晶体防伪材料

11.1　面向结构色防伪的光子晶体材料

光子晶体是一种由不同介电常数的材料通过周期性排列而成的微结构。由于介电性质的周期性调制，光子晶体材料可以阻止具有特定频率的光子在材料中传播，形成了所谓的光子带隙。当光子能量处于光子带隙的范围内时，光子晶体会反射这部分光子，显示出明亮又色彩斑斓的结构色。在自然界中存在大量天然的光子晶体结构，如蝴蝶的翅膀、某些鸟类的羽毛、一些鱼类的皮肤及宝石中的蛋白石。受到自然界生物的启发，人们通过人工合成模仿制备出了各种光子晶体材料。其中，胶体晶可能是研究最为深入、最有可能实用化的人工三维光子晶体结构。当光子晶体用作防伪材料时，其稳定绚丽的结构色难以被颜料或染料所仿制。此外，光子晶体结构参数的变化会引起结构色相应变化，这一特征使其具有被开发成防伪产品的潜力。因此，近年来基于光子晶体结构的防伪材料越来越受到人们的关注。

光子晶体材料可用于开发防伪技术，是因为其结构色的存在和多变的光学响应。因此，有必要简要介绍其产生结构色的原理，以便于理解光子晶体材料在防伪领域的应用。胶体晶是由尺寸均一的纳米微球组装而成的空间周期性结构，其结构色源自周期性微结构对可见光的衍射，而衍射特性可以用布拉格定律（Bragg's law），即式（11-1）来描述。其中，m 是衍射级数；λ 是衍射光波长；n_{eff} 是光子晶体材料体系的有效折射率；d 是层间距；θ 是入射角。有效折射率 n_{eff} 可以通过式（11-2）计算，其中，n_{p} 和 n_{m} 分别是纳米微球和填充于纳米微球间隙的物质的折射率；V_{p} 是纳米微球在材料中所占的体积分数。

$$m\lambda = 2n_{\mathrm{eff}}d\cos\theta \tag{11-1}$$

$$n_{\mathrm{eff}} = \left[n_{\mathrm{p}}^2 V_{\mathrm{p}} + n_{\mathrm{m}}^2\ (1-V_{\mathrm{p}})\right]^{1/2} \tag{11-2}$$

布拉格公式为光子晶体防伪材料的设计提供了指导。通过改变光子晶体结构参数，可以有效调控结构色的显现，从而实现多种防伪效果。例如：①通过改变入射光角度或观察视角，能够呈现不同的结构色，这一特性适用于光变防伪油墨或标签的开发；②向光子晶体体系中引入或除去某种物质，或者通过温度变化改变某一组分的折射率来改变有效折射率 n_{eff}，从而实现结构色变化；③通过溶剂溶胀，材料的热胀冷缩，或利用外力拉伸、挤压、弯折等改变光子晶体中晶格的层间距，实现结构色变化；④材料体系中纳米微球的排列在无序状态和有序状态之间切换，从而造成结构色的显现和消失，故可以用于防伪技术的开发，最典型的例子就是磁响应型光子晶体防伪材料。

根据光子晶体防伪材料的工作原理，可以大致将其分为两大类。第一类是基于“固定”光禁带结构的防伪材料，它不受外界刺激作用的影响，主要通过调整入射光或观察角度，改变光子晶体防伪材料的结构色，从而实现角度变色的防伪效果。这类材料的优点在于结构稳定、成本低、易于批量制备；不足在于所能实现的特殊防伪效果比较有限。第二类是基于“可调变”光禁带结构的防伪材料，在外界刺激下，光子晶体防伪材料的反射光波长和强度发生改变，结构色的色调与饱和度也随之产生相应的变化，从而实现防伪效果。这类材料的最大优点在于，利用各种响应型光子晶体能够实现浸润触发、电磁场触发、形变触发等丰富的防伪效果；缺点在于成本高、材料的稳定性和批量制备还有待落实。

11.2　光子晶体图案的印刷方法

光子晶体防伪材料的应用往往伴随着图案化印刷的需求，因此根据防伪材料特性适配相应的印刷方法是确保防伪效果的重要前提。目前，光子晶体图案的印刷方法大致可以分为两种：一种是基于胶体晶快速组装的策略，形成有结构色-无结构色对比构成的图案，如喷墨印刷、局部组装等；另一种是基于光子晶体材料局部结构参数变化的印刷策略，形成由不同结构色组成的图案，如浸润打印、溶胀偶联光固化打印等。下面将详细介绍各种光子晶体图案印刷方法。

11.2.1　喷墨印刷光子晶体图案

喷墨印刷能够将皮升量级的少量墨水精确沉积到基材上，实现图案化打印，而且还具有通用、低成本和节约原料等特点，因此成为一种具有吸引力的印刷技术，在微电子、纳米/微米结构制造等领域得到广泛应用。通过喷墨印刷，将光子晶体结构基元的自组装和图案的直接书写相结合，可获得高质量的光子晶体图案。喷墨印刷技术允许对打印图案进行灵活设计，对“墨水”和“纸张”灵活选择，有利于控制光子晶体图案的形状、分布及光学性质。基于上述优点，有望借此实现大面积、精细化的光子晶体防伪图案的印刷。

Song 课题组[1]于 2012 年报道了一种通过喷墨印刷制备的基于光子晶体墨点阵列的结构色图案。如图 11-1 所示，该工作中所使用的“墨水”是将均匀尺寸的聚苯乙烯-甲基丙烯酸甲酯-丙烯酸[P(St-MMA-AA)]纳米微球超声分散在丙烯酰胺（AAm）、*N*-异丙基丙烯酰胺（NIPAm）、*N*, *N*-二甲基胺酰胺（BIS）、引发剂二乙二甲酮（DEAP）和乙二醇（EG）的混合溶剂中所制备的。而用于印刷的“纸张”是一种聚乙酸乙烯酯材料的塑料基材。科研人员用一台定制的喷墨打印机将配制的墨水以 2 cm^2/s 的速度喷在纸张上，得到一张“中国龙”的图案，并通过紫外光固化得到稳定的结构色图案。因为墨水中含有的 NIPAm 成分在其最低临界共溶温度（lower critical solution temperature，LCST）附近会发生可逆的疏水性转变，所以当图案暴露在不同湿度的空气中，聚合物会发生膨胀或收缩，导致光子晶体的结构色变化，从而具有响应特性。随后，Xie 等[2]采用类似的方法打印出光子晶体图案，而他们采用的“墨水”的基元结构换成了具有不同孔隙率的介孔二氧化硅纳米微球。由于乙醇等挥发性有机化合物能以蒸气形态进入介孔中，可以改变光子晶体材料的有效折射率，并使结构色发生红移，因此该图案对特定气体展现出良好的响应性。

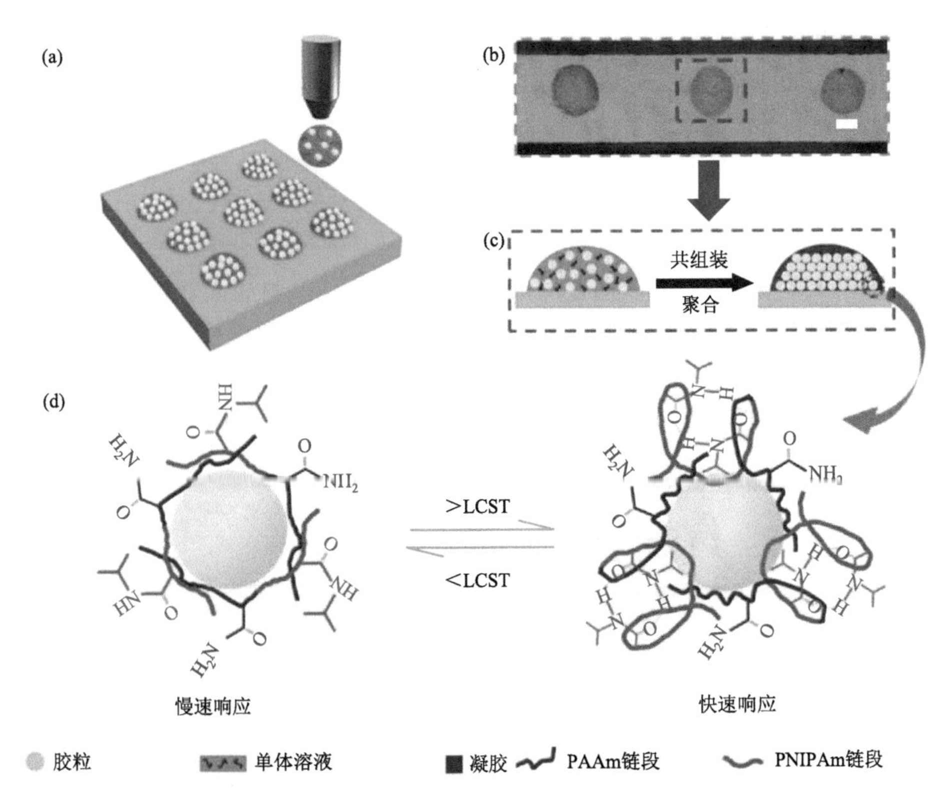

图 11-1 喷墨印刷结合光固化制备具有快速响应特性的光子晶体图案[1]

（a）喷墨印刷光子晶体微传感阵列；（b）光子晶体微滴的光学显微镜照片；（c）光子晶体微滴中的组装与光固化过程；（d）PAAm-*co*-PNIPAm 分子构象的疏水化转变

喷墨印刷光子晶体图案目前仍然存在图案相对粗糙、形态不均匀和特征瑕疵较大的问题，成为该技术发展的最大障碍。首先，液滴中的非挥发性溶质在蒸发后易沿周边沉积并形成不均匀的形态，即“咖啡环”效应。这种现象是喷墨印刷均匀图案的主要障碍。其次，传统的喷墨打印设备依赖于热或声学成型，而喷射体积往往为几皮升，墨滴直径为 18～50 μm，所以印刷点或线的特征尺寸通常限于几十甚至几百微米。因此，Song 课题组[3]在 2014 年发表综述，总结了近年来科研人员在精确控制印刷液滴以制造高分辨率图案和三维结构工作上做出的努力：①通过去除三相接触线（TCL）、抑制向外的毛细管流动或增强向内的马兰戈尼流动（Marangoni flow）效应，可以抑制“咖啡环”效应并获得均匀的图案；②为了使印刷的点或线的特征尺寸最小化，人们可以采用润湿性可控的表面或新的油墨材料来限制油墨在基底上的润湿、扩散或收缩行为；③开发特殊的印刷设备以减小印刷液滴的体积，并克服超细喷射口处的毛细管力，同样有利于提高打印质量；④巧妙地利用“咖啡环”效应也可以改善印刷图案的分辨率。尽管有了明显进步，但在喷墨印刷过程中仍然存在液滴控制的精确度问题，如蒸发液滴中的溶质分布、两个液滴之间的聚集及在垂直方向上重叠的多个液滴，这些问题的解决对于制造高分辨率防伪图案至关重要。

11.2.2 压印光子晶体图案

除了喷墨印刷，还可以通过局部组装或破坏，使基材表面获得有序/无序结构的对比图案。Tang 课题组[4]以二氧化硅纳米微球为硬模板，以聚偏氟乙烯（polyvinylidene fluoride，PVDF）为填充物构筑光子晶体结构，随后通过刻蚀去除二氧化硅模板得到反蛋白石结构的 PVDF 光子晶体薄膜。如图 11-2 所示，研究

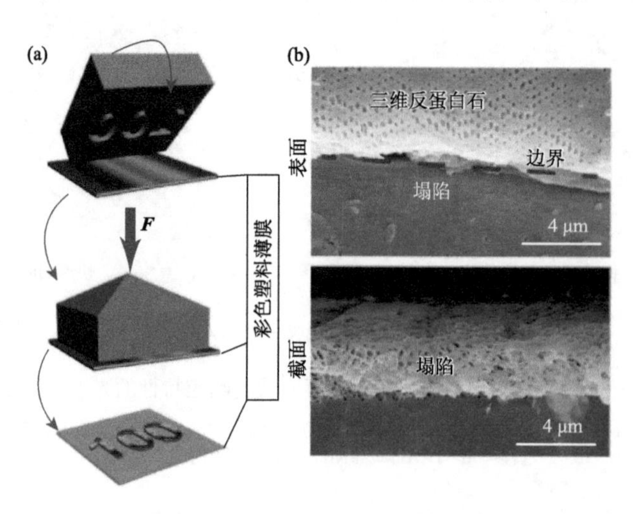

图 11-2 在 PVDF 光子晶体薄膜上压印制备具有角度变色效果的结构色图案[4]

（a）压印 PVDF 反蛋白石薄膜制备图案的示意图；（b）图案化薄膜中反蛋白石结构的表面与截面 SEM 照片

人员通过拉伸实验发现，当拉力增加到 30 MPa 时，PVDF 光子晶体薄膜的形变仅为 5.5%，这说明该薄膜具有优异的韧性。而当压力达到 25 MPa 左右时，光子晶体薄膜中的有序结构会完全坍塌，坍塌部分的薄膜反射率会急剧下降到不足 5%，此时薄膜会变得透明。于是，通过阴刻模压法可以得到和模具相对应的结构色图案，这部分正是由于光子晶体结构未被破坏而得以保留。该图案不仅颜色鲜艳，而且具有明显的角度变色效应。得益于 PVDF 材料的优异性能，该图案在弯曲 1000 次以上依然保有原有的微观结构和宏观颜色特征。良好的韧性和耐久性在使用该防伪图案的钞券流通过程中具有重要意义。

11.2.3　浸润调变光禁带打印光子晶体图案

Du 等[5]于 2015 年报道了一种以水为墨，可重复书写彩色墨迹的“光子晶体纸张”。如图 11-3 所示，他们将尺寸均一的聚苯乙烯（PS）微球在基材表面组装成光子晶体薄膜，用壳聚糖（chitosan，CS）溶液填充 PS 胶体晶的空隙，并在 50℃下转化为 CS 的凝胶网络。之所以能够以水作为墨进行书写，是因为 CS 水凝胶基质在水的浸润下发生溶胀，进而引起光子晶体结构参数的变化，即结构色的显现。书写前，CS 水凝胶网格中的 PS 微球以较为紧密的堆积形式排布，此时的光子晶体禁带位于紫外光区，裸眼观察下为透明无色的薄膜。而当以水作为墨书写时，水分子溶胀了书写区域的水凝胶基体，改变了光子晶体薄膜的晶格常数和有效折射率，使光禁带发生红移进入可见光区，便可观察到明亮的结构色墨迹。如需擦除上述光子晶体图案，只需将引起水凝胶溶胀的水蒸发即可。这样，通过水的溶胀和蒸发，该光子晶体纸张可实现重复书写；相较于传统纸张，具有环境友好的特质。

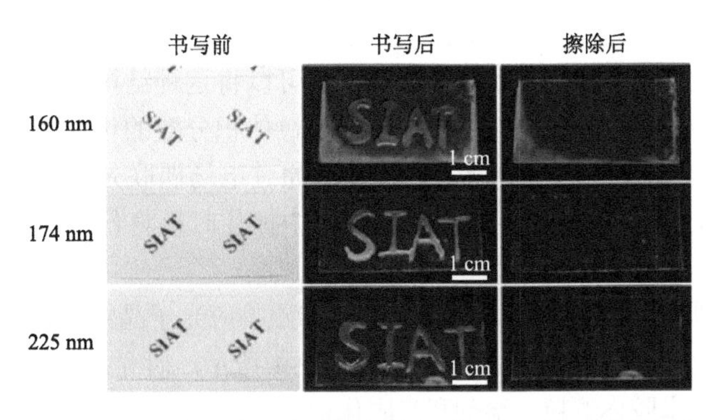

图 11-3　以不同尺寸聚苯乙烯胶粒和壳聚糖凝胶形成 PS/CS 光子晶体纸张，以水为墨，书写前、书写后及擦除后的数码照片[5]

值得指出的是，通过改变 PS 微球的直径和“墨水”的酸碱度，可以实现彩色墨迹的书写。前者可以改变光子晶体的晶格常数，而后者可以影响水凝胶在水中的溶胀程度。在酸性条件下，CS 水凝胶因其 NH_2 基团的质子化而发生溶胀，于是其晶格常数变大，光子晶体膜的反射峰发生红移；在碱性条件下，CS 水凝胶由于氢键的相互作用而收缩，于是光子晶体膜的反射峰发生蓝移。并且，对于使用非中性水溶液（如 pH = 5 或者 9）书写的图案，在正常的蒸发条件下，光子晶体涂层同样可以完全恢复到原始状态。而这种通过调节“墨水”酸碱度来得到不同颜色图案的方法，使得该光子晶体材料可能具备更深层次的防伪效果。此外，光子晶体图案和相应的喷墨系统对“纸张”具有较好的适应性，未来有望发展出实用且可复写的“纸张”和防伪标签。

11.2.4　电磁响应偶联光固化打印光子晶体图案

通过电场或磁场的刺激也可以改变光子晶体的晶格常数，进而引发结构色变化。若此时通过固化技术将变化中的结构固定下来，就能实现电磁响应偶联光固化打印技术。根据这一原理，Chen 等[6]通过过饱和析出法驱动 SiO_2 纳米微球在碳酸丙烯酯（propylene carbonate，PCb）和乙氧基化三羟甲基丙烷三丙烯酸酯（ETPTA）混合液中自组装形成液态胶体晶，制备出电场响应的光子晶体材料。PCb 作为电池中常用的电介质，为胶体晶的电响应创造可变电场环境。ETPTA 作为一种光固化树脂，可以通过光聚合固化特定电场强度下形成的光子晶体结构，形成永存的结构色图案。上述电子墨水实际上是以溶剂包覆的介稳定胶体晶体的形式存在的，这种胶体晶在外部扰动下会迅速解组装，而在粒子重新组装后结构色迅速恢复。基于光子晶体电子墨水的介稳定特性和可逆组装与解组装特性，就可以实现电场偶联光固化打印。电子墨水在不加电场时显示为红色；而电场强度逐渐增加到 3.3 V 的过程中，墨水逐渐转变为黄色、绿色直至蓝色，其光禁带蓝移超过 130 nm；当达到目标色彩后采用光固化就可以将这种结构色永久保存下来，最终形成结构色图案。研究人员通过对 SiO_2 胶粒体积分数的优化，实现了在较宽光谱范围内反射波长和结构色的调谐。此外，通过电场偶联光固化打印技术还可以制备灰度图案，这需要在组装或解组装过程中抓住时机将各种灰度图案用光固化保存下来。

除电响应偶联光固化打印，Kim 等[7]还将磁响应光子晶体和紫外光固化技术偶联，打印出颜色丰富的光子晶体图案。如图 11-4 所示，研究人员首先将具有超顺磁特性的 Fe_3O_4 纳米胶体颗粒、溶剂和光固化树脂混合，形成可打印“墨水”。在没有外磁场的情况下，磁性纳米颗粒无序地分布于树脂溶剂中，呈现 Fe_3O_4 磁颗粒本身的棕色。而当施加一定外磁场后，磁颗粒会沿着磁场线形成链状结构。此时，超顺磁性磁颗粒间产生的吸引力与胶体颗粒溶剂化后的静电斥力相平衡。这对吸引力和排斥力的平衡决定了粒子间的距离，而粒子间的距离又决定了一维光子晶体衍射光的颜色。于是，光子晶体图案的颜色可以通过外磁场强弱简单地进行调节。一旦通过磁场调节得到目标颜色后，就可以通过紫外光将树脂固化，进而固定该结构色。由于固化过程极快，避免了在聚合过程中的自由基扩散，可通过局部固化获得高分辨率图形。与传统的光子晶体产生结构色的缓慢过程相比，磁响应偶联光固化打印图案的过程在几秒内即可完成，并且具有高度的空间可控能力。

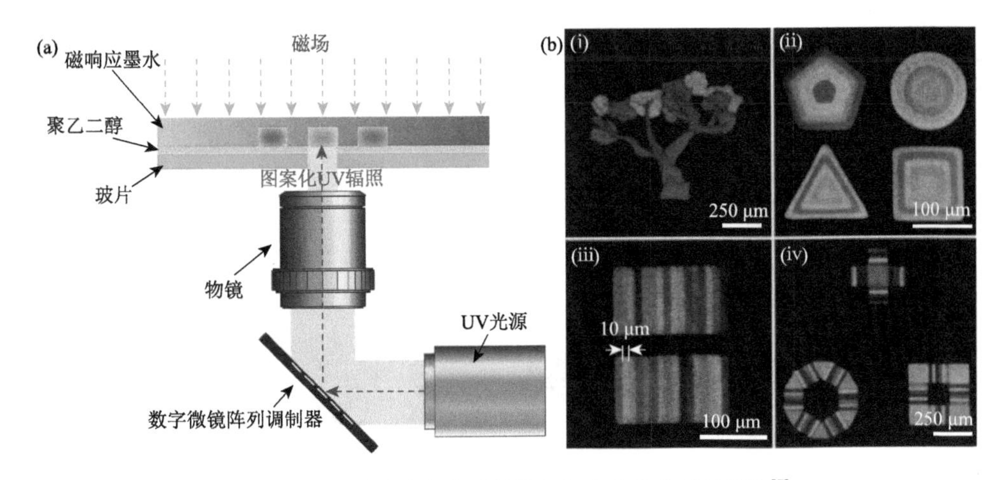

图 11-4　采用磁响应光子晶体打印高分辨率多色图案[7]

（a）磁响应偶联光固化技术打印光子晶体图案的原理示意图；（b）印样展示

11.3　具有角度变色效应的光子晶体防伪材料

11.3.1　基于一维磁响应光子晶体的角度变色材料

基于光子晶体局部区域之间晶体取向的不同，可以得到具有特殊角度变色效应的光子晶体防伪材料。Ge 课题组[8]利用一维磁组装光子晶体结构的取向调控打印出光子晶体图案，并借此实现在防伪领域的应用。为了打印由两种取向的光子晶体所组成的图案，研究人员首先将磁性氧化铁胶粒的纳米悬浊液置于两块相距 100 μm 的石英玻璃之间，将预先设计制作的光掩模覆盖于薄膜之上。他们在双层玻璃下方施加一个与垂直方向夹角为−15°的磁场，使得所有磁颗粒组成的一维链条呈相同角度排列。与此同时，打开紫外光源，让紫外光通过光掩模的透明部分，将相应区域的磁组装结构固化下来形成“图案”部分。倾转磁场至+15°角度，使被掩模保护的磁颗粒链条呈现与前者相反取向排列，经紫外光固化后形成“背景”

部分。最终，研究人员得到一张在图案和背景区域具有不同晶体取向的光子晶体图案。需要指出的是，该过程只使用了一种前驱体，除了对一维光子晶体的取向进行调控，并不涉及其他调控方式的使用。

如图 11-5 所示，文字部分和背景部分分别由具有−15°和+15°倾斜角度的一维磁组装光子晶体组成。当入射光方向与“图案”部分磁颗粒链取向具有较小的夹角时（情况①），图案和背景分别显示出较长波长（绿色）和较短波长（蓝色）的结构色。相反地，当入射光方向与“背景”部分磁颗粒链取向具有较小的夹角时（情况②），图案和背景部分的颜色相比于前者就发生了切换。当从背面投射的入射光发生角度改变时，字母标识具有类似的可切换的透射信号。除了调变入射光方向，在入射角固定的太阳光下，也可以通过将样品水平旋转 180°来实现颜色或透明度的切换。

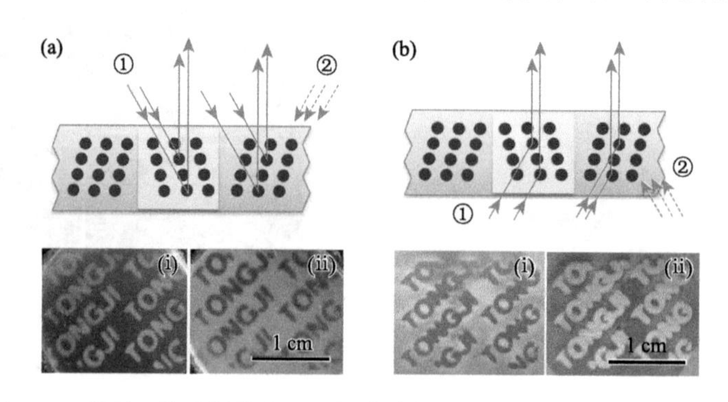

图 11-5　基于一维磁组装光子晶体结构的取向调控打印光子晶体图案[8]

（a）反射模式下不同取向一维磁组装光子晶体构成的结构色图案展现出的角度变色效应；（b）透射模式下的角度变色效应

在这项工作中，研究人员发展了一种基于不同晶体取向构筑光子晶体图案的新颖方法，其印刷过程是通过多次的磁组装和紫外光固化来完成的。在两种方向外磁场的先后作用下，结合光固化过程，创建具有两种晶格取向的光子晶体结构，使得图案部分相比于背景部分具有不同的结构色。如果在 360°发散的磁场作用下，如磁极附近，上述印刷技术还能打印出更多晶体取向且连续渐变的结构色图案。当围绕样品转动入射光或水平转动样品时，上述光子晶体图案会呈现出光晕轮转的动态效果，这是一般印刷图案难以模仿的。

这种光子晶体印刷还能用于比色编码和信息加密。如果将两种磁场方向定义为“0”和“1”，根据一组已知二级制编码，结合上述印刷技术，就可以得到加密的光子晶体色块阵列。当磁响应墨水在基材表面的液膜厚度较小时，无论其固化时采用哪一种晶体取向，最终打印出的光子晶体薄膜都呈现出无色透明状态，有较好的加密效果。只有用显微镜或光谱仪才能读取加密信息。有理由相信，这种基于晶体取向控制的快速、低成本光子晶体印刷技术在防伪领域可能具有更广阔的应用前景。

11.3.2　基于蛋白石结构的角度变色材料

常规的光子晶体结构是通过均匀尺寸的单分散纳米微球组装而成的。虽然这种方法较为简单、经济，但形成的光子晶体结构难以获得完美的周期性排列结构，大量光子在材料内部发生非相干散射，导致样品泛白，结构色饱和度低。此外，这种固态胶体晶本身的机械韧性低，在构筑复杂图案的成型过程中，往往出现碎裂现象，大大限制了它们的实际应用。为了克服上述缺点，Yang 和 Kim 等[9]开发了一种实用易操作的方法。他们利用可光固化胶体悬浮液制备出具有高光学透明度和物理刚性的胶体晶。将 SiO_2 胶体颗粒分散于光固化树脂（ETPTA）前驱体中，通过紫外光即可将光子晶体图案固化。如图 11-6 所示，按此印制的光子晶体图案具有明显的随角度变色效果。例如，当印有“K”字图案的薄膜从 10°旋转到 55°时，可以观察到图案从绿色逐渐变为青色、蓝色直至紫色。研究人员将该图案转印到韩币上，演示了角度变色的光子晶体材料在钞券防伪上的应用价值。当视角与入射光线不同时，纸币上的图案呈透明状态而无法被识别；仅当视角与入射光线相同时，才能观察到纸币上明亮的结构色防伪图案。具有上述角度效应的纸钞为真钞，否则为假钞。得益于 ETPTA 树脂的优异性能，该防伪图案在一定程度上可以满足纸币所需的耐折叠、耐摩擦等机械强度要求。此外，光子晶体材料允许非禁带内的光子透过，这为层叠多层具有不同禁带的光子晶体薄膜创造了条件。这样就可以通过多层光子晶体薄膜的复合，将两种或三种结构色混合起来，获得光谱色以外的其他颜色。

图 11-6　采用光刻技术制备 SiO_2/ETPTA 光子晶体图案[9]

（a）具有角度变色效应的 SiO_2/ETPTA 光子晶体图案的制备流程示意图；（b）～（d）图案在钞券防伪上的应用

非相干散射效应和较宽的光禁带都会导致光子晶体薄膜难以呈现单一的色调，因此制备面积大、单色性好、饱和度高的光子晶体薄膜仍然是巨大的挑战。针对这一目标，Fu 等[10]利用两种折射率非常相近的材料，即 SiO_2 胶粒和 ETPTA 光固化树脂（二者的折射率分别为 1.45 和 1.4689），制备了结构色明亮的光子晶体聚合物薄膜。其反射光谱的半峰全宽（FWHM）仅为 6.2 nm，在目前已知的胶体晶结构中鲜有报道，表明结构色的单色性非常优异。此外，Wu 课题组[11]也制备出具有鲜艳明亮结构色的光子晶体薄膜。得益于聚苯乙烯（PS）胶粒的单分散性，其与聚二甲基硅氧烷（PDMS）形成的光子晶体薄膜的反射半峰全宽被控制在 20 nm 以内，因而表现出鲜艳的结构色和显著的角度变色效应。

11.3.3　基于反蛋白石结构的角度变色材料

反蛋白石光子晶体（inverse opal photonic crystal，IOPC）薄膜同样具有明显的角度变色效应。制备此类材料，一般选择二氧化硅或聚苯乙烯纳米微球作为硬模板，组装成蛋白石结构并在颗粒间隙中填充骨架材料，最后刻蚀去除胶体模板。由此可见，构成 IOPC 的骨架结构对于材料性能至关重要。在众多已知的反相光子晶体材料中，基于 PVDF 树脂的 IOPC 薄膜具有优异的机械稳定性和结构耐久性能。如何高效地将具有高沸点、高黏度的 PVDF 灌入二氧化硅微球之间的空隙，是构筑这种反相光子晶体的难点。为此，Tang 等[4]将 PVDF 分散于六甲基磷酰胺（hexamethyl phosphoramide，HMNPA）溶剂中形成具有良好流动性的高分子溶液。在高真空的环境中，PVDF/HMNPA 分散液因强烈的毛细作用被吸入胶粒之间的空隙中。经过一系列的后续操作，得到具有规则排列的 IOPC 薄膜。如图 11-7 所示，观察角度在 5°和 45°之间变化时，彩色塑料薄膜会在多种颜色之间转变。随后，研究人员采用“11.2.2 压印光子晶体图案”中介绍的压印印刷获得数字光子晶体图案，并将其转移到 10 元港币塑料钞的透明视窗处，展示了在钞券防伪上的应用价值。

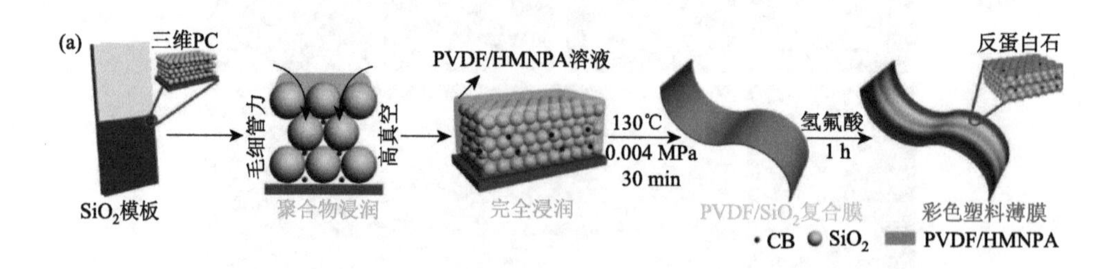

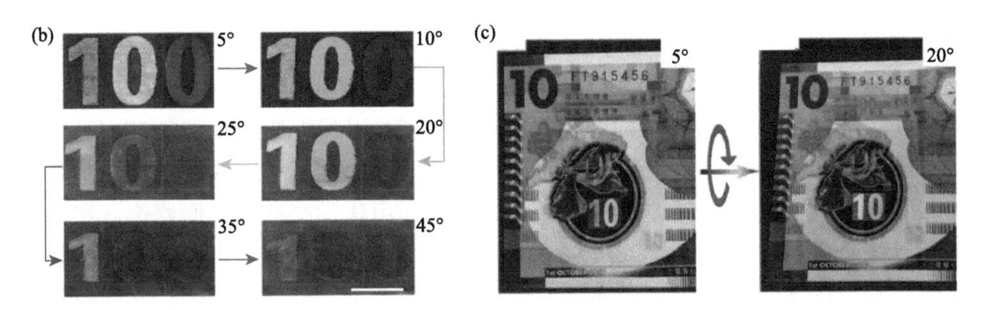

图 11-7　具有反蛋白石结构的彩色 PVDF 薄膜在钞券防伪上的应用[4]

（a）PVDF 反蛋白石光子晶体图案的制备；（b）薄膜在不同角度拍摄的数码照片；（c）图案在钞券防伪上的应用展示

11.4　具有外场响应特性的动态结构色防伪材料

与上节讨论的对象不同，本节介绍的防伪材料主要通过其可变的光禁带结构和结构色实现防伪效果。近年来，逐渐兴起的隐形光子晶体图案就属于这类动态响应的防伪材料。顾名思义，隐形光子晶体图案在正常情况下裸眼不可见，而只在受到特定的外部刺激后才能显现出来。因此，这种光学响应特性对防伪技术的开发具有天然的吸引力。

制备隐形光子晶体图案的关键在于制备初始结构、结构色相近，但是对外部刺激（如电场、磁场、形变、化学刺激等）具有不对称响应的两种或多种光子晶体结构。基于该原则，研究人员发展了多种制备隐形光子晶体图案的方法。①选择性固化，通过对光子晶体薄膜的局部区域进行固化，达到外部刺激下固化部分和非固化部分响应不同而显现结构色图案的目的。②选择性修饰，通过对光子晶体薄膜的局部区域进行亲疏水改性，同样也能实现修饰区域与未修饰区域的不对称响应和图案的显现。③使用具有相同固有颜色但大小不同的纳米粒子来构建隐形光子晶体图案也是一种可选方案，尤其适用于磁场下显现的隐形图案。④利用胶体颗粒的表面电荷，通过对液态胶体晶施加局部电场刺激，引发颗粒的定向移动，也可以使隐藏的光子晶体图案得以显现。在接下来的介绍中，将详细讨论这些方法的工作机制、调制方法及各自优缺点。

11.4.1　溶剂浸润显现的隐形图案

通过溶剂浸润，光子晶体材料中的结构参数（包括有效折射率和晶格常数）均会发生变化，进而引起结构色变化。利用这一特性，Xuan 等[12]开发了一种能在水中显现图案的隐形光子晶体材料。值得一提的是，这项工作首次提出了隐形光子晶体图案的概念，开辟了新的方向，引领后续一系列光子晶体防伪材料的开发和研究。研究人员将 $Fe_3O_4@SiO_2$ 胶粒在聚乙二醇二丙烯酸酯（PEGDA）、聚乙二醇单丙烯酸酯（PEGMA）、3-(三甲氧基甲硅烷基)-甲基丙烯酸丙酯（TPM）这三种单体的混合物中进行磁组装，并通过紫外聚合固化链状光子晶体结构，制备出一张具有结构色的光子晶体纸张。随后，他们利用化学交联及表面修饰，在光子晶体纸张上创造出交联程度或疏水性能不同的图案及背景部分，也就获得了隐形的光子晶体图案。这种图案在通常干燥状态下隐形不可见，这是因为交联及修饰并没有大幅改变光子晶体的初始结构，图案与背景部分具有相近的结构色。当隐形图案在水中浸泡几分钟后，图案与背景的反射波长的微小差异会因溶胀速度的不同而被显著放大，最终使隐形图像得以显现。该过程是完全可逆的，可以通过浸泡和干燥来控制图案的显现和隐形。

上述方案中，光子晶体纸张的溶胀速度相对较慢，而且薄膜中的光子晶体结构密度较低，使得图形的显现速度和分辨率不理想。Ye 和 Ge[13]通过对 SiO_2/PEGMA 光子晶体纸张进行区域选择性疏水处理，制备出一种浸润显现的隐形光子晶体防伪标签。构建的隐形图案在干燥状态下是隐形的，而在水中可快速显现，同样是光子晶体纸张上亲水和疏水区域的不对称溶胀行为导致了不同的晶格膨胀。因为选用了亲水的 PEGMA 作为光子晶体薄膜的聚合物基质，未疏水处理的薄膜对浸润非常灵敏，反射波长红移可达 150 nm，这就使得图案和背景之间的颜色对比度显著提高，图案的显现速度也达到触之即变的理想目标。在实际使用中，隐形图案可以在几秒内实现显现和隐藏的可逆变化，并且图像分辨率达到微米级，可用于制作日常生活所需的防伪标签。

最近，Chen 等[14]进一步发展了浸润显现的隐形光子晶体防伪技术，使得隐形效果更加出色、响应速度更快。如图 11-8（a）所示，他们采用 SiO_2 胶粒作为模板，制备了一种具有反蛋白石坍缩结构的聚氨酯（polyurethane，PU）薄膜。在乙醇等溶剂浸润下，上述无色透明的 IOPC-PU 薄膜会恢复有序的反蛋白石结构而呈现出结构色。有趣的是，用乙二醇等溶剂浸透 IOPC-PU 薄膜后进行“湿热”处理，薄膜会保持上述溶剂浸润响应；而在干燥的环境中直接对 IOPC-PU 薄膜进行“干热”处理，则会使薄膜失去溶剂浸润响应。此时坍缩的 PU 孔壁在热处理时永久地粘连在一起，因而无法再恢复有序结构。基于上述现象，他们采用乙二醇-乙醇作为印刷墨水，结合热处理，就能制备出由溶剂浸润响应与非响应 IOPC-PU 构成的隐形光子晶体图案。

如图 11-8（b）所示，在干燥状态下，经过“湿热”和“干热”处理的 IOPC-PU 薄膜都是无色透明的，所以图案严格隐形，完全无法察觉。当使用乙醇-水混合物作为显影剂涂抹样品表面后，只有“湿热”处理的 IOPC-PU 薄膜能够恢复反蛋白石结构并呈现出颜色，因此在颜色上与“干热”处理的无色透明区域形成了明

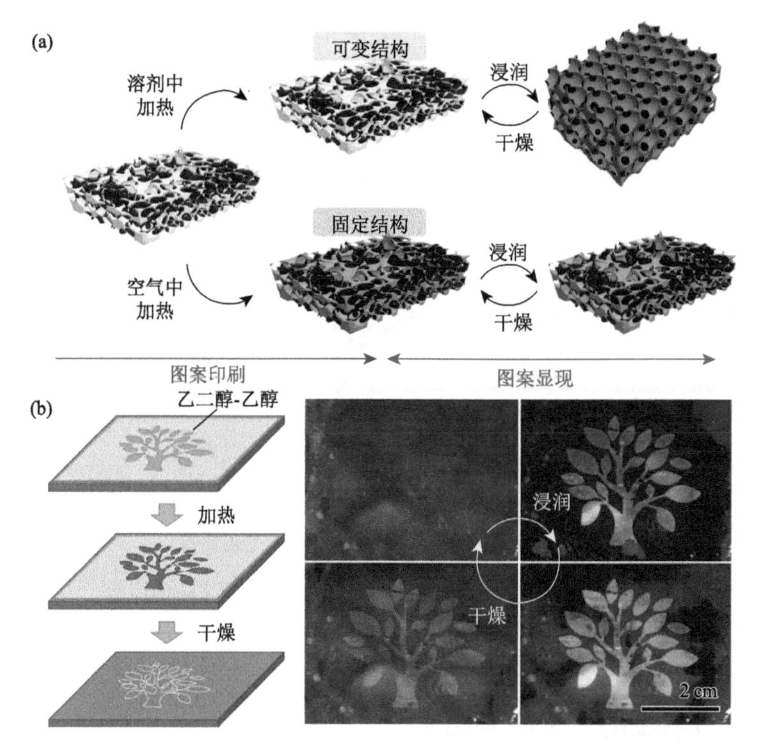

图 11-8　基于反蛋白石聚氨酯薄膜的隐形光子晶体防伪标签[14]

(a)“湿热”/“干热”处理过的反蛋白石聚氨酯薄膜保留/失去溶剂浸润响应；(b) 利用乙二醇-乙醇为印刷墨水制备的隐形光子晶体图案在乙醇-水浸润后显现，在干燥后隐形

显差异，隐形图案立即得以显现。与以往的隐形光子晶体图案相比，该材料隐形效果好、显色对比大、韧性好，离实用材料又近一步。

除了构筑不对称浸润响应的光子晶体隐形图案，Zhang 课题组[15]还发展了一种基于双层光子晶体结构的隐形图案，巧妙地利用了光子晶体结构色的遮盖力和光禁带变化导致的透明化过程，实现了下层光子晶体图案的显现与隐藏。如图 11-9 所示，他们首先通过浸涂的方法制备出两种不同尺寸 SiO_2 胶粒形成的胶体晶模板 A 和模板 B，将两种模板贴合并以聚酰亚胺胶带隔开，形成三明治结构。选择最佳比例的乙氧基化三羟甲基丙烷三丙烯酸酯和聚乙二醇二丙烯酸酯（ETPTA/PEGDA），并与丙烯酸（acrylic acid，AA）超声混合制成均相溶液，将其填充到夹层结构中，在紫外诱导下光聚合形成双层复合薄膜。最后，用氢氟酸溶液去除 SiO_2 模板，获得溶剂响应的反蛋白石结构双层光子晶体薄膜。研究表明，在干燥条件下 A 层为具有镂空二维码图案的红色光子晶体，B 层为全绿色光子晶体薄膜。当 A 层朝上时，干燥状态下由于结构色的叠加，呈现出绿码橙色背底的二维码图案；乙醇浸润 A 层时，A 层红色光子晶体由于反射红移而变透明，使得双层膜变为绿色，二维码图案隐藏。当 B 层朝上时，干燥状态下由于结构色的强遮盖力，双层膜呈现全绿色，二维码图案隐藏；乙醇浸润 B 层时，B 层绿色光子晶体由于反射大幅红移而变透明，从而使得底部 A 层的二维码镂空图案得以显现。在同一片材料中，实现更多样化的隐形-显现效果，无疑加强了材料的防伪效果。

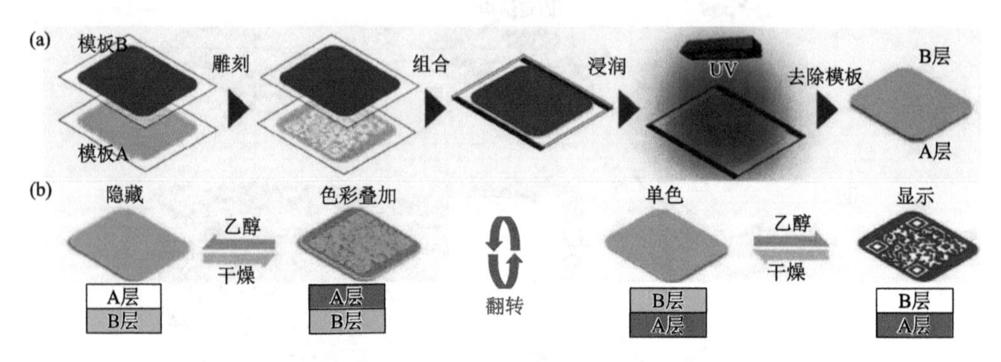

图 11-9　溶剂响应的反蛋白石结构双层光子晶体防伪图案[15]

(a) 双层反蛋白石结构光子晶体隐形图案的制备；(b) 图案在乙醇浸润、挥发干燥处理下的可逆显现与隐藏

11.4.2　气体响应的光子晶体图案

Xie 等[2]报道了一种基于气体响应的光子晶体防伪图案，其使用的光子晶体基元结构是 SiO_2 胶粒和两种不同壳层厚度的 SiO_2/介孔 SiO_2 核壳胶粒。对于后两种核壳胶粒，特定有机挥发性气体可以吸附于壳层的介孔孔道中，从而使材料的有效折射率增加，并进一步导致结构色的红移。更深入地讲，核壳胶粒的有效折射率和吸附气体后胶体晶的结构色取决于 SiO_2 核和介孔 SiO_2 壳层的体积比、介孔体积及填充介孔的蒸气的折射率。

研究人员选用三种由不同的 SiO_2 胶粒构建的光子晶体墨水，并采用喷墨印刷完成一幅防伪图案的打印。如图 11-10 所示，防伪图案中树干、树叶和果实三部分，分别由完全实心的 SiO_2 胶粒和具有不同壳层厚度的 SiO_2/介孔 SiO_2 核壳胶粒自组装形成。精准控制三种胶粒的尺寸，使得树形图案的三个部分在氮气中均显示出相近的绿色。当样品暴露于乙醇蒸气中，树叶和果实部分由于吸附了不同量的乙醇气体分别变为黄色和红色，而树干部分由于不能吸附乙醇而依然保持绿色。于是，一幅经过设计的彩色图案得以在乙醇气氛中显现，并且通过简单加热使乙醇挥发又能回到单色图案的状态。其他可以进入介孔孔道的气体都可以触发彩色图案的显现，且由于不同气体的折射率不同，可以触发获得不同色彩组合的图案。

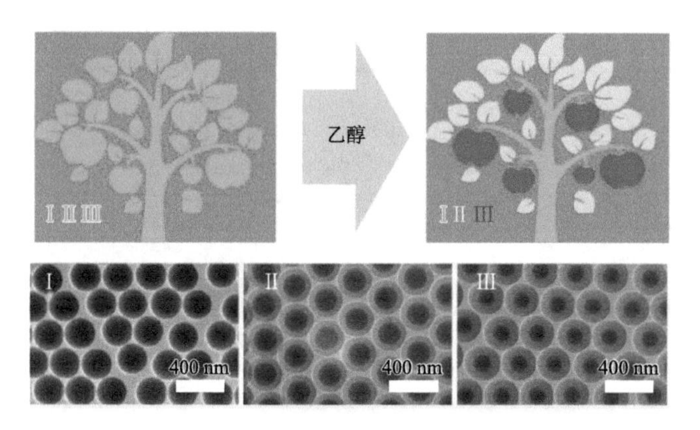

图 11-10　三种不同多孔程度的 SiO_2 胶粒构成的光子晶体图案在氮气下呈现单纯绿色，在乙醇气氛中由于不同吸附作用呈现多色图案[2]

根据类似的变色原理，Zhong 等[16]将空心 SiO_2 纳米微球组装形成光子晶体薄膜，并通过亲/疏水改性获得动态气流下显现的光子晶体隐形图案。研究人员首先采用空心 SiO_2 胶粒组装形成胶体晶薄膜，并采用氧等离子体刻蚀和十八烷基三氯硅烷修饰分别对光子晶体薄膜进行选择性的亲水和疏水处理，最终获得隐形图案。如图 11-11 所示，该图案在干燥情况下不可见，这是由于表面疏水/亲水化并不会改变图案和背景区域的光子晶体结构参数和结构色。当有高速流动的水蒸气吹拂该图案表面，水蒸气就会进入亲水区域的空心 SiO_2 纳米微球内部。根据布拉格公式，当水蒸气填充到空心 SiO_2 颗粒中后，由于具有较高折射率的水蒸气（1.34）置换了低折射率的空气（1.0），使得有效折射率（n_{eff}）增加，光子晶体薄膜的结构色发生红移。在同样条件下，水蒸气并不会进入疏水区域，该部分的结构色保持不变。因此，图案和背景区域的颜色形成对比，经过设计的隐形图案得以显现。一旦水蒸气停止高速流动，进入空心 SiO_2 胶粒的水蒸气缓慢蒸发，该部分重新恢复到和疏水区域一致的状态，隐形图案随即消失。总而言之，图案的显现和隐形可以在动态湿气流和干燥环境下可逆地切换至少 200 次以上，且干燥环境下隐形效果优异，动态气流下显现仅需 100 ms，因而具有优秀的防伪性能。

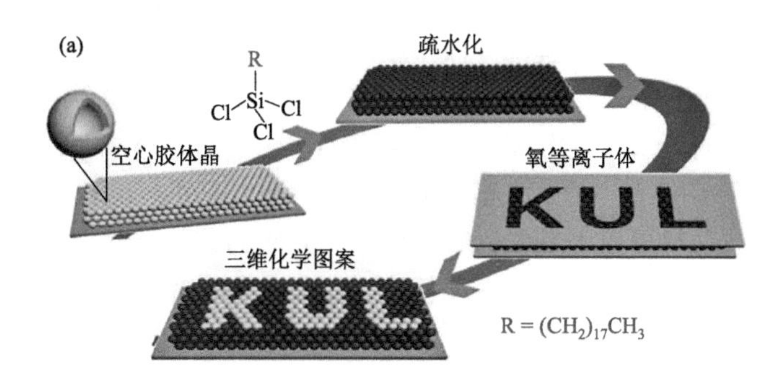

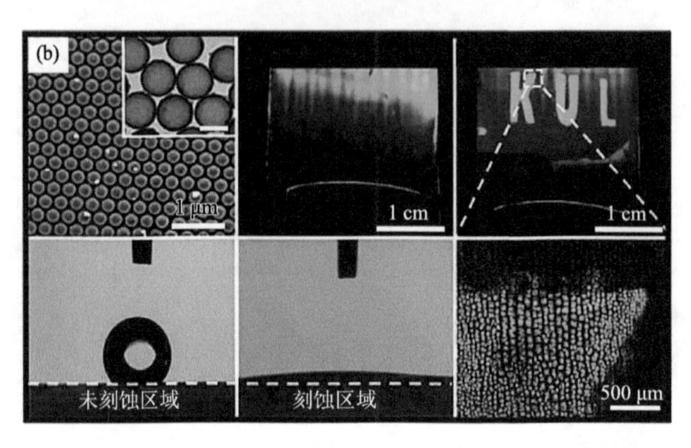

图 11-11　通过亲/疏水改性获得动态气流下显现的光子晶体隐形图案[16]

（a）利用十八烷基三氯硅烷修饰和氧等离子体刻蚀制备亲/疏水相间的隐形光子晶体图案；（b）光子晶体图案的隐藏和显现效果，以及亲/疏水区域的表面与光学性质表征

11.4.3　温度响应的光子晶体图案

由温度响应材料构建的光子晶体结构，往往在温度变化过程中产生形变或折射率的变化，进一步导致结构色变化，因此可以利用两种差异性材料构建具有温度响应的光子晶体图案。例如，Kim 课题组[17]以反蛋白石结构的负向光刻胶 SU-8 光子晶体薄膜为基材，结合光掩模和紫外辐照，实现了温度响应的光子晶体图案。他们发现，SU-8 反蛋白石骨架在加热作用下会沿重力方向发生坍缩，空腔从球形逐渐变为圆盘形，而光子晶体的结构色也随之发生蓝移。而且，加热温度对这种不可逆蓝移速度有显著影响，温度越高，蓝移的速度越快。与此同时，他们还发现紫外辐照可部分交联 SU-8 来提高其玻璃化转变温度，从而抑制其高温下的坍缩形变。基于第二条发现，他们找到实现差异性温度响应的关键，即通过控制紫外辐照功率、时间、次数等来控制光子晶体薄膜在高温下的变色速度；再结合光掩模技术就非常易于实现图案的印刷。

如图 11-12 所示，用掩模对背景部分进行辐照保护，而对文字部分“Photonic Crystal”采用高功率（225 mJ/cm^2）紫外辐照，使其基本丧失温度响应能力。在室温条件下，文字部分和背景部分保持相同的结构和结构色，因而图案不可见。将其置于 45℃环境下，文字部分由于丧失形变能力而始终保持红色，而背景部分则随着加热时间的延长而逐渐蓝移，直至变为透明；两者形成颜色对比，使得隐形的文字逐渐凸显出来。如果将辐照剂量控制得更加精准，就能实现更为精细的多色图案。上述材料可用于开发具有温度响应效应的防伪技术。在商品通常使用和流通期间可以保持图案隐形，而在特定温度下呈现预先设计的图案，甚至在不同温度下拥有不同的图案呈现，具有较好的防伪效力。

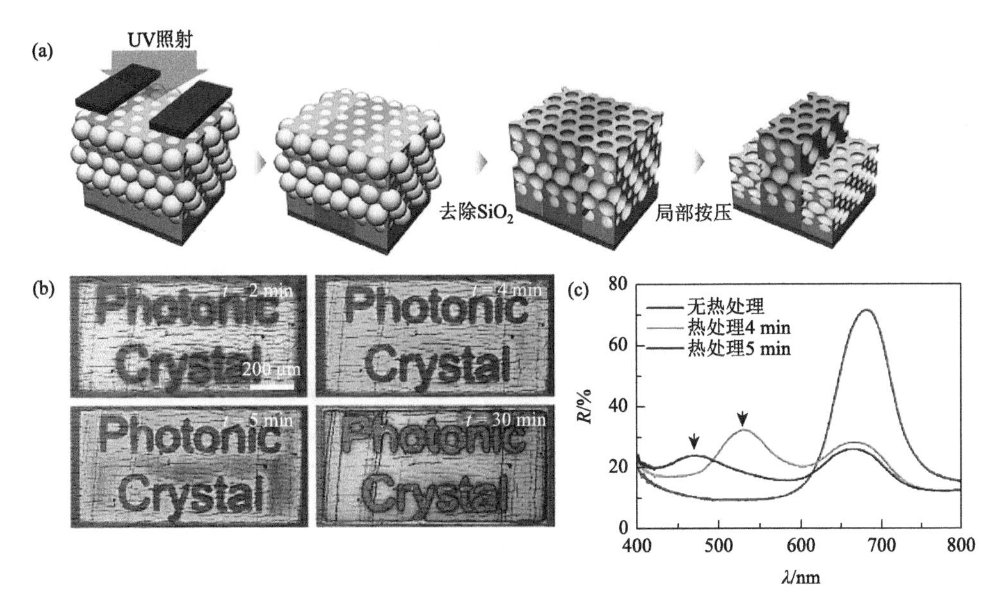

图 11-12　具有温度响应的负向光刻胶 SU-8 反蛋白石薄膜[17]

（a）结合光掩模和紫外辐照，在 SU-8 反蛋白石光子晶体薄膜上构建温度响应的光子晶体图案；45℃加热条件下文字的逐渐显现（b）及背景部分的光谱变化（c）

11.4.4　磁场作用显现的隐形图案

将磁性材料引入光子晶体结构中，为磁场精确调控光子晶体结构参数创造了机会。美国加州大学河滨分校 Yin 课题组[18]开发了一种通过高温水解制备超顺磁四氧化三铁（Fe_3O_4）胶体纳米晶团簇（CNCs）的方法，随后通过外磁场控制 Fe_3O_4 CNCs 在水溶液中形成一维链状结构，开发出一种可磁调谐的光子晶体系统。在极性溶液中，胶体 Fe_3O_4 CNCs 之间的磁吸引力和静电排斥力达到动态平衡，沿着外磁场的方向形成颗粒间距为几百纳米的有序结构，于是形成一维光子晶体结构。这种新的光子晶体系统具有许多显著的优点。例如，通过改变磁场的强度，可以方便地调节颗粒间的距离，进而调制获得覆盖整个可见光谱的反射光和结构色。由于每个粒子拥有较高的磁矩，一个相对较弱的磁场（100～400 G）就足以诱导磁颗粒的有序排列。因此，该光子晶体系统具有光学响应快速、完全可逆，且响应器件可小型化的优点，赋予其在传感器、光学开关和动态防伪方面具有巨大的应用潜力。

鉴于不同粒径磁响应胶体晶在无磁场时都显现 Fe_3O_4 的本征颜色，而在相同磁场下又能显现出不同的结构色，该课题组[19]发展了磁场作用显现的隐形图案。研究人员将芯径/壳厚为 110 nm/28 nm 和 110 nm/16 nm 的 $Fe_3O_4@SiO_2$ 核壳胶粒分散在乙二醇中形成两种磁响应光子晶体，并进一步将它们包埋在聚二甲基硅氧烷

（PDMS）中，分别形成背景和图案部分，制备出印有隐形图案的光子晶体薄膜。在没有外磁场的情况下，除了模具造成的粗糙字母边缘外，字母图案和背景颜色为 Fe_3O_4 本征的褐色，基本没有差异，达到隐形效果。当施加外磁场作用时，可以观察到具有明显蓝色/绿色对比的字母。这是因为外磁场引起磁颗粒的组装，产生了结构色；而具有不同尺寸的 Fe_3O_4 纳米微球构建的光子晶体在相同磁场下表现出不同的磁响应能力。尤其是当磁场足够强、所有磁颗粒都紧密靠近的情况下，背景部分的光子晶体因为含有的磁颗粒更大，自然相对于颗粒较小的图案部分具有波长更大反射峰，两部分显示出明显的结构色差异。

除了上述利用两种不同尺寸的磁颗粒构建隐形光子晶体图案的方式以外，还可以通过破坏背景或图案部分的磁响应性能来实现外磁场下的图案动态显示。例如，Hu 等[20]提出了一种结合紫外辐照和光掩模的打印策略，可快速、方便地制备具有良好柔韧性和可逆响应的隐形光子晶体图案。首先，他们将一定量的碳包裹的四氧化三铁（Fe_3O_4@C）磁性纳米颗粒分散在乙二醇（EG）溶剂中形成液态磁响应胶体晶，通过机械搅拌与含有紫外固化剂的 PDMS 前驱体混合，最后固化形成包埋有 Fe_3O_4@C/EG 微液滴的光子晶体纸张。如图 11-13 所示，在没有外磁场的情况下，乙二醇微液滴中的磁颗粒无序分散，呈现磁颗粒固有的棕色。然而在外磁场作用下乙二醇微液滴中的磁颗粒会立即组装成一维光子晶体结构，沿磁场线方向呈现结构色。在此基础上，将印有图案的光掩模附于光子晶体薄膜之上，并在 365 nm 的紫外光辐照下曝光。紫外辐照会引起 PDMS 链的断裂，进而引起乙二醇的流失，于是该区域的磁颗粒无法组装成光子晶体结构；而掩模保护的区域将保持原有的动态组装特性。按上述方法打印的图案在无磁场作用下呈现均一的棕色，隐形图案不可见；而在磁场作用下，被掩模保护的文字区域形成结构色，而背景区域因失去磁响应性能而保持棕色，两者产生颜色对比，并使隐形图案

图 11-13　磁响应显现的光子晶体纸张制备流程示意图[20]

（a）光子晶体纸张；（b）磁场作用下的光子晶体纸张；（c）部分透明的图案化掩模；（d）紫外照射非图案化区域；（e）移除掩模；（e）、（f）通过磁场作用实现隐形图案的可逆显现

显现出来。利用这种新技术，各种色彩鲜艳的图形可以完美地隐藏在柔软防水的光子晶体纸张中。从实用的角度看，这种技术具有以下优势：①利用简单的激光打印机就可以得到图案，使最终用户获得对图案设计的控制权；②可实现基于磁场作用的隐形显现效果；③利于低成本、快速、方便和大规模生产。

11.4.5　形变显现的隐形图案

通过外力的挤压或拉伸，可以改变弹性光子晶体结构中的层间距离，进而引起结构色的变化。基于此原理，Ye 等[21]开发出对力场响应的光子晶体隐形图案。首先，他们通过光固化将 SiO_2 胶粒固定在 EG 和聚乙二醇单丙烯酸酯[poly(ethylene glycol) methacrylate，PEGMA]的交联网络中，形成具有弹性的光子晶体凝胶，并以此作为单色光子晶体纸张用于后续印刷。随后，他们将设计的图案用商用激光打印机制作成光掩模，并覆盖到光子晶体纸张之上。暴露在紫外光辐照下的光子晶体凝胶因发生化学交联而失去形变变色能力，其被光掩模遮蔽的部分则保持了形变变色能力。为了提高薄膜的使用寿命，可将其封装在 PDMS 橡胶中，以便于反复多次使用。

如图 11-14 所示，研究人员通过上述方法在光子晶体纸张上打印出太阳和兔子的隐形图案。在不施加外力的情况下，整个标签呈现单一的绿色，打印的图案不可见。当对印有图案的标签进行水平挤压时，背景部分的光子晶体在竖直方向上发生晶格膨胀，结构色由绿色变红色，而图案部分则由于失去形变变色能力而保持绿色，最终使隐藏的图案得以显现。而通过施加水平方向的拉力后，图案部分依然保持绿色，而背景部分的光子晶体则因为晶格收缩而变为蓝色，从而使隐形图案同样得以显现。上述研究中报道的形变显现的隐形光子晶体图案，使用便捷，效果显著，在防伪领域具有发展潜力。

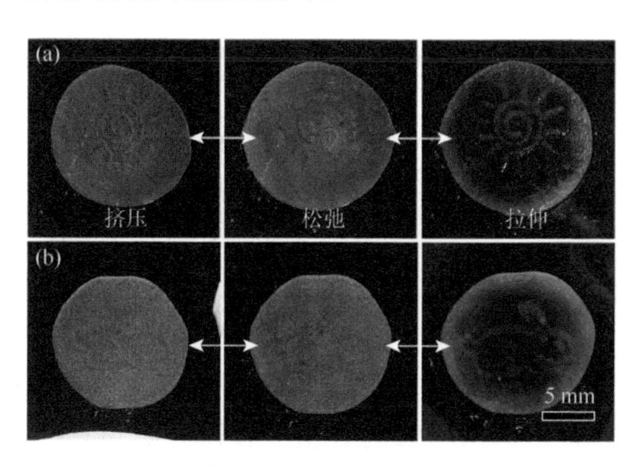

图 11-14　在 SiO_2/EG-PEGMA 光子晶体凝胶薄膜上，结合紫外固化和光掩模制备的通过形变显现的隐形光子晶体图案[21]

11.5　总结与展望

本章介绍了光子晶体在防伪领域的探索研究，包括光子晶体防伪材料的基本原理、光子晶体图案的印刷方法，以及具有角度变色效应和具有外场响应特性的光子晶体防伪图案的构建。笔者坚信，光子晶体材料在防伪领域具有巨大的应用潜力，这是因为基于光子晶体的防伪材料几乎具有现有光学防伪技术的所有防伪特征，如隐形印刷、光学可变墨水、激光防伪标记和微型印刷等。此外，光子晶体材料的结构色来源于不同介质的周期性结构，而不是荧光或染料分子，因此比变色墨水具有更高的稳定性。目前，越来越多的科研力量正被投入光子晶体防伪技术的研究中，研究人员在大量前期工作的基础上总结、探讨该领域存在的问题，并将其逐一攻克。为了尽早实现实用化的目标，笔者认为光子晶体防伪材料领域的研究应该更关注和重视以下关键问题。

首先，在光子晶体结构基元方面，除了针对目前广泛使用的胶体材料发展大规模、高质量、低成本、低污染的合成工艺，还需要筛选和开发新型的、功能性的基元结构材料。目前，二氧化硅和聚苯乙烯微球是实验室中最常用的光子晶体基元材料。它们的合成方法成熟，容易获得单分散性好的产品，相应的光子晶体材料的研究也最为成熟。然而，工业化应用要求在低成本、低污染的生产条件下可以获得大量产品，并且保证微球在尺寸上的高度均一性及在产品批次上的高度稳定性。但是，目前二氧化硅与聚苯乙烯纳米颗粒的精准合成仍限于实验室级别，其大规模、工业化的制备方法还有待进一步发展。除了二氧化硅和聚苯乙烯，其他具有不同性能的材料也需要加快开发，以达到组装光子晶体材料的要求。例如，氧化铈[22]、氧化锌[23]、硫化锌[24]纳米微球等，它们的高折射率赋予光子晶体材料在结构色上更高的饱和度。又如，多种材料复合而成的核壳结构微球，包括SiO_2@PEGPEA[25]、PS-PMMA@PEA[26]、PS-PMMA-PEA[27]、PS@PMMA@PEA[28]、PS-*co*-G3Vi[29]、PS-ALMA@PEA[30]等，这些具有核壳结构的纳米微球由于较低的硬度而更容易得到大面积无缺陷的光子晶体薄膜。再如，具有八面体结构的 MIL-66、具有立方体和十二面体结构的 ZIF-8 等金属有机框架（metal organic framework，MOF）材料[31]，椭球结构的 Fe@SiO_2 复合结构[32]等也能构建光子晶体。鉴于与球形胶粒光子晶体在组成与形貌上的区别，它们有可能具有特殊的防伪特性。

其次，在光子晶体结构和性能调控方面，要求生产的光子晶体图案具有高分辨率、高饱和度，且对于响应型光子晶体防伪材料还要求具有较快的响应速度及较好的稳定性和重现性。例如，Ge 课题组[21]在研究形变变色的光子晶体薄膜时，将 60 目的筛网作为光掩模制备隐形图案，筛网的孔道和网格可以清晰地映射到光子晶体图案上，而得到分辨率低于 100 μm 的图案。笔者认为，如果采用更精细的光掩模有可能获得具有更高分辨率的光子晶体图案。同样，在制备溶剂响应的隐形图案时，研究人员也考虑了对极限分辨率的追求，在精细的制备过程中可以得到尺寸为 120 μm 的图案，其分辨率的精度可以达到数十微米[13]。通过调节界面性质来抑制“咖啡环”效应，也可以提高光子晶体图案的分辨率。Song 课题组[3]巧妙地利用“咖啡环”效应获得分辨率达到 2 μm 的图案。除了分辨率，图案颜色的饱和度直接影响图案的可视效果。从视觉上观察到的鲜艳颜色，在可见光谱上表现为两种情况：一种是具有尖锐的反射峰形，拥有该特征的光子晶体具有明显的角度变色效应；另一种是材料折射率较高，使反射峰强度高，如采用氧化铈、氧化锌、硫化镉等作为结构基元组装的光子晶体材料。由此可见，选择具有较高折射率的材料，并以尽可能完美的有序排列方式堆积形成无缺陷的光子晶体薄膜是未来的努力方向之一。而针对响应型光子晶体，动态响应的速度及稳定性是另外需要关注的性能参数。Ge 课题组[33]在考察形变变色光子晶体结构时，对响应速度和稳定性进行了详细分析。实验发现，该光子晶体材料从施加外力到形成稳定图案的时间少于 100 ms，而当外力撤出后恢复隐形状态的时间不超过 60 ms，这说明在施加或撤销外力时，该防伪标签力致变色的响应速度足以满足实际防伪识别要求。除此之外，研究人员还对稳定性进行了考察，发现在多次反复施加和撤除外力的过程中，这种结构依然保持良好的响应速度和质量，并且在 20 多天后没有明显的性能损失。

再次，在生产及使用方面，制备的光子晶体防伪材料不仅要求能够快速稳定加工，还要保证在特定使用场景下具有较好的使用耐性。在构建光子晶体结构的研究中，研究人员从未停止过对快速高质量组装方式的追求。最初，光子晶体的自组织依赖于基元结构在稀溶液中长期静置获得。例如，将去离子化的 PS 胶粒在水中长时间静置，或者 PMMA 胶粒在氯苯中长期静置，组装耗时长、产率低，无法规模化制备[34-37]。因此，研究人员不断通过更新制备方法加快光子晶体的自组装过程。例如，挥发法和提拉法可将组装过程缩短到数十小时，而 Yang 等[33]开发的挥发驱动过饱和析出法将胶粒组装效率大大提高。此外，由于 PS、PMMA 等高分子材料具有较高的玻璃化转变温度，在组装成膜的过程中容易产生大量细小的裂缝，影响光子晶体薄膜的结构色和稳定性。于是，研究人员探索出制备大面积无缺陷的光子晶体薄膜的策略。例如，Song 课题组[38]提出，疏水的组装界面有利于溶剂挥发时组装过程中的应力释放，从而减小裂纹的产生；而 Wu 等[39]则通过合成具有低玻璃化转变温度的基元结构来减小组装时微球之间的应力，达到类似效果。除了上述制备效率方面的考虑，防伪标签制成品还需要达到经久耐用的要求。这往往超出了光子晶体研究本身，更需要借助其他材料研究的突破。例如，需要引入具有满足耐性要求的高分子材料，用于稳定和调谐光子晶体结构。

最后，由于防伪技术的多样性，必须拓展思路，大胆与各种新技术相结合，认真对待每个新体系中出现的各种科学和技术问题，进而开发出更有防伪效能的材料和技术。例如，利用光子晶体增强荧光的特性，可以开发出二者特性共生的新型防伪标签，在自然光下表现出角度变色效应或者外场响应特性，而在特定波长的紫外光下又可以显示荧光图案[39]。又如，利用防伪印刷工业的高级印刷工艺，可以获得高精度、高复杂度的光子晶体图案，这无疑会增加仿制难度，提高防伪效力。此外，电场响应的光子晶体隐形图案具有响应快、隐藏和显示效果好等优点，但其刚性和脆性导电基底限制了其在柔性目标表面上的进一步应用。因此，采用新型柔性电极代替氧化铟锡（ITO）玻璃可以有效拓展其应用领域[40]。再如，目前基于磁响应的光子晶体防伪材料强烈依赖溶剂环境，而这种溶剂环境在商品防伪的实际应用中难以满足，采用胶囊化策略将含有溶剂的光子晶体与固化材料分隔开，可能是更可行的方案。因此，解决目前光子晶体材料在防伪领域的应用问题，不仅需要考虑到其与新技术的结合，还要针对性地解决光子晶体材料之外的技术难题。

参 考 文 献

[1] Wang L，Wang J，Huang Y，et al. Inkjet printed colloidal photonic crystal microdot with fast response induced by hydrophobic transition of poly(*n*-isopropyl acrylamide). J Mater Chem，2012，22：21405.

[2] Bai L，Xie Z，Wang W，et al. Bio-inspired vapor-responsive colloidal photonic crystal patterns by inkjet printing. ACS Nano，2014，8：11094.

[3] Kuang M，Wang L，Song Y. Controllable printing droplets for high-resolution patterns. Adv Mater，2014，26：6950.

[4] Meng Y，Liu F，Umair M，et al. Patterned and iridescent plastics with 3D inverse opal structure for anticounterfeiting of the banknotes. Adv Opt Mater，2018，6：1701351.

[5] Du X，Li T，Li L，et al. Water as a colorful ink：Transparent，rewritable photonic coatings based on colloidal crystals embedded in chitosan hydrogel. J Mater Chem C，2015，3：3542.

[6] Chen K，Fu Q，Ye S，et al. Multicolor printing using electric-field-responsive and photocurable photonic crystals. Adv Funct Mater，2017，27：1702825.

[7] Kim H，Ge J，Kim J，et al. Structural colour printing using a magnetically tunable and lithographically fixable photonic crystal. Nat Photonics，2009，3：534.

[8] Xuan R，Ge J. Photonic printing through the orientational tuning of photonic structures and its application to anticounterfeiting labels. Langmuir，2011，27：5694.

[9] Lee H，Shim T，Hwang H，et al. Colloidal photonic crystals toward structural color palettes for security materials. Chem Mater，2013，25：2684.

[10] Fu Q，Chen A，Shi L，et al. A polycrystalline SiO_2 colloidal crystal film with ultra-narrow reflections. Chem Commun，2015，51：7382.

[11] Meng Z，Wu S，Tang B，et al. Structurally colored polymer films with narrow stop band，high angle-dependence and good mechanical robustness for trademark anti-counterfeiting. Nanoscale，2018，10：14755.

[12] Xuan R，Ge J，Invisible photonic prints shown by water. J Mater Chem，2012，22：367.

[13] Ye S，Ge J. Soaking based invisible photonic print with a fast response and high resolution. J Mater Chem C，2015，3：8097.

[14] Chen K，Zhang Y，Ge J. Highly invisible photonic crystal patterns encrypted in an inverse opaline macroporous polyurethane film for anti-counterfeiting applications. ACS Appl Mater Interfaces，2019，11：45256.

[15] Qi Y，Chu L，Niu W，et al. New encryption strategy of photonic crystals with bilayer inverse heterostructure guided from transparency response. Adv Funct Mater，2019，29：1903743.

[16] Zhong K，Li J，Liu L，et al. Instantaneous，simple，and reversible revealing of invisible patterns encrypted in robust hollow sphere colloidal photonic crystals. Adv Mater，2018，30：1707246.

[17] Lee J，Je K，Kim S. Designing multicolored photonic micropatterns through the regioselective thermal compression of inverse opals. Adv Funct Mater，2016，26：4587.

[18] Ge J，Hu Y，Yin Y. Highly tunable superparamagnetic colloidal photonic crystals. Angew Chem Int Ed，2007，46：7428.

[19] Ge J，Yin Y. Magnetically tunable colloidal photonic structures in alkanol solutions. Adv Mater，2008，20：3485.

[20] Hu H，Tang T，Zhong H，et al. Invisible photonic printing：computer designing graphics，UV printing and shown by a magnetic field. Sci Rep，2013，3：1484.

[21] Ye S，Fu Q，Ge J. Invisible photonic prints shown by deformation. Adv Funct Mater，2014，24：6430.

[22] Fu Q，Zhu B，Ge J. Electrically tunable liquid photonic crystals with large dielectric contrast and highly saturated structural colors. Adv Funct Mater，2018，28：1804628.

[23] Wu X，Lan D，Zhang R，et al. Fabrication of opaline ZnO photonic crystal film and its slow-photon effect on photoreduction of carbon dioxide. Langmuir，2019，35：194.

[24] Wang X，Wang Z，Bai L，et al. Vivid structural colors from long-range ordered and carbon-integrated colloidal photonic crystals. Opt Express，2018，26：27001.

[25] Lee G，Choi T，Kim B，et al. Chameleon-inspired mechanochromic photonic films composed of non-close-packed colloidal arrays. ACS Nano，2017，11：11350.

[26] Zhang J，He S，Liu L，et al. The continuous fabrication of mechanochromic fibers. J Mater Chem C，2016，4：2127.

[27] Viel B，Ruhl T，Hellmann G. Reversible deformation of opal elastomers. Chem Mater，2007，19：5673.

[28] Zhao Q，Finlayson C，Snoswell D，et al. Large-scale ordering of nanoparticles using viscoelastic shear processing. Nat Commun，2016，7：11661.

[29] Chen M，Tian Y，Zhang J，et al. Fabrication of crack-free photonic crystal films via coordination of microsphere terminated dendrimers and their performance in invisible patterned photonic displays. J Mater Chem C，2016，4：8765.

[30] Finlayson C，Spahn P，Snoswell D，et al. 3D bulk ordering in macroscopic solid opaline films by edge-induced rotational shearing. Adv Mater，2011，23：1540.

[31] Avci C，Imaz I，Carné-Sánchez A，et al. Self-assembly of polyhedral metal-organic framework particles into three-dimensional ordered superstructures. Nat Chem，2018，10：78.

[32] Wang M，He L，Xu W，et al. Magnetic assembly and field-tuning of ellipsoidal-nanoparticle-based colloidal photonic crystals. Angew Chem Int Ed，2015，54：7077.

[33] Yang D，Ye S，Ge J. From metastable colloidal crystalline arrays to fast responsive mechanochromic photonic gels：An organic gel for deformation-based display panels. Adv Funct Mater，2014，24：3197.

[34] Hachisu S，Kobayashi Y，Kose Y. Phase separation in monodisperse latexes. J Colloid Interface Sci，1973，42：342.

[35] Clark N，Hurd A，Ackerson B. Single colloidal crystals. Nature，1979，281：57.

[36] Pusey P，van Megen W. Phase behaviour of concentrated suspensions of nearly hard colloidal spheres. Nature，1986，320：340.

[37] Yethiraj A，van Blaaderen A. A colloidal model system with an interaction tunable from hard sphere to soft and dipolar. Nature，2003，421：513.

[38] Kuang M，Wang J，Bao B，et al. Inkjet printing patterned photonic crystal domes for wide viewing-angle displays by controlling the sliding three phase contact line. Adv Opt Mater，2014，2：34.

[39] Wu X，Hong R，Meng J，et al. Hydrophobic poly(tert-butyl acrylate)photonic crystals towards robust energy-saving performance. Angew Chem Int Ed，2019，58：13556.

[40] Zhou L，Yu M，Chen X，et al. Screen-printed poly(3, 4-ethylenedioxythiophene)：Poly(styrenesulfonate)grids as ITO-free anodes for flexible organic light-emitting diodes. Adv Funct Mater，2018，28：1705955.